Internet Marketing

Internet Marketing

Erfolg planen, gestalten, umsetzen

ANNA BUSS

Markt+Technik

Bibliografische Information der Deutschen Nationalbibliothek

Die Deutsche Nationalbibliothek verzeichnet diese Publikation in der Deutschen Nationalbibliografie; detaillierte bibliografische Daten sind im Internet über <http://dnb.d-nb.de> abrufbar.

Umwelthinweis:
Dieses Buch wurde auf chlorfrei gebleichtem Papier gedruckt.
Um Rohstoffe zu sparen, haben wir auf Folienverpackung verzichtet.

10   9   8   7   6   5   4   3   2   1
11   10   09

ISBN 978-3-8272-4402-4

© 2009 by Markt+Technik Verlag,
ein Imprint der Pearson Education Deutschland GmbH,
Martin-Kollar-Straße 10–12, D-81829 München/Germany
Alle Rechte vorbehalten
Covergestaltung: Marco Lindenbeck, webwo GmbH (mlindenbeck@webwo.de)
Lektorat: Birgit Ellissen, bellissen@pearson.de
Korrektorat: Marita Böhm, München
Herstellung: Elisabeth Prümm, epruemm@pearson.de
Satz: Reemers Publishing Services GmbH, Krefeld (www.reemers.de)
Druck und Verarbeitung: Kösel, Krugzell (www.KoeselBuch.de)
Printed in Germany

>> Auf einen Blick

>> Inhaltsverzeichnis

Wer heute als Freiberufler, als kleines oder mittleres Unternehmen seinen Internetauftritt in Eigenregie überarbeiten oder auf Hochglanz polieren möchte, braucht Wissen aus vielen Bereichen. Ob Webdesign, Benutzerergonomie oder Werbebanner: Der vorliegende Ratgeber möchte Ihnen in kompakter Form praktisch erprobtes, bewährtes Know-how bei der Konzeption und Umsetzung an die Hand geben, das Sie auch ohne Vorwissen gleich anwenden können. Theoretische Grundlagen stehen deshalb nicht für sich allein, sondern werden mit zahlreichen Fallbeispielen veranschaulicht. An vielen Stellen finden Sie konkrete Lösungsmöglichkeiten, die anhand eines fiktiven Kaffeeshops praxisnah dargestellt sind.

Besonders wichtig war mir, dass Sie nach der Lektüre des Buchs eigenständig arbeiten können und sich auch in komplexen Themen wie der Entwicklung einer eigenen Internetstrategie oder dem sinnvollen Einsatz von Web-2.0-Elementen gut zurechtfinden. Viele Checklisten erleichtern Ihnen die Anwendung des eben gewonnenen Wissens. Geht es um kontrovers diskutierte Fakten wie beispielsweise Suchmaschinenoptimierung, helfe ich Ihnen dabei, Vorteile und Chancen gegen Nachteile und Risiken abzuwägen.

In den Ratgeber sind nicht nur die Erfahrungen aus mehr als zehn Jahren Berufspraxis eingeflossen, sondern auch wertvolle Ratschläge und Hinweise von Kollegen und Freunden. Besonders bedanken möchte ich mich daher bei Klaus Eck, Tobias Tiefert und Marcel Wolfram. Barbara Schreiner und Björn Harste danke ich für die spannenden Einblicke, die sie mir für dieses Buch hinter die Kulissen ihrer Blogs gewährt haben. Last, but not least gebührt ein großes Dankeschön meiner Lektorin Birgit Ellissen für die unkomplizierte, freundliche Zusammenarbeit und Jens Grochtdreis für die konstruktive Kritik.

Bei der Arbeit mit dem Buch wünsche ich Ihnen nun viel Vergnügen und Erfolg.

Anna Buss

Für Renatchen und Joachim

KAPITEL 1
Eine wirkungsvolle Strategie für Ihr Onlinebusiness

1.1   Ohne Strategie keine erfolgreiche Website

Sie möchten mehr Besucher auf Ihre Website locken, mehr Waren im Onlineshop verkaufen und zahlreiche Neukunden übers Internet gewinnen? Daher planen Sie eine Überarbeitung oder sogar eine komplette Neugestaltung Ihrer Site. Sie möchten am liebsten sofort mit konkreten Arbeitspaketen starten: das Sortiment Ihres Shops neu ordnen, mehr Service anbieten, ein frisches Design entwerfen, den neuen Newsletter schreiben oder eine Bannerkampagne schalten.

Um auch auf lange Sicht erfolgreich zu sein, brauchen Sie eine schlüssige Strategie. Wer sind Ihre User und wonach suchen sie online? Was bieten Mitbewerber im Web an? Was verraten wichtige Details aus der Webstatistik? Jede Stunde, die Sie vorab in strategische Überlegungen stecken, zahlt sich später bei der Umsetzung vielfach aus.

Denn unzufriedene Benutzer zögern nicht lange. Warum sollten sich Benutzer beispielsweise mit einer Navigationsstruktur plagen, die sie nicht verstehen? Mit wenigen Mausklicks wird dann zu anderen Angeboten gewechselt, die interessanter erscheinen.

Eine durchdachte Strategie ist im Web auch deshalb unverzichtbar, weil hier die Marke besonders verletzlich und angreifbar ist. Ob Kommunikationsfehler oder Schwächen Ihres Produkts: Konsumenten sind mittlerweile stark vernetzt und werden ihre Meinung oder die Erfahrung mit Ihrer Marke in Blogs, Foren oder Verbraucherportalen publik machen.

Wenn Sie sorgfältig strategisch planen und selbstverständliche Annahmen hinterfragen, tun Sie genau das, was die meisten Ihrer Mitbewerber versäumen. Nutzen Sie also gezielt diesen Vorteil. Dieses Kapitel soll Ihnen dafür ein Leitfaden sein.

1.2   Veränderte Konkurrenzsituation im Web gegenüber der realen Welt: Wer ist Ihr Wettbewerber?

Ihre Wettbewerber kennen Sie? Keine Frage, werden Sie jetzt antworten. Aber an welche Unternehmen denken Sie dabei? Vielleicht sind es genau diejenigen, die Sie aus der realen Welt kennen.

Online können Sie allerdings auf eine völlig veränderte Landschaft aus Mitbewerbern stoßen und stehen plötzlich in direkter Konkurrenz zu Websites, von denen Sie noch nie etwas gehört haben. Dazu zählen beispielsweise branchenfremde Unternehmen oder sogar Einzelpersonen, die zahlreiche Besucher auf ihre Websites locken und dort erfolgreiche Webservices betreiben.

Such-maschinen spüren Mitbewerber auf

Um sich ein Bild von Ihren Konkurrenten zu machen, tun Sie einfach das, was auch die Benutzer tun, die sich für Ihre Branche, Ihr Geschäft oder Ihre Waren interessieren: Geben Sie in eine beliebige Suchmaschine wichtige Begriffe für Ihr Business ein. Sehen Sie sich die Treffer der ersten Seite an. Besuchen Sie die Sites, die Sie hier finden. Wer steckt dahinter?

Beachten Sie, dass auch schlicht wirkende Sites, die mit einfachen Mitteln gestaltet sind, großen Erfolg haben, wenn dort etwas angeboten wird, was die Benutzer fasziniert und zum Wiederkommen anregt. Sei es die Themenwahl, eine lebhafte Community oder qualitativ hochwertiger Content. Schauen Sie sich genau an, mit welchen Mitteln Ihre Konkurrenten im Web arbeiten. Ein Vergleich mit den Userzahlen dieser Sites gibt Ihnen außerdem ein Gefühl dafür, welches Potenzial im Web auf Sie wartet. Diese Zahlen veröffentlichen Websitebetreiber oft direkt online.

Angenommen, Sie betreiben einen Kaffeeausschank mit mehreren Filialen in Deutschland und verkaufen in Ihren Läden sowie online Kaffee und Süßwaren in diversen Varianten. Ihre Website wird pro Jahr von rund 50 000 Menschen besucht. Als Mitbewerber nennen Sie unter anderem Tchibo oder Starbucks.

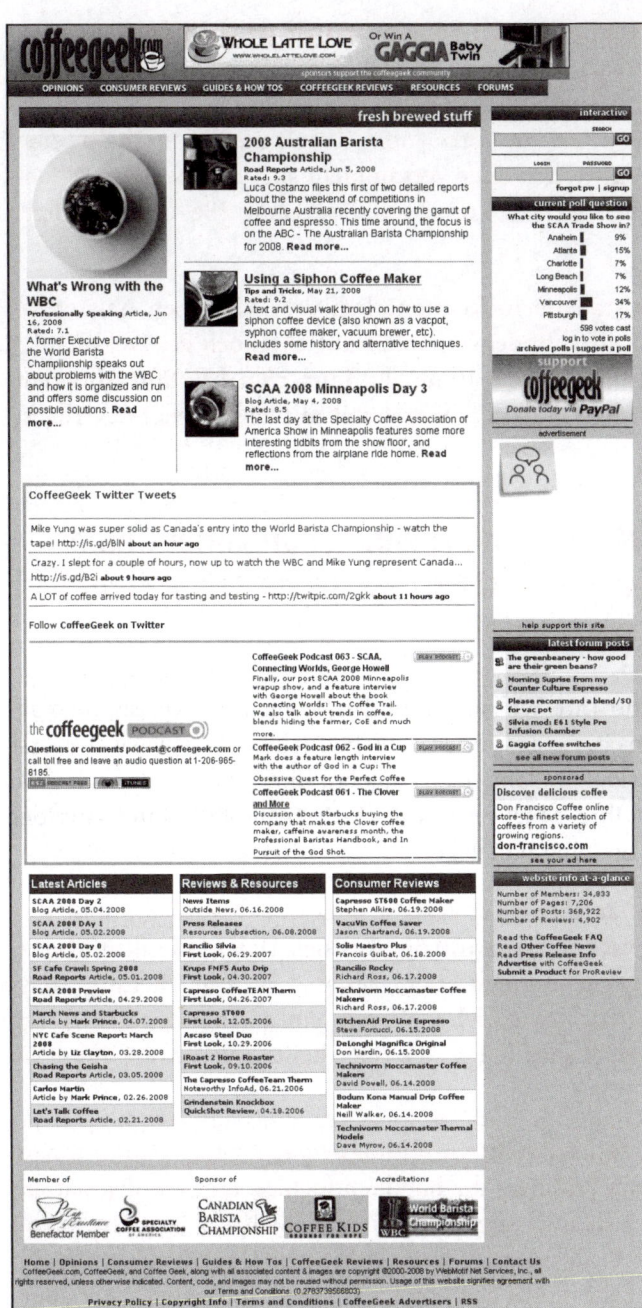

Abbildung 1.1: Coffeegeek.com: Auf dieser unscheinbaren Site treffen sich fast 30 000 registrierte Benutzer

Ein Blick in die Trefferliste von Suchmaschinen zeigt Ihnen, dass nicht nur tchibo.de, sondern noch ganz andere Websites als Besuchermagneten dienen: Haben Sie je von Coffeegeek.com gehört? Diese Site erzielt die Besucherzahlen, die Sie pro Jahr verzeichnen, innerhalb eines Monats. 27 000 registrierte User versammeln sich in einer regen Community und tauschen sich in Foren mit insgesamt 286 000 Einträgen aus.

Die Site home-barista.com lockt monatlich drei Millionen Nutzer an. Das Trendthema Kaffee finden Sie auch auf chefkoch.de, wo sich 1,4 Millionen Besucher pro Monat tummeln. Immerhin 120 000 Abonnenten erreicht derzeit der Chefkoch-Newsletter mit dem Rezept des Tages.

1.3   Sinus-Milieus und Alleinstellungsmerkmale: klassische markenstrategische Ansätze und ihre Schwachstellen

Um eine Strategie für Ihre Website zu finden, können Sie klassische markenstrategische Ansätze verwenden. Sie betrachten beispielsweise erst Zielgruppen und richten dann das Angebot Ihres Shops danach aus. Oder Sie justieren Ihre Marke so, wie es die neuesten Daten aus der Marktforschungsabteilung nahelegen.

Denken Sie zurück an Ihren Kaffeeausschank mit Onlineshop und stellen Sie sich ein typisches Szenario vor: Aus den Daten, die Ihre Marktforschungsabteilung gesammelt hat, lesen Sie klar heraus, dass Bioprodukte und fair gehandelte Waren einen anhaltenden Boom verzeichnen werden. Bisher haben Sie aber keine solchen Produkte im Angebot.

Sie überlegen sich, ab jetzt nicht nur biologisch angebauten Kaffee anzubieten, sondern auch Pralinen, die handgepflücktes Trockenobst enthalten, welches in der Region angebaut wird. Schließlich verkauft keiner Ihrer Mitbewerber Pralinen mit handgepflücktem Trockenobst aus der Region! Sie sind sehr zufrieden, endlich etwas gefunden zu haben, womit Sie sich von Ihren Konkurrenten abheben.

Das alles klingt logisch und vernünftig. Was allerdings oft übersehen wird, sind die versteckten Schwächen solcher Denkweisen. Seien Sie Ihren Mitbewerbern einen großen Schritt voraus, indem Sie scheinbar Bewährtes hinterfragen und mit neuen Ansätzen bessere Ergebnisse erzielen. In den folgenden Abschnitten sollen deshalb die wichtigsten Strategien kritisch beleuchtet werden.

Marken nach Zielgruppen ausrichten

Sinus-Milieus sind etwas, das Ihnen bestimmt schon einmal begegnet ist. Erinnern Sie sich? Da werden Menschen innerhalb eines zweidimensionalen Koordinatensystems zwischen soziodemografischen Zuordnungen herumgeschoben und gelten je nach Positionierung etwa als Postmaterialisten, Hedonisten, DDR-Nostalgiker oder Etablierte. Ist die Wirklichkeit ebenso einfach strukturiert, wie es diese Zielgruppen vorgaukeln?

Zielgruppendenken ist oft zu eng auf diejenigen Aspekte fokussiert, die Ihr Unternehmen interessieren oder die konkret messbar sind. Der Rest wird außer Acht gelassen. Zielgruppendenken, das Konsumenten in starre Raster presst, kann in eine Bevormundung von Konsumenten münden: Wir wissen, was für dich, lieber Kunde, gut ist und was du mögen musst. Dies wiederum kann dazu führen, dass Ihre Marke und deren Produkte abgelehnt werden.

Denken in Zielgruppen verengt den Blickwinkel

Stellen Sie sich vor, Sie blättern in der Zielgruppenanalyse für Ihren Onlinekaffeeshop: Hier steht, dass der überwiegende Teil Ihrer Onlinekäufer Frauen sind.

Also gestalten Sie den Shop entsprechend um. Sie lesen weitere Zielgruppenanalysen und erfahren dort mehr über die Vorlieben von Frauen, die online einkaufen. Das Design leuchtet ab sofort rosa (schließlich hat das die neueste Studie so empfohlen), Buttons sind mit niedlichen Blümchen dekoriert (auch diese Entscheidung haben Sie statistisch untermauert), ab einem Bestellwert von 50 Euro legen Sie wahlweise ein Exemplar einer Frauenzeitschrift oder zwei Strumpfhosen bei. Zum Muttertag bieten Sie Sonderpreise an.

Vielleicht gibt es in der Tat Käuferinnen, die sich hier wiederfinden. Der überwiegende Teil wird Dinge, die so zielgruppenspezifisch sind, für sich selber nicht passend finden. Männer, die Ihren Shop aufsuchen, dürfte das ganze eher abschrecken. So verbauen Sie sich einerseits den Weg, neue Zielgruppen zu erschließen. Andererseits verärgern Sie durch Bevormundung Ihre derzeitige Kundschaft.

Ein weiterer Nachteil, der durch eindimensionales Zielgruppendenken entsteht: Sie denken nicht über die Zielgruppen hinaus, sondern bewegen sich konzeptionell in einem fest definierten Universum. Das versperrt Ihnen die Sicht auf diejenigen, die potenzielle Kunden sein könnten. Damit vergeben Sie sich selbst die Chance darauf, neue Käuferschichten zu erschießen.

Erweitern von Marken

Wenn sich Zahnpasta mit Zitronengeschmack gut verkauft, dann wird sich auch Zahnpasta mit Mandarinengeschmack gut verkaufen. Und wer Fruchtsaft liebt, wird auch Diätfruchtsaft mögen. Das ist zwar ein naheliegender Schluss, der sich aber in der Praxis nicht immer bewährt.

Der Grund dafür ist nicht nur, dass es an einer kreativen, neuen Idee fehlt. Ausschlaggebend ist oft, dass die Markenerweiterung unternehmensgetrieben aus einer reinen Produktsicht heraus erfolgt.

Procter & Gamble bot beispielsweise vor Jahren 52 Varianten der Zahnpastamarke »Crest« an, um höchstmögliche Marktabdeckung zu erreichen. Andere Marken versuchten, neue Zielgruppen zu erschließen, indem sie Produkte auf den Markt brachten, die keinen Bezug zur Kernmarke haben. Harley Davidson probierte es (erfolglos) mit einem Parfüm, der Nahrungsmittelhersteller Heinz (ebenso erfolglos) mit Putzmitteln.

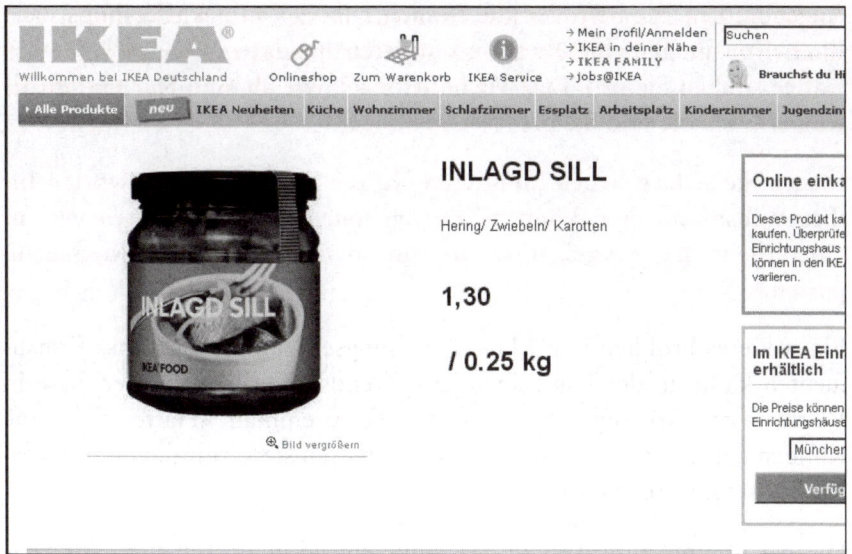

Abbildung 1.2: Ikea Foods: ein Beispiel für eine erfolgreiche Markenerweiterung von Mobiliar auf skandinavische Speisen

Wenn Sie eine Markenerweiterung planen, sollte diese unmittelbar zur Marke passen, anstatt sie zu verwässern. Für Ihre Kunden muss es einfach sein, die Markenerweiterung der ursprünglichen Marke zuzuordnen. Ansonsten machen Sie sich unglaubwürdig und untergraben die Werte Ihrer Marke.

Erweiterungen müssen zur Kernmarke passen

Was kann das für Ihren Onlinekaffeeshop bedeuten? Vielleicht möchten Sie dort schon bald mehr als Kaffeebohnen und Süßes verkaufen. So schwer kann das nicht sein! Schließlich wirbt Tchibo auch mit dem Satz »Jede Woche eine neue Welt«. Welche Markenerweiterung wird wohl vielversprechender sein: der Verkauf von Kalendern mit Bildern zum Thema Kaffeegenuss oder der Versand von Socken?

Marktforschungsdaten als strategische Arbeitsgrundlage

So authentisch Marktforschungsdaten auf den ersten Blick auch wirken mögen: Sie spiegeln nicht das wahre Leben, weil sie zu stark auf einzelne Aspekte abzielen. Das engt den Blick ein. Mitunter werden Marktforschungsdaten erhoben, ohne dass ein konkreter Nutzen für Ihr Unternehmen sichtbar wird.

Angenommen, Sie befragen die Besucher Ihres Onlinekaffeeshops nach Ihren Konsumgewohnheiten und anderen Eckdaten: Wie viele Tassen Kaffee trinken Sie pro Tag/Woche/Monat? Wie alt sind Sie? Haben Sie Kinder? Wie oft sind Sie pro Woche online?

Fragen Sie sich, welchen konkreten Nutzen Sie aus den Antworten für Ihre Website ableiten können. Nützen Ihnen etwa die Antworten zur Überarbeitung der Navigationsstruktur oder um ein neues Design anzupassen?

Konsumenten erkennen selten Trends

Ein weiteres Problem von Marktforschungserhebungen ist, dass Konsumenten kaum in der Lage sind, neue Trends zu erkennen oder diese in Worte fassen können. Henry Ford äußerte einmal: »Hätte ich meine Kunden gefragt, was sie sich wünschen, hätten sie vermutlich geantwortet: Ein schnelleres Pferd.«

Hierbei kommt zum Tragen, dass nur ein geringer Teil von Informationen aus der Umwelt ins Bewusstsein dringt. Mit Methoden aus der Neuroinformatik lässt sich berechnen, dass dieser Anteil im Promillebereich liegt: Nur 4 von 100 000 Informationen werden bewusst wahrgenommen.

Kaufentscheidungen fallen oft unbewusst

Der überwiegende Teil von Informationen wird also nicht nur unbewusst verarbeitet und gespeichert, sondern auch unbewusst in Handlungen umgesetzt. Fragen nun Marktforscher Ihre Kunden nach Motiven zur Kaufentscheidung, ist die Wahrscheinlichkeit groß, dass nicht die wirklichen Gründe genannt werden. Diese sind den Befragten nämlich im Moment der Kaufentscheidung gar nicht bewusst geworden.

Mehr noch: Das Bewusstsein versucht nachträglich, eine sinnvolle Antwort auf die Marktforschungsfragen zu finden. Die Antwort braucht nichts mit dem zu tun haben, was tatsächlich im Gehirn bei der Kaufentscheidung abgelaufen ist. Sie erscheint aber nach außen rational und schlüssig.

Sozial erwünschte Antworten verfälschen das Ergebnis

Antworten aus Marktforschungsbefragungen können auch durch einen weiteren Faktor verfälscht werden. Nämlich durch den Wunsch des Befragten, sozial erwünschte Antworten zu geben: Es werden keine Antworten gegeben, für die man sich schämen müsste oder die unangenehm sind.

Sie wollen oder müssen trotz dieser Unwägbarkeiten Marktforschungs-daten in Ihre strategischen Überlegungen einbeziehen? Dann beachten Sie ein paar praktische Tipps dazu.

>> Sehen Sie sich in jedem Fall die Originaldaten an. Oft werden die Daten in der Weiterverarbeitung so aufbereitet, wie es ein Statisti-ker für sinnvoll befindet. Sie können aber unter Umständen nichts mehr mit den Daten anfangen. Ein Beispiel: Beschwerden von Kun-den Ihres Onlineshops werden gesammelt, thematisch geordnet und ausgewertet. Nutzt es Ihnen, wenn Sie lesen: »13 % aller Beschwer-den bezogen sich auf den Bestellprozess.«? Ein Blick in die Original-daten zeigt Ihnen, dass sich 21 von 100 unzufriedenen Kunden darüber beschweren, die vergrößerte Ansicht eines Produkts nicht aufrufen zu können.

>> Lesen Sie möglichst die unbearbeiteten Aussagen der Kunden. Sehen Sie sich an, wie die Kunden ihre Beschwerden formulieren, wie sie Lob aussprechen, welche Verbesserungsvorschläge sie haben. Origi-naltexte vermitteln Ihnen einen direkten Eindruck davon, wie Ihr Onlineangebot von Kunden wahrgenommen wird.

>> Achten Sie auf »Kleingedrucktes«. Wie viele Personen wurden befragt? Wie sah der Fragebogen aus? War es eine Gruppendiskus-sion oder eine Einzelbefragung?

>> Eignen Sie sich Grundkenntnisse in Statistik an, die Ihnen helfen, wichtige Begriffe zu verstehen. Perzentil, Normalverteilung, Sigma-Faktor: Wenn Sie wissen, was sich hinter diesen Begriffen verbirgt, können Sie viel souveräner mit den Daten umgehen. Das ist beson-ders dann sinnvoll, wenn Sie sich häufig und ausgiebig mit Markt-forschungsdaten beschäftigen müssen.

Streben nach Alleinstellungsmerkmalen

Sicher haben Sie sich schon oft gefragt, wie Sie sich von den Mitbewer-bern abheben können, indem Sie etwas anbieten, was sonst keiner hat. Häufiger versendete Newsletter oder diese neue Kaffeesorte in Ihrem Onlineshop, die es sonst nirgends als ganze Bohne zu kaufen gibt: Die

Frage ist, ob der User die Alleinstellungsmerkmale als solche überhaupt erkennt, und wenn ja, ob sie so positiv aufgenommen werden, wie Sie sich dies erhoffen.

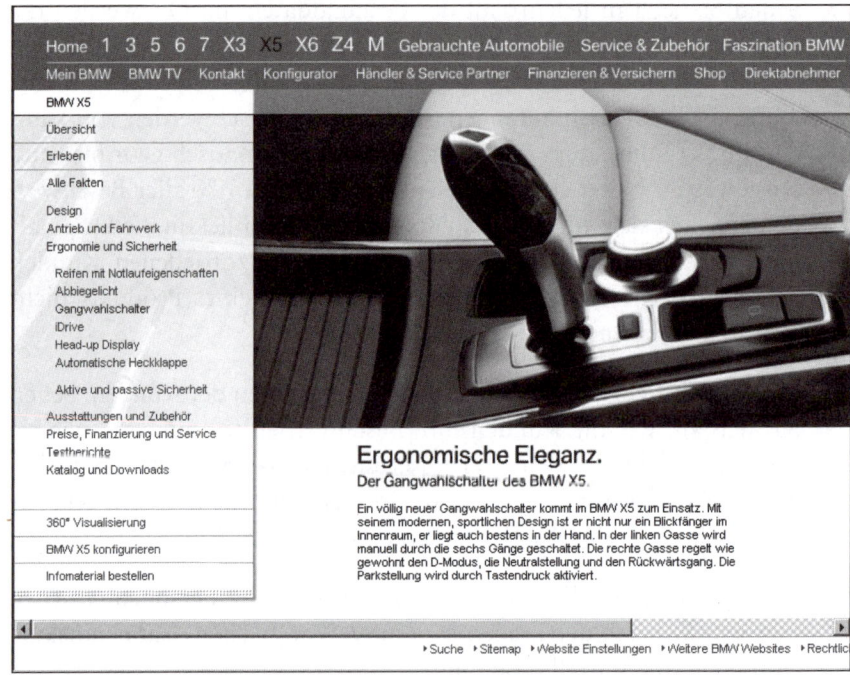

Abbildung 1.3: Alleinstellungsmerkmal »Gangwahlschalter«: Ob es von den Kunden positiv aufgenommen wird, hängt stark von einer verständlichen Erläuterung ab

**Allein-
stellungs-
merkmale
sind selten
innovativ**

Fakt ist, dass das Ausarbeiten und Umsetzen von Alleinstellungsmerkmalen oft gar keine echte Innovation darstellt. Dafür kostet es Zeit und Energie. Der Aufwand steht oft in keinem Verhältnis zum Ergebnis.

Wie lange mag es gedauert haben, bis Sie für Ihren Kaffeeshop die Pralinen mit handgepflücktem Trockenobst aus der Region als exklusive Besonderheit entwickelt haben? Auch die Umsetzung dieser Idee wird viel Zeit und Energie in Anspruch nehmen. Ungewiss ist aber, ob Ihre Käufer die Produktdetails auch wirklich wahrnehmen werden oder einfach nur diese leckeren Aprikosen in weißer Schokolade kaufen möchten.

Denken in Produktkategorien

Sehen Sie sich Ihre bestehende Website genau an: Haben Sie sich bei der Erstellung stark an Produktkategorien orientiert? Werden beispielsweise Produktkategorien in der Navigationsstruktur eins zu eins widergespiegelt? Das ist naheliegend und ergibt aus Ihrer Sicht durchaus Sinn.

Benutzer denken aber anders. Sie kennen Ihre Produktkategorien nicht, die womöglich auch noch mit Begriffen in der Navigation auftauchen, die nur Kennern Ihres Unternehmens etwas sagen. User suchen auf Websites selten entlang von Produktkategorien, sondern orientieren sich an eigenen Bedürfnissen.

Auf sinnvolle Kategorien-namen achten

Wie sieht die Hauptnavigation in Ihrem Kaffeeshop aus? Bieten Sie Ihren Besuchern als Optionen »Robusta«, »Arabica« und »Sweet Lifestyle«? Sie als Anbieter wissen freilich, dass Sie Robusta- und Arabica-Kaffeesorten verkaufen. Sie kennen den Unterschied zwischen den Bohnensorten. Sie finden es sinnvoll, Kaffee in diese Sorten einzuteilen. Und Sie wissen, dass sich hinter »Sweet Lifestyle« eine große Auswahl an Pralinen verbirgt. Aber weiß das auch der potenzielle Käufer?

1.4   Erfolgreich mit Perspektivwechsel: von der Unternehmenssicht zur Kundensicht

Die Schwächen der markenstrategischen Ansätze zeigen es deutlich: Die Frage ist nicht, wie Sie das nächste Alleinstellungsmerkmal finden oder ob ein bestimmtes Sinus-Milieu unter Ihren Käufern dominiert. Die Frage ist vielmehr, wie Sie im täglichen Leben Ihrer User einen wirklichen Nutzen stiften können.

Nur so lassen sich Käufer finden und dauerhaft binden. Um herauszufinden, was Nutzen genau definiert und wie sich User verhalten werden, müssen Sie möglichst tief und konkret in deren Persönlichkeit und Alltag eintauchen. Dabei helfen Ihnen Personas und Demandscapes.

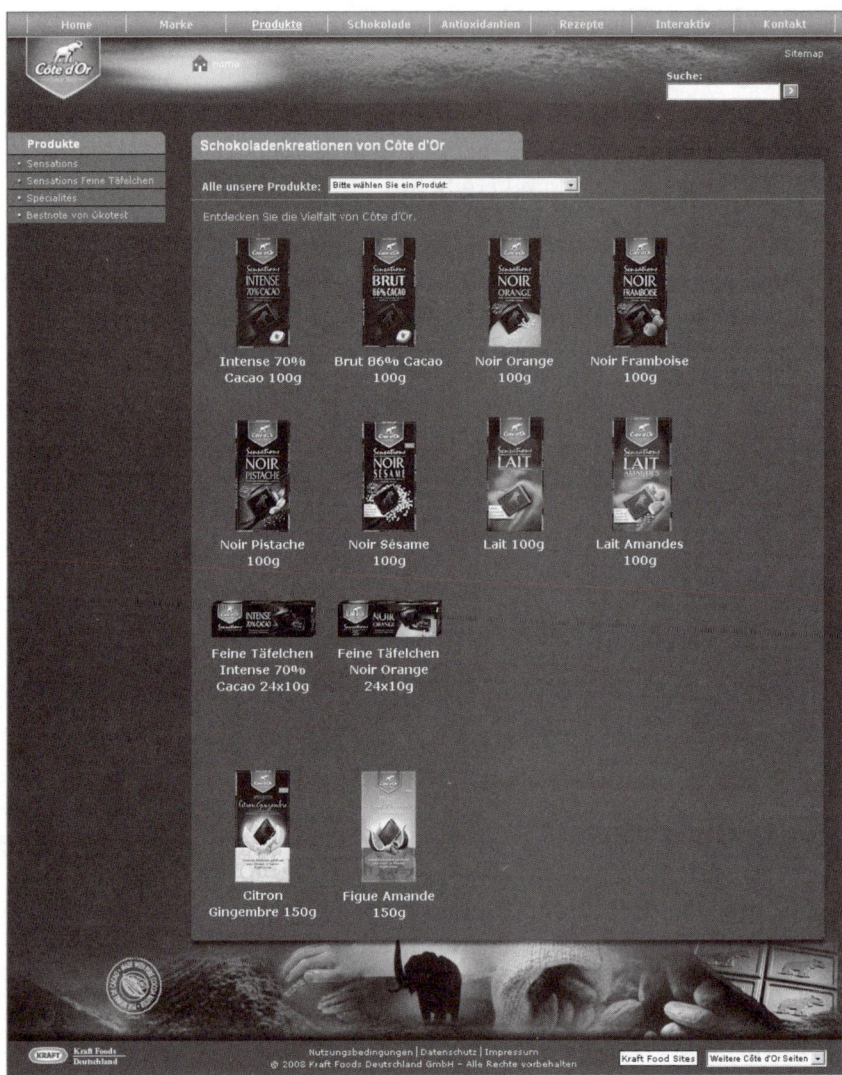

Abbildung 1.4: Eine Schokoladenpackung neben der anderen: Websites, die auf einer reinen Produktsicht aufbauen, sind für den Nutzer wenig interessant

Personas: clever vorhersagen, wie sich Kunden verhalten

Personas sind eine Arbeitstechnik, mit deren Hilfe Sie sich sehr intensiv mit der Person Ihrer Kunden beschäftigen können. Eine Persona beschreibt einen Kundentyp anhand einer konkreten Person so genau, dass Sie sich völlig in diese Person hineinversetzen können. Der wesentliche Unterschied zur reinen Zielgruppenbetrachtung ist, dass Sie nicht mehr mit einer abstrakten, statistisch beschriebenen Gruppe arbeiten, sondern mit einer ganz konkreten, lebendig wirkenden Einzelperson mit einer Biografie, einem Alltag, Wünschen, Zielen oder Ängsten.

Wie funktioniert nun konkret die Erstellung von Personas? Prüfen Sie zunächst, ob sich Personas für die Zwecke Ihrer Website eignen. Personas sind umso empfehlenswerter, je inhomogener die Eigenschaften Ihrer Kunden sind und je stärker bei der Benutzung der Website emotionale Komponenten eine Rolle spielen.

Personas erwecken Ihre Kunden zum Leben

Ungeeignet wären Personas etwa, um ein webbasiertes Zeiterfassungssystem zu optimieren. Emotionale Komponenten oder Unterschiede zwischen einzelnen Nutzern sollen keine Rolle bei der Benutzung spielen. Jeder Benutzer hat dasselbe Ziel: Es soll lediglich erfasst werden, wer an welchem Tag wie viele Stunden mit welchem Projekt zugebracht hat.

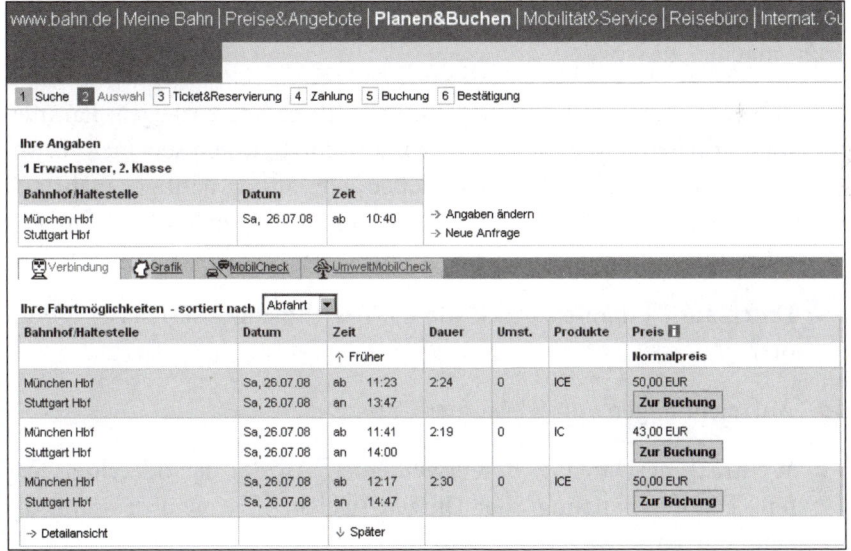

Abbildung 1.5: Onlinebuchungssystem: muss nicht an Nutzerszenarien angepasst werden

Weiterhin sind Personas nicht geeignet, wenn Sie sie zwar erstellen, aber nicht nutzen könnten. Das ist immer dann der Fall, wenn Sie mit einer unflexiblen Applikation arbeiten, welche sich nicht oder nur mit großem Aufwand an Nutzerbedürfnisse und -szenarien anpassen lässt. Ticketbuchungen, Zeiterfassungssysteme oder Suchfunktionen in komplexen Datenbanken sind typische Beispiele. In diesem Fall muss der User seine Bedürfnisse aus guten Gründen dem Interface unterordnen.

Anders in Ihrem Onlinekaffeeshop: Hier können Sie die Seiten frei gestalten. Und es spielt sehr wohl eine Rolle, ob ein Käufer mit einer bestimmten Erwartungshaltung etwa von einem Werbebanner aus in den Shop hineinkommt, ob ein Käufer ein Bestandskunde ist, der zielstrebig seinen Warenkorb zusammenstellt oder sich als Erstkunde lieber vor dem Kauf ausgiebig informieren möchte.

Drei bis fünf Personas genügen
Wenn Sie sich entschieden haben, Personas zu verwenden, betrachten Sie nun Ihre Nutzerschaft näher. Versuchen Sie, drei bis fünf typische Nutzer zu definieren, die sich untereinander hinsichtlich der Verwendung Ihrer Website und in Verhaltensweisen, Motiven, Zielen oder Vorkenntnissen stark unterscheiden. Mehr Personas sollten Sie nicht verwenden. Hier besteht zum einen die Gefahr, dass die Personas ihre Konturen verlieren und keinen echten Usertyp mehr repräsentieren. Mit mehr als fünf Personas laufen Sie zum anderen Gefahr, es jedem nur denkbaren User recht machen zu wollen.

Versuchen Sie, aus den Daten, die Ihnen zu Ihrer Site vorliegen, Parameter zu identifizieren, die für die Nutzung wichtig zu sein scheinen. Etwa, dass ältere User, die auf dem Land leben, wesentlich häufiger mehrfach bestellen als junge Stadtbewohner. Was kann als Datenmaterial Eingang in die Personas finden?

Quellen für Persona-Daten

>> Daten aus Verkäufen (Adressdaten, Bestellmenge, Bestellart, Wohnort)

>> Aufzeichnungen vom Customer Care

>> Webtracking-Daten, z. B. Verweildauer, Anzahl der besuchten Seiten, Tag der Nutzung oder Uhrzeit (welcher User würde wann die Seite nutzen?)

>> Feedback von Kunden, das per E-Mail eingeht

>> Jegliche persönliche Daten von Kunden, z. B. aus Profilen, die angelegt werden vom User

>> Meinungen aus Verbraucherportalen, Communitys oder Foren, die nicht unmittelbar etwas mit Ihrer Website zu tun haben, wo aber das Thema an sich diskutiert wird. Sie können dies als eine Art authentischer Fokusgruppenbefragung verwenden.

Diese Nutzer beschreiben Sie nun so detailliert wie möglich. Geben Sie den Nutzern Vor- und Zunamen, verwenden Sie ein Porträtfoto und möglichst ein Originalzitat, das für diesen User in Bezug auf die Website typisch ist. Sie können Ihrer Fantasie ruhig freien Lauf lassen. Eine Persona ist umso hilfreicher, je mehr Ihr Team bei der Überarbeitung und Neugestaltung der Website damit anfangen kann.

Um Personas besonders lebendig werden zu lassen, können Sie die Tabelle mit den unten aufgezählten Daten auf einen großen Papierbogen kleben und um die Tabelle herum Abbildungen von denjenigen Gegenständen anordnen, die typisch sind für die jeweilige Person. Dazu zählen Möbel, Geschirr, Autos, Zeitschriften, Freizeitbeschäftigungen, Bekleidung oder Nahrungsmittel.

Tipp . . . . . .

Personas sollten enthalten:

**Welche Daten
enthalten
Personas?**

>> Alter, Beruf, Wohnort

>> Hard- und Softwareausstattung, Webaffinität

>> Userstatus: beispielsweise Erstbesucher, Wiederkehrer, Gutscheinnutzer

>> Wie ist dieser User auf Ihre Website aufmerksam geworden?

>> Wie sieht ein typisches Nutzerszenario aus? Auch Details zählen hier: User schaut dabei fern, ist in Eile, will immer alles ganz praktisch erledigen

>> Welches Motiv verfolgt der User beim Besuch auf der Site? Welche Ziele, Ängste, Befürchtungen, Bedürfnisse spielen eine Rolle?

>> An welcher Stelle trifft der User auf Ihre Site?

>> Welche Fragen hat er in Bezug auf Ihr Produkt?

>> Was erwartet die Person von Ihrem Produkt?

>> Welche Erfahrungen hat die Person schon mit Ihrem Unternehmen gemacht?

>> Welche Erfahrungen hat die Person mit Ihren Mitbewerbern gemacht?

>> Wie geht die Person vor, um Informationen zu sammeln? Schnell und oberflächlich oder langsam, methodisch und gründlich?

>> Hat die Person ein konkretes Ziel beim Besuch der Website oder wandert sie planlos umher?

>> Was haben Sie mit der Persona vor? Welche Wege soll sie beim Besuch der Website nehmen?

>> Besonderheiten: Leidet der Benutzer an Kurzsichtigkeit? Ist er minderjährig? Oder vielleicht schon älter und hat Probleme, den Doppelklick schnell genug auszuführen?

>> Generelles Surfverhalten im Web: Welche Sites werden typischerweise aufgesucht?

Eine Beispielpersona für den Kaffeeshop könnte etwa so aussehen:

Beispiel für eine Persona

Name	Stefanie
Alter	34
Wohnort	Kleinstadt
Bildung und Beruf	Mittlere Reife, Beamtin in der Stadtverwaltung
Persönlicher Background	Alleinerziehend, zwei Kinder, die schon die Schule besuchen. Stefanie arbeitet ganztags und ist Pendlerin. Die meiste Zeit wird dazu verwendet, das Leben ihrer kleinen Familie zu organisieren.
Typische Nutzungssituation	Stefanie nutzt den Shop meist in der Mittagspause und loggt sich für wenige Minuten ein. Sie weiß genau, was sie bestellen will, und geht sehr zielgerichtet vor. Wenn sie allerdings Hinweise auf Schnäppchen entdeckt, lässt sie sich ablenken und bestellt dann eventuell etwas anderes, was günstiger ist.
Sonstige Internetaktivitäten	Kauft oft bei eBay, Amazon oder anderen Shops, wo sie gezielt nach Schnäppchen Ausschau hält. Bei bahn.de kauft sie öfter Tickets. Was immer ihr das Leben erleichtert, wird dankbar angenommen. So hat sie etwa neulich den Service der Deutschen Post entdeckt, sich selbst online Briefmarken auszudrucken.

Verweildauer	Wenige Minuten
Hat den Shop kennengelernt über	Persönliche Empfehlung
Internetaffinität (Vorkenntnisse, techn. Verständnis)	Gute Webaffinität, aber kein Onlinefreak. Gutes technisches Verständnis – denn, wie Stefanie sagt: »Ich kann ja keinen Mann fragen, wenn WLAN mal ausfällt oder die Waschmaschine streikt!«
Persönliche Meinung zum Onlineshopping	Eine prima Sache, die mir das Leben erleichtert. Als Vorteil wird gesehen, dass man rund um die Uhr einkaufen kann, die Preise transparent sind, bis nach Hause geliefert wird, man unkompliziert umtauschen kann und oft sogar die Liefergebühren entfallen. Wichtig ist ihr, dass Shopbetreiber bestimmte Gütesiegel vorweisen können und vertrauenswürdig erscheinen.

Fragen, die sich während der Überarbeitung stellen, sind dann beispielsweise: Würde Persona 1 das mögen? Würde Persona 2 damit zurechtkommen? Braucht Persona 1 an dieser Stelle einen Erklärungstext? Wenn Sie merken, dass die Persona anfängt zu leben und Ihnen hilft, die Fragen zu beantworten, haben Sie alles richtig gemacht.

Wenn Sie unsicher sind, wie Sie mit der Erstellung von Personas arbeiten sollen, versuchen Sie es doch einmal mit einer kleinen Umfrage, die Sie auf Ihrer Homepage schalten. Das kostet Sie und auch den Benutzer nur wenig Aufwand. Die Ergebnisse liefern Ihnen aber den Ausgangspunkt für Ihre Personas, indem Sie folgende Fragen stellen:

Umfragen als Alternative zu Personas

>> Mit welchem Ziel haben Sie heute diese Website aufgesucht?

>> Haben Sie dieses Ziel erreicht?

>> Wenn Sie das Ziel nicht erreicht haben, woran lag das?

>> Wenn Sie Ihr Ziel erreicht haben, was hat Ihnen dabei am meisten Freude bereitet?

Versuchen Sie nun, in den Antworten ein Muster zu erkennen. Welche und wie viele Nutzertypen lassen sich damit gruppieren? Das gibt Ihnen eine gute Grundlage zur Entwicklung der Personas.

Demandscapes: Was Kunden antreibt

Geprägt wurde dieser Begriff von Erich Joachimsthaler in seinem Buch »Hidden in Plain Sight«. Er beschreibt darin die »Landscape of Demands« als die Gesamtheit aller Wünsche, Ziele, Aufgaben, Projekte, Ängste, Motivationen, die einen User beeinflussen und antreiben. Umfassende Demandscapes zu verfassen ist aufwendig und erfordert großes Vorwissen.

Nutzen Sie Medienberichte zu aktuellen Trends

Machen Sie es deshalb lieber umgekehrt: Halten Sie stets Ausschau nach Berichten über Trends und sehen Sie sich genau an, welche Hintergründe zu diesen Trends beschrieben werden. Hier finden Sie wertvolles Material, was Sie sich zunutze machen können. Legen Sie dabei den Fokus auf nichtwissenschaftliche Publikationen. Trends, die in wissenschaftlichen Zeitschriften beschrieben werden, haben oft noch keine Relevanz für die Praxis.

Dagegen sind Trends, die Sie in Radiosendungen, Frauenzeitschriften oder in der Wochenendbeilage Ihrer Tageszeitung beschrieben finden, bereits in der breiten Masse angekommen.

Angenommen, Sie überlegen, was Sie Ihren Websitebesuchern im Kaffeeshop Besonderes bieten könnten. In einem Frauenmagazin entdecken Sie zufällig eine Reportage über private Clubs, Salons und Vereine.

Darin werden als Motivation für einen Clubbeitritt der Wunsch nach Familienersatz, nach Stabilität in einer flüchtigen Singlegesellschaft und das Bedürfnis, sich mit Gleichgesinnten zusammenzuschließen, genannt. Solche Texte, gerade wenn sie in einer nichtwissenschaftlichen Publikation erscheinen, geben Ihnen wertvolle Hinweise auf Ängste, Wünsche, Motive Ihrer User. Vielleicht regt Sie die Lektüre dieser Reportage zu der Überlegung an, ob Sie einen Kaffeeclub gründen sollen. Dieser könnte sowohl in Ihren Filialen als auch auf Ihren Websites präsent sein.

Wenn Sie jetzt Personas und Demandscapes kombinieren, verbinden Sie Eigenschaften von Personen mit deren Motiven und Wünschen. Damit haben Sie die Grundlage geschaffen, um sich so weit in den Nutzer hineinzuversetzen, dass Sie sein Verhalten im speziellen Fall der Websitenutzung erfolgreich vorhersagen können.

Halten Sie sich nun den Tagesablauf eines Users vor Augen. Wann interagiert die Person wie und warum und mit welcher inneren Befindlichkeit mit Ihrer Website? Ist die Person in Eile? Hat die Person Zeit?

Betrachten Sie den Tagesablauf des Users

Definieren Sie jeden einzelnen Berührungspunkt mit Ihrer Website und fragen Sie sich, wie Sie in den konkreten Situationen Nutzen stiften können für Ihre User. Was genau tut der User? Warum? Was wird unterlassen? Und warum?

Beachten Sie dabei auch, dass nicht immer Produkte miteinander in Konkurrenz stehen, sondern in erster Linie Verhaltensweisen. Nutzer werden seltener fragen: »Trinke ich den Tee der Marke A oder der Marke B?«, sondern eher: »Trinke ich einen Tee oder telefoniere ich mit meiner Freundin?«

Zur Konstruktion dieser Szenarien helfen Ihnen auch Daten aus dem Webtracking, vor allem der Uhrzeitanalyse.

1.5   Weiterführende Links

>> In diesem Blog finden Sie hilfreiche und praxisnahe Beiträge zur Marketingstrategie – etwa für Web 2.0, virales Marketing oder Onlinemarketing – von kleinen und mittleren Unternehmen:

`http://blog.aixpressive.de/index.php/2008/07/`

>> Mit Markenführung im Internet für B2B-Geschäfte setzt sich dieses Blog auseinander:

`http://www.onlinemarketing-blog.de/2007/02/01/markenfuehrung-im-internet/`

>> Speziell für Onlinehändler gedacht sind Beiträge in folgendem Blog:

`http://www.e-commerce-blog.de/`

KAPITEL 2
Content: Schreiben fürs Web

2.1   Wie online gelesen wird

Online wird so gut wie gar nicht gelesen. Das liegt darin begründet, dass die Benutzer das Internet nicht als Lesemedium wahrnehmen, sondern als interaktives Medium. Benutzer wollen selbst etwas tun. Darum klicken sie lieber auf Links und Schaltflächen, anstatt einen vermeintlich langweiligen Text zu lesen.

Die Abneigung gegen das Lesen am Bildschirm hat auch noch andere Ursachen. Texte am Monitor zu lesen ist weit unbequemer als das Lesen auf Papier. Der Leser muss am Monitor eine relativ starre Haltung einnehmen. Nicht nur das strengt über die Zeit hinweg an. Auch die Augen werden durch die Hintergrundstrahlung des Monitors auf Dauer belastet.

Im Web wird kaum gelesen

Längere Texte, die Scrollen erfordern, sind am problematischsten für den Leser. Selbst die Handhabung einer Maus mit Rad (»Wheelmouse«) nimmt so viel Aufmerksamkeit für die Feinmotorik in Anspruch, dass der Leser vom Text erheblich abgelenkt ist. Umblättern in Büchern oder Zeitungen erfordert bei weitem nicht so viel Aufmerksamkeit wie das Benutzen einer Maus. Im schlechtesten Fall muss ein Scrollbalken am Bildschirmrand mit sorgfältig gesteuertem Mauszeiger auf und ab bewegt werden. Resultat des Ganzen ist, dass der Benutzer Teile des Textes überspringt, ohne es zu bemerken. Auch die Aufnahmefähigkeit für die eigentlichen Textinhalte leidet.

Darum verfahren die Benutzer online mit Texten meist auf ein und dieselbe Weise: Sie lesen nicht, sie überfliegen nur. Leser wandern dabei mit den Augen F-förmig über eine Website. Die Querbalken des F sind aber bei weitem keine vollständigen Zeilen. Oft lesen Benutzer von einer Überschrift oder einem Fließtext nur die ersten beiden Wörter.

Texte werden nur überflogen

Wie viel vom gesamten Text gelesen wird, hängt interessanterweise direkt mit der Menge an Text zusammen, der auf einer Webseite verwendet wird. Setzt man eine Lesegeschwindigkeit von rund 250 Wörtern pro Minute voraus, so ergibt sich, dass bei einer Textgesamtmenge von 50 Wörtern 70 % des Textes gelesen werden.

Beträgt die Gesamtmenge des Textes 100 Wörter, lesen die Benutzer noch rund 50 % davon. Ab 400 Wörtern sinkt die Aufmerksamkeit so stark ab, dass nur noch 20 % des Textes gelesen werden. Wenn Sie sich eine Vorstellung von dieser Textmenge machen möchten: Dieser Abschnitt (»Wie online gelesen wird«), enthält rund 400 Wörter.

Im Schnitt schenken Leser den vorhandenen Texten auf einer Website eine halbe Minute. Je mehr Text vorhanden ist, desto länger verweilen die Benutzer. Das bedeutet aber nicht, dass intensiver gelesen wird. Ein Plus von 100 Wörtern erhöht die Lesedauer nur um rund 5 Sekunden.

Liegt die Textmenge deutlich über 1500 Wörtern, hören die Benutzer ganz auf zu lesen und springen in unregelmäßigen Abständen durch den Text. Glücklicherweise kommen solche Textmengen nicht allzu häufig vor. Meist handelt es sich um akademische Texte, Nachschlagewerke oder allgemeine Geschäftsbedingungen. Interessiert sich ein Benutzer für solche Inhalte, werden sie ausgedruckt und auf Papier gelesen.

2.2   Warum überhaupt Text?

Wenn feststeht, dass Benutzer gar nicht oder nur ungern lesen, stellt sich die Frage nach dem Sinn von Texten. Warum nicht gleich ganz darauf verzichten?

Relevant für Such-maschinen

Zum einen brauchen Sie Text, weil dieser von Suchmaschinen durchleuchtet wird. Es lohnt sich, die Texte daraufhin anzupassen. Denn was nützen Ihnen die schönsten Internetseiten, wenn sie in den Trefferlisten von Google und Co nicht auftauchen? Wer im Internet von Suchmaschinen übersehen wird, existiert im Grunde nicht.

Zum anderen suchen Ihre Kunden regelrecht nach Texten. Denn Texte informieren – und genau das interessiert derzeit jeden zweiten Internetnutzer. Sich vor dem Kauf über ein Produkt online zu informieren, gehört immer noch zu den meistgenannten Gründen für die Internetnutzung.

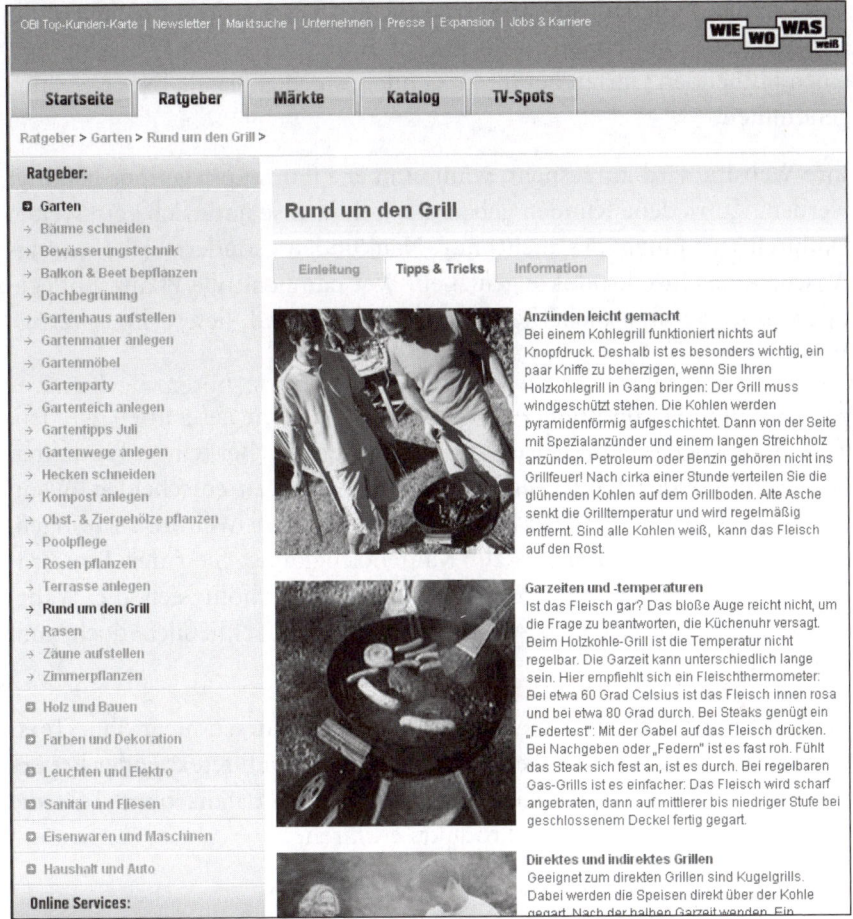

Abbildung 2.1: Zahlreiche Ratgeber auf einer Baumarkt-Website: Tipps und Tricks bieten Gärtnern und Handwerkern echten Nutzwert

Eine andere wichtige Eigenschaft von Texten ist, dass Sie sie ohne großen Aufwand ständig erneuern können. Neue Inhalte machen die Site erst interessant, weil sie für den Benutzer eine Motivation zum Wiederkommen schaffen. Anlässe dafür gibt es mehr als genug. Kündigen Sie schon in Ihrem Newsletter an, was es Neues auf der Website zu entdecken gibt: Basteltipps für Weihnachten, eine Vorschau auf wichtige Branchenmessen, Anleitungen zur Pflanzenpflege.

Anlass für Ihre Kunden, wiederzukommen

Von Texten, in denen echter Nutzen für den Leser steckt, profitieren Sie selbst auch. Schaffen Ihre praktischen Anleitungen zur Pflanzenpflege einen blühenden Garten bei Ihren Kunden, werden Sie als Experte wahrgenommen.

Texte bieten Nutzwert

Ihre Website wird aufgesucht, wann immer Pflanzenpflegetipps benötigt werden. Zufriedene Kunden geben die Webadresse natürlich gern weiter. Dadurch gewinnen Sie nicht nur Neukunden, sondern erhöhen das Ansehen, das Ihre Produkte genießen. Wer nämlich tolle Pflanzenpflegetipps gibt, ist mit Sicherheit Gartenexperte und liefert hochwertige Ware.

Anlässe zum Wiederkommen, wie sie von Texten geschaffen werden, sind umso wichtiger, je teurer Ihre Produkte sind. Bei teuren Produkten benötigen Kunden länger, um sich für den Kauf zu entscheiden. Wenn Sie es schaffen, die Kunden immer wieder auf Ihre Website zu bringen, überbrücken Sie die Zeit bis zur Kaufentscheidung. Sie rufen Ihre Produkte immer wieder in Erinnerung. Dadurch erhöht sich die Wahrscheinlichkeit, dass der Besucher Ihrer Website schließlich doch zum Käufer wird.

Last, but not least: An manchen Stellen geht es einfach nicht ohne Text. Denken Sie an allgemeine Geschäftsbedingungen, Hilfetexte oder Pressemitteilungen. Und wie wollen Sie einem Benutzer ganz ohne Text die Vorzüge eines komplizierten Produkts erklären?

2.3   Tonalität

Welche Tonalität passt am besten zu Ihrer Website? Diese wichtige Frage sollten Sie klären, bevor Sie sich an die Produktion von Texten machen.

Tonalität muss zur Zielgruppe passen

Vielleicht betreiben Sie eine Website für Schulkinder? Oder wendet sich Ihre Site an Geschäftskunden einer Rückversicherung? Je nach Verwendungszweck und Hauptzielgruppe werden sich Texte stark voneinander unterscheiden. Das ist wichtig, damit sich die Besucher Ihrer Website darin wiederfinden. Passt die Tonalität nicht zur Zielgruppe, leidet die Akzeptanz der gesamten Website darunter. Darum gilt als Grundsatz für die Tonalität: Sprechen Sie die Sprache des Benutzers!

Dies ist auch wichtig, damit Ihre Websites von Suchmaschinen gefunden werden. Überlegen Sie, welche Suchbegriffe ein typischer Benutzer eingeben würde, um Ihre Websites zu finden. Wenn Sie genau diese – also die Sprache des Benutzers – in Ihren Texten verwenden, haben Sie die besten Chancen, auch tatsächlich auf den vorderen Plätzen der Suchergebnisse aufzutauchen. Doch dazu mehr im Kapitel 4.

Überlegen Sie daher vorab, ob Sie eher locker und emotional formulieren möchten, ob Sie gezielt Fachwörter verwenden wollen oder ob Sie Ihre Texte betont sachlich verfassen müssen. Wie stark sich Textwirkungen je nach Tonalität unterscheiden, verdeutlichen Ihnen folgende drei Textbeispiele. Jeder Text hat seine ganz eigene Tonalität:

1. Aus der Produktbeschreibung einer Schokoladenmarke:

Lassen Sie sich nicht von ihrer Größe täuschen – denn in jedem Mini-Täfelchen steckt der pure und intensive Geschmack von Côte d'Or Sensations. Einzeln verpackt bieten sie jederzeit den perfekten Grund für eine kleine Portion edler Schokolade. Ob Noir 70% oder Noir Orange – die Mini-Sensations von Côte d'Or halten, was ihr großer Name verspricht.

2. Von der Website eines Rückversicherers:

Harmonisierung, Modernisierung, Transparenz – diese Ziele verfolgt die Europäische Kommission mit dem Projekt Solvency II. Bereits jetzt zeichnen sich Veränderungen mit weit reichenden Konsequenzen ab; sie zwingen die Assekuranz, nicht nur einzelne Produkte, sondern ganze Geschäftssegmente kritisch zu analysieren.

3. So schreibt ein Nutzer eines Verbraucherforums:

Was auch besonders empfehlenswert ist ihr solltet das geile Gesöffs mal mit Alkohol mischen (Whiskey oder Baileys mit etwas Crushed Ice)(und fertig ist der Longdrink) hat eine weitaus bessere wirkung wie Red Bull mit Wodka und schmeckt dabei auch noch sau geil (Unkorrigiertes Originalzitat)

2.4   Vorhandenen Text qualitativ prüfen

Oft stehen Sie vor der Situation, dass vorhandener Text überarbeitet werden muss. Diese Aufgabe können Sie besonders effizient erledigen, wenn Sie die Inhalte nach dem Hamburger Verständlichkeitsmodell bewerten.

Dieses Beurteilungsmodell, das bereits 1981 entwickelt wurde, durchleuchtet die Qualität von Informations- und Gebrauchstexten anhand von vier Dimensionen. Sie finden im Folgenden vier kleine Checklisten, anhand derer Sie bestimmte Textmerkmale prüfen können. Je mehr Merkmale Sie in den Texten vorfinden, desto besser.

Einfachheit vs. Kompliziertheit

>> einfache Darstellung

>> einfache Satzstruktur

>> geläufige Wörter

>> Fachwörter erklärt

>> konkrete Aussagen

>> anschauliche Erklärungen

Gliederung vs. Unübersichtlichkeit

>> sinnvolle Textgliederung

>> folgerichtige Beschreibungen

>> Übersichtlichkeit

>> Wesentliches wird von Unwesentlichem getrennt

>> roter Faden ist deutlich sichtbar

Prägnanz vs. Weitschweifigkeit

>> nicht zu knapp formuliert

>> wenig Weitschweifigkeit

Stimulanz vs. Neutralität

Hier ist anzumerken, dass der Faktor Stimulanz von weiteren Komponenten abhängig ist. Bei gut gegliederten Texten wirkt zusätzliche Stimulanz motivierend auf den Leser. Sind dagegen die Texte ungeordnet, tragen anregende Zusätze eher zur Verwirrung bei.

>> anregend

>> interessant

>> abwechslungsreich

>> persönlich

>> rhetorische Fragen

>> metaphorische Ausdrücke

>> Beispiele und Analogien

2.5   Schritt für Schritt zum perfekten Text

Überschriften

Online haben Sie es immer wieder mit einem flüchtigen Leser zu tun. Daher kommt Überschriften eine zentrale Rolle zu. Sie sind wichtige Elemente, da sie Aufmerksamkeit lenken und Text gliedern.

Untersuchungen haben gezeigt, dass selbst Überschriften die Aufmerksamkeit des Lesers nicht lange zu fesseln vermögen. Sie müssen damit rechnen, dass Überschriften nicht zu Ende gelesen werden.

Formulieren Sie daher Überschriften so, dass schon die ersten beiden Worte für den Leser interessant erscheinen. Auf welche Schlüsselworte werden Ihre Benutzer am stärksten reagieren? Ein Beispiel soll verdeutlichen, wie stark sich Überschriften in ihrer Wirkung unterscheiden.

Angenommen, Sie betreiben ein Portal für Stellensuchende. Welche Überschrift wird mehr Aufmerksamkeit bekommen: »Münchner Softwarehaus schreibt 35 offene Stellen aus« oder »35 offene Stellen bei Münchner Softwarehaus«?

Zusammenfassungen

Zusammenfassungen sind gerade für Internetseiten eine gute Möglichkeit, die Benutzerfreundlichkeit zu erhöhen. Der Leser muss sich nicht durch längere Fließtexte wühlen, sondern bekommt schon vorab einen Eindruck vom Inhalt.

Ideal eignen sich Zusammenfassungen, um Formulierungen des sogenannten Title-Tags aufzugreifen. Das Title-Tag ist Bestandteil der HTML-Programmierung. Wenn Sie es sich ansehen möchten, rufen Sie in Ihrem Browser unter *Ansicht* den Seitenquelltext (Mozilla Firefox, Netscape) bzw. im Internet Explorer den Quelltext auf.

Das Title-Tag hat diverse Funktionen, auf die wir im Kapitel 4 noch zu sprechen kommen. Aus Gründen der Suchmaschinenoptimierung empfiehlt es sich, den Text dieses Tags in der Website zu wiederholen.

Einleitungstexte

Typische Einleitungstexte sind eine Art Verlegenheitslösung: »Willkommen auf unseren Seiten« steht dann dort zu lesen. »Hier erfahren Sie alles rund um Katzen, Hunde und andere Haustiere.«

Verzichten Sie auf Plattitüden

Wenn möglich, verzichten Sie auf derartige Plattitüden. Sie nehmen die Aufmerksamkeit des Lesers in Anspruch, die an anderen Stellen gebraucht wird. Meist reagieren die Nutzer auf nutzlose, lückenfüllende Einleitungstexte, indem sie sie ignorieren und sich anderen Dingen zuwenden – etwa Produktbeschreibungen oder der Navigationsleiste.

Wenn Sie Einleitungstexte verwenden möchten, müssen diese mehr sein als nur Lückenfüller. Die Einleitungstexte sollen konkret formulieren, welcher Inhalt die Benutzer hier erwartet und warum es sich lohnt, die Site zu besuchen. Dies ist besonders für diejenigen Benutzer wichtig, die nicht über die Homepage auf diese Subseite gelangen, sondern über eine Suchmaschine auf Ihre Homepage einsteigen.

Nützlich sind Einleitungstexte auch für Leser, die diesen Text zunächst übersprungen haben und sich anschließend nicht auf der Site zurechtfinden. Meist lesen dann die Benutzer doch noch die Einleitung. Wenn der Einleitungstext kurz genug ist, erfüllt er nun nachträglich seinen Zweck.

Fließtexte

Formulieren Sie so klar und einfach wie möglich. Denn auch bei schlichten Texten gilt die Usability-Regel Nummer eins: Don't make me think, bring mich nicht ins Grübeln. Also vermeiden Sie alles, was das Textverständnis des Users unnötig herabsetzen könnte.

Bevorzugen Sie Aktiv- gegenüber Passivformulierungen. Abgesehen davon, dass sich Passivformulierungen schwerer lesen lassen als Aktivformulierungen, haben sie einen wichtigen Nachteil. Passivformulierungen können Missverständnisse hervorrufen. »Defekte Glühlampen sollten ausgewechselt werden« – von wem, muss sich der Leser selbst erschließen. Eventuell vermutet der Leser aber auch die falsche Person hinter einer Passivformulierung. Wer soll die Glühlampe auswechseln? Der Hausmeister? Der Mieter? Und schon haben Sie mit der Passivformulierung eine mögliche Fehlerquelle geschaffen.

Besser aktiv als passiv

Formulieren Sie positiv: »Wechseln Sie defekte Glühlampen aus.« Das ist eindeutig und leicht zu verstehen. Negative Formulierungen sind da schon problematischer: »Lassen Sie nicht defekte Glühlampen in den Fassungen.« Der Leser wird sich berechtigterweise fragen, was denn sonst zu tun ist.

Positiv formulieren

Am schwierigsten zu verstehen sind doppelte Verneinungen: »Vermeiden Sie es, defekte Glühlampen nicht auszuwechseln.« Hier muss der Leser erst gründlich nachdenken, um hinter den Sinn des Satzes zu kommen. Ersparen Sie Ihren Lesern diese Denkaufgaben und formulieren Sie besser eindeutig: »Wechseln Sie die Glühlampe aus.«

Verneinungen meiden

Vermeiden Sie Schachtelsätze: Auch hier gilt wieder die Grundregel, dass Sie dem Leser das Leben so leicht wie möglich machen sollten. Bei Schachtelsätzen muss der Leser sich weit stärker konzentrieren als bei Hauptsätzen. Oft ist am Satzende bereits der Satzanfang vergessen. Verwenden Sie deshalb am besten Sätze, die maximal zwei Bestandteile

Keine Schachtelsätze

haben, beispielsweise einen Haupt- und einen Nebensatz. Die wesentliche Aussage sollte dabei an erster Stelle stehen.

Kurze Sätze

Streben Sie eine Satzlänge zwischen 11 und 17 Wörtern an: Dies ist die optimale Länge für einen leicht bis normal verständlichen deutschen Satz. Mehr als 20 Wörter machen einen Satz schon anspruchsvoll bis schwierig. 30 und mehr Wörter lassen den Satz als sehr schwer verständlich erscheinen.

Ganze Sätze

Schreiben Sie immer in ganzen Sätzen: Formulieren Sie Ihre Sätze aus. Mit Textfragmenten und Stichwortsammlungen möchte sich kein Leser herumplagen. Extrem verknappte Texte sind ebenso schwer verständlich wie Schachtelsätze, weil der Leser die Inhalte in Gedanken selbst ergänzen muss. Der Lesefluss gerät ins Stocken. Auch die Gefahr von Mehrdeutigkeiten steigt, wenn der Leser die Stichworte anders ergänzt als vom Autor ursprünglich vorgesehen.

Die ersten zwei Wörter sind am wichtigsten

Wählen Sie die ersten beiden Wörter besonders sorgfältig: Wie eingangs erwähnt, sind Internetbenutzer extrem flüchtige Leser. Mitunter werden nicht einmal zusammengesetzte Substantive zu Ende gelesen. Um den Leser für einen Text zu interessieren, müssen Sie ihn daher so gestalten, dass schon die ersten beiden Wörter Aufmerksamkeit wecken. Überlegen Sie sich, welche Wörter gerade für Ihre Leserschaft spannend sind. Angenommen, Sie schreiben einen Fließtext auf einer Website für Katzenliebhaber: »Gekochte Mohrrüben sind etwas, was Katzen lieben.« Mehr Aufmerksamkeit weckt der Satz, wenn Sie ihn so formulieren: »Katzen lieben gekochte Mohrrüben.« Jeder Katzenfreund wird weiterlesen, wenn Sie einen Satz mit den Worten »Katzen lieben …« beginnen lassen.

Zahlen als Ziffer schreiben

Schreiben Sie Zahlenangaben in Ziffern, nicht als Wort: Wenn Sie in Texten Zahlenangaben verwenden, erleichtern Sie dem Leser das Verständnis, indem Sie die Zahl als Ziffernkombination darstellen. Ziffern werden vom Leser weitaus schneller erfasst als Wörter. 8 liest sich schneller als das Wort »acht«.

Bevorzugen Sie Verben gegenüber Substantiven: Texte werden schwerer verständlich, wenn statt Tätigkeitswörtern viele Substantive verwendet werden.

**Fassen Sie
sich kurz**

Begrenzen Sie die Zeichenzahl: Studien haben gezeigt, dass Benutzer umso weniger lesen, je mehr Text auf einer Website vorhanden ist. Umfasst Ihr Text 50 Wörter, lesen die Benutzer davon noch über 80 %. Ist der Text doppelt so lang, werden davon nur noch 50 % gelesen. Erfahrungsgemäß empfinden Benutzer eine Textmenge noch als angenehm, wenn sie 1000 Zeichen – das sind rund 150 Wörter – nicht übersteigt.

Beschriftung von Schaltflächen

Schaltflächen (»Buttons«) haben die Eigenschaft, dass sie einen Prozess auslösen, sobald der Benutzer sie anklickt. Dieser Prozess muss in der Beschriftung des Buttons ausreichend beschrieben werden.

Verwenden Sie am besten immer zwei Wörter: *Was* wird getan? *Womit* wird etwas getan? Die meisten Schaltflächen verwenden nur ein Wort und beschreiben, was getan wird: speichern, löschen, abbrechen, bearbeiten, drucken.

Ist die Zuordnung dieser Tätigkeiten eindeutig, reicht auch diese Ein-Wort-Beschriftung. Sind Sie sich nicht sicher, verwenden Sie besser zwei Wörter: Änderungen speichern, Druck abbrechen, Telefonnummer bearbeiten.

Manchmal sind auch längere Texte auf Schaltflächen sinnvoll, wie diese Beispiele zeigen:

Abbildung 2.2: Beschriftungen von Schaltflächen: im Zweifelsfall auch einmal längere Formulierungen verwenden

Achten Sie darauf, dass Sie Schaltflächen, die dieselben Prozesse auslösen, auch identisch beschriften und identisch gestalten. Das hilft dem Benutzer beim Kennenlernen der Anwendung: Wissen, das einmal erlernt wurde, kann an anderer Stelle in der Anwendung erfolgreich neu eingesetzt werden.

Verwendung der Unternehmensbezeichnung

Für die Gestaltung von Überschriften, Textlinks, Produktbezeichnungen und Satzformulierungen gilt gleichermaßen, dass die ersten Worte nicht den Namen Ihres Unternehmens enthalten sollten. Der Grund dafür ist simpel: Jeder Benutzer weiß ohnehin, dass er sich auf den Webseiten Ihres Unternehmens befindet. Die Nennung des Firmennamens ist für den Nutzer nicht informativ.

Zurückhaltend verwenden Mehr noch: Sie verschenken damit die Chance, mit den ersten beiden Wörtern das Interesse des Benutzers zu wecken. Mehr als diese zwei Worte wird von den Lesern zunächst oft nicht einmal wahrgenommen.

Manchmal entsteht durch die wiederholte Nennung des Firmennamens auch eine Monotonie, die es dem Leser erschwert, einen Text vom anderen zu unterscheiden:

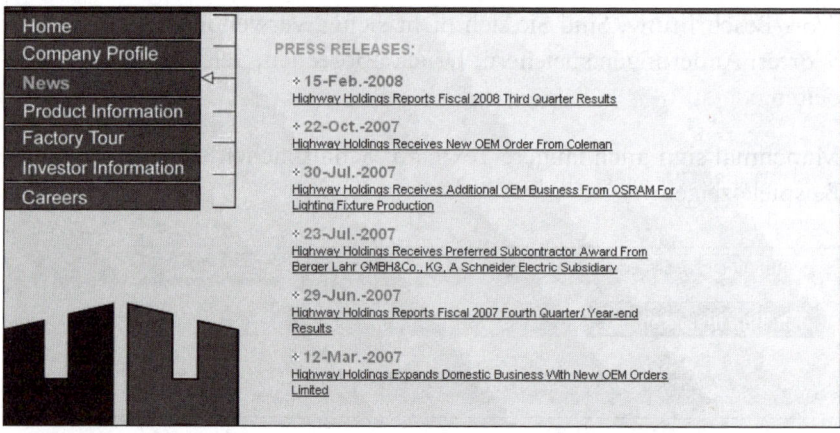

Abbildung 2.3: Pressemitteilungen einer Immobilienfirma: Identische Wörter zum Beginn der Überschriften machen das Lesen mühsam

Fehler- und Systemmeldungen

Auch Fehler- und Systemmeldungen werden vom User nicht aufmerksam gelesen, obwohl sie wichtige Informationen enthalten. Der Grund dafür ist, dass Meldungen wie »Bitte geben Sie mindestens 8 Zeichen ein« oder »Datei konnte nicht gedruckt werden« den Handlungsablauf des Benutzers stören. Der Benutzer wünscht sich nichts anderes, als die einmal begonnene Handlung möglichst schnell zu Ende zu führen.

Texten Sie daher Fehler- und Systemmeldungen so, dass die Handlungsaufforderung an zweiter Stelle genannt wird. Schreiben Sie also nicht: »Diesen Link anklicken, um zurück zum Bestellformular zu kommen«, sondern: »Um zum Bestellformular zurückzukommen, diesen Link anklicken«.

Handlungsaufforderung an zweiter Stelle nennen

Wenn Sie die Handlungsaufforderung zuerst nennen, tendieren die meisten Benutzer sofort dazu, das auszuführen, was sie gerade gelesen haben. Der Rest des Satzes wird schon nicht mehr wahrgenommen.

Für das Texten von Fehlermeldungen gibt es eine Grundregel: Sie sollten immer hilfreich sein. Das bedeutet, dass nicht nur die Ursache des Fehlers genannt wird, sondern der Benutzer auch eine Möglichkeit genannt bekommt, um den Fehler zu beheben. Ein Beispiel für eine ausführliche, aber wenig hilfreiche Fehlermeldung sehen Sie hier:

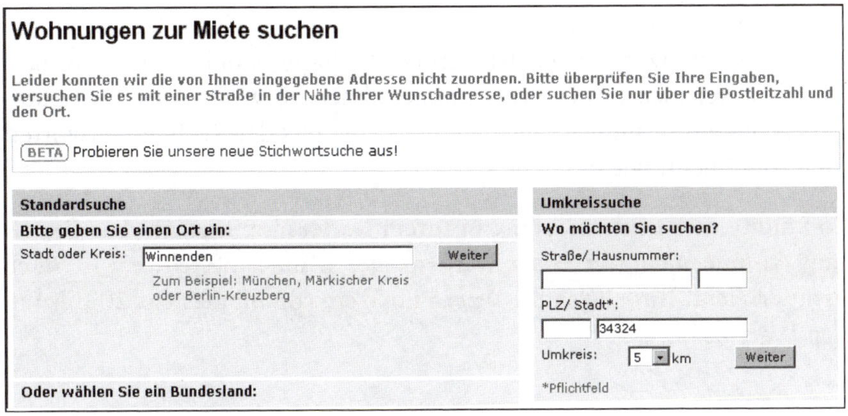

Abbildung 2.4: Fehlermeldung, die den Benutzer verwirrt: Hier werden zu viele Vorschläge gemacht, obwohl klar ist, dass ein Städtename nicht aus Ziffern besteht

Die Fehlermeldung enthält zu viele Textinformationen. Dem Benutzer wird vorgeschlagen, jedes Feld für die Suche zu nutzen. Es wird nicht klar, woher der Fehler stammt. Erst auf den dritten Blick wird der Benutzer feststellen, dass irrtümlich im Feld für den Ort eine Postleitzahl eingetragen wurde.

Formulieren Sie es besser! Fehler- und Systemmeldungen zu schreiben ist nicht schwer, wenn Sie sich an folgenden Regeln orientieren.

Die ideale Fehlermeldung besteht aus drei Teilen:

>> Was hat nicht funktioniert? Welche Aktion konnte nicht ausgeführt werden?

>> Woran lag das?

>> Was ist jetzt zu tun?

Sprechen Sie die Sprache des Benutzers. Vermeiden Sie Codes oder Fachausdrücke, die nur einem Experten etwas sagen. Beginnen Sie die Fehlermeldung damit, dass Sie auf die Aktion des Benutzers eingehen, die nicht ausgeführt werden konnte.

Formulieren Sie sorgfältig Vermeiden Sie drastische Ausdrucksweisen wie »unmögliche Zeichenkombination« oder »illegales Passwort«. Formulieren Sie immer höflich. Eine Fehlermeldung darf dem Benutzer nicht das Gefühl geben, eine Dummheit begangen zu haben. Im Idealfall formulieren Sie so, als ob nicht der Benutzer den Fehler verursacht hatte, sondern das Interface oder der Rechner. In der Programmiersprache LOGO ist es etwa Standard, dass auf unsinnige Eingaben des Benutzers der Rechner antwortet: »Ich weiß nicht, wie das geht.«

So könnte eine Fehlermeldung in Ihrem Kaffeeshop lauten: »Die Bestellung konnte nicht versendet werden. Der Mindestbestellwert ist noch nicht erreicht. Bitte legen Sie Waren im Wert von mindestens 20 Euro in den Warenkorb.«

FAQ-Liste

Die meisten Internetnutzer sind auf der Suche nach Produktinformationen, um einen Kauf vorzubereiten. Je geschickter Sie die Fragen der Besucher vorausahnen und je genauer Sie sie beantworten, umso besser. Sie geben Ihren Kunden exakt das, was sie suchen. Damit gewinnen Sie Vertrauen und Loyalität.

Bevor Sie die Texte schreiben, überlegen Sie sich, welche Fragen sich Ihre Kunden stellen, während sie nach Ihren Produkten oder Dienstleistungen online suchen. Wenn Sie dazu nur wenige Ideen haben, hilft Ihnen Google Blog Search weiter. Durchforsten Sie Blogs, die sich mit Ihren Produkten oder Dienstleistungen beschäftigen. Sie werden sehr schnell sehen, welche Themen dort intensiv diskutiert werden. Genau das ist es, was Ihre Besucher interessiert.

Fragen zusammenstellen

Dabei ist wichtig, sehr viele Themen abzudecken, nicht nur die wichtigsten. Wenn Sie nämlich eine breite Information bieten, werden Ihre Besucher auf den Sites von Mitbewerbern nach genau den Details suchen, von denen sie auf Ihrer Website erst erfahren haben. Haben hier Ihre Mitbewerber weniger oder gar nichts vorzuweisen, haben Sie sich schon einen kleinen Vorsprung verschafft.

Wenn Ihre Produkte komplex und besonders erklärungsbedürftig sind, können Sie in die FAQ-Liste Fallbeispiele integrieren. Die Fallbeispiele schildern anschaulich, wie ein Kunde mithilfe Ihres Unternehmens ein Problem gelöst hat.

Fallbeispiele integrieren

Wenn Sie sich nicht sicher sind, welche Themen Ihre Kunden interessieren, gibt Ihnen Ihr Webtracking-Tool wichtige Hinweise. Haben Sie bereits textbasierte Informationen auf Ihrer Site, sehen Sie an den Webstatistiken, welche Inhalte besonders beliebt sind. Auch die jeweilige Verweildauer lässt sich ablesen. Je länger ein Besucher auf einer textlastigen Site bleibt, desto größer die Wahrscheinlichkeit, dass dort vieles für interessant befunden und gelesen wurde.

FAQ - Häufig gestellte Fragen

In der Liste der häufig gestellten Fragen, finden Sie Antworten zu allen Bereichen des Podcastings.

Fragen filtern   [_____]   [filtern]   → Alle Zeigen

Informieren

⊞   1. Was ist ein Podcast, das Podcasting, ein Podcaster?
⊞   2. Woher kommt Podcasting?
⊞   3. Was ist ein RSS-Feed?
⊞   4. Was ist ein Podcatcher?
⊞   5. Was sind Vodcasts, Videocasts, Videopodcasts?
⊞   6. Was sind Enclosures?
⊞   7. Was ist RSS, OPML, XML?
⊞   8. Was ist PLS, M3U, XSPF?
⊞   9. Welche Dateigrößen ergeben sich bei den MP3-Dateien?

Konsumieren

⊞   10. Brauche ich einen iPod, um Podcasts abspielen zu können?
⊞   11. Wie bekommt mein Podcatcher mit, dass eine neue Episode zur Verfügung steht?
⊞   12. Wie abonniere ich eine Episode, die jeden Tag aktualisiert wird?
⊞   13. Wie abonniere ich einen Podcast?
⊞   14. Warum spielt der eingebaute Player nichts ab?

Produzieren

⊞   15. Wofür kann ich das Podcasting als Produzent nutzen?
⊞   16. Wie erstelle ich einen Podcast?
⊞   17. Wie kann ich die RSS-Datei für einen Podcast generieren lassen?
⊞   18. Wie erstelle ich mit Bordmitteln einen RSS-Feed mit Anhang (Enclosure)?
⊞   19. Wie sieht die Syntax einer RSS-Datei für Podcasts aus?
⊞   20. Wie setzt sich der Name des RSS-Feeds zusammen?
⊞   21. Muss jeden Tag ein neuer RSS-Feed erstellt werden?
⊞   22. Welche Probleme treten häufig in einem RSS-Feed auf?
⊞   23. Welches Dateiformat eignet sich am Besten für meine Episoden?
⊞   24. Wie unterscheidet sich ein Podcast von einem RSS-Feed?
⊞   25. Wie kann ich die Tags in einem RSS-Feed für das Podcasten nutzen?
⊞   26. Was ist bei den Zeichen bei der Erstellung zu beachten?
⊞   27. Was ist bei den angehängten Medien-Dateien zu beachten?

Abbildung 2.5: Vorbildlich gegliederte FAQ-Liste: Drei Kapitel umfassen fast 30 Fragen zu einem erklärungsbedürftigen Webservice

Blog-Texte

Der Schreibstil für Blog-Texte unterscheidet sich deutlich von dem, was an sonstigen Inhalten auf der Website zu finden ist.

Blog-Einträge sind etwas Individuelles. Die Person des Autors spielt hier im Gegensatz zu den übrigen Texten eine entscheidende Rolle. Daher sind Blog-Texte oft aus einer Ichperspektive heraus geschrieben. Das Wort »ich« kommt überproportional häufig darin vor.

Aus der Ichperspektive formuliert

Auch der Anteil von Meinung und Emotion ist sehr hoch. Blog-Texte wollen inspirieren und polarisieren. Manchmal werfen Blog-Texte auch einfach nur Fragen auf, die eine Diskussion anstoßen sollen.

Die Kultur der IT-Gemeinde

Angeregt durch einen Artikel von René auf Nerdcore, frage ich mich und alle Leser, was zur kulturellen Allgemeinbildung der IT-Gemeinde gehört. Nein, ich spreche nicht von 0 und 1. Ich spreche über KULTUR, über Romane, Hörspiele, Filme, Games etc. Geistiger Vater aller ITler ist sicherlich Douglas Adams. 42 die Antwort auf die Fragen aller Fragen. Wer jetzt Unverständnis zeigt, ist draußen. Star Trek wäre als Nächstes zu nennen. Das Wort 'Borg' sollte im aktiven Wortschatz eines jeden ITlers vorkommen. Auch die 'ersten' Teile von Star Wars (die ohne den lästigen Jabba Bings) sollten Pflichtlektüre für jede Person sein, die ihr Geld mit Rechnern verdient. Wie sieht es mit Spielen aus? Gehören Frogger, Pacman, Space Invaders, Larry Leisure und Maniac Mansion zum Allgemeinwissen?

Carmen Hillebrand, Trimedia

Verfasst um 10:14 in Info Economy | Permalink | Kommentare (4) | TrackBack (0)

Abbildung 2.6: Typischer Blog-Text: aus der Ichperspektive geschrieben

Feldtitel

Feldtitel gehören zu Formularen und sollen nur eins bezwecken: Sie sollen dem Benutzer die Eingaben erleichtern. Wählen Sie deshalb eindeutige Begriffe. Sollte eine Formatangabe die Eingabe erleichtern, dann nennen Sie sie direkt neben dem Feldtitel.

Formatangaben helfen überall dort weiter, wo der Benutzer Daten eintragen soll, deren Form unterschiedlich gestaltet werden kann. Denken Sie beispielsweise an Telefonnummern, die man in vielen verschiedenen Formaten eintippen kann:

089 – 123 56 78

+49 89 123 56 78

0891235678

089/1235678

Wenn Sie dem Benutzer vorab sagen, in welcher Form Sie die Eingaben brauchen, erleichtern Sie ihm das Ausfüllen der Felder enorm. Erst recht sind solche Zusatzangaben notwendig, wenn Sie aus irgendeinem Grund eine ungewöhnliche Form der Eingabe brauchen. Sie verhindern, dass unnötige Fehlermeldungen erscheinen.

Hilfetexte und Anleitungen

Auf diese Texte sollte besondere Sorgfalt verwendet werden. Sind sie schlecht gestaltet, kann vielleicht ein komplexes Produkt nicht richtig benutzt werden. Oder es entsteht sogar ein echter Schaden. Denken Sie nur ans Onlinebanking oder die Buchung einer teuren Urlaubsreise im Internet. Sind hier online verfügbare Anleitungen oder Hilfetexte unprofessionell verfasst, kann das schnell unangenehme Folgen für den Anwender haben.

Mit gut gestalteten Hilfetexten spart Ihr Unternehmen auch bares Geld: Können sich Ihre Kunden online selbst informieren, wird Ihr Service und Kundendienst spürbar entlastet.

Der folgende Abschnitt zeigt Ihnen Schritt für Schritt, wie Sie bei der Erstellung von Anleitungen und Hilfetexten am besten vorgehen.

Eine Gliederung anlegen

Mit Hilfetexten und Anleitungen stellen Sie Ihren Kunden Karte und Kompass zur Verfügung. Wahrscheinlich werden diese Texte umfangreicher ausfallen als andere Texte auf Ihrer Website. Damit sich die Kunden besonders gut darin zurechtfinden können, legen Sie zuerst fest, wie Sie diese Texte gliedern möchten. Dazu gibt es verschiedene Ansatzpunkte.

Orientierung an Komponenten: Sie möchten etwas erklären, was nicht in einer bestimmten Reihenfolge bedient werden muss, sondern aus weitgehend unabhängigen Einzelkomponenten besteht. Dann können Sie nacheinander die Merkmale und Funktionen dieser Komponenten beschreiben. Denken Sie etwa an einen Onlineshop, dessen Funktion Sie erläutern möchten. Dann könnten die Kapitelüberschriften der Anleitung lauten:

Orientierung an Komponenten

>> Der Produktkatalog: So ist er aufgebaut

>> Die Suchfunktion: Finden Sie Ihre Lieblingsprodukte

>> Einkaufen: So füllen Sie den Warenkorb

>> Wunschliste und Merkzettel

Orientierung an Funktionen: Hier beschreiben Sie nacheinander die Anwendungsmöglichkeiten eines Produkts. So könnten Sie etwa eine Anleitung für eine Onlinebanking-Anwendung wie folgt gliedern:

Orientierung an Funktionen

>> Der Dauerauftrag

    >> Dauerauftrag stornieren

    >> Dauerauftrag einrichten

    >> Dauerauftrag löschen

Orientierung an Reihenfolgen: Diese Gliederung ist perfekt geeignet für alle Produkte, bei deren Benutzung ein klar definierter Ablauf zwingend eingehalten werden muss.

Orientierung an Reihenfolgen

Das könnte beispielsweise der Kauf eines Gutscheins in Ihrem Online-shop sein. Hier würden Sie die Anleitung wie folgt gliedern:

1. Name und Vorname des Beschenkten eintragen

2. Gewünschten Betrag auswählen

3. Zahlungsoption wählen

4. Bezahlen

5. Gutschein online versenden

So melden Sie sich zum ersten Mal an:

1. Klicken Sie auf den Link „Anmelden", der sich oben auf den meisten eBay-Seiten befindet.

2. Geben Sie Namen, Adresse und Telefonnummer ein.

3. Geben Sie bitte Ihre E-Mail-Adresse ein. Geben Sie eine E-Mail-Adresse ein, die Sie sofort abrufen können. **Hinweis:** Wenn Sie sich bei eBay Deutschland mit einer webbasierten (anonymen) E-Mail-Adresse eines Anbieters anmelden, dessen Verifizierungsverfahren uns nicht bekannt ist, werden Ihre Anmeldedaten durch die SCHUFA geprüft. In der Schweiz und in Österreich können Sie sich mittels Telefon oder Kreditkarte verifizieren. Bei der Telefonverifizierung werden Sie umgehend von eBay angerufen und bekommen einen Registrierungscode. Sollten Sie die Kreditkartenverifizierung wählen, wird ihre ihre Karte lediglich zur Identifizierung verwendet und wird nicht belastet. Mehr zum Thema Identitätsnachweis für die Anmeldung.

4. Wählen Sie einen Mitgliedsnamen und Ihr Passwort und geben diese ein.

5. Wählen Sie eine geheime Frage.

6. Geben Sie Ihr Geburtsdatum ein.

7. Lesen Sie die Allgemeinen Geschäftsbedingungen und die Datenschutzerklärung von eBay und aktivieren Sie dann die Option **Ich bin mit Folgendem einverstanden**.

8. Klicken Sie bitte auf **Weiter**.

9. Fragen Sie Ihre E-Mails ab. eBay schickt Ihnen eine Nachricht mit einem Link und Anweisungen zur Bestätigung Ihrer Anmeldung. Sie haben die Anmeldungs-E-Mail noch nicht erhalten?

10. Öffnen Sie die Anmeldungs-E-Mail und klicken Sie auf den Link. Es erscheint eine Bestätigung der Anmeldung.

11. Wenn nach diesen Schritten nichts geschieht oder wenn Sie den Bestätigungscode lieber manuell kopieren und in die Bestätigungsseite einfügen möchten, gehen Sie am besten so vor:

    • Schauen Sie nach dem Bestätigungscode im unteren Teil der Anmeldungs-E-Mail.

    • Geben Sie den Bestätigungscode in das vorgegebene Feld ein (sofern er nicht schon eingegeben ist).

    • Wenn Ihre E-Mail-Adresse nicht bereits auf dieser Seite angezeigt wird, geben Sie die Adresse ein, mit der Sie sich ursprünglich angemeldet haben, und klicken Sie anschließend auf **Weiter**.

Abbildung 2.7: Beispiel für eine Schritt-für-Schritt-Anleitung: Gerade komplexe Prozesse wie dieser elfstufige Anmeldevorgang lassen sich so übersichtlich erläutern

Orientierung an Wichtigkeit

Orientierung an Wichtigkeit: Diese Technik ist dann sinnvoll, wenn Sie die Hilfetexte klar nach Wichtigkeit gruppieren können. Gibt es zwingende Voraussetzungen, ohne die das Produkt nicht funktioniert? Gibt es Funktionen, die unbedingt beherrscht werden müssen, bevor sich der Benutzer an Komplexeres wagt? Existieren Funktionen, die nur selten eingesetzt werden?

Angenommen, Sie schreiben eine Anleitung für Ihren Kaffeeshop. Hier gibt es mit Sicherheit Grundfunktionen, die oft benutzt werden, und solche, die der Anwender nur selten benötigt. Die Anleitung würde zunächst mit den wichtigen Funktionen starten:

1. So einfach und sicher kaufen Sie online ein

2. Die zehn besten Tipps zur Wahl der Bohnensorte

3. So legen Sie sich ein Benutzerprofil an

Erst weiter hinten erläutern Sie Funktionen, die selten gebraucht werden:

4. Das Service-Passwort ändern

5. Zugangsdaten inaktivieren

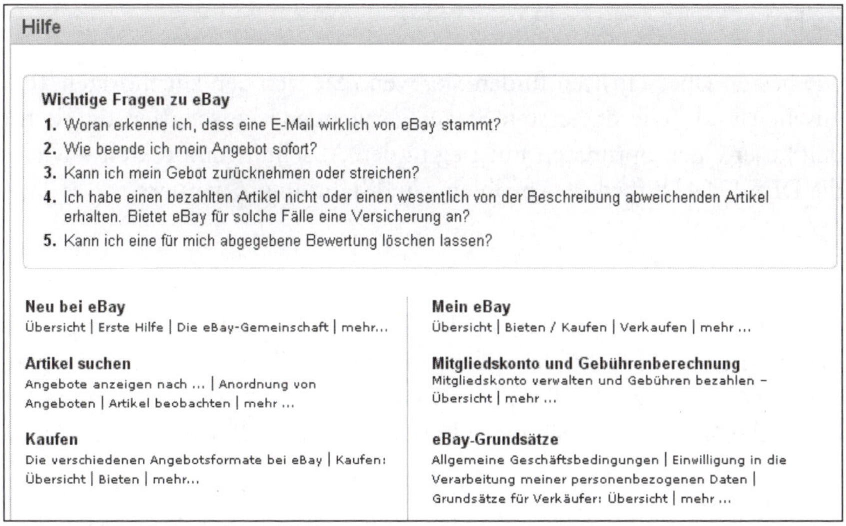

Hilfe

Wichtige Fragen zu eBay
1. Woran erkenne ich, dass eine E-Mail wirklich von eBay stammt?
2. Wie beende ich mein Angebot sofort?
3. Kann ich mein Gebot zurücknehmen oder streichen?
4. Ich habe einen bezahlten Artikel nicht oder einen wesentlich von der Beschreibung abweichenden Artikel erhalten. Bietet eBay für solche Fälle eine Versicherung an?
5. Kann ich eine für mich abgegebene Bewertung löschen lassen?

Neu bei eBay
Übersicht | Erste Hilfe | Die eBay-Gemeinschaft | mehr...

Artikel suchen
Angebote anzeigen nach ... | Anordnung von Angeboten | Artikel beobachten | mehr ...

Kaufen
Die verschiedenen Angebotsformate bei eBay | Kaufen: Übersicht | Bieten | mehr...

Mein eBay
Übersicht | Bieten / Kaufen | Verkaufen | mehr ...

Mitgliedskonto und Gebührenberechnung
Mitgliedskonto verwalten und Gebühren bezahlen – Übersicht | mehr ...

eBay-Grundsätze
Allgemeine Geschäftsbedingungen | Einwilligung in die Verarbeitung meiner personenbezogenen Daten | Grundsätze für Verkäufer: Übersicht | mehr ...

Abbildung 2.8: Benutzerfreundlich gegliederte Hilfeseiten: wichtige Fragen zuerst, der Rest in Kapitel und Unterkapitel unterteilt

Kapitelüberschriften verfassen

Sie haben also eine Gliederung gefunden und verfassen nun die Kapitelüberschriften. Hier sollten Sie sorgfältig formulieren, weil gut gewählte Überschriften das Lernen ganz erheblich erleichtern. Hat sich nämlich der Benutzer schon anhand der Überschrift orientiert, fällt das Lesen und Verstehen des nachfolgenden Textes viel leichter. Das gilt vor allem für Benutzer, die an eine bestimmte Stelle der Anleitung springen und sich dort zurechtfinden sollen, ohne die vorhergehenden Informationen gelesen zu haben.

DIN V 8418 normiert Überschriften Es existiert sogar eine DIN, die das Formulieren von Überschriften in Bedienungsanleitungen regelt. Laut DIN V 8418 müssen Überschriften »handlungsorientiert und problembezogen« sein. Vermeiden Sie also Überschriften, die rein formale Zwecke haben, etwa »Einleitung«, »Fazit« oder »Zusammenfassung«. Ungeeignet sind auch Überschriften, die Ihre Meinung als Verfasser wiedergeben, etwa »Das schaffen Sie leicht«.

Die besten Überschriften finden Sie, wenn Sie sich den zugehörigen Text ansehen und Teile des ersten Satzes verwenden. Sie schaffen damit für den Leser einen optimalen Einstieg in den Abschnitt und texten – wie es die DIN V 8418 fordert – problem- und handlungsorientiert.

Inhalte auf Vollständigkeit prüfen

Gerade für erklärungsbedürftige komplexe Produkte ist es wichtig, dass die Inhalte von Hilfetexten und Anleitungen vollständig sind und genau das abdecken, was der Benutzer dort zu finden hofft. Wie können Sie nun sicherstellen, dass Sie die Inhalte so vollständig wie möglich erfassen?

Einfach die alten Hilfetexte zur Hand zu nehmen und diese zu überarbeiten reicht dabei nicht aus. Sprechen Sie mit Mitarbeitern Ihres Unternehmens. Sie werden erstaunt sein, wie viele neue Themen Sie hier entdecken.

In der Marketingabteilung finden Sie Experten, die Ihnen genau sagen können, wer Ihre Zielgruppe ist und welches Vorwissen die Benutzer mitbringen. Das ist eine gute Basis, um die Texte entsprechend dem Wissensstand der Leser zu formulieren.

Gehen Sie auf Mitarbeiter in Ihrem Unternehmen zu

Mitarbeiter der Entwicklungsabteilung erklären Ihnen alle Funktionen und Sonderfunktionen des Produkts, Einsatzmöglichkeiten, Schwachstellen, Gefahren, aber auch Wettbewerbsprodukte. Bestimmt finden Sie Anregungen für neue Themen, die bisher in Hilfetexten und Anleitungen nicht berücksichtigt wurden.

Auf jeden Fall sollten Sie auch mit allen Mitarbeitern sprechen, die für Service und Kundendienst zuständig sind. Welche Fragen werden von Kunden am häufigsten gestellt? Welche Fehler treten oft auf? Haben Benutzer Verbesserungen vorgeschlagen? Welche Texte in den bisherigen Anleitungen haben Missverständnisse hervorgerufen?

Informationen passend aufbereiten

Nachdem Sie aus verschiedenen Fachabteilungen alle Inhalte eingesammelt haben und auch schon eine erste Gliederung gefunden ist, stellt sich die Frage, wie die Hilfetexte und Anleitungen aufbereitet werden sollen. Wo eignen sich Texte, wo Bilder? Was passt besser: ein Ablaufdiagramm oder Abbildungen von einzelnen Screens (»Screenshots«)?

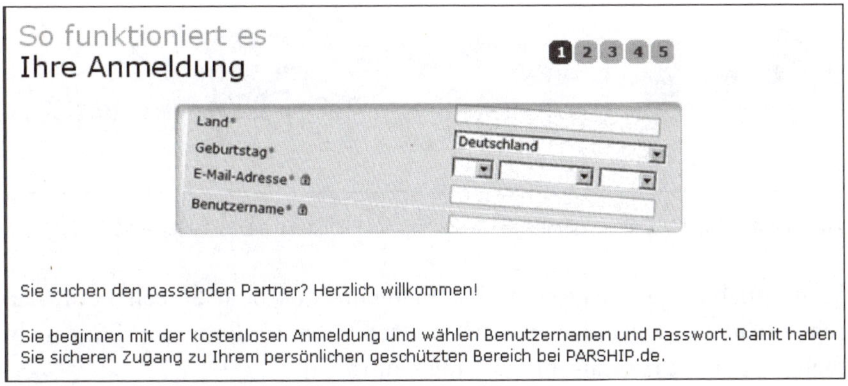

Abbildung 2.9: Hilfe für eine Anmeldung: Ausschnitte aus Screens, die obendrein grafisch verfremdet sind, helfen dem Benutzer selten weiter. Besonders kritisch ist, wenn – wie hier – der Erklärungstext nicht zum Bild passt

Texte eignen sich besser als Bilder, wenn Sie deutlich machen möchten:

>> Warum ein Bedienungsschritt ausgeführt werden muss: »Tragen Sie hier Ihre Telefonnummer ein. Wir benötigen sie für eventuelle Rückfragen.«

>> Wann etwas ausgeführt wird: »Nachdem Sie sich eingeloggt haben, öffnen Sie das Formular.«

>> In welcher Qualität etwas ausgeführt werden soll: »Tragen Sie mindestens 8 Zeichen ein.«

>> Wie wichtig dieser Bedienungsschritt ist: »Ohne Log-in können Sie nicht auf persönliche Daten zugreifen.«

Verwendung von Piktogrammen

Bilder sind benutzerfreundlicher als Texte, wenn Sie konkret an Screens zeigen möchten, wo sich bestimmte Elemente befinden. Bevor Sie das umständlich schildern, zeigen Sie lieber den betreffenden Bildschirm und markieren die jeweilige Stelle. Wird das Element, das Ihnen wichtig ist, zu klein abgebildet, markieren Sie es und zeigen unmittelbar neben dem Screen eine Vergrößerung an.

Abbildung 2.10: Illustration für eine Kurzanleitung: Wie kommt die Designidee aufs T-Shirt?

Es empfiehlt sich nicht, einzelne Elemente aus dem Screen herauszuschneiden und einzeln darzustellen. Der Benutzer kann sie dann nicht mehr in den Gesamtzusammenhang einordnen.

Für Kurzanleitungen können Sie auch Piktogramme einsetzen, um dem Benutzer die Orientierung zu erleichtern. Markieren Sie etwa Tipps, Warnungen, Beispiele und anderes mehr mit passenden Symbolen. Wenn Sie dazu konkrete Ideen suchen, hilft Ihnen die ISO 7000 mit über 1000 Gestaltungsvorschlägen weiter.

Title-Tags

Das Title-Tag befindet sich im Kopfteil, dem Head einer HTML-Seite. Es gehört nicht zum eigentlichen Inhalt der Seite, welcher später im Browser angezeigt wird, sondern stellt eine Art stumme Zusatzinformation dar. Trotzdem zieht sich Ihr Browser aus dem Title-Tag zweierlei Daten heraus: den Text für die Kopfzeile des Browserfensters und den Namen für ein Lesezeichen, falls ein Benutzer auf eben dieser Seite eins setzen möchte.

Wichtige Zusatzinformation

Schenken Sie deshalb dem Title-Tag Beachtung. Dieses sollte nicht mehr als 65 Zeichen enthalten und einen direkten Bezug zu den Inhalten der jeweiligen Seite haben. D. h., der Text des Title-Tags sollte so auf der Seite wiederzufinden sein. Je wichtiger ein Begriff, umso weiter vorne wird er platziert. Die Formulierung des Title-Tags muss unbedingt aussagekräftig sein, denn es wird in der Liste der Suchmaschinentreffer als klickbare Überschrift verwendet oder als Beschriftung eines Bookmarks und erfährt entsprechend Beachtung durch den User.

Texte für Links

Bei allen Texten, die für Verlinkungen benutzt werden, muss eindeutig klar sein, wohin der Klick auf diesen Link führt. Verwenden Sie Abkürzungen hier nur dann, wenn diese allgemein bekannt sind. Kürzel wie ADAC, USA oder NATO sind unproblematisch.

Dass BMI für Body-Mass-Index oder MPI für Max-Planck-Institut steht, dürfte dagegen nicht jedem bekannt sein. Als Richtlinie für Abkürzungen können Sie die Texte verwenden, die von Nachrichtenagenturen produziert werden: Abkürzungen, die dort verwendet werden, gelten als allgemein bekannt.

Abbildung 2.11: Achten Sie auf die dunkle Kopfzeile an der oberen Kante des Browserfensters: Dort findet das Title-Tag Verwendung

Sie können Abkürzungen in Texten elegant erklären, wenn Sie das HTML-Element acronym verwenden. Dieses Element sorgt dafür, dass die erklärungsbedürftige Abkürzung unterstrichen hervorgehoben wird. Fährt der Benutzer mit dem Zeiger seiner Maus darüber, erscheint die Erläuterung der Abkürzung. So würden Sie beispielsweise die Abkürzung GUI mithilfe des folgenden acronym-Tags erklären: <acronym title= "Graphical User Interface">GUI</acronym>.

Produktbeschreibungen

Tipps für das Erstellen von Produktbeschreibungen sind vor allem für die Betreiber von Shops relevant. Deshalb finden Sie diese Information im Kapitel 11.

2.6   Styleguides

Styleguides dienen dazu, Richtlinien für Texte festzulegen. Jeder Autor, der Inhalte für Ihre Website erstellt, muss vorher den Styleguide kennenlernen.

Zunächst legen Sie im Styleguide die Tonalität fest: Sollen die Texte sachlich-nüchtern wirken oder emotional formuliert sein?

Weitere wichtige Festlegungen betreffen Details für Schreibweisen und Wortwahl. Hier einige Beispiele, was Sie im Styleguide definieren könnten:

>> Werden Wortzusammensetzungen, die den Firmennamen enthalten, mit oder ohne Bindestrich geschrieben?

>> Werden für bestimmte Begriffe Standardformulierungen verwendet? Beim Autohersteller BMW ist es etwa üblich, nie das Wort »Fahrzeug-Innenraum« zu benutzen, sondern ausschließlich von »Interieur« zu sprechen.

>> Sollen bestimmte Formulierungen nie verwendet werden?

>> Wird der Leser mit »Du« oder mit »Sie« angeredet?

>> Soll alte oder neue Rechtschreibung verwendet werden?

>> Dürfen Anglizismen benutzt werden?

>> Inwieweit sollen Fachbegriffe zum Einsatz kommen?

>> Wie ist die genaue Schreibweise für Produktnamen?

>> Welche Art von Anführungszeichen ist Standard?

>> Bestehen juristische Einschränkungen hinsichtlich der Wortwahl? Es kann beispielsweise sehr wohl aus rechtlicher Sicht einen Unterschied ausmachen, ob vom »Besitzer« oder »Eigentümer« die Rede ist.

>> Gibt es Standards für Abkürzungen?

2.7   Checkliste für Ihre Webtexte

>> Sind in Überschriften schon die ersten beiden Worte aufmerksamkeitsstark?

>> Wiederholt sich das Title-Tag auf der Website?

>> Verwenden Sie Aktiv- statt Passivformulierungen?

>> Meiden Sie die doppelte Verneinung?

>> Gestaltet sich der Satzbau klar und einfach?

>> Liegt die durchschnittliche Wörtermenge pro Satz bei 11 bis 17 Wörtern?

>> Schreiben Sie in ganzen Sätzen?

>> Bevorzugen Sie Verben vor Substantiven?

>> Enthält der Bildschirm maximal 1000 Zeichen?

2.8   Weiterführende Links

>> Mehr Tipps für Onlinetexte finden Sie hier:

http://www.blogging-magazin.de/texte-im-web-7-tipps-fuer-
kundenorientiertes-schreiben/

>> Eine Sammlung von Texttipps, die Sie schmunzeln lässt:

http://www.online-marketing-txt.de/html/text-tricks.html

KAPITEL 3
Benutzerfreundlichkeit: unverzichtbar für Ihren Geschäftserfolg

3.1   Warum Benutzerfreundlichkeit so wichtig ist

Warum sollten Sie sich um Benutzerfreundlichkeit kümmern? Reicht es nicht, wenn eine Website technisch auf soliden Füßen steht? Wenn Benutzer sich nicht zurechtfinden, könnten sie doch immerhin die Hilfetexte lesen oder einfach mehr Aufmerksamkeit investieren.

Doch genau das tun die Benutzer nicht. Bei schlechter Ergonomie reagieren sie stets gleich. Sie verlassen die Site. Ganz egal, wo die Ursachen liegen. Führt die Navigation nicht zum gesuchten Inhalt? Ist auf der Homepage nichts zu entdecken, was einigermaßen interessant aussieht? Warten auf den meisten Seiten nur Textwüsten? Kein Benutzer wird sich bemühen, wirre Navigationen zu verstehen, Inhalte lange zu suchen oder seitenlange Texte zu lesen. Diesen Benutzer haben Sie verloren. Und damit auch einen potenziellen Kunden.

Schlechte Ergonomie vertreibt Benutzer

3.2   Wie Sie von Benutzerfreundlichkeit direkt profitieren

Wenn Sie Ihre Webseiten benutzerfreundlich gestalten, profitieren Sie in ganz unterschiedlicher Weise.

Mehr Umsatz – nicht nur im Internet

Fast jeder Internetnutzer surft durchs Web, um sich vor einem Kauf über Produkte in informieren. Ist Ihre Website benutzerfreundlich, wird der Interessent schnellen und leichten Zugang zu genau den Informationen finden, die er benötigt.

Benutzerfreundlichkeit macht nun das Stöbern auf den Seiten zum Vergnügen: Die Texte lassen sich angenehm lesen. Abbildungen zeigen jedes Detail und geben einen realistischen Eindruck von Beschaffenheit und Farbe. Produktvergleich ist dank durchdachter Tabellen kinderleicht und minimiert so die Wahrscheinlichkeit, etwas Falsches zu bestellen. Preise sind transparent dargestellt, die AGB leicht auffindbar und so formuliert, dass auch ein juristischer Laie den Text versteht.

Fazit: Der Besucher Ihrer Site hat einen positiven Gesamteindruck gewonnen. Die Wahrscheinlichkeit, dass er in Ihrem Shop einkaufen wird, ist deutlich höher, als wenn Sie weniger Wert auf Benutzerfreundlichkeit gelegt hätten. Selbst wenn Sie keinen Onlineshop anbieten, konnte sich der Interessent in kurzer Zeit ein genaues Bild über Ihre Produkte machen und wird diese Information zu einer Kaufentscheidung nutzen.

Deutlicher Wettbewerbsvorteil

Benutzerfreundlichkeit wird selbst im Jahr 2008 von vielen Unternehmen erst nach und nach entdeckt. Längst nicht alle Betreiber von Websites oder Onlineshops haben ihre Oberflächen entsprechend überarbeitet. Noch immer wimmelt es im Web von ergonomischen Fehlern.

Ergonomie bringt Kunden

Das bedeutet für Sie einen echten Wettbewerbsvorteil: Sie können mit ergonomischen Internetseiten erst recht Pluspunkte sammeln, wenn Ihre Konkurrenten mit benutzerunfreundlichen Services enttäuschen. Kunden achten auf den Unterschied und honorieren es, wenn eine gute Nutzerergonomie den Besuch einer Internetseite angenehm gestaltet.

Kosteneinsparung im Kundendienst

Finden die Benutzer alle relevanten Informationen auf der Website? Verlaufen Bestellvorgänge fehlerfrei? Lässt sich die Schaltfläche, die ein vergrößertes Produktbild aufruft, einfach finden?

Je besser sich Kunden auf Ihrer Website orientieren können, umso geringer fallen die Kosten für Service aus. Beispielsweise werden Callcenter entlastet, weniger Retouren fallen an, die Zahl der Reklamationen sinkt.

Ergonomie hilft sparen

Oft haben Kunden auch die Wahl, einen Service selbständig online oder außerhalb des Internets mithilfe Ihrer Mitarbeiter in Anspruch zu nehmen. Denken Sie an Onlinebanking, den Check-in am Flughafen oder das Vorbestellen von Waren. Sobald Ihr Kunde die Erfahrung macht, dass der Service auch online genau so gut oder sogar noch komfortabler zu nutzen ist, wird er dauerhaft umsteigen und Ihr Unternehmen spürbar von Kosten entlasten.

Loyalere Kunden

Wer mit einer Website zufrieden ist, wird wiederkommen. Sei es, weil ein Bestellprozess besonders leicht von der Hand ging oder auf den ersten Blick deutlich wurde, wie sich zwei sehr ähnliche Produkte voneinander unterscheiden.

Benutzerfreundlichkeit wirkt sich aber nicht nur auf das Kaufverhalten der Besucher aus, sondern geht noch weiter: Zufriedene Kunden empfehlen Ihren Shop oder Ihre Website an Freunde und Bekannte. Nicht nur mündlich in privatem Rahmen, sondern schriftlich und öffentlich im Web. Bedenken Sie, wie hochgradig vernetzt heute Konsumenten sind. In Verbraucherportalen und Communitys wird über Ihren Shop gesprochen. Benutzer tauschen sich hier aus, Einträge werden hundertfach gelesen, bewertet und kommentiert. Hier durch mangelnde Benutzerfreundlichkeit Minuspunkte zu sammeln kann sich kein Anbieter leisten.

Zufriedene Kunden kommen wieder

3.3 Was Benutzerfreundlichkeit ausmacht

Benutzerfreundlichkeit misst sich an drei Faktoren:

>> **Am Ergebnis:** Kann der Benutzer das Ziel erreichen, das er sich gesteckt hat? Kann er den Warenkorb füllen, eine Überweisung tätigen oder einen Text in einem Blog mit einem Kommentar versehen?

Definition von Benutzerfreundlichkeit

>> **An der Effizienz:** Wie schnell löst der Benutzer seine Aufgaben?

>> **An der Zufriedenheit:** War die Benutzung umständlich? Wie oft mussten Hilfetexte gelesen werden? Gab es Abkürzungen, die man nehmen konnte? Hat die Anwendung viel mehr angeboten, als der Benutzer überhaupt erwartet hat? Wann und wie wurde der Benutzer intelligent unterstützt? Hat es Spaß gemacht, mit der Anwendung zu arbeiten?

3.4   Die häufigsten Ergonomiefehler

In der täglichen Praxis tritt eine große Bandbreite an Ergonomiefehlern auf. Darunter sind winzig kleine, die nur dem Fachmann auffallen und den Benutzer allenfalls kurz irritieren. Es gibt aber auch solche, die so schwer wiegen, dass sie den Benutzer vertreiben und über kurz oder lang das Geschäft des Websitebetreibers schädigen.

Auf den folgenden Seiten sehen Sie zehn Fehler, die oft begangen werden und eine Website weitgehend unbenutzbar machen. Besucher, die diese Fehler vorfinden, werden die Site umgehend verlassen. Fazit: Wieder ein potenzieller Kunde verloren!

In den folgenden Abschnitten erfahren Sie, warum diese Fehler nicht nur ärgerlich, sondern auch gefährlich sind und wie Sie mit einfachen Mitteln eine bessere Lösung finden.

Besucher ist auf der Homepage alleingelassen

Nicht wenige Unternehmen lassen die Frage offen, worum es auf ihrer Homepage überhaupt geht. Der Benutzer findet keinen Aufhänger, keinen Einstiegspunkt, der fesselt oder die Aufmerksamkeit auf sich zieht.

Budget für Werbung verpufft

Das ist umso kritischer, je mehr Werbung für die Homepage betrieben wird. Ist die Internetadresse Bestandteil dieser Werbemaßnahmen, strömen viele neugierige Besucher auf die Homepage, finden dort aber nicht das vor, was ihnen im TV-Spot, in der Radiowerbung oder auf Plakaten angepriesen wurde. Fazit: Das Budget für die Werbung ist wirkungslos verpufft.

So lösen Sie das Problem:

Wenn Sie Werbung betreiben, achten Sie genau darauf, welche Aussagen dort getroffen werden und wie die Kampagnen gestaltet sind. Greifen Sie den Wortlaut und die Bilderwelt der Kampagne auf. Auf der Homepage muss ein Einstieg vorhanden sein, der exakt an die Kampagne anknüpft. Ein Besucher Ihrer Website sollte diese Anknüpfungspunkte eindeutig wiedererkennen.

Auch außerhalb von Werbemaßnahmen schaffen Sie schnell attraktive Einstiegspunkte für Ihre Besucher. Lösen Sie sich von der Produkt- oder Unternehmenssicht.

Versuchen Sie vielmehr, sich in Ihre Besucher, Kunden oder Interessenten hineinzuversetzen. Was könnten sie auf der Homepage suchen? Was zieht ihre Aufmerksamkeit auf sich? Auf welche Elemente würden sie sofort klicken? Was könnte die Besucher auf den Websites Ihrer Mitbewerber verärgert haben? Bei diesem Gedankenspiel helfen Ihnen die sogenannten Personas. Wie Sie Personas einsetzen, lesen Sie in Kapitel 1.

Eine Suche, die nichts findet

Je umfangreicher der Inhalt Ihrer Website, desto eher neigen Besucher dazu, die Suchfunktion einzusetzen. Die Besucher hoffen, damit wesentlich schneller an ihr Ziel zu gelangen, als wenn sie den scheinbar umständlichen Weg über die Navigationsleiste gehen.

Im obigen Beispiel hat der Benutzer nach dem Stichwort »wohnen« gesucht. Die Suchergebnisse sind so aufbereitet, dass der Besucher nichts damit anfangen kann. Die einzige Möglichkeit wäre, wahllos auf der ersten Suchergebnisseite ein Resultat auszuwählen. Oder vielleicht doch lieber auf »Aktuelles – Gärtnern« klicken?

Benutzer bleibt enttäuscht zurück

Abbildung 3.1: Nutzlose Suchergebnisse: Mit keinem Element aus der Trefferliste lässt sich etwas anfangen

Der Benutzer wird ganz anders verfahren. Die Hoffnung, mit der Suche schneller ans Ziel zu kommen, ist mit diesen Resultaten enttäuscht worden. Hier tiefer einzusteigen schätzt der Benutzer als Zeitverschwendung ein. Völlig richtig: Hätte er in der Navigationsleiste den Menüpunkt »Wohnen« gewählt, wäre er sofort am Ziel gewesen.

So lösen Sie das Problem:

Sehen Sie die Suchfunktion als das an, was sie ist: nicht etwa eine bloße technische Funktion, die man eben anbieten muss, weil sie der Benutzer erwartet. Die Suche ist umso wichtiger, je umfangreicher Ihre Website ist. Sollte Ihre Website 200 Einzelseiten oder mehr umfassen, ist die Suche unabdingbar. Unverzichtbar ist eine durchdachte Suchfunktion, wenn Sie einen Shop betreiben, der einen tief verschachtelten Produktkatalog enthält.

Für den Besucher ist die Suche mindestens gleich wichtig wie die eigentliche Navigation.

Investieren Sie Zeit und Aufwand in die Darstellung der Suchergebnisse. Wie diese optimal dargestellt werden können, zeigt Ihnen der Abschnitt 11.5.

Gelerntes nicht respektieren

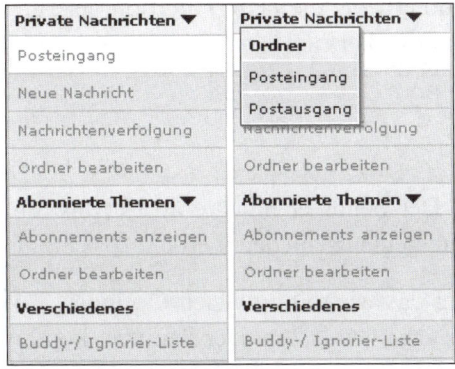

Abbildung 3.2: Ungewöhnliche Lösung: In dieser Navigation ist der Postausgang nur auffindbar, wenn auf das bereits geöffnete Menü »Private Nachrichten« (linke Abbildung) nochmals geklickt wird

Wo halten sich die Benutzer meistens auf? Die Antwort ist einfach: Woanders, und nicht auf Ihrer Unternehmenswebsite. Auf anderen Seiten lernen sie, wie bestimmte Dinge funktionieren und wo sie zu finden sind. Log-ins befinden sich meist in der oberen linken oder rechten Ecke,

Nutzer lernen von anderen Seiten

Suchfunktionen oben rechts. Auf Firmenlogos kann man klicken und landet auf der Homepage. Besuchte Links ändern ihr Aussehen, nachdem sie angeklickt wurden oder der Benutzer mit der Maus darüberfährt.

Dies sind Dinge, die anderswo erlernt sind und nun auch auf Ihre Website angewendet werden. Machen Sie es deutlich anders als der Standard, verursachen Sie Probleme. Der Benutzer versucht, ein erlerntes Prinzip auch auf Ihre Website anzuwenden, scheitert damit und ist anschließend frustriert. Niemand wird die Energie investieren, um Funktionsprinzipien neu zu erlernen, die auf anderen Websites längst als Standard etabliert sind.

So lösen Sie das Problem:

Sehen Sie sich genau an, wie Standardfunktionen auf Websites dargestellt werden, und richten Sie sich danach. Das hat nichts mit Kopieren zu tun. Wenn Sie sozusagen das Rad neu erfinden, tun Sie Ihren Besuchern keinen Gefallen. Damit setzen Sie voraus, dass der Besucher so lange sucht oder ausprobiert, bis die neue Funktion gelernt ist. Genau das wird keiner Ihrer Besucher tun.

Design ohne Userführung

Websites sind etwas Interaktives. Der Benutzer möchte dort etwas tun. Aber was? Das muss auf jeder Seite neu entschieden werden.

Alles und nichts scheint wichtig

Viele Websites begehen den Fehler, dass sie mit zu vielen Optionen aufwarten und alle gleichbedeutend erscheinen lassen. Der Benutzer kommt ins Grübeln: Was ist wohl das Interessanteste auf dieser Seite? Die Motivation für den nächsten Klick muss sich der Benutzer selbst suchen. »Langweilig hier« lautet dann oft das Fazit.

Erklärungstexte – wie im gezeigten Beispiel – helfen keineswegs bei der Entscheidung. Benutzer lesen nicht!

So lösen Sie das Problem:

Setzen Sie einen klaren optischen Schwerpunkt auf jeder einzelnen Seite. Für den Benutzer muss deutlich zu erkennen sein, was wichtig ist. Unterstützen Sie ihn dabei, eine Motivation für den nächsten Klick zu finden. Oder haben Sie eine genaue Vorstellung, was der Besucher auf dieser einen Website als Nächstes tun sollte? Dann führen Sie ihn, indem Sie genau diese Option mit grafischen Mitteln am stärksten gewichten.

Achten Sie darauf, dass Sie den richtigen optischen Schwerpunkt setzen! So sollte in Prozessen immer das Objekt am auffälligsten gestaltet werden, das zum nächsten Schritt führt.

Wählen Sie als Mittel zur Benutzersteuerung immer das Design: Farben, Kästen, Schriftgrößen oder Bilder. Text eignet sich nicht, um Benutzer zu steuern. Sie ignorieren ihn.

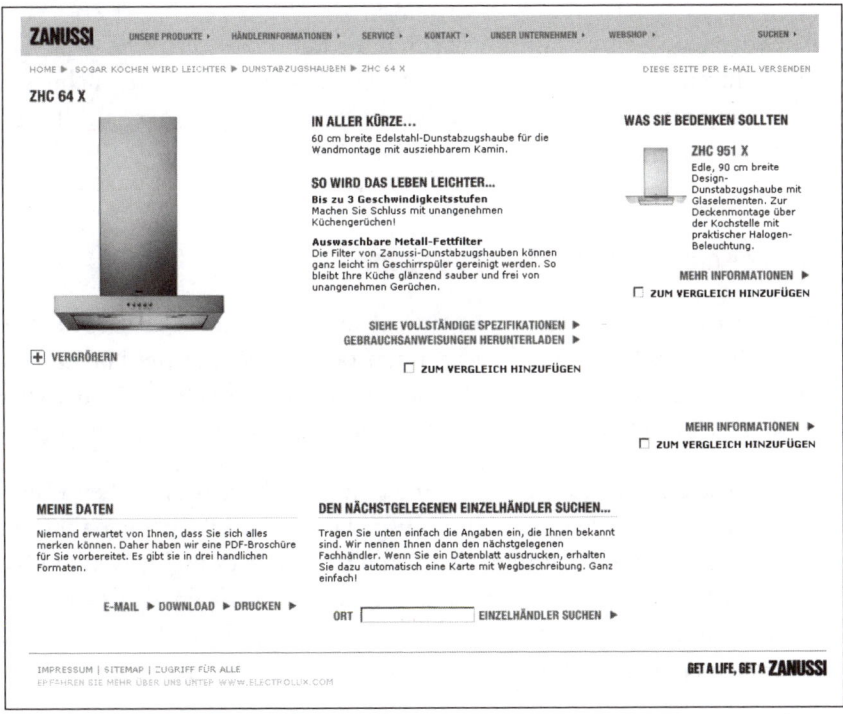

Abbildung 3.3: Eine Seite voller gleich gewichteter Optionen: Hier wird es schwer, sich für den nächsten Klick zu entscheiden

Marketingsprache statt Information

Lassen Sie sich entführen in die Welt des Tees. Wir haben aus-gewählte Sorten in unserem Programm. Ob Darjeeling, Assam oder Tees aus China oder Japan, Sie finden bei uns sowohl klassische Tees als auch Spezialitäten aus allen Tee-Nationen. Natürlich führen wir ein umfangreiches Angebot an Früchte- und Kräutertees ...

Kein Informa-tionsgehalt Hand aufs Herz: Wie viele Zeilen haben Sie von dem Text aufmerksam gelesen? Texte wie diese helfen niemandem weiter. Sie bewirken nur eins: dass der Leser die Site umgehend verlässt.

Für den Besucher ist schon nach wenigen Worten klar: Dieser Text infor-miert nicht, bietet keine Neuigkeiten und ist alles andere als interessant. Vermutlich sollte er nur zur Suchmaschinenoptimierung dienen.

> ### So lösen Sie das Problem:
>
> Auch wenn es schwerfällt: Verzichten Sie auf allzu werbliche Tonali-tät in Ihren Texten. Setzen Sie Texte nicht übermäßig zur Suchma-schinenoptimierung ein. Wie Sie Schritt für Schritt die Texte auf Ihrer Website optimieren können, zeigt Ihnen Kapitel 2.

Nur der Konzepter kennt das Konzept

Logik, die der Benutzer nicht versteht Vielleicht ist es Ihnen auch schon einmal so gegangen: Sie überlegen sich, wie Sie Ihre Produkte einteilen könnten oder sonst wie die Navigation gestalten. Dabei denken Sie sich allerlei sinnvolle Strukturen aus. Und trotzdem zeigt sich, dass die Benutzer nicht das finden, was sie suchen.

Woran mag das nur liegen? Sie haben sich doch in mühevoller Klein-arbeit ein logisches System dafür ausgedacht. Das Problem dabei ist: Nur Sie kennen dieses System, der Benutzer kennt es nicht. Denken Sie an die alte Grundregel: »Don't make me think!«, bringen Sie den Benut-zer nicht ins Grübeln. Erwarten Sie vom Besucher Ihrer Website nicht, dass er sich eingehend damit befasst, bis alles verstanden wurde.

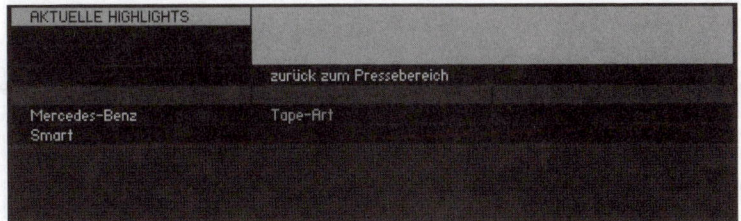

Abbildung 3.4: Rätselhafte Navigation: Erkennen Sie in der Navigationsleiste, wo Sie sind? Sie befinden sich in Pressebereich > Untermenü Aktuelle Highlights >Tape Art

---

So lösen Sie das Problem:

Wenn Sie sich mit konzeptioneller Arbeit für Ihre Website befassen, notieren Sie sich alle Regeln, die der Benutzer beherrschen muss, um Ihre Site erfolgreich zu benutzen.

Halten Sie sich vor Augen, dass jede Regel, die Sie hier notieren, vom Benutzer erst erkannt und dann gemerkt werden muss.

Benutzer wollen aber nichts erkennen oder lernen.

Sorgen Sie schon von Beginn der Konzeption dafür, dass Ihre Website mit wenigen Regeln auskommt.

Zu viel Text

Obwohl es mittlerweile gut bekannt ist, dass Besucher von Websites nicht oder nur flüchtig lesen, wird immer wieder zu viel Text verwendet.

Am ärgerlichsten ist Textverwendung, wenn sie einen anderen Ergonomiefehler ausbügeln soll: Dinge erklären, die zu komplex geraten sind. Da hilft der schönste Text nicht. Benutzer werden keine Erläuterungen lesen, sondern einfach mit der Website in Interaktion treten. Und schon tritt ein Fehler auf.

Text, an der falschen Stelle verwendet

Betrachten Sie das Beispiel. Wie hoch wird wohl die Wahrscheinlichkeit sein, dass der Benutzer aufmerksam den umfangreichen Text liest? Dabei spielt es keine Rolle, wie wichtig die Aussagen sind, die dort gemacht werden. Ziel des Benutzers ist der Check-in, den er hier und jetzt ausführen möchte. Und genau das wird er tun.

Abbildung 3.5: Check-in einer Fluglinie: Die Wahrscheinlichkeit, dass der Benutzer die wichtigen Hinweistexte oberhalb der beiden Eingabefelder liest, ist extrem gering

Dass der Text eine technische Schwäche der Anwendung lösen soll, ist dem Benutzer gleichgültig. Die Wahrscheinlichkeit, dass Fluggäste die ausführlichen Erläuterungen lesen, ist daher gleich null. Statt dessen starten sie die Anwendung und wundern sich über Fehlermeldungen, die plötzlich auftreten. Gruppenbuchung für 10 Personen: leider nicht möglich. Und schon stockt der Check-in und der Benutzer – womöglich in Eile – bleibt verärgert zurück.

So lösen Sie das Problem:

Wenn Text, dann sparsam. Versuchen Sie niemals, mit Texten Dinge zu erklären, die komplex geraten sind.

Mit Texten, die für Formulare verwendet werden, sollten Sie sich besonders intensiv beschäftigen. Im Kapitel 2 finden Sie beispielsweise zur Beschriftung von Schaltflächen oder zum Texten von Fehlermeldungen zahlreiche konkrete Anregungen.

Unbrauchbarer Text

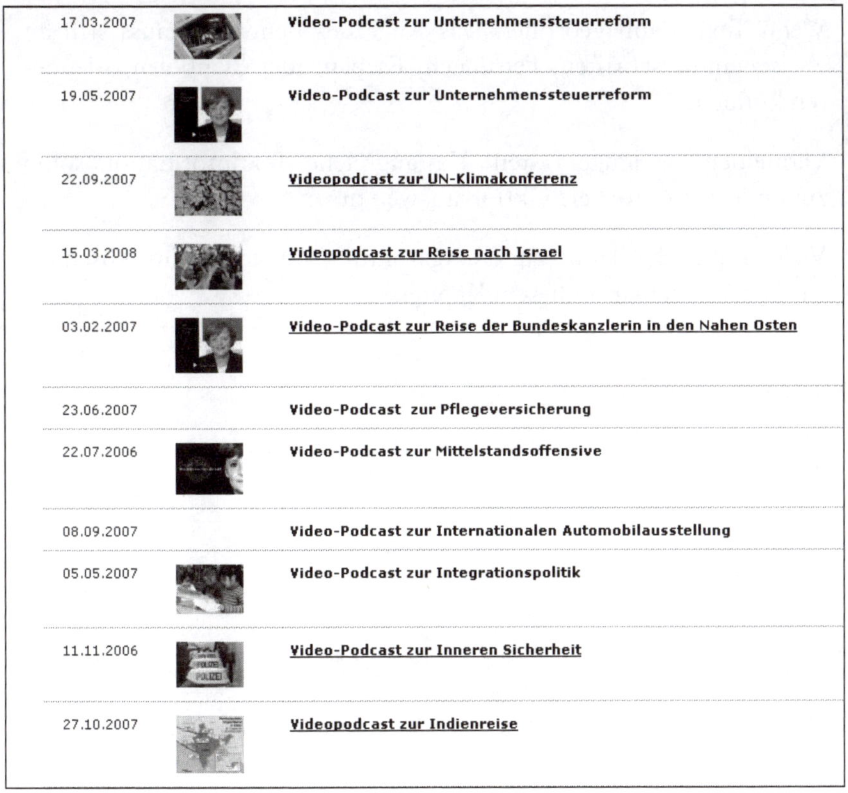

17.03.2007		Video-Podcast zur Unternehmenssteuerreform
19.05.2007		Video-Podcast zur Unternehmenssteuerreform
22.09.2007		Videopodcast zur UN-Klimakonferenz
15.03.2008		Videopodcast zur Reise nach Israel
03.02.2007		Video-Podcast zur Reise der Bundeskanzlerin in den Nahen Osten
23.06.2007		Video-Podcast zur Pflegeversicherung
22.07.2006		Video-Podcast zur Mittelstandsoffensive
08.09.2007		Video-Podcast zur Internationalen Automobilausstellung
05.05.2007		Video-Podcast zur Integrationspolitik
11.11.2006		Video-Podcast zur Inneren Sicherheit
27.10.2007		Videopodcast zur Indienreise

Abbildung 3.6: Übersichtsseite einer Podcast-Sammlung: Schnelle Orientierung ist weder an Text noch anhand der Bilder möglich

Finden Sie sich auf dem obigen Bildschirmausschnitt zurecht? Nicht nur die Unregelmäßigkeiten im Layout erschweren die Orientierung. Ein zusätzliches Hindernis besteht darin, dass jede Zeile mit denselben Worten beginnt. Ein System, wonach diese Liste sortiert sein könnte, scheint nicht zu existieren. Weder ist sie alphabetisch geordnet noch chronologisch. Manche Podcast-Titel erscheinen auch doppelt.

Selbst der Einsatz der Bilder hat keinen Wiedererkennungseffekt für den Benutzer, da manche Bilder mehrfach eingesetzt wurden.

Text erschwert die Orientierung

So lösen Sie das Problem:

Wenn Text, dann geordnet. Das Auge des Benutzers muss sich an Zwischenüberschriften, Fettungen, Farben oder Symbolen orientieren können.

Vermeiden Sie lange Listen! Umfangreiche Textinformation sollte zumindest eine Sortierfunktion ausweisen.

Viele praktische Tipps zur Textgestaltung finden Sie im Abschnitt »Typografie«, hier in diesem Kapitel.

Prozesse ohne Sorgfalt

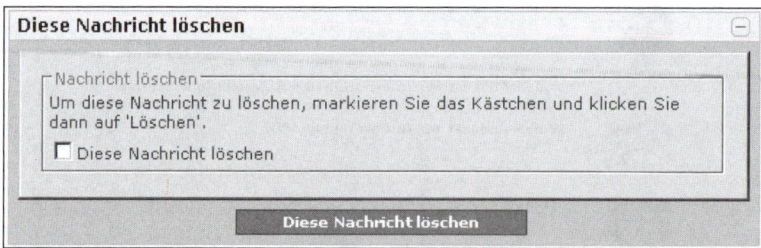

Abbildung 3.7: Nachricht löschen: Das können Sie in diesem Feld sicherheitshalber gleich mehrfach

Oft wird nicht zu Ende gedacht

Komplexe Prozesse zu entwerfen gehört zu den anspruchsvollsten Arbeiten beim Erstellen von Internetseiten. Oft werden Prozesse nicht zu Ende gedacht, Fehlermöglichkeiten vergessen oder alternative Wege des Benutzers ignoriert.

So entstehen unsinnige Anweisungen, merkwürdige Schaltflächen, Seiten, die ins Leere laufen, oder Prozesse, die viel zu viele Schritte umfassen.

Werden Prozesse bei der Websiteplanung unvollständig beschrieben, lassen sich die Techniker, die sich mit der Umsetzung des lückenhaften Konzepts beschäftigen, irgendetwas einfallen, was auf die Schnelle die Lücken überbrückt. Das mag technisch funktionieren, ist aber oft nicht benutzerfreundlich.

So lösen Sie das Problem:

Erstellen Sie zunächst ein Ablaufdiagramm des Prozesses.

Erst im zweiten Schritt denken Sie über Fehlermöglichkeiten nach. Wie sollte das System darauf reagieren? Erstellen Sie alle Texte für die Fehlermeldungen und legen Sie fest, was passieren soll, wenn ein Fehler auftritt. Wird der Benutzer zurück zur Startseite geleitet? Blendet sich nur ein Fehlertext ein?

Im dritten Schritt beschäftigen Sie sich mit alternativen Wegen zu dem Prozess, den Sie anfangs aufgeschrieben haben: Wie könnte ein Benutzer noch zum Ziel kommen? Fertigen Sie auch dazu ein Ablaufdiagramm an.

Nummerieren Sie nun alle Schritte in den Ablaufdiagrammen.

Zu jedem Schritt entwerfen Sie nun einen Screen: Welche Überschrift braucht er? Welche Eingabefelder? Welche Schaltflächen?

Zum Schluss prüfen Sie, ob die Entwürfe stimmig sind. Passt alles zueinander? Ist an alles gedacht? Sind alle Fehler berücksichtigt, alle Alternativen beschrieben?

Mentales Modell wird nicht unterstützt

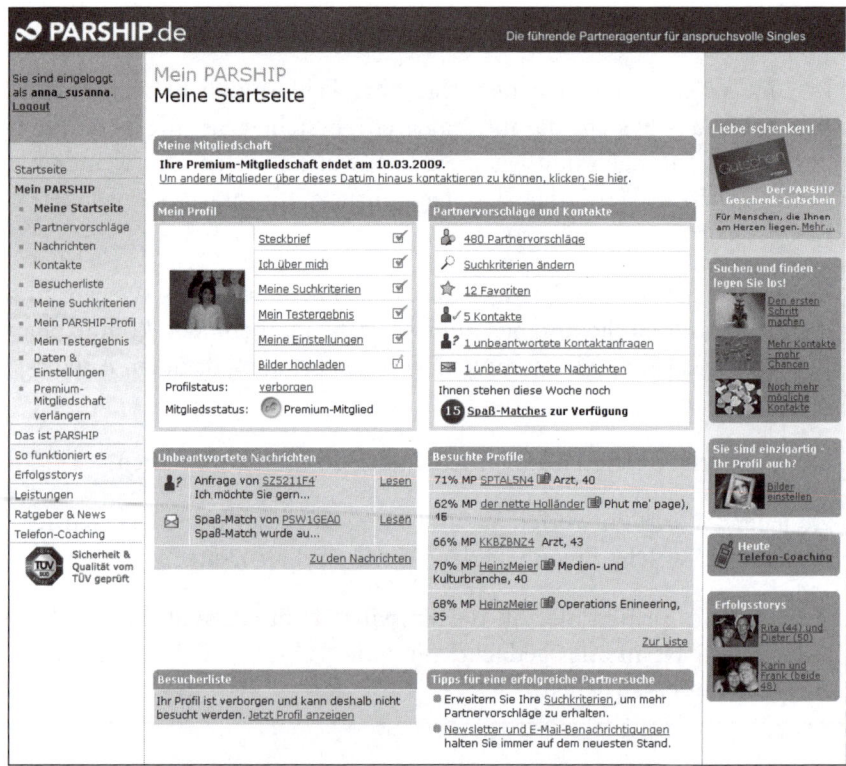

Abbildung 3.8: Willkommensseite einer Online-Partnervermittlung: Wer hier versucht, die Boxen im mittleren Bereich der Seite den Elementen in der Navigationsleiste zuzuordnen, scheitert

Nutzer suchen nach Orientierung

Benutzer lernen in jeder Sekunde, in der sie Ihre Website benutzen, wie dort etwas funktioniert. Benutzer orientieren sich dabei an der Navigationsgestaltung, an Texten und an der Beziehung zwischen der Navigation und den zugehörigen Inhalten. Sie versuchen vor jeder Interaktion, das Resultat korrekt vorherzusagen. Trifft es nicht so ein wie erhofft, bleibt der Benutzer verwirrt zurück.

So lösen Sie das Problem:

Geben Sie Ihren Besuchern so viel Hilfestellung wie möglich – nicht in Textform, sondern grafisch.

Markieren Sie deutlich in der Navigation, welche Seite gerade geöffnet ist. Bieten Sie Navigationspfade, sogenannte Breadcrumbs, an.

Gruppieren Sie Elemente der Seite sinnvoll.

Beschriften Sie alle Schaltflächen mit eindeutigen Bezeichnungen.

Achten Sie darauf, dass Gleiches immer gleich funktioniert. Die Suchfunktion auf der Homepage muss genau so funktionieren wie die Suchfunktion auf den untergeordneten Seiten. Ändert ein besuchter Link auf der einen Seite seine Farbe, muss diese Farbänderung auch auf allen anderen Seiten genau so dargestellt werden.

3.5 Mit einfachen Mitteln Benutzerfreundlichkeit herstellen und testen

Müssen teure Studien in Auftrag gegeben werden, um die Benutzerfreundlichkeit Ihres Shops oder Ihrer Unternehmenswebsite zu testen und zu verbessern?

Nicht immer brauchen Sie Usability-Experten ins Haus zu holen oder spezielle Ausrüstung zu kaufen. Es gibt eine Reihe von schnell erlernbaren und kostengünstigen Methoden, die Sie auch als Ergonomie-Anfänger wirkungsvoll einsetzen können.

Da alle hier vorgestellten Methoden weder ein großes Budget noch Fachwissen oder hohen Zeitaufwand voraussetzen, können Sie die Verfahrensweisen in vielen Prüfungsrunden einsetzen. Sie arbeiten sich dann Schritt für Schritt zu einer guten Lösung vor, indem Sie wieder und wieder testen und probieren.

Prototypen aus Papier bauen

Die Überarbeitung Ihrer Website steht an. Diesmal möchten Sie die Benutzerfreundlichkeit deutlich erhöhen. Deshalb holen Sie sich aus verschiedenen Abteilungen Ihres Unternehmens Rat und Hilfe. In Ihrem Team sitzen Mitarbeiter aus dem Callcenter, die genau wissen, welche Stellen des Shops den Kunden Probleme bereiten. Sie haben Designer mit am Tisch, den Marketingleiter und einen Programmierer, der die Verbesserungsvorschläge aus technischer Sicht beurteilen soll.

Ideal für große Teams

Wie bekommen Sie alle unter einen Hut? Wie locken Sie die Schüchternen aus der Reserve? Wie vermitteln Sie den Callcenter-Mitarbeitern, die noch nie etwas von Interface-Optimierung gehört haben, worum es in Ihrem Projekt geht? Und wie schaffen Sie es, dass sich am Ende alle auf einen Vorschlag einigen?

Hier hilft Ihnen das Herstellen von Prototypen aus Papier weiter. Dazu brauchen Sie weder teure Software noch Hardware. Es genügen eine Schere, Kleber, dicke bunte Filzstifte, Tesafilm, Magnete, große Papierbogen und eine große Pinwand.

Starten Sie mit der Version der Website, die Sie aktuell haben. Zeichnen Sie sie auf einen großen Papierbogen und hängen Sie diesen an die Wand. Nun können Sie Element für Element verbessern.

Sammeln Sie Ihre Ideen

Haben Sie schon im Vorfeld Ideen gesammelt? Dann wäre es möglich, dass Sie mit einer Sammlung von Elementen starten, die neu auf der Website untergebracht werden sollen. Sie werden sehen, wie sich anhand der konkreten Umsetzung schnell Diskussionen zwischen allen Teammitgliedern entwickeln. Versuchen Sie dasselbe mit digitalen Screens, die Sie mit dem Beamer an die Wand werfen: Sie werden sehen, wie wenig das zur Diskussion anregt. Prototypen aus Papier laden dagegen zum Experimentieren ein.

Probieren Sie Lösungen aus

Verdeutlichen Sie direkt am Papier-Prototyp, welche Auswirkungen die Ideen und Vorschläge haben. Malen, kleben und schneiden Sie so lange, bis Sie ein Ergebnis erhalten, das alle zufriedenstellt. Der Vorteil ist, dass beim Herumschieben der Elemente Diskussionen auf eine Lösung fokussiert werden.

Sie können hier auch Mitarbeiter ins Boot holen, die sich sonst bei Gruppendiskussionen zurückhalten. Denn auch ohne viele Worte können Schüchterne ihren Beitrag leisten. Es genügt schon, ein Papierstück auszuschneiden, zu beschriften und an die richtige Stelle zu legen.

Der Nachteil von Papier-Prototypen ist, dass Sie dazu alle Teilnehmer am Tisch haben müssen. Daher eignet sich das Entwickeln von Papier-Prototypen nicht für Teams an verteilten Standorten.

Ein weiterer Nachteil ist die exakte Dokumentation, die hier notwendig ist. Zu diesem Zweck sollte ein Teammitglied sich nicht an den Diskussionen beteiligen, sondern sich ausschließlich auf das Führen eines Protokolls konzentrieren.

Navigation mit Karteikarten entwickeln

Sie möchten die Navigation überarbeiten, haben aber keine Vorstellung, wo und wie Sie hier am besten starten? Eventuell brauchen Sie auch hier eine Diskussionsgrundlage für Ihr Team, damit sich alle an der Neugestaltung beteiligen können.

Probieren Sie es doch einmal mit dem sogenannten Card Sorting. Dazu benötigen Sie nur Stifte und ausreichend Karteikarten bzw. einfache Karten aus Pappe. Beschriften Sie nun Karte für Karte mit Kategoriennamen, Produktbezeichnungen und anderen Navigationselementen, die Sie auf der Website unterbringen möchten.

Stift und Karteikarten genügen

Breiten Sie die Karten vor sich auf dem Tisch aus und versuchen Sie, diese neu zu ordnen. Schieben Sie die Karten so lange hin und her, bis eine logische Anordnung hergestellt ist. Wo neue Kategorien erforderlich sind, legen Sie sie mithilfe zusätzlicher Karten an.

Prozessentwicklung

Ein ähnliches Vorgehen können Sie anwenden, wenn Sie Prozesse entwickeln. Verschaffen Sie sich zunächst einen Überblick. Schreiben Sie alle notwendigen Schritte auf, aus denen sich ein Prozess zusammensetzt.

Abläufe gruppieren

Achten Sie darauf, hier genau genug zu sein. Jedes Detail zählt! So reicht es nicht, allein Handlungsschritte aufzuzählen, etwa »Datei speichern«. Jede Handlung setzt sich aus sogenannten Operationen zusammen. Um eine Datei zu speichern, sind folgende Operationen notwendig:

>> Der Datei einen Namen geben

>> Ein Format auswählen

>> Entscheiden, wohin die Datei gespeichert werden soll

>> Klick auf die Schaltfläche »Speichern«

Haben Sie alle Schritte Ihres Prozesses komplett? Nun gruppieren Sie die Karten: Welche gehören inhaltlich zusammen? Und wie ist der genaue Ablauf der einzelnen Schritte? Sie können die Karten immer wieder umgruppieren, durch neue erweitern oder einzelne Karten weglassen. Die Karten lassen sich auch unter verschiedenen Blickwinkeln gruppieren: Welcher Ablauf ist am plausibelsten? Welcher am effektivsten?

Probieren Sie dieses Vorgehen doch einmal im nächsten Meeting aus! Sie werden erstaunt sein, wie stark die Kartenmethode Diskussionen in Gang setzt und bereichert. Die Kartenmethode eignet sich dabei für Diskussionen mit Entwicklern genauso gut wie für Gespräche mit Anwendern.

Ergonomie testen mit lautem Denken

Eine Methode, wie sie von Experten häufig zum Testen von Benutzerfreundlichkeit verwendet wird, ist das laute Denken. Dabei sitzt eine Testperson vor dem PC, löst eine Aufgabenstellung und kommentiert dabei das eigene Vorgehen. Als Testleiter sehen Sie, was getan wird und warum es getan wird. Sie können beobachten, ob die Testperson ihre Aufgabe lösen kann, und wenn ja, in welcher Zeit.

In professionellen Usability-Labors existiert zu dieser Methode eine Vielzahl von Dokumentationsmöglichkeiten. Das reicht von Videoaufzeichnungen über Klickpfad-Protokolle bis hin zu Blickverlaufsanalysen.

Ohne technischen Aufwand durchführbar

Auch ohne jedes technische Equipment erhalten Sie bei diesem Test zufriedenstellende Ergebnisse, die Sie weiterbringen und Ihnen aufzeigen, wo die Schwachstellen auf Ihrer Website liegen.

Aufgaben zusammenstellen

Beginnen Sie Ihre Vorbereitungen damit, sich kleine Szenarien zu überlegen. In welche Benutzerrollen könnten Ihre Versuchspersonen schlüpfen? Es ist wichtig, sich hierzu detaillierte Gedanken zu machen. Denn dieses Szenario werden Sie Ihren Testpersonen schildern: »Stellen Sie sich vor, Sie sind neu auf dieser Website und wollen den Busfahrplan aufrufen …« So oder so ähnlich könnten die Tests beginnen. Erst nachdem Sie der Testperson das Szenario geschildert haben, beginnen Sie mit der eigentlichen Testphase.

Denken Sie sich Testszenarios aus

Dazu sollten Sie sich die Aufgabenstellung überlegen, welche die Testperson lösen soll. Wählen Sie dabei die Aufgaben sorgfältig aus: Was sind die wichtigsten Ziele Ihrer Website? Welche Funktionen müssen unbedingt vom Benutzer verstanden werden, damit die Ziele der Website erreicht werden?

In einem typischen Onlineshop wären dies beispielsweise:

>> Auffinden einer Produktdetailseite

>> Der Warenkorbprozess

>> Der Bezahlvorgang

>> Benutzen der internen Suche

Schreiben Sie sich dazu einen kleinen Spickzettel, auf dem Sie alle Fragen notieren. Drei bis vier kleine Aufgaben genügen pro Testperson. Jede Aufgabe sollte in maximal 15 Minuten gelöst sein. Alles andere überfordert die Testteilnehmer. Formulieren Sie Ihre Fragen konkret aus, sodass Sie beim Test nicht lange überlegen müssen und sichergehen, auch jeder Testperson dieselben Aufgaben gestellt zu haben.

Als Testperson ist jeder geeignet, der nicht an dem Projekt zur Überarbeitung der Website beteiligt ist. Fragen Sie Ihre Empfangsdame, einen Auszubildenden oder jemanden aus der Buchhaltung. Sie gewinnen schon mit drei bis fünf Testpersonen einen guten Überblick darüber, welche Ergonomieprobleme Ihre Site noch hat.

Unmittelbar vor dem Test

Testperson vorbereiten

Vor Beginn des eigentlichen Tests sagen Sie noch einige Worte zum Ablauf. Erläutern Sie die Testmethode und fordern Sie Ihre Probanden auf, alle Gedanken laut auszusprechen, die ihnen während der Nutzung der Website durch den Kopf gehen. Kündigen Sie gleichzeitig an, dass Sie sich Notizen machen werden. Sagen Sie den Testteilnehmern ausdrücklich, dass nicht sie getestet werden, sondern die Benutzeroberfläche.

Fragen Sie die Testpersonen, welche Erfahrung sie mit der Benutzung von Internet und Computern haben. Das ist ein wichtiges Detail, das Ihnen später die Auswertung erleichtern wird.

Eigentlicher Testablauf

Keine Hilfe geben, nicht eingreifen

Setzen Sie sich nach dem kleinen Vorlauf gemeinsam vor den Rechner und lassen Sie den Tester die Aufgabe lösen. Dabei soll die Testperson schildern, was sie tut, welche Erwartung sie an den nächsten Bedienschritt hat und warum sie genau diesen Weg wählt. Versuchen Sie so wenig wie möglich einzugreifen. Geben Sie keine Kommentare ab, stellen Sie keine suggestiven Fragen und werten Sie nichts, was der Benutzer tut. Verbessern Sie nichts. Versuchen Sie nicht zu helfen – auch dann nicht, wenn die Testperson ausdrücklich danach fragt, etwa: »Wie funktioniert das hier?« In solchen Fällen antworten Sie mit einer Gegenfrage: »Was glauben Sie, wie es funktioniert?«

Notieren Sie sich folgende Eckdaten:

>> Wurde die Aufgabe vollständig gelöst?

>> Wenn ja, in welcher Zeit?

>> Hatte die Testperson Spaß an dem Test? Wurden die Aufgaben gerade so gelöst oder kamen von der Testperson noch viele Vorschläge und Anmerkungen?

Mit diesen drei Punkten messen Sie die drei Dimensionen von Benutzerfreundlichkeit: Ergebnis, Effizienz und Spaßfaktor bei der Benutzung.

Nachbereitung und Auswertung

Am Ende der Tests werden Sie jede Menge Notizen haben, die nun auf eine Auswertung warten. Jetzt macht es sich bezahlt, dass Sie den Test sorgfältig vorbereitet haben. Mit Ihrem Spickzettel in der Hand haben Sie jeder Testperson dieselben Fragen gestellt. Sie können nun eine Tabelle anlegen, in die Sie horizontal die Fragen eintragen, vertikal eine Kurzbeschreibung der Testperson. Die Tabelle selbst füllen Sie mit den Antworten und Ergebnissen aus dem Test.

Aus der Tabelle leiten Sie wiederum ab, wie gut die einzelnen Aufgaben gelöst wurden. Mit einem Punktesystem markieren Sie nun, wo nur kleine Hürden den Benutzer kurz irritiert haben und wo dringend Änderungen eingefügt werden müssen. Verwenden Sie dazu am besten diese vierstufige Skala, auf der Sie jede getestete Seite einordnen können:

>> Stufe 1: Keine Änderung erforderlich, Test funktionierte reibungslos

>> Stufe 2: Minimale Änderungen, etwa an einer Formulierung

>> Stufe 3: Änderungen erforderlich, im Test zeigten sich ernste Hürden für die Versuchspersonen

>> Stufe 4: Komplette Überarbeitung notwendig, Aufgabe konnte nicht gelöst werden

Und so könnte eine Testauswertung zu den Seiten Ihres Kaffeeshops aussehen:

	Aufgabe 1: Testkauf	Aufgabe 2: Produktsuche
Jan, 31 Jahre alt, kaufmännischer Angestellter, Internetnutzung seit 5 Jahren, gute PC-Kenntnisse	Aufgabe gelöst in 2 Minuten, findet die Navigation »etwas unübersichtlich«, kam aber nach kurzer Eingewöhnung gut zurecht.	Nicht gelöst. Brach den Test nach 10 Minuten ab. Keines der Suchergebnisse führte auf die gewünschte Produktdetailseite.
Ulla, 56 Jahre alt, Hausfrau, Internetnutzung seit 3 Jahren, keine PC-Kenntnisse	Aufgabe gelöst in 3 Minuten. Navigation wird als »verworren« bezeichnet, aber dann verstanden.	Aufgabe gelöst in 20 Minuten. Blätterte lange in den Suchergebnissen, bis auf Seite 20 der gesuchte Treffer gefunden wurde.
Hanns-Peter, 21 Jahre, Student, Internetnutzung seit 4 Jahren, sehr gute PC-Kenntnisse	Aufgabe gelöst 2 Minuten. Lobt die Navigation als »übersichtlich, wenn man sich mit den Produkten auskennt«.	Nicht gelöste Aufgabe. Probierte 15 Minuten lang, in der Trefferliste den gesuchten Begriff zu entdecken. Gab schließlich auf.

Bei der Auswertung sollten Sie beachten, welche Vorkenntnisse die einzelnen Testpersonen hatten. Dies beeinflusst die Ergebnisse erheblich. So tun sich viele Benutzer leichter mit einer Anwendung, wenn sie bereits Kunde in Ihrem Shop sind oder über langjährige Erfahrung mit dem Internet verfügen.

Mit Nielsens 10-Punkte-Plan zu verbesserter Benutzerfreundlichkeit

Der Usability-Spezialist Jakob Nielsen empfiehlt für schnelle und kostengünstige Ergonomieverbesserungen eine Checkliste mit zehn Punkten, die auch von Nichtfachleuten erfolgreich zur Verbesserung der Benutzerfreundlichkeit angewendet werden kann. Wenn Sie diese aufmerksam mit Ihrer Website vergleichen, haben Sie schon einen großen Teil an Stolpersteinen für Ihre Benutzer aus dem Weg geräumt.

Punkt 1: Dialogtexte kürzen

An welchen Stellen tritt der Benutzer mit Ihrem Shop oder Ihrer Website in einen Dialog? Etwa beim Kaufprozess, wo Produkte ausgewählt und in den Warenkorb gelegt werden? Sehen Sie sich an, wie Benutzer und

Website »miteinander reden«. Wie bestätigen Sie dem Benutzer, dass sich das Produkt nun im Warenkorb befindet? Wie sieht ein Warnhinweis aus? Wie sind Schaltflächen beschriftet?

Abbildung 3.9: Klare Anzeige zum Status: Hier liegen derzeit unübersehbar 2 Artikel im Warenkorb

Texte, die hier angezeigt werden, sollten nur die Information beinhalten, die unbedingt gebraucht wird. Alles andere lenkt vielleicht ab, verwirrt, kann missverstanden werden oder wirkt sich sogar störend aus. Jede zusätzliche Information muss vom Benutzer verstanden und richtig zugeordnet werden. Minimieren Sie diesen Aufwand und beschränken Sie sich aufs Wesentliche.

Zeigen Sie diese Information zu genau der Zeit und an dem Ort an, wo sie benötigt wird. Informationen, die zusammengehören, sollten auf demselben Screen angezeigt werden.

Wenn Sie Optionen anzeigen, geben Sie dem Benutzer einen deutlichen Hinweis, welche die empfehlenswerteste ist.

Punkt 2: Dialogtexte einfach formulieren

Sämtliche Texte für Dialoge müssen so abgefasst sein, dass der Benutzer sie verstehen kann. Vermeiden Sie hier jegliche technischen Redewendungen und Begrifflichkeiten.

Beispielsweise ist es wenig sinnvoll, dem Benutzer bei der Suche nach Bahnverbindungen Hinweise anzuzeigen wie »Informationen zu dieser Relation finden Sie unter KBS891.7«. Formulieren Sie so, wie es auch der Benutzer ausdrücken würde: »Den Fahrplan für die Verbindung Schweinfurt–Erlangen finden Sie hier.«

Punkt 3: Den Benutzer so wenig wie möglich lernen lassen

Muten Sie Ihren Besuchern im Internet nicht zu, neue Dinge zu erlernen, während sie die Site benutzen. Je mehr sich der Benutzer merken muss, umso mehr leidet die Benutzerfreundlichkeit der Anwendung.

Unterstützen Sie den Benutzer, wo immer es nötig erscheint. Beispiele:

>> Bieten Sie bei längeren Prozessen Fortschrittsanzeigen an.

>> Hinterlegen Sie Symbole mit kleinen Erklärungstexten, die sichtbar werden, sobald der Benutzer mit dem Mauszeiger über das Symbol fährt.

>> Wenden Sie ein einmal erlerntes Prinzip auch an anderen Stellen der Anwendung an.

>> Greifen Sie auf, was Benutzer auf anderen Seiten im Web erlernt haben.

Punkt 4: Konsistenz sicherstellen

Lassen Sie Ihre Benutzer nicht darüber grübeln, warum dieselbe Schaltfläche im Prozess A andere Resultate erzeugt als im Prozess B. Stellen Sie vielmehr sicher, dass dieselbe Aktion des Benutzers immer denselben Effekt erzeugt.

Einmal Gelerntes sollten die Benutzer erfolgreich an anderer Stelle anwenden können. Das verschafft Erfolgserlebnisse und minimiert den Lernaufwand erheblich. Ein einfaches Beispiel: Mit der Tastenkombination Strg + C kopieren Sie am PC Inhalte. Das funktioniert in Word genauso wie in Excel oder PowerPoint. Was Sie einmal gelernt haben, lässt sich erfolgreich auch woanders anwenden.

Konsistenz gilt dabei für alle verwendeten Elemente: Text, Design und Abfolge von Dialogschritten.

Punkt 5: Rückmeldung geben

Wann immer ein Benutzer mit Ihrer Website in Interaktion tritt, sollte eine Rückmeldung angezeigt werden: Datenbank wird geöffnet, Änderungen wurden übernommen, Telefonnummer ist gelöscht, alle Eintragungen sind jetzt vollständig, die Überweisung ist erfolgreich abgeschlossen.

Warten Sie nicht, bis der Benutzer eine fehlerhafte Eingabe macht. Geben Sie rechtzeitig Warnhinweise: »Soll der Datensatz wirklich gelöscht werden?«

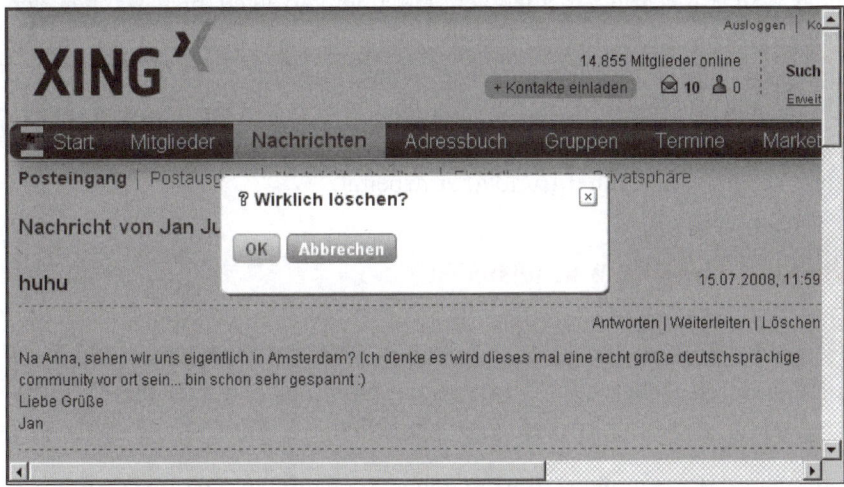

Abbildung 3.10: Deutlicher Warnhinweis bewahrt vor Datenverlust: Soll diese Information wirklich gelöscht werden?

Betreiben Sie auf Ihrer Website eine komplexe Anwendung, die längere Reaktionszeiten des Backends notwendig macht? Hier ist es besonders wichtig, dem Benutzer eine Statusmeldung zu geben, während das System beispielsweise noch damit beschäftigt ist, aus einer großen Datenbank passende Treffer herauszufischen.

Wann ist welche Form der Rückmeldung sinnvoll?

Betragen die Wartezeiten weniger als zwei Sekunden, brauchen Sie dem Benutzer nichts anzuzeigen. Die Unterbrechung wird zwar wahrgenommen, muss aber nicht erläutert werden.

Reaktionszeiten zwischen 2 und 10 Sekunden sollten Sie mit einem Symbol überbrücken, welches lediglich anzeigt, dass das System arbeitet.

Wenn auf Ihren Webseiten Reaktionszeiten auftreten, die länger als 10 Sekunden sind, muss die Rückmeldung differenzierter ausfallen. Benutzer neigen erfahrungsgemäß dazu, sich nach Ablauf dieser 10 Sekunden einer anderen Tätigkeit zuzuwenden, und verfolgen nicht länger den Prozess, der gerade abläuft. Überbrücken Sie diese Wartezeit, indem Sie eine konkrete Fortschrittsanzeige benutzen: Schon 30 % der Daten übertragen, Wartezeit noch 21 Sekunden, 4 von 14 Datenbanken durchsucht. Das zeigt dem Benutzer deutlich an, dass das System zwar (noch) nicht reagiert, im Hintergrund aber arbeitet.

Punkt 6: Sackgassen vermeiden

Der am häufigsten betätigte Button in Webanwendungen ist der »Zurück«-Button im Browser. Nicht nur bei der Navigation, auch an allen anderen Stellen einer Anwendung muss der Benutzer die Möglichkeit haben, Aktionen rückgängig zu machen.

Mit einem »Rückgängig«-Button geben Sie dem Benutzer das Gefühl, zu keinem Zeitpunkt in der Anwendung gefangen zu sein. Ein »Rückgängig«-Button macht Fehler ungeschehen und ermuntert den Benutzer auch, Dinge auszuprobieren – es lässt sich ja alles folgenlos ungeschehen machen.

Eine Ausnahme bildet der »Rückgängig«-Button bei Formularen. Hier sollten Sie ihn nicht einsetzen. Hat der Benutzer etwas Fehlerhaftes eingegeben, können die falschen Eingaben problemlos überschrieben werden. Klickt ein Benutzer versehentlich auf »Zurücksetzen«, würde das ganze Formular geleert und die Eingaben müssen wiederholt werden.

Punkt 7: Abkürzungen anbieten

Auf jeder Website gibt es erfahrene Benutzer und solche, die zum ersten Mal hier sind. Bewegt sich der Erstbesucher noch umständlich, wird der Wiederkehrer schon genau wissen, was er will.

Daher interagiert der erfahrene Wiederkehrer anders als der neue Besucher. Wiederkehrer sind wesentlich ungeduldiger und wollen schnell an ihr Ziel gelangen. Erleichtern Sie den Wiederkehrern die Navigation, indem Sie ihnen kurze Wege anbieten.

Das kann beispielsweise ein »Überspringen«-Button sein oder die Möglichkeit, schon etwas in ein Freitextfeld einzutippen, während der Rechner im Hintergrund noch Elemente auf der Seite lädt.

Auch aufklappbare Menüs, die den direkten Zugang zu Unterseiten der zweiten oder dritten Navigationsebene erlauben, sind hier sehr hilfreich. Ebenso eignen sich Formulare, die bereits vorbelegte Felder enthalten.

Achten Sie allerdings bei kurzen Wegen darauf, dass Warnhinweise und Fehlermeldungen nicht vom Benutzer ignoriert und übersprungen werden können.

Punkt 8: Fehlermeldungen positiv formulieren

Wenn eine Fehlermeldung erscheint, ist das ein kritischer Moment für die Benutzerfreundlichkeit. Der Benutzer steckt in diesem Augenblick in Schwierigkeiten. Eine Fehlermeldung, die nicht hilfreich ist oder falsch verstanden wird, kann zum Scheitern des Benutzers führen. Damit wäre das wichtigste Kriterium für Benutzerfreundlichkeit – nämlich Erreichen eines gewünschten Ergebnisses – nicht erfüllt.

Hilfreiche Fehlermeldungen vermeiden Codes und seltsame technische Ausdrücke, die der Benutzer nicht zuordnen kann. Vielmehr sind sie in einer verständlichen Sprache abgefasst. Die Fehlermeldung an sich sollte vom Benutzer verstanden werden.

Mehr darüber, wie sich optimale Fehlermeldungen verfassen lassen, finden Sie im Kapitel 2.

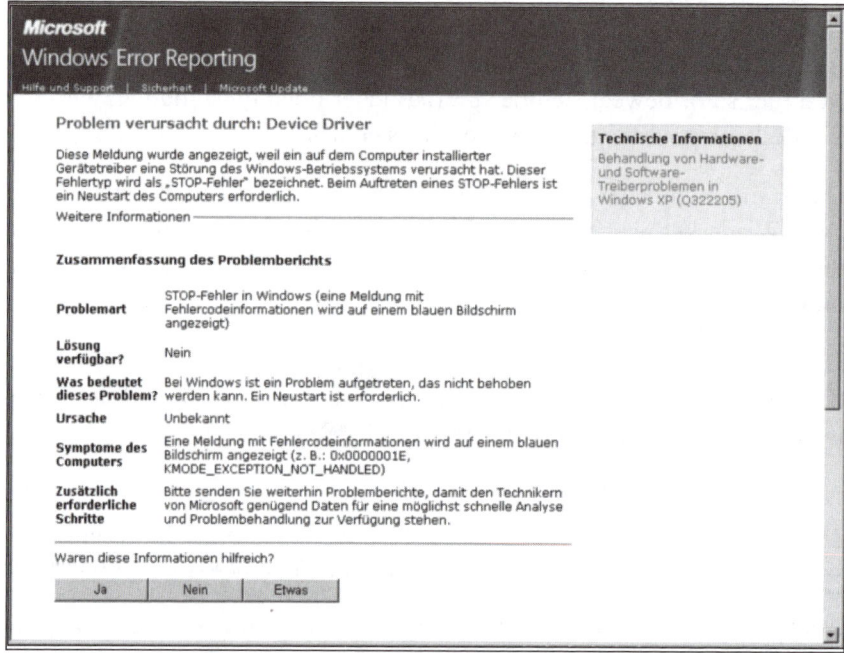

Abbildung 3.11: Fehlermeldung voller überflüssiger Informationen, die einem Computerlaien nicht weiterhelfen: Relevant ist letztlich nur »Lösung verfügbar? Nein«

Punkt 9: Fehler erst gar nicht entstehen lassen

Helfen Sie Ihren Benutzern dabei, Fehler zu vermeiden. Das verschafft den Nutzern Erfolgserlebnisse und verringert bei Ihnen den Aufwand für die Fehlerbehebung.

Zur Vermeidung von Fehlern haben Sie viele Möglichkeiten:

An besonders kritischen Stellen sollten Sie eine Sicherheitsabfrage einbauen: »Möchten Sie wirklich …« Überlegen Sie genau, an welchen Stellen Sie dies abfragen. Es sollten nur wirklich wichtige Aktionen betroffen sein. Wenn die Sicherheitsabfrage zu oft gestellt wird, kommt die Antwort des Benutzers – wahrscheinlich »ja« – ohne Nachdenken.

🔒 Now, Your Billing Information ☑ Same As Shipping?

Name	Credit Card Number (No Dashes or Spaces)
Anna Buss	
	Visa, Mastercard or American Express
Address Line 1	We do not accept PayPal
Street address, P.O. box, company name, c/o	
Framfab AG	Expiration Date
	02 - February ▼ 2012 ▼
Address Line 2	
Apartment, suite, unit, building, floor, etc.	Card Security Code Validation Number
Kolosseumstr. 1	217
	* Visa & Mastercard, - 3 digit code on the back
City, State, Zip	* American Express, - 4 digit code on the front
80469 None ▼ Muenc	
Country	
Germany ▼	
Phone Number	

Abbildung 3.12: In diesem Formular wird z. B. bei der Kreditkartennummer konkrete Eingabe-hilfe gegeben: »Verwenden Sie keine Leerzeichen oder Bindestriche.«

Sind Formulare auszufüllen, geben Sie an bestimmten Feldern Hilfestel-lung bei der Eingabe, etwa bei Telefonnummern, Kontonummern, Datumseingaben oder Postleitzahlen. Soll sich der Benutzer ein Passwort wählen, geben Sie auch hier Hinweise darauf, wie dieses beschaffen sein muss.

Punkt 10: Hilfe anbieten

Grundsätzlich werden Hilfetexte und Bedienungshinweise von Benut-zern nicht gelesen, bevor sie mit der Anwendung starten. Der Klick in die Hilfeseiten erfolgt erst dann, wenn ernste Probleme auftreten, die der Benutzer allein nicht mehr lösen kann. Oft sind diese Benutzer in Eile, mitunter sogar panisch. Denken Sie etwa ans Onlinebanking: Wenn hier eine dringende Überweisung von einer Fehlermeldung blockiert wird, möchte der Benutzer schnell Abhilfe schaffen.

Daher ist es wichtig, Hilfe- und Anleitungsseiten stark zu gliedern. Mehr zur Gestaltung solcher Texte finden Sie im Kapitel 2.

3.6   Empfehlungen für aufwendigere Usability-Testmethoden

Vielleicht genügen Ihnen die vorgestellten Methoden zum Prüfen der Benutzerergonomie ab einem bestimmten Punkt nicht mehr. Ihre Website ist stark gewachsen, Ihr Onlineshop verzeichnet ein großes Wachstum: Jetzt sind Sie bereit, ein echtes Budget für Usability-Testmethoden einzusetzen.

Gründe, sich externe Beratung zu holen

Das kann vor allem dann sinnvoll sein, wenn Sie sich seit Jahren mit der Benutzerfreundlichkeit Ihrer Site intensiv auseinandergesetzt haben. An vielen Stellen wurde optimiert und verbessert. Sie sind der Meinung, alles Mögliche getan zu haben. Doch das ist oft ein Trugschluss. Wer sich intensiv wieder und wieder mit denselben Benutzeroberflächen auseinandergesetzt hat, kann kaum noch neutral urteilen. Mit der Zeit werden die Interfaces Ihnen so vertraut, dass Sie nicht mehr die Position eines Benutzers einnehmen können. Welche Möglichkeiten stehen Ihnen nun offen, wenn Sie sich externe Hilfe holen?

Grundsätzlich sollten Sie einen jährlichen Usability-Check anstreben. Dieser setzt sich aus drei Teilen zusammen:

Expertenurteil

1. Das Expertenurteil: Wenn ein unabhängiger Experte Ihre Website gründlich auf Herz und Nieren prüft, werden Sie ganz neue Aspekte entdecken. Ein unverstellter Blick von außen deckt Fehler und Unzulänglichkeiten auf, die Sie übersehen haben, weil Sie jahrelang vertraut sind mit Ihrer Anwendung.

Wettbewerbs-analyse

2. Die Wettbewerbsanalyse: Sind Sie immer auf dem neuesten Stand, was Ihre Wettbewerber betrifft? Die Konkurrenz schläft bekanntlich nicht. Daher ist es sehr sinnvoll, in regelmäßigen Abständen zu prüfen, auf welchem Niveau sich die Websites der wichtigsten Mitbewerber befinden. Wer das ist oder sein könnte, haben Sie im Kapitel 1 schon gelernt.

Quantitative Analyse

3. Quantitative Analysen: Dies ist der aufwendigste Teil. Hier werden Messergebnisse aus Usability-Tests direkt miteinander verglichen. Korreliert ein Faktor stärker mit einem zweiten als letztes Jahr? Sind neue Einflussgrößen für die Konversion dazugekommen? Wenn ja, wie stark wirken sie ein? Auch Zahlen aus dem Webtracking fließen hier ein.

3.7   Nutzerfreundliches Design Schritt für Schritt erklärt

Textgestaltung

Text setzen

Satzart	Kurzbeschreibung	Wirkung	Empfehlenswert für Webdesign?
Blocksatz	Zeilen schließen rechts und links bündig ab	Ruhe	Nein. Keine automatische Worttrennung möglich. Folge: Unregelmäßige Wortabstände, die wiederum die Lesefreundlichkeit beeinträchtigen
Zentriert	Zeilen sind entlang einer Mittelachse zentriert angeordnet	Unruhe durch starke Augensprünge bei jedem Zeilenwechsel	Nicht empfehlenswert
Linksbündig	Zeilen beginnen links immer am selben Punkt und laufen zur rechten Satzkante frei aus	Lesedynamik, nicht so viel Ruhe wie beim Blocksatz	Standard fürs Web, weil hier beste Lesbarkeit gewährleistet ist
Rechtsbündig (»Flattersatz«)	Zeilen beginnen rechts immer am selben Punkt und laufen zur linken Satzkante frei aus	Lesbarkeit erheblich verschlechtert, da das Auge in jeder Zeile einen neuen Anfang suchen muss	Nicht geeignet. Maximal für Tabellen zu verwenden
Formsatz (»Kontursatz«)	Zeilen umfließen ein Element, etwa ein Bild, indem sie links vom Bild beginnen, durch das Bild unterbrochen werden und rechts davon weitergehen. Dadurch entsteht eine Mischung aus Block- und Flattersatz	Lesefluss wird ständig unterbrochen	Nicht empfehlenswert

Schriftarten

Welche Schriftart sollten Sie für Ihre Website wählen? Die folgende Liste gibt Ihnen dafür eine konkrete Entscheidungshilfe.

Mit Serifen oder ohne?

Zwei Arten von Schriften lassen sich unterscheiden: solche mit Serifen und diejenigen ohne Serifen.

Serifenlose Schriften haben keine Schnörkel oder spitz zulaufende Enden an den Buchstaben, sondern enden glatt wie mit einer Schere abgeschnitten. Die bekanntesten Vertreter sind die Schriften Arial und Verdana.

Serifenlose Schriften sind im Web besser lesbar

Serifenschriften dagegen haben an den Enden der einzelnen Buchstaben tropfenförmige Bogen oder enden spitz zulaufend. Times New Roman gehört zu den bekanntesten Serifenschriften.

Während Serifenschriften auf Papier sehr angenehm zu lesen sind, gelten serifenlose Schriften als besser lesbar am Monitor. Serifenlose Schriften werden als moderner und sachlicher empfunden.

Verdana oder Monotype Corsiva?

Die Auswahl ist schier unüberschaubar: Zu welcher Schrift sollten Sie nun greifen? Grundsätzlich ist es so, dass der Browser nur diejenigen Schriften anzeigen lassen kann, die auch als Schriftdatei auf dem Rechner des Nutzers vorhanden sind.

Standard-schrift verwenden

Lassen Sie sich nicht auf Experimente ein. Verwenden Sie eine Schrift, die weit verbreitet ist. Zwar gibt es keine plattformübergreifenden Standardschriften. Wenn Ihre Benutzer jedoch vorwiegend Mac oder Windows verwenden, sind Sie mit folgenden Schriften auf der sicheren Seite:

>> Arial

>> Times New Roman

>> Courier New

>> Verdana

Der Nachteil dieser Schriften ist, dass sie keinen eigenen Charakter haben und unter Umständen nicht zu der Hausschrift passen, die Ihr Unternehmen verwendet.

Verwenden Sie allerdings eine exotische Schrift, kann es passieren, dass diese auf dem Monitor des Betrachters gar nicht angezeigt wird. In diesem Fall wird eine alternative Schrift oder eine Schrift aus einer sogenannten generischen Schriftfamilie verwendet, und Ihre ganze Mühe mit der Auswahl der Schrift war umsonst.

Vorder- und Hintergrund

Der Kontrast von Vorder- zu Hintergrund misst sich im sogenannten Tonwertunterschied. Er bestimmt maßgeblich die Lesbarkeit. Zu starke Kontraste werden vom Leser als unangenehm wahrgenommen. Schwache Kontraste gelten allerdings auch als leseunfreundlich. Experimentieren Sie hier mit schwarzer Schrift und einer leicht gedämpften Hintergrundfarbe. Empfehlenswerte Kombinationen sind Schwarz/Hellgrau oder Schwarz/ Cremeweiß.

Verwenden Sie keine unruhigen Hintergrundbilder! Das ist für den Betrachter extrem leseunfreundlich und setzt die Benutzerfreundlichkeit deutlich herunter. Ein ideales Hintergrundbild weist folgende Eigenschaften auf:

Keine unruhigen Hintergründe

>> enthält keine starken Kontraste

>> wird möglichst großflächig eingesetzt

>> passt thematisch zur Website

>> unscharf bzw. mit Weichzeichner nachbearbeitet

>> Farben drängen sich nicht auf, z. B. Pastelltöne oder ungesättigte Farben

Schriftgrößen

Nicht zu klein   Die richtige Schriftgröße bestimmt die Lesbarkeit eines Texts entscheidend. Wählen Sie eine genügend große Schriftgröße, damit möglichst viele Besucher Ihrer Site den Text gut lesen können. Größen ab 12 px gelten als geeignet.

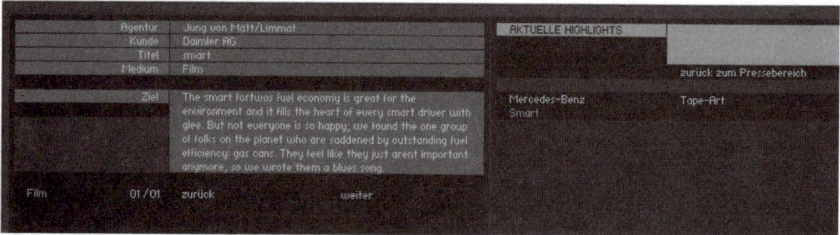

Abbildung 3.13: Viel zu kleine Schrift: Dieser Text lässt sich selbst bei hoher Bildschirmauflösung nur mühselig entziffern

Verwenden Sie eine Serifenschrift, stellen Sie diese größer dar als eine serifenlose Schrift. Serifenschriften verfügen über mehr Details. Werden diese sehr klein abgebildet, leidet darunter die Lesbarkeit.

Zeilenabstand

Der optimale Zeilenabstand hängt davon ab, welche Schrift Sie verwenden und wie breit die Spalten sind, in denen die Schrift angezeigt wird.

Serifenschriften verlangen nach kleineren Zeilenabständen, serifenlose nach größeren.

Kleine Spalten benötigen für eine gute Lesbarkeit einen geringen Zeilenabstand. Bei breiten Spalten eignet sich dagegen ein großer Zeilenabstand besser. Je deutlicher Sie lange Zeilen voneinander durch große Abstände trennen, desto besser springt das Auge des Betrachters vom Ende der einen Zeile zum Beginn der nächsten.

Zeilenlänge

Hat Ihr Webdesign nur eine Spalte, sollte die Zeilenlänge nicht mehr als 65 Zeichen umfassen. Bei deutlich längeren Zeilen kann sich der Betrachter nicht mehr merken, was er eben noch gelesen hat.

Verwenden Sie einen mehrspaltigen Satz, sollte die minimale Zeilenlänge 40 Zeichen betragen. Verwenden Sie deutlich kleinere Mengen, reduziert das den Lesefluss stark.

Auszeichnungen

Unter einer Auszeichnung versteht man Elemente im Text, die das Leseverhalten beeinflussen sollen. Eine Auszeichnung kann eine Textpassage betonen, aber auch weniger wichtig erscheinen lassen.

In jedem Fall wird die Lesegeschwindigkeit an den Stellen, wo Sie eine Auszeichnung verwenden, herabgesetzt. Daher sollten Auszeichnungen gut überlegt eingesetzt werden. Als Richtwert gilt, dass ein Textabschnitt nicht mehr als fünf Auszeichnungen enthalten sollte. Mehr kann sich ein Leser nicht merken; außerdem ist dann die Lesegeschwindigkeit zu stark gebremst. Pro Zeile sollte nicht mehr als eine Auszeichnung verwendet werden.

Pro Zeile nicht mehr als eine Hervorhebung

Nicht jede Art von Auszeichnung eignet sich für Webdesign. Diese können Sie verwenden:

>> halbfette und fette Schriften

>> kursiv gesetzte Schriften

>> Abgrenzungen wie Linien, Balken, Rahmen, Farbunterlegungen oder Rasterfelder

Nicht empfehlenswert sind:

>> Satz in Großbuchstaben (Versalsatz)

>> größere Schriftgrade

>> farbige Schrift

>> Einrückungen

Zu den typografischen Todsünden im Webdesign gehören diese Auszeichnungen:

>> Unterstreichungen

>> Schriftsperrung

>> Schriftmischung

>> animierte Schriften, z. B. Blinken

Farben

Sobald Sie Farben einsetzen, fügen Sie Ihrer Website eine neue Dimension hinzu. Farben sind Stimmungsträger. Sie transportieren Botschaften, wecken Emotionen, unterstützen Textaussagen oder schwächen diese ab.

Farben erfüllen beim Webdesign wichtige Aufgaben. Sie sorgen nicht nur dafür, dass Besucher die Website eindeutig wiedererkennen. Farben steuern die Lesbarkeit eines Textes, unterstützen die Navigation und führen den Benutzer durch ergonomischen Farbeinsatz. Nicht zuletzt sind Farben ein wesentliches Element, um Ihre Zielgruppe anzusprechen und zur Benutzung der Website zu animieren.

Farbdarstellung auf verschiedenen Monitoren

Farben werden auf verschiedenen Monitoren meist sehr unterschiedlich dargestellt. Das liegt daran, dass verschiedene Hardware und verschiedene Betriebssysteme verwendet werden.

Gleiche Farben werden unterschiedlich dargestellt

Nicht nur die Ausstattung der Grafikkarte spielt hier eine Rolle. Apple-Rechner geben Farben heller wieder als solche Geräte, die mit einem Windows-Betriebssystem arbeiten. Auch die Gamma-Einstellung und die Farbkalibrierung des Monitors beeinflussen das Aussehen eines bestimmten Farbtons. Schließlich sorgen noch die individuellen Einstellungen, die der Benutzer für Helligkeit und Kontrast wählt, für spürbare Unterschiede in der Farbwiedergabe.

Wenn Sie die Druckdarstellung testen wollen:

Die Bildschirmdarstellung gleicht auf keinen Fall dem Ergebnis, das Sie beim Ausdrucken erzielen. Farben setzen sich am Bildschirm technisch anders zusammen als auf Papier. Daher werden Sie immer Abweichungen vorfinden. Achten Sie beim Ausdruck darauf, kein blau- oder gelbstichiges Papier zu verwenden.

Tipp . . . . . .

Farbeigenschaften und Farbwirkung

Ist Sonnengelb dasselbe wie Zitronengelb? Und wie unterschiedlich wirken Pink und Ziegelrot? Farben können auf verschiedene Weise verändert werden. Nur eine Nuance anders, und schon wird aus Apfelgrün ein Grasgrün, aus Azurblau ein Ultramarinblau. Die Nuance verändert den Charakter der Farbe.

Ebenso die Helligkeit: Farbtöne lassen sich aufhellen oder verdunkeln. Schließlich spielt auch die Qualität eine große Rolle. Satte Farben wirken ganz anders auf den Betrachter als gedämpfte Töne.

Hell-Dunkel- und Kalt-Warm-Abstufungen beeinflussen das Verhalten von Farbflächen im Raum. Warme, kräftige Farben scheinen sich im Vordergrund zu befinden. Kalte, helle Töne wirken dagegen so, als wären sie weiter weg.

Die Wirkung einer Farbe wird auch durch ihr Umfeld beeinflusst. Ein reiner Grauton wirkt auf einem kirschroten Hintergrund leicht grünlich. Auf einem orangefarbenen Hintergrund schimmert dasselbe Grau dann bläulich. Der Hintergrund steuert also maßgeblich die Wahrnehmung ein und derselben Farbe. Das sollten Sie bei der Auswahl von Farbkombinationen beachten.

Farbe wirkt erst durch Umfeld

Farbauswahl und Farbkombination

Wie werden Farben fürs Webdesign gewählt und kombiniert? Grundsätzlich gilt: Weniger ist mehr. Ein buntes Sammelsurium von Farbtönen lenkt vom eigentlichen Inhalt der Site ab. Es ist schwer wiederzuerkennen und Sie werden Probleme haben, mit Farbe Signale zur Nutzerführung zu setzen.

Orientierung an Ihren Hausfarben

Farbe muss sich zum einen an den Hausfarben und Richtlinien (Corporate Design) Ihres Unternehmens orientieren. Zum anderen hat Farbe im Internet vor allem die Aufgabe, dem Besucher Orientierung zu geben. Weiterhin sollten Farben einen Bezug zum Inhalt der Website haben und bei der Zielgruppe Akzeptanz finden.

Zwei Grundfarben genügen

Entscheiden Sie sich daher für zwei Grundfarben. Nicht empfehlenswert sind komplementäre Farben wie Rot–Grün oder Gelb–Blau. Diese Kombinationen sind zwar aufmerksamkeitsstark, belasten aber die Augen des Betrachters. Sollten Sie sich trotzdem für einen Komplementärkontrast entscheiden, achten Sie darauf, dass die Gestaltung nicht zu kleinteilig wird. Die komplementären Farben können sich dann in ihrer Farbwirkung aufheben und verschmelzen zu Grau.

Unterschiedliche Farben lassen sich dann besonders gut kombinieren, wenn die Farbtemperatur ähnlich ist: Ein kaltes Pink harmoniert gut mit einem kühlen Zitronengelb, ein warmes Weizengelb mit einem gelbstichigen Ziegelrot.

Zusätzlich können Sie die Sättigung der Farben variieren oder die Farben aufhellen bzw. abdunkeln. Hellen Sie eine Farbe auf, so scheint sie auf den Betrachter zuzukommen, wird sie dunkler gestaltet, weicht sie in den Hintergrund zurück. Gehen Sie mit der Farbsättigung sparsam um! Je mehr eine Farbe gesättigt ist, desto leuchtender erscheint sie am Monitor und desto mehr erlebt der Betrachter die Farbe als belastend. Pastellige Farben schonen dagegen die Augen Ihrer Benutzer.

Verwenden Sie am besten eine Mischung aus hellen, mittleren und dunklen Farben. Die dunklen Farben sorgen dafür, dass kein verwaschener Eindruck entsteht. Das ist häufig der Fall, wenn Sie ausschließlich Pastelltöne einsetzen.

 **Tipp . . . . . .**   *Wählen Sie Ihre Farben aus den 256 verfügbaren Bildschirmfarben. Das spart Speicherkapazität und vermindert die Ladezeit.*

Farbeinsatz

Nicht nur die Farbkombination hinterlässt einen entscheidenden Eindruck, sondern auch die Größe der Flächen, die mit einer bestimmten Farbe gefüllt werden.

Setzen Sie warme, leuchtende Farben zurückhaltend und gezielt dort ein, wo kurze Verweildauern und hohe Aufmerksamkeit wahrscheinlich sind.

Große Flächen sollten mit einem Pastellton oder Weiß gefüllt werden.

Komplementärfarben mit hohem Sättigungsgrad dürfen nicht in unmittelbarer Nachbarschaft verwendet werden. Die Folge wäre ein Flimmern am Bildschirm und wiederum eine unangenehme Belastung für die Augen des Betrachters.

Farbcodierung

Farben im Webdesign zur Unterstützung der Navigation einzusetzen liegt nahe. Jeder Bereich auf Ihrer Website sollte seine eigene Farbe haben. Damit lässt sich der Wiedererkennungseffekt steigern, weil die Nutzer Farben mit Bereichen in Verbindung setzen. Klingt logisch, aber die Sache hat einen Haken.

Haben Sie nur zwei oder drei Bereiche auf Ihrer Website, funktioniert die Farbcodierung recht gut. Es lassen sich immer einige Farben finden, die zueinander passen. Allerdings ist es sehr schwierig, viele Farben zu finden, die miteinander harmonieren. Selbst wenn Ihnen das gelingt, haben Sie später bei der Umsetzung dieses Designs Probleme. So müssen etwa auf hellen Farben dunkle Schriftzeichen eingesetzt werden. Auf dunklen Farben lassen diese sich nicht gut lesen. Hier müssen Sie zu heller Schrift greifen.

Wahrnehmung von Gestaltungselementen

Gestaltpsychologie beschreibt das Phänomen, dass jeder Betrachter aus seiner Wahrnehmung heraus eine Ordnung hineinbringen will in das, was er sieht: Objekte innerhalb des Sehfelds werden nach Zugehörigkeit, Anordnung, Lage und Stafflung zugeordnet.

**Unser Gehirn
bevorzugt
Muster und
Regelmäßiges**

Das menschliche Gehirn tendiert dazu, die Reize aus der visuellen Wahrnehmung so zu verarbeiten, dass Muster und Regelmäßigkeiten entstehen. Auf diese Weise wird dem Gesehenen eine Bedeutung verliehen, die über die reine gegenständliche Wahrnehmung hinausgeht. Benutzer versuchen beispielsweise schon anhand von Objektabständen, etwas über die Zugehörigkeit der Objekte untereinander herauszufinden.

Die Organisation der Wahrnehmung läuft automatisch und unbewusst in jeder Sekunde ab, in der visuelle Reize durchs Auge aufgenommen werden. Wahrnehmung sofort zu organisieren heißt, die Umwelt zu interpretieren – und dies benötigen wir ständig, um uns zu orientieren. Wahrnehmungsorganisation erlaubt, einen Baum von einem Hintergrund zu unterscheiden oder einen Schaukelstuhl richtig als solchen zu erkennen, auch wenn er teilweise von einem Gartenzaun verdeckt ist.

Das gilt auch für Webdesigns. Gerade im Internet liegt die Aufmerksamkeitsspanne sehr niedrig. Das bedeutet, dass Betrachter einer Internetseite nur kurz Ihre Aufmerksamkeit auf das richten, was sie dort sehen. In dieser ersten Phase der Wahrnehmung kommen die Gestaltgesetze voll zum Tragen. Nach welchen Gesetzmäßigkeiten werden Gestaltungselemente wahrgenommen und interpretiert? Es existieren über 100 solcher Gesetze, wir beschreiben hier die wichtigsten.

Tipp . . . . . . *Die vorgestellten Wahrnehmungsgesetze funktionieren besonders effizient. Das bedeutet, dass sie sparsam eingesetzt werden sollten. Ansonsten überfrachten Sie Ihre Website mit grafischen Elementen.*

Gesetz der Einfachheit

Das Gesetz der Einfachheit ist das wichtigste Gesetz der Gestaltpsychologie: Einfache und abgeschlossene Objekte wie beispielsweise Quadrate, Kreise oder Dreiecke heben sich besonders gut vom Hintergrund ab. D. h., jedes Reizmuster wird so gesehen, dass die resultierende Struktur so einfach wie möglich ist – eben ein Quadrat, ein Kreis, ein Dreieck. Ein Dreieck, das von einem Quadrat teilweise überlagert wird, wird interpretiert als ein Quadrat plus Dreieck, nicht als komplexes Mehreck.

Rechnen Sie also nicht damit, dass der Benutzer diese Elemente ignoriert und etwas Komplexes in ein Design hineininterpretiert, das aus einfachen Elementen zu bestehen scheint.

Der Grund für diese Art der Wahrnehmung liegt darin, dass das menschliche Gehirn dazu neigt, möglichst sparsam mit Energie umzugehen. »Rechenleistung« wird effizient eingesetzt. Mit der Anwendung der Gestaltgesetze – und hier ganz besonders des Gesetzes der Einfachheit – schafft sich unser Wahrnehmungsapparat die Grundlage zur schnellen Interpretation der vielgestaltigen visuellen Reize, die in jeder Sekunde auf die Netzhaut auftreffen und vom Sehnerv ans bildverarbeitende Sehzentrum weitergegeben werden.

Dieses Ökonomieprinzip führt dazu, dass geometrische Formen und Symmetrien bevorzugt wahrgenommen und sehr leicht erkannt werden. Daraus darf aber nicht geschlossen werden, dass ein Design aus einfachen Grundformen besonders interessant auf den Betrachter wirkt. Im Gegenteil: Einfache Formen werden zwar schnell gefunden, wirken aber langweilig. Sie vermögen nicht das Interesse des Betrachters dauerhaft zu fesseln. Das können Sie an folgendem Beispiel selbst ausprobieren. Wie lange betrachten Sie das linke Bild, wie lange das rechte?

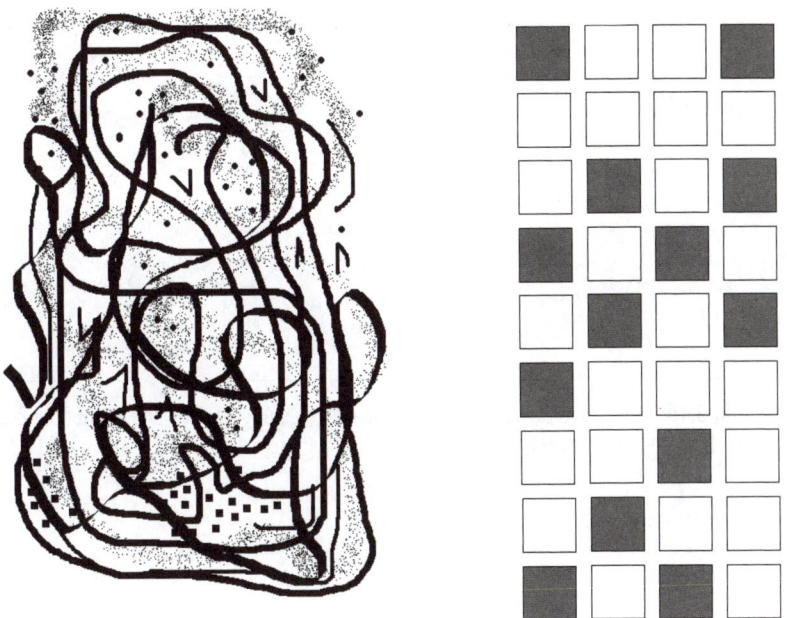

Abbildung 3.14: Komplexe und einfache Formen: Das Einfache wird schneller erkannt, aber das Komplexe fesselt die Aufmerksamkeit

Gesetz der Nähe

Elemente, die nahe beieinander angeordnet sind, werden als zusammengehörig empfunden. Gruppieren Sie also Objekte entsprechend, dass funktionale Zugehörigkeiten sich auch optisch abzeichnen. Mit diesem einfachen Mittel haben Sie ein starkes Gestaltungswerkzeug in der Hand. Denn das Gesetz der Nähe ist stärker als andere Gesetzmäßigkeiten der Wahrnehmung.

Wichtig für die Gestaltung der Navigation

Das Gesetz der Nähe kommt vor allem beim Gestalten von Navigationselementen zum Tragen. Wenn Sie das Gesetz der Nähe mit dem Gesetz der Geschlossenheit kombinieren, erzeugen Sie eindeutige Aufteilungen der Site, die vom Benutzer sofort verstanden werden.

Ähnlichkeiten, Nähe und Trennelemente sind für die erste Orientierung auf dem Bildschirm so enorm wichtig, dass sie nicht spielerisch eingesetzt werden sollten. Sie schaffen für den Betrachter eine Gruppierung von Objekten. Erst am Anschluss daran richtet sich die Aufmerksamkeit auf Details wie Formen oder die Lage eines Objekts.

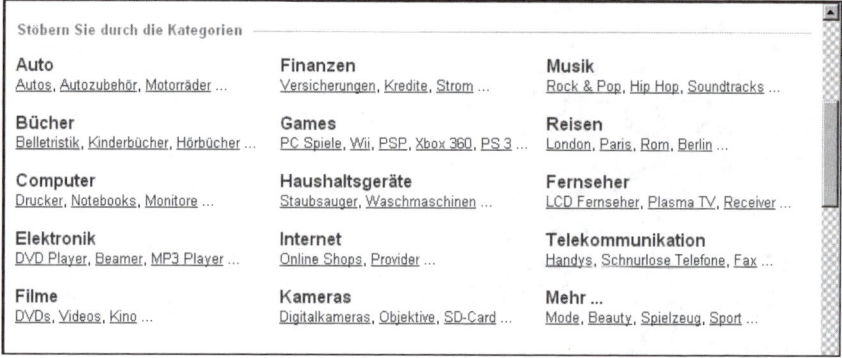

Abbildung 3.15: Ausschnitt aus einem Produktkatalog: Das Gesetz der Nähe erlaubt die Zuordnung von Unterkategorien zu Hauptkategorien

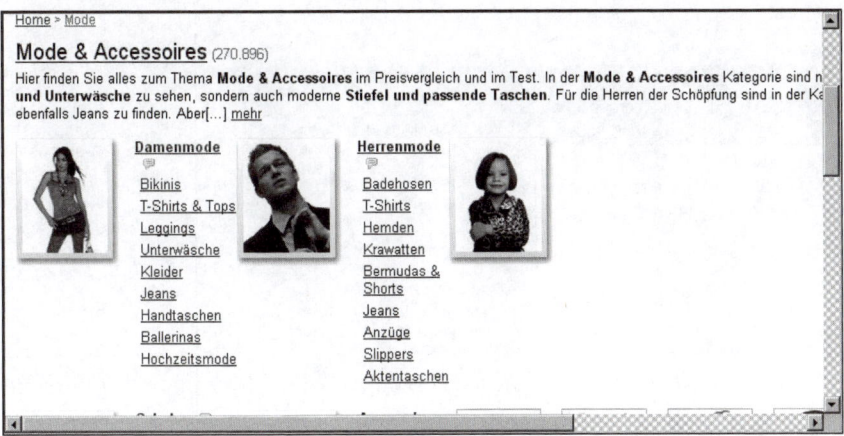

Abbildung 3.16: Zum direkten Vergleich ein anderer Produktkatalog: Hier wurde das Gesetz der Nähe verletzt. Die Zuordnung von Bild zu Kategorie gelingt nicht mehr eindeutig

Gesetz der Ähnlichkeit

Ebenso wird als zusammengehörig empfunden, was ähnlich ist. Ähnlichkeit kann dabei vielgestaltig sein: ähnliche Farbe, Helligkeit, Orientierung, Form oder Größe. Beachten Sie dabei, dass das Gesetz der Nähe stärker ist als das Gesetz der Ähnlichkeit: Verschieden aussehende Objekte werden auch dann noch als zugehörig empfunden, wenn sie nur nahe genug angeordnet sind.

Gesetz der Erfahrung

Erfahrungen, die der Betrachter gemacht hat, bleiben nicht ohne Folge: Beim Betrachten von Objekten werden Dinge einbezogen, die schon im Gedächtnis vorhanden sind. Unvollständige Muster werden so vervollständigt, wie es die Erfahrung und das erworbene Wissen vorschlagen. Objekte werden also auch dann als Gruppe wahrgenommen, wenn die Gruppierung etwas zu bedeuten scheint oder aus einem anderen Zusammenhang heraus vertraut ist.

Das ist von Bedeutung, wenn Sie Icons, Piktogramme oder Markenzeichen entwerfen. Zur Interpretation wird der Betrachter auch das Wissen verwenden, das bisher erworben wurde.

Abbildung 3.17: Ähnlichkeit von Elementen: Die gleichmäßige Formsprache der Rechtecke sorgt für Ordnung in der Navigationsleiste

Abbildung 3.18: Mehr als nur Kreise und Halbkreise: Gelerntes und Erfahrung führen dazu, dass aus diesen einfachen Linien ein E, die Zahl 8 und die Zahl 3 herausgelesen werden

Gesetz der durchgehenden Linie

Linien werden tendenziell so gesehen, als folgten sie dem einfachsten Weg. Das heißt, dass Objekte als Ganzes auch dann erkannt werden, wenn sie unterbrochen sind. Im Alltag wenden Sie dieses Gesetz täglich an. So erkennen Sie ein Auto auch dann als ein Auto, wenn es am Straßenrand parkt und teilweise von einem Baumstamm verdeckt ist.

Abbildung 3.19: Gesetz der durchgehenden Linie: Objekte werden auch dann richtig erkannt, wenn sie einander überlagern und Teile verdeckt sind

Fürs Design heißt das, dass der Benutzer Linien immer so verfolgen wird, als wären sie durchgängig. Auch aus unterbrochenen Linien lässt sich ein sinnvolles Ganzes zusammenfügen.

Gesetz des gemeinsamen Schicksals

Dinge, die sich in die gleiche Richtung bewegen, erscheinen als zusammengehörig. Dieser Effekt lässt sich noch verstärken, wenn die Bewegung der Objekte mit derselben Geschwindigkeit erfolgt.

Dieses Gesetz können Sie bei der Gestaltung von Animationen verwenden. Wollen Sie den Eindruck von Zusammengehörigkeit erzeugen, sollten sich die animierten Objekte auf dieselbe Weise bewegen. Ungünstig wäre etwa im hier gezeigten Beispiel, wenn ein Buch aus dem »Bücher-Karussell« plötzlich um die eigene Achse rotieren würde.

Animationen kennzeichnen, was zusammengehört

Abbildung 3.20: Produktgruppierung: Mit den Pfeiltasten lassen sich die Bücher in eine kreisförmige Drehbewegung versetzen. Dies verstärkt den Eindruck der Zusammengehörigkeit enorm

Gesetz des gemeinsamen Bereichs

Werden mehrere Objekte mit einer Kontur umrandet und so zusammengefasst, entsteht der Eindruck einer Gruppierung. Dieses Gesetz wird besonders oft bei komplexen Navigationsleisten eingesetzt.

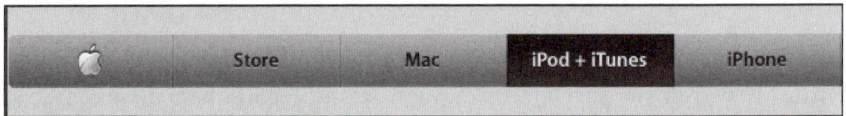

Abbildung 3.21: Gemeinsamer Bereich: Hier wird durch eine Grauschattierung die Navigationsleiste gegen den Rest der Seite abgegrenzt

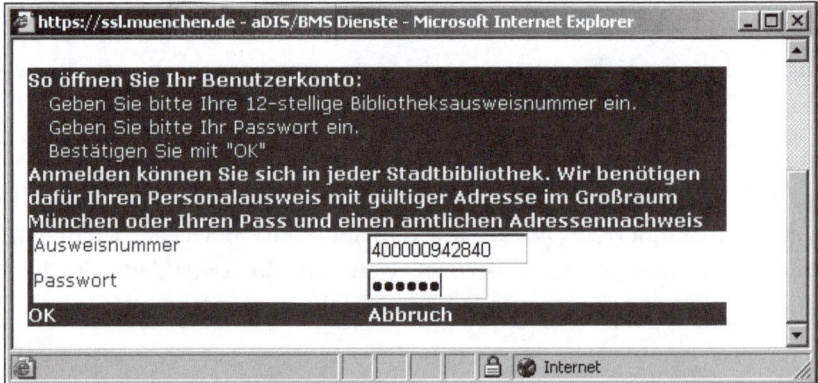

Abbildung 3.22: Hier wird gegen das Gesetz des gemeinsamen Bereichs verstoßen: Der funktionale Button »OK« ist daher kaum auffindbar

Intensitätsgesetz

Je größer, bunter, kontrastreicher ein Element ausfällt, desto eher springt es ins Auge. Die Abstufung von Auffälligkeit erreichen Sie schon mit geringen Unterschieden. Das ist wichtig, um nicht alles gleich auffallend zu gestalten. Stellen Sie sich eine Homepage vor, auf der sämtliche Schrift rot ist und zwischen kräftigen Rottönen nur wenig unterschieden wird. Damit wäre alles gleich auffällig gestaltet und für den Benutzer wären keine Prioritäten mehr erkennbar. Setzen Sie also solche »Marker« sparsam und an der passenden Stelle ein.

Abbildung 3.23: Falsch eingesetztes Intensitätsgesetz: Der wichtige Link »Jetzt anmelden« geht neben der aufmerksamkeitsstarken, aber funktionslosen Illustration völlig unter

Ausnahmegesetz

Elemente, die anders gestaltet sind als die umgebenden Elemente, fallen besonders auf. Der rote Apfel springt unter 200 grünen sofort ins Auge, das braune Ei unter 20 weißen im selben Korb.

Auch diesen Effekt sollten Sie sparsam einsetzen. Wie beim Intensitätsgesetz droht sonst eine Überfrachtung der Seite. Ein oder zwei solche »Ausnahmeelemente« – auch Störer genannt – pro Screen müssen genügen.

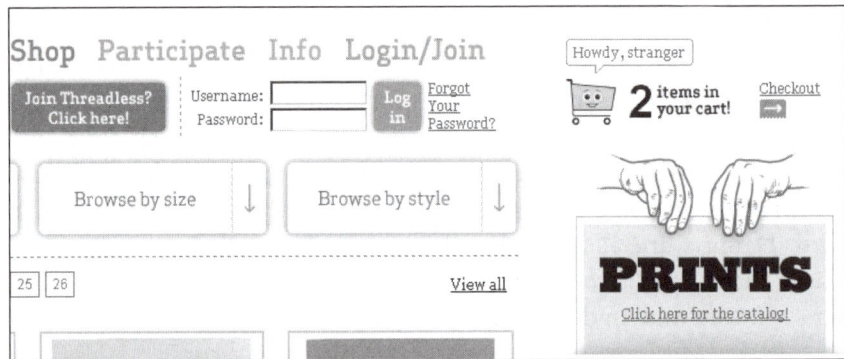

Abbildung 3.24: Ausnahmeelemente: Die beiden Hände fallen unter den rechteckigen Elementen der Seite sofort ins Auge

3.8   Aufteilung des Bildschirms

Noch bevor Sie Farben aussuchen oder Icons gestalten, sollten Sie sich Gedanken über die Aufteilung des Bildschirms machen. Dazu ist ein Rastersystem hilfreich, weil Sie an dessen Linien Grafiken, Texte und andere Elemente ausrichten können.

Raster festlegen

Raster festlegen Das Raster wählen Sie so, wie es für Ihre Website am besten erscheint. Teilen Sie den Bildschirm horizontal und vertikal auf. Sie können mit drei Spalten arbeiten oder mit drei horizontalen Bereichen – ganz wie Sie mögen.

Mit diesem Raster bringen Sie eine Grundstruktur in die Website, anstatt die Elemente wahllos anzuordnen. Diese Ausrichtung entlang eines Rasters macht die Seite für den Benutzer einfacher zu lesen, gibt ihr ein professionelles Erscheinungsbild und ist letztlich auch in der Umsetzung weniger aufwendig.

Sobald das Raster feststeht, können Sie darangehen, optische Prioritäten festzulegen. Wenn Sie nämlich alles in derselben Größe darstellen, wissen die Benutzer nicht, wohin sie als Erstes sehen sollen. Alles erscheint gleich wichtig, nichts sticht hervor. Diese Situation vermeiden Sie, indem Sie eine klare optische Rangordnung aufstellen.

Optische Rangordnung aufstellen

Abbildung 3.25: Onlineshop ohne Raster: In den durcheinandergewürfelten Flächen fällt es dem Benutzer schwer, sich zu orientieren

Entscheiden Sie zunächst, welche Elemente die wichtigsten sind. Teilen Sie diesen Elementen ihren Platz am Bildschirm zu. Wichtige Elemente sollten unbedingt im sichtbaren Bereich der Seite untergebracht werden. Sie dürfen den Benutzer keinesfalls dazu zwingen, so lange zu scrollen, bis die wichtigsten Elemente ins Blickfeld rücken.

Wenden Sie sich nun den Elementen zu, die weniger wichtig sind. Legen Sie für diese Teile auf dem Bildschirm einen Bereich fest, der deutlich kleiner ausfällt als der, den die wichtigen Elemente einnehmen.

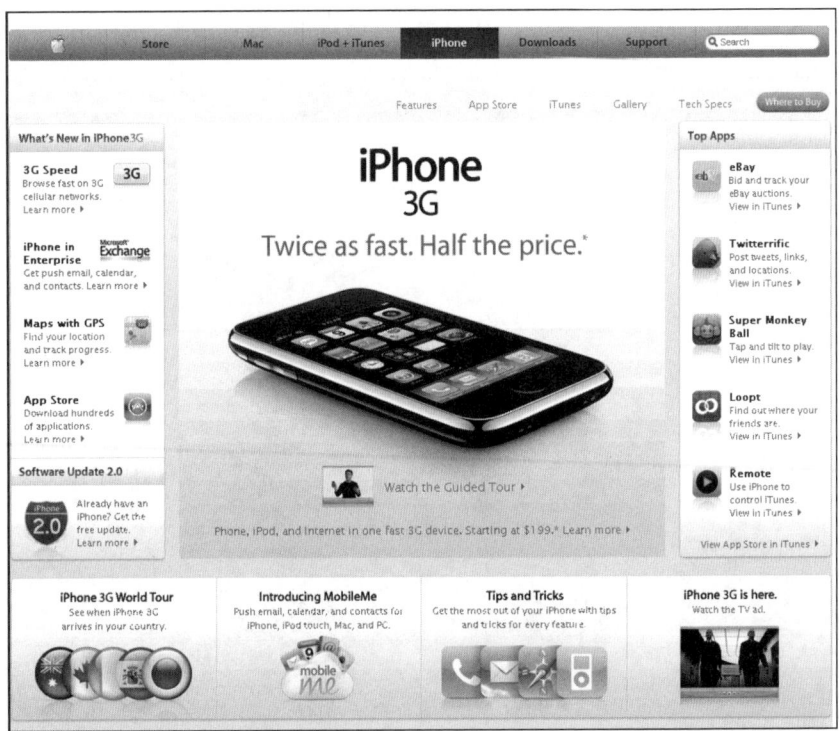

Abbildung 3.26: Gliederung in große, mittlere und kleine Flächen: Die zahlreichen Elemente auf der Seite werden dadurch übersichtlich gruppiert

Den Rest der Seite verwenden Sie dazu, die unwichtigen Elemente unterzubringen. Mit dieser Groß-mittel-klein-Strategie strukturieren Sie die Seite angemessen und verlieren sich nicht in Details. Das Ordnen von groß nach klein hilft Ihnen auch beim Einsetzen von Bildern. Legen Sie dazu die Größe eines »großen« Bilds fest, eines mittleren und eines kleinen. Erkennen Sie, wie schnell sich aus diesen Elementen ein funktionsfähiges Webdesign zusammenstellen lässt? Sie können mit dem Design eine Vielzahl an Informationen transportieren, ohne den Benutzer mit der Informationsfülle zu verwirren.

Bei der Aufteilung des Bildschirms muss unbedingt berücksichtigt werden, wo der sichtbare Bereich für die Mehrheit Ihrer Benutzer endet. Wenn Sie eine Webtracking-Software verwenden, wird diese Ihnen dazu wichtige Eckdaten liefern. Falls diese Daten nicht verfügbar sind, verwenden Sie die Bildschirmauflösung 1024 × 768 Pixel, die am weitesten verbreitet ist.

Sichtbaren Bereich berücksichtigen

Alles, was unterhalb des sichtbaren Bereichs liegt, kann der Benutzer nur sehen, wenn er entsprechend herumscrollt. Viele Benutzer sind zu träge, um zu scrollen. Daher sollten Sie wichtige Objekte nicht zu nah am unteren Rand des Screens platzieren.

Der begrenzte Raum im sichtbaren Bereich sollte Sie aber nicht dazu verführen, dort alles so dicht wie möglich hineinzupacken. Webseiten, auf denen jeder Pixel genutzt ist, lassen das Auge unruhig hin und her wandern. Kein freies Fleckchen bietet Platz zum Ausruhen an. Das führt zu einer herabgesetzten Lesbarkeit.

Leeren Raum einplanen

Abbildung 3.27: Großzügiger Weißraum: setzt ein Produkt so wirkungsvoll wie auf einer Bühne in Szene

Planen Sie deshalb auch freien Raum auf dem Bildschirm ein. Das wirkt großzügig und einladend. Die verbesserte Lesbarkeit führt dazu, dass sich der Benutzer schneller orientieren kann. Ist genügend Weißraum vorhanden, lassen sich die Elemente der Seite in kürzerer Zeit erfassen.

25 % frei lassen

Als Richtwert kann gelten, dass rund 25 Prozent der Seite frei bleiben sollten. Lassen Sie vor allem um die wichtigsten Bereiche der Seite herum den Raum frei. Das rückt diese Bereiche noch stärker in den Fokus, als es allein die großen Flächen gekonnt hätten, die diese Elemente einnehmen.

Verwenden Sie weißen oder pastelligen Hintergrund, wirkt freier Raum luftig und locker. Schwarzer Hintergrund dagegen, der frei gelassen wird, erzeugt geheimnisvolle Spannung, Düsternis und Dramatik.

Raster gezielt aufbrechen

Um Ihr Design nicht allzu streng, puristisch, eckig und kantig wirken zu lassen, können Sie das Raster gezielt aufbrechen. Sie können beispielsweise ein Element ein kleines Stück über die Linie eines Rasters laufen lassen.

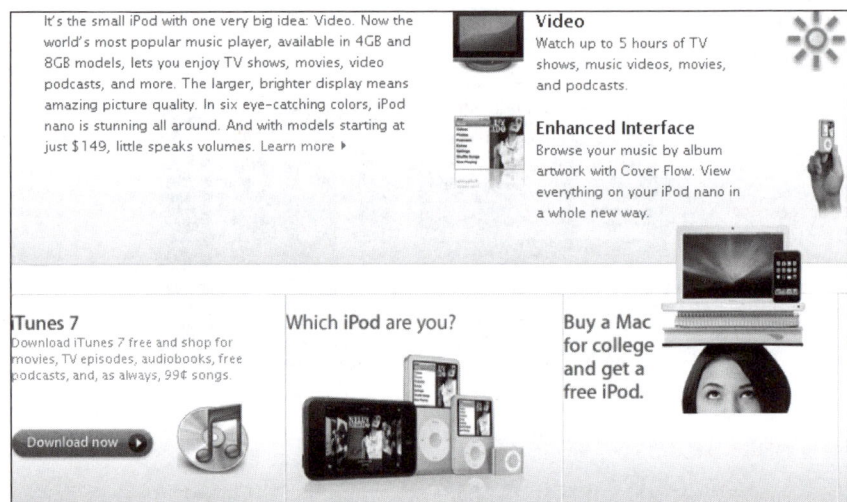

Abbildung 3.28: Raster auch einmal aufbrechen: Das abgebildete Laptop liegt auf der Grenze zwischen zwei Kästen

Welchen Inhalt wie groß darstellen?

Die Größe einer Fläche, die von einem Inhalt belegt wird, steht in direktem Zusammenhang zur Wichtigkeit. Wie lassen sich Inhalt und Wichtigkeit zueinander in Bezug bringen? Um das herauszufinden, hilft Ihnen ein sehr einfaches Mittel: Zeichnen Sie eine Tabelle, in der Sie alle Inhalte Ihrer Website den Anwenderprofile gegenüberstellen. Statt der Anwenderprofile können Sie auch die Personas als typische Vertreter einzelner Anwendergruppen verwenden. Personas haben Sie schon im Kapitel 1 kennengelernt.

Machen Sie nun in der Tabelle überall dort einen Vermerk, wo Inhalt und Anwenderprofil zusammenpassen. Das verschafft Ihnen eine Übersicht, welche Inhalte für sehr viele Benutzer relevant sind und welche nur für einzelne Anwender eine Rolle spielen.

Letztlich gewinnen Sie daraus zwei Einsichten: Sie finden eine Gewichtung für die Informationen Ihrer Website und können zugleich eine Gruppierung ableiten.

Für Ihren Kaffeeshop würde das beispielsweise so aussehen:

	Erstbesucher, der von einer Suchmaschinen-trefferliste kommt	Bestandskunde	Erstbesucher, der von einem Werbebanner aus in den Shop kommt
Suchfunktion	X	X	
Produktdetailseite	X	X	
Rezepte	X		
AGB	X		
Warenkorb	X	X	
Produktübersicht	X		
Sonderangebote	X		X
Meine Seite		X	
Log-in		X	
Registrierung als Kunde	X		

An dieser Tabelle sehen Sie beispielsweise, dass ein Besucher, der von einem Werbebanner aus auf die Site kommt, nur an einem bestimmten Inhalt interessiert ist. Denn für die Sonderangebote haben Sie auf dem Banner geworben. Dass sich dieser Benutzer Rezepte ansieht, ist unwahrscheinlich. Also müssen Sie für diese Besuchergruppe einen eigenen Einstieg schaffen. Das kann über ein auffälliges Element auf der Homepage geschehen. Vielleicht lohnt sich sogar der Aufwand und Sie stellen für diese Nutzergruppe eine eigene Seite zur Verfügung, wo sich ausschließlich Sonderangebote befinden.

Ein Bestandskunde wiederum möchte eine personalisierte Seite nutzen: »Meine Seite«. Dort könnten beispielsweise Lieblingsprodukte gespeichert sein oder Bestellungen, die in regelmäßigen Abständen wiederholt werden. Dadurch, dass dieser Bereich nur für Bestandskunden interessant ist, muss er deutlich vom Rest der Site abgegrenzt werden. Schaffen Sie etwa eine Box, die sich farblich deutlich absetzt und ausschließlich zum Log-in benutzt wird.

Ein gelungenes Beispiel für eine Seitenaufteilung anhand von Gewichtung zeigt eBay auf der Seite für den Log-in: Der größte Raum ist auf der rechten Bildschirmseite für Bestandskunden reserviert und optisch mit einer grauen Hinterlegung markiert.

Links davon teilen sich die verbleibende Fläche Gastbenutzer und Neukunden. Selbst Betrachter, die nur oberflächlich diese Seite betrachten, finden sich schnell zurecht. Dafür sorgen zusätzlich die farblich abgesetzten Schaltflächen, die unverwechselbare Beschriftungen tragen: »Einloggen« für Bestandskunden, »Ich bin Gast« für die Gäste und »Neu anmelden« für die Erstbenutzer.

Abbildung 3.29: Raumaufteilung clever gelöst: Gäste, Neukunden und Bestandskunden haben klar voneinander getrennte Log-in-Bereiche

Welches Element wohin?

Studien haben gezeigt, dass Benutzer ihre Aufmerksamkeit gezielt auf einzelne Stellen einer Internetseite richten. Der Grund ist, dass Benutzer längst gelernt haben, welche Elemente sich für gewöhnlich an welchen Stellen befinden.

Der Blick des Benutzers erfasst die Webseite nicht als Ganzes, sondern wandert Schritt für Schritt über einzelne Bereiche. Der Aufmerksamkeitsverlauf ist sehr genau untersucht und lässt sich daher recht genau vorhersagen.

133

Linker oberer Bereich wird stark beachtet

Am intensivsten angesehen wird das linke obere Drittel einer Seite – dort, wo sich meistens die Navigationsleiste befindet. Die geringste Beachtung findet die rechte untere Ecke. Hier sind auf fast keiner Internetseite wichtige Elemente angeordnet. Auffällig ist, dass Männer Bilder stärker beachten als Frauen. Frauen wiederum sehen sich Navigation und Text genauer an.

Untersuchungen zu den Erwartungen, welche die Benutzer an den Aufbau einer Internetseite haben, zeigen sehr deutlich: Die Benutzer haben klare Vorstellungen davon, wo sich was befinden sollte:

Element	Erwartete Platzierung
Navigationsleiste	Linker Bildschirmrand, senkrechte Leiste
Weiterführende Links	Rechter Bildschirmrand, mittige Platzierung
Link zur Homepage	Linke obere Bildschirmecke
Suche	Obere Bildschirmmitte
Werbebanner	Oberer Bildschirmrand, eher rechts als links
Log-in	Oberer linker Bildschirmrand
Warenkorb	Obere rechte Bildschirmecke
Hilfe	Obere rechte Bildschirmecke
Logo	Linke obere Bildschirmecke

Sie sollten diesen Erwartungen bei der Bildschirmaufteilung Rechnung tragen. Dabei kommt es nicht darauf an, die Erwartungen detailgetreu zu erfüllen. Vielmehr zählt, dass Sie mit wesentlichen Elementen, etwa der Suche oder dem Log-in, keine Experimente anstellen. So wäre beispielsweise eine Platzierung des Sucheingabefelds unterhalb einer senkrecht angeordneten Navigationsleiste sehr ungewöhnlich. Kein Benutzer würde die Funktion dort vermuten. Folge: Die Suche bleibt unentdeckt und wird nicht benutzt.

Folgen Sie ungefähr den Vorstellungen des Benutzers, so tragen Sie wesentlich dazu bei, dass dieser sich innerhalb der Seite schnell zurechtfindet. Das Design wirkt vertraut und selbst eine komplexe Fülle an Informationen lässt sich schnell ordnen.

Dabei helfen Sie Ihren Besuchern, indem Sie eine Mustererkennung unterstützen. Sei es durch eine Farbsystematik oder dadurch, dass Sie die Gestaltgesetze nutzen, die Sie zu Beginn dieses Kapitels kennengelernt haben. Binden Sie möglichst jedes Gestaltungselement in eine Systematik ein: Wenn Sie ein inaktives Element auf der Homepage grau statt blau gestalten, so sollte ein inaktives Element auf der FAQ-Seite ebenfalls grau sein und nicht grün. So erzielen Sie allein schon durch Farbwahl Konsistenz und Vorhersagbarkeit.

Mustererkennung gezielt unterstützen

Ein weiteres Kriterium zur Platzierung von Elementen ist deren Zugehörigkeit. Die Gestaltgesetze besagen, dass zugehörige Elemente auch nahe beieinander platziert werden sollten. Durchbrechen Sie dieses Gestaltungsmittel, verschlechtert sich die Ergonomie der Benutzeroberfläche enorm.

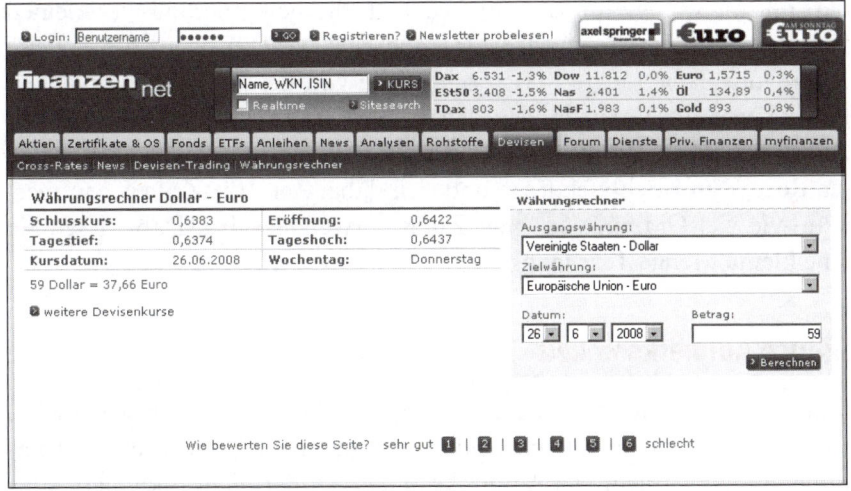

Abbildung 3.30: Hier wurde nicht zusammmen gruppiert, was zusammengehört: Das Rechenergebnis wird nicht etwa rechts unten in der Nähe des Buttons »Berechnen« angezeigt, sondern versteckt sich in der linken Spalte unter dem Kursdatum

3.9   Wie Sie Aufmerksamkeit steuern

Aufmerksamkeit muss fokussiert werden. Denn nicht alle visuelle Information aus unserem Gesichtsfeld kann gleich stark beachtet und sofort verarbeitet werden. Wenn Sie eine Webseite aus normalem Leseabstand heraus betrachten, sehen Sie nur einen kleinen Kreis von 1,5 cm scharf. Der Rest der Fläche wird nur am Rande wahrgenommen. Das liegt in der Anatomie Ihres Auges begründet. Aufmerksamkeit kann also nicht breitflächig und intensiv zugleich eingesetzt werden, sondern muss fokussiert werden.

Fokussierte Aufmerksamkeit

Mit fokussierter Aufmerksamkeit wird langsam, bewusst und kontrolliert nur die wenige Information beachtet, die sich innerhalb des kleinen Kreises befindet, der scharf wahrgenommen wird. Wer auf diese Weise seine Umwelt betrachtet, lässt sich wenig von der Umgebung ablenken und hat genaue Vorstellungen davon, was gesucht wird. Diese Art der Aufmerksamkeit wenden Sie beispielsweise an, wenn Sie aufmerksam ein Rezept im Kochbuch lesen und sich dabei Zeile für Zeile genau merken, wie viel Gramm von einer Zutat verwendet wird. Dabei lesen Sie eine kleine Menge Text langsam und konzentriert.

Diffuse Aufmerksamkeit

Eine zweite Art der Wahrnehmung funktioniert genau entgegengesetzt. Sie besteht darin, in schneller Abfolge eine große Menge an Informationen aufzunehmen. Die Aufmerksamkeit ist hier nicht fokussiert, sondern diffus.

Aufmerksamkeit ist auf Weitwinkel eingestellt

Die Aufmerksamkeit ist sozusagen auf Weitwinkel eingestellt. Der Betrachter lässt sich schnell ablenken, reagiert sprunghaft, nimmt parallel mehrere Informationsquellen auf. Gestoppt wird nur dann, wenn etwas wahrgenommen wird, was wichtig erscheint. Ein typisches Beispiel für diese Art der Wahrnehmung ist das Stimmengewirr auf einer Party. Viele Personen reden durcheinander, ohne dass Sie in diesem Gemurmel ein komplettes Gespräch mitverfolgen. Sie hören hier einen

Satzanfang und dort eine halbe Frage. Sie horchen erst dann auf, wenn beispielsweise Ihr Name fällt.

Online verfolgen Benutzer genau diese Art der Aufmerksamkeitssteuerung. Viele Internetseiten werden in kurzer Zeit oberflächlich angesehen. Text findet selten Beachtung, Details bleiben unerkannt und das Auge hangelt sich an optischen Wegmarken in schneller Abfolge durch das Design.

Diese sprunghaften Augenbewegungen können weder bewusst gelenkt noch angehalten werden. Der Fokus auf Details geht dem Betrachter während der Bewegung verloren und kehrt nur in den kurzen Zeitspannen zurück, wo das Auge zwischen zwei Sprüngen an einer Stelle des Bildschirms stoppt. Diese winzigen Stopps betragen nur 100 bis 200 Millisekunden. Gerade genug, um den Weg ins Ultrakurzzeitgedächtnis zu finden. Dort zerfällt die gemerkte Information allerdings schon im nächsten Augenblick.

Folgen für den Aufbau der Seite

Das hat wichtige Folgen für den Seitenaufbau. Setzen Sie nicht darauf, dass ein Detail wahrgenommen wird, solange der Benutzer sich noch auf dem Weg zu seinem Ziel befindet oder einfach nur ziellos herumklickt. Hierbei werden kleine Veränderungen auf einer Seite übersehen, die durch einen Klick auf eine Funktion ausgelöst werden. Markieren Sie deshalb wichtige Stellen deutlich.

Wollen Sie viel Information auf Ihrer Site unterbringen – etwa einen Produktkatalog –, so ist es wichtig, Informationen zu gruppieren und so anzuordnen, dass sie klar unterscheidbar sind. Heißt konkret: Schaffen Sie klar voneinander abgegrenzte Einstiegsmöglichkeiten für verschiedene Zielgruppen. Gestaltgesetze wie das Intensitäts-, oder das Ausnahmegesetz, die Sie schon kennen, helfen Ihnen dabei. Markieren Sie gezielt Objekte, sodass auch ein unkonzentrierter, oberflächlicher und ungeduldiger Benutzer das findet, was er sucht.

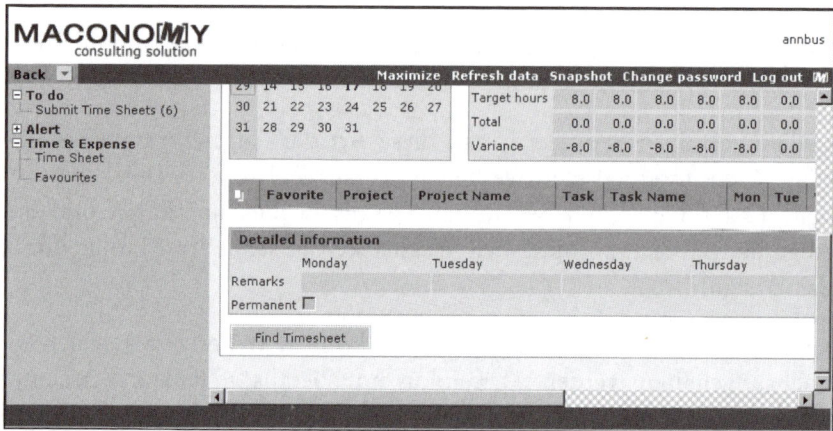

Abbildung 3.31:

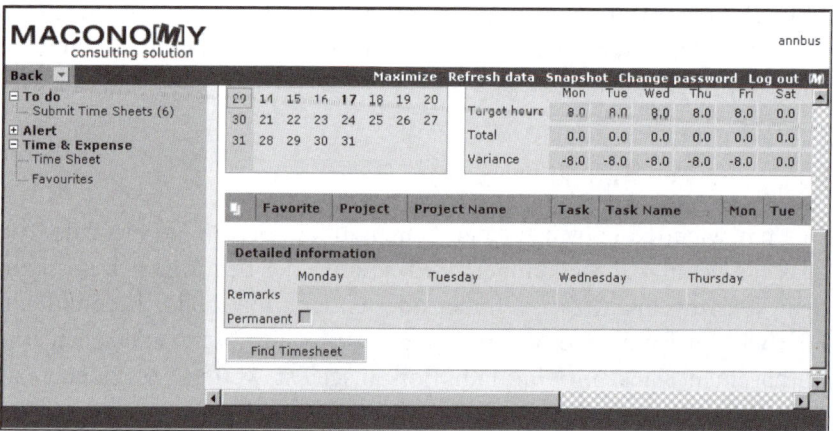

Abbildung 3.32: Vergleichen Sie den oberen mit dem unteren Bildschirm: Eine wichtige Zustandsänderung geht hier völlig unter. Sie wird nur dadurch deutlich gemacht, dass das kleine rechteckige Symbol links von »Favorite« minimal seine Konturen verändert

Aufmerksamkeitsverlauf nach Öffnen einer Seite

Die ersten zehn Sekunden, die ein Betrachter auf einer Webseite zubringt, vergehen allein mit der Orientierung. Unterstützen Sie den Betrachter hier, wird er schnell fündig und wählt einen Einstiegspunkt. Bilder helfen bei der Orientierung am besten: Sie werden zuerst wahrgenommen. Text hilft dagegen bei der Orientierung wenig. Vor allem kleinformatige Hinweistexte bleiben unbeachtet.

Achten Sie allerdings auch darauf, dass Sie Intensitäts-, Ausnahme- oder Dissonanzgesetz nicht zu intensiv einsetzen. Das sprunghafte Auge des Betrachters einfangen, das ist das Ziel. Nicht geeignet sind Paradoxien, Überraschungen und Übertreibungen, die den Betrachter stutzen lassen, weil etwas merkwürdig oder unverständlich erscheint. Wägen Sie also immer ab, welche Mittel gerade noch geeignet sind, Aufmerksamkeit zu erregen, und welche bereits zur Verwirrung des Benutzers beitragen.

Je häufiger und intensiver durch überraschende Effekte die Erwartung des Betrachters enttäuscht wird, desto benutzerunfreundlicher wird eine Site empfunden. Gerade für E-Commerce-Anwendungen und generell für jede Form der Navigation gilt deshalb: Keep it simple and stupid – halten Sie Funktionalitäten einfach und durchschaubar.

Hat der Betrachter nun das Gesuchte gefunden, müssen Sie ihm gezielt dabei helfen, die Aufmerksamkeit dort zu halten. Deshalb sind beispielsweise Links in Texten störend, weil sie von der gesuchten Information ablenken und den Benutzer einen anderen Teil der Anwendung bringen. Manche Webanwendungen gehen noch weiter und blenden sogar die Navigationsleiste aus.

Auch außergewöhnliche Kontraste in Form, Struktur und Farbe lenken vom Inhalt zu sehr ab. So schön diese dominanten Designs auch sein mögen: Gutes Informationsdesign drängt sich nicht auf, sondern tritt zurück. Information und Ordnung stehen im Vordergrund. Möchten Sie die Aufmerksamkeit des Benutzers auf einen bestimmten Inhalt lenken, benutzen Sie entweder Form oder Struktur oder Farbe – keinesfalls jedoch zwei oder gar alle drei gestalterischen Elemente gleichzeitig.

Paradoxien, Überraschungen und Übertreibungen meiden

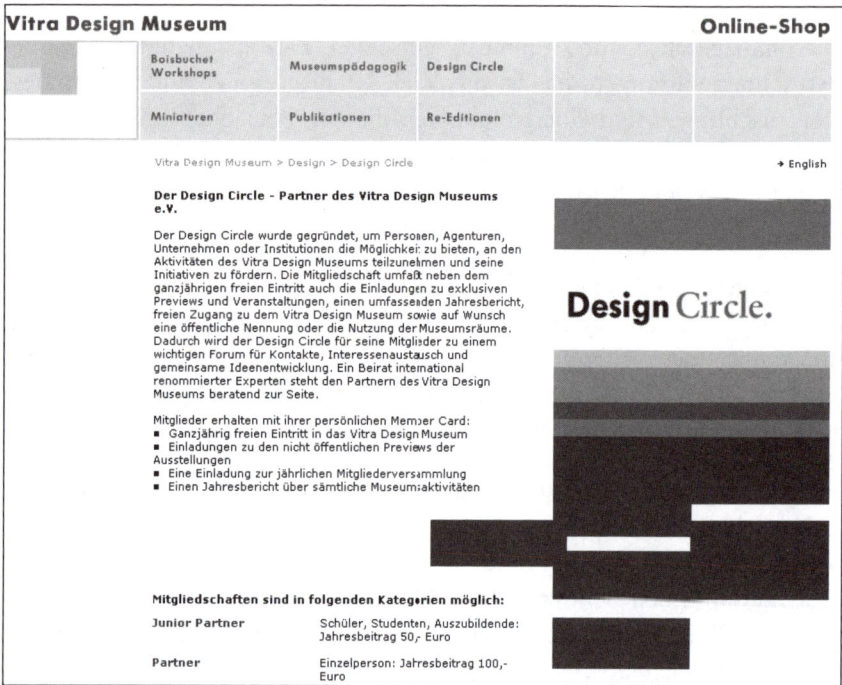

Abbildung 3.33: Gezielter Einsatz von Hell-Dunkel-Kontrasten: Farbige Flächen gruppieren sich um einen Inhalt, ohne von diesem abzulenken

3.10   Benutzerführung durch Symbole

Symbole zur Benutzerführung zu verwenden ist eine interessante Alternative zur Verwendung von Worten und Begriffen. Ein Bild oder Zeichen wird schneller wiedererkannt, hat allerdings den Nachteil, dass es auch falsch interpretiert werden kann.

Erfahrungsgemäß werden sich Benutzer auf Ihrer Website so verhalten, wie sie es auf anderen Internetseiten gelernt haben. Daher funktionieren Icons besonders gut, die im Web allgemein verbreitet sind, etwa die Lupe für die Suchfunktion, der Briefumschlag für E-Mail oder das Haus für die Homepage.

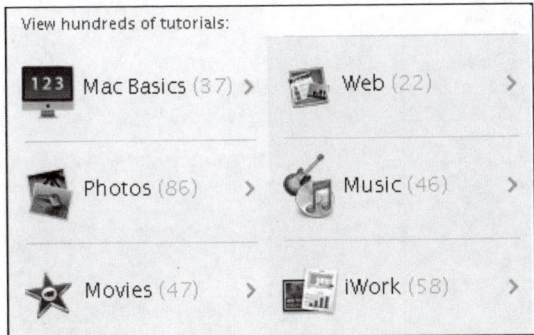

Abbildung 3.34: Einsatz von Symbolen: Hier ergänzen sich Wort und Bild. Als alleinstehende Elemente würden Stern, Gitarre oder Monitor mit hoher Wahrscheinlichkeit falsch interpretiert

Die Anzahl dieser allgemein bekannten Zeichen ist aber begrenzt. Daher wird ein Benutzer auf Ihrer Website Symbole zur Nutzerführung erst erlernen müssen. Machen Sie es den Besuchern so leicht wie möglich: Verwenden Sie nur wenige Symbole, die sich deutlich voneinander unterscheiden. Setzen Sie nur dann alleinstehende Symbole ein, wenn Sie ein und dieselbe Funktion immer wieder verwenden. Symbole, die nur ein oder zwei Mal auftauchen, haben keinen funktionalen Vorteil. Sie führen nicht zu einem Wiedererkennungseffekt beim Benutzer.

Nur wenige Symbole verwenden

Eine weitaus flexiblere Möglichkeit, Symbole einzusetzen, ist die Kombination aus Text und Bild. Damit stellen Sie eine Information doppelt dar. Psychologen verwenden dafür den Begriff der doppelten Kodierung: Ein konkretes Objekt (das Bild) wird mit einer Textinformation kombiniert. Dadurch wird es wesentlich besser im Gedächtnis verankert.

Text/Bild-Kombination ist ideal

Gespeichert wird interessanterweise nicht nur der Bezug zwischen Text und Symbol, sondern auch die räumliche Anordnung. Ihre Benutzer merken sich also nicht nur, dass der Navigationspunkt »Auto« mit einer Ampel versehen ist. Beim nächsten Besuch auf der Website erinnern sie sich auch daran, dass die Ampel (und damit der Navigationspunkt »Auto«) in der langen Navigationsleiste ganz oben platziert war.

Symbole, die vielleicht als alleinstehende Elemente nicht zur Navigation getaugt hätten, werden durch einen ergänzenden Text vom Benutzer verstanden. Der Grund dafür liegt darin, dass die Icons nun in einen Kontext eingebettet sind, der vorher fehlte.

Abbildung 3.35: Symboleinsatz in einer umfangreichen Navigation: Bilder helfen auch, sich an die Positionierung eines Menüpunkts zu erinnern

Zeichen brauchen Erklärung Gerade einfache Zeichen brauchen Erklärung, um verstanden zu werden. Stellen Sie sich einen Kreis vor: Je nach Kontext kann dieser einen Ball darstellen, ein Bullauge, den Buchstaben O, die Zahl Null, ein Verkehrszeichen oder die Sonne.

Die Verbindung aus Erklärungstext und Icon bringt einen weiteren Vorteil. Ein Icon ohne ergänzenden Text muss so gestaltet sein, wie es der Benutzer schon auf anderen Internetseiten kennengelernt hat. Damit sind Sie in den Gestaltungsmöglichkeiten beschränkt. Wer hier kreative, neue Lösungen entwickelt, riskiert, dass diese vom Betrachter nicht verstanden werden. Ergänzen Sie aber ein Bild mit einem Text, eröffnen sich neue Möglichkeiten. Der Text erklärt das Bild – und Sie können es gestalten, wie Sie möchten. Sie können sogar die Icons einen Teil Ihres Corporate Designs werden lassen. Das trägt dazu bei, Ihre Homepage unverwechselbar zu machen.

3.11   Benutzerführung in Prozessen

Wenn Benutzer Prozesse ausführen, möchte das Gehirn genau so sparsam mit Ressourcen umgehen wie bei der Bilderkennung. Abläufe sollen ohne großes Nachdenken erledigt werden. Um auch hier ökonomisch zu arbeiten, ruft das Gehirn sogenannte Handlungsmuster ab.

Genauso wie beim Sehen einfache Formen besonders gut erkannt werden, sind es Schemata, die bei Handlungen bevorzugt werden. Für den Benutzer ist schon vor dem Ablauf des Prozesses klar, wie sich dieser gestalten muss. Denken Sie etwa an eine Überweisung auf der Bank, einen Restaurantbesuch oder das tägliche Zähneputzen. Allen Prozessen ist gemeinsam, dass sie sich in eindeutige Schritte untergliedern lassen.

Handlungsschemata werden bevorzugt

Der große Vorteil der Handlungsmuster liegt darin, dass sie sich auch auf Tätigkeiten übertragen lassen, die noch fremd sind. Haben Sie beispielsweise im Computerprogramm Word einen Satz fett und kursiv gesetzt, können Sie erfolgreich dasselbe Handlungsschema auf das Programm PowerPoint übertragen.

Achten Sie also beim Gestalten von Prozessen darauf, dass ähnliche Schritte ähnlich funktionieren. Das beginnt schon bei Details. Soll etwa ein Popup-Fenster geschlossen werden, verwenden Sie immer in jedem einzelnen Popup einen immer gleich aussehenden Button, auf dem steht: »Fenster schließen«.

Konsistenz ist wichtig

Sollen Ihre Besucher komplexere Prozesse durchlaufen, sorgen Sie dafür, dass das zugrunde liegende Handlungsmuster abgebildet wird. Verwenden Sie dazu eine Darstellung konkreter und nummerierter Schritte. Allein eine Fortschrittsanzeige reicht nicht aus, weil hier nicht deutlich wird, durch welche und wie viele Schritte der Prozess führt.

Die Abfolge der Handlungen sollte effektiv sein. Ebenso wie Sie ungern im richtigen Leben Dinge mehrfach tun, sollten Sie Ihren Benutzern keine unnötig langen Prozesse zumuten, beispielsweise ein doppeltes Log-in.

Besonders viel Vertrauen schaffen Prozesse, die alltägliche Tätigkeiten widerspiegeln. Kaufen Sie beispielsweise online bei der Deutschen Bahn eine Fahrkarte, so unterscheidet sich dieser Kauf nicht von dem am

Schalter: Sie erhalten zunächst Auskunft über die passende Zugverbindung, wählen dann einen bestimmten Zug aus, zahlen und erhalten abschließend Ihr Ticket.

Schritte nummerieren Versehen Sie jeden Schritt mit einem kleinen Text und einer deutlich sichtbaren Nummer. Den aktuellen Stand im Prozess heben Sie grafisch hervor. Die einzelnen Schritte werden so für den Benutzer auf den ersten Blick transparent. Das hat viele Vorteile:

>> Der Benutzer kann die Zeit abschätzen, die für die nachfolgenden Schritte benötigt wird.

>> Handlungen werden in einen Kontext eingebettet und erscheinen dadurch sinnvoller. Beispielsweise muss sich kein Nutzer Gedanken machen, warum an einer bestimmten Stelle ein Log-in erfolgen muss. Das Handlungsmuster, in das der Schritt gehört, macht den Sinn deutlich.

>> Ängste werden abgebaut. Wenn aus dem Handlungsmuster heraus deutlich wird, warum beispielsweise eine Telefonnummer eingegeben werden soll, geben Ihnen die Benutzer diese Information.

>> Die Handlungsschritte werden überschaubar. Dadurch sinkt die Wahrscheinlichkeit, dass ein Nutzer den Prozess abbricht.

>> Der Benutzer bewegt sich auf einem »geführten Pfad«. Kein Gedanke muss daran verschwendet werden, ob ein Schritt vergessen wurde oder wie wohl der nächste aussieht.

Ist der Handlungsablauf kurz, empfiehlt sich eine kettenartige Darstellung der Schritte. Gerade bei Abläufen, die relevant für die Konversion sind, sollten Prozesse nicht allzu viele Schritte umfassen. Dazu zählen etwa Log-ins, das Abonnieren von Newslettern oder ein Bestellprozess. Gerade bei Bestellprozessen gilt: Je kürzer, desto besser. Nicht umsonst hat der Buchversand Amazon den Ein-Klick-Einkauf entwickelt.

Haben Sie längere Prozesse, etwa Fragebogen mit 50 einzelnen Fragen, reicht es aus, als Fortschrittsanzeige Angaben wie »Frage 2 von 50« oder eine prozentuale Fortschrittsanzeige zu verwenden.

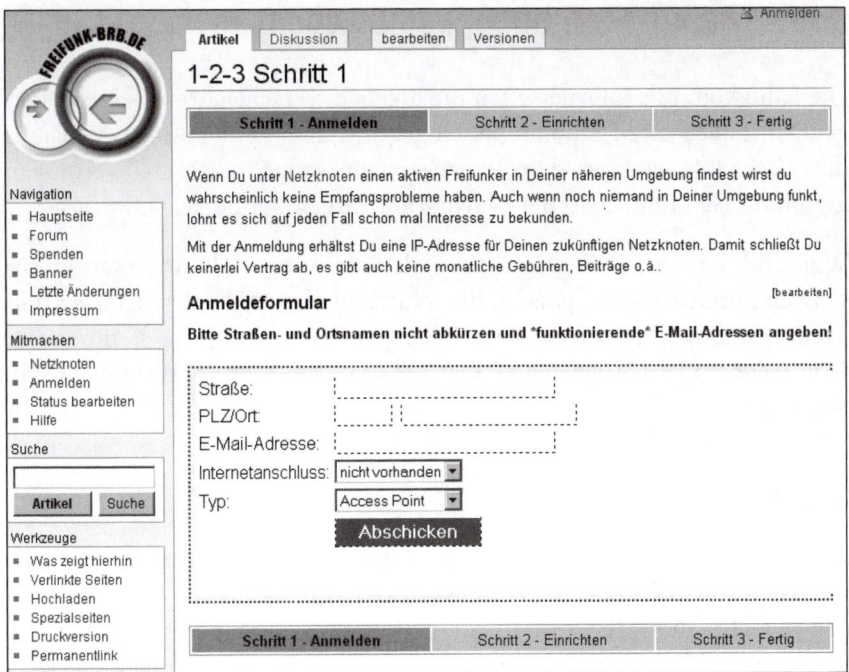

Abbildung 3.36: Drei Schritte, sauber abgebildet: Anmelden – Einrichten – Fertig!

Mit dieser kurzen Checkliste prüfen Sie, ob Ihre Prozesse ergonomisch aufbereitet sind:

>> Ist jeder Schritt mit einer deutlichen Nummer versehen?

>> Wird klar, welcher Schritt gerade ausgeführt wird?

>> Sind die Schritte sinnvoll benannt und beschriftet?

>> Wird die Beschriftung in der Überschrift des zugehörigen Screens noch einmal aufgegriffen?

3.12   Benutzerergonomie und Lebensalter

Die Fähigkeit, mit Internetseiten umzugehen, verschlechtert sich mit steigendem Lebensalter. Studien haben gezeigt, dass ab dem 25. Lebensjahr die Verweildauer auf den Internetseiten steigt und das Vermögen abnimmt, sich innerhalb der Navigation zurechtzufinden.

Während Benutzer, die älter sind als 65 Jahre, sich im Internet oft schwer zurechtfinden, gehört die Nutzung des Webs für Kinder und Teenager zum Alltag. Jede dieser Gruppen hat ganz eigene Bedürfnisse. Jede stellt andere Ansprüche. Welche das genau sind, erfahren Sie im Folgenden.

Kinder

Kinder bewegen sich heutzutage ganz selbstverständlich im Internet. Sie besuchen sowohl Sites für Erwachsene als auch solche, die extra für Kinder gedacht sind. Studien haben ergeben, dass Seiten, die eigentlich für Erwachsene gemacht sind – etwa Yahoo oder Amazon –, von den Kindern als benutzerfreundlicher empfunden wurden als reine »Kinderseiten«.

Auch Kids mögen eine klare Navigation

Der Grund dafür war, dass Sites für Kinder oft mit grafischen Elementen, knalligen Farben und aufdringlichen Animationen überfrachtet sind. Dabei möchten die Kleinen nicht mit einer kunterbunt blinkenden Navigation überfordert werden, sondern mögen genau wie die Erwachsenen eine klare, einfach strukturierte Navigation.

Was Kinder von den Erwachsenen unterscheidet, ist ihre große Ungeduld bei der Internetnutzung. Das führt dazu, dass Fehlermeldungen oder Ergonomieprobleme auf Kinder noch abschreckender wirken als auf Erwachsene: Kinder verlassen die Site sofort. Fehlermeldungen werden ignoriert, die entsprechende Anwendung wird geschlossen.

Abbildung 3.37: Webseite eines Fernsehsenders für Kinder: Der Cursor wird hier als übergroßer Pfeil eingeblendet, damit auch kleine Hände sicher mit der Maus hantieren können

Ein weiterer wichtiger Aspekt ist die Hardware, die Kinder benutzen. Im Gegensatz zu Erwachsenen haben Kinder – und hier insbesondere Schüler – oft veraltete Programme, langsame Rechner und kleine Monitore. Kinder benutzen nicht selten den ausrangierten Rechner der Eltern oder einen Computer in der Schule, der schon lange nicht mehr dem neuesten Stand entspricht. Die Internetverbindung gehört meist auch nicht zu den schnellsten.

Hardware oft veraltet

Darauf sollten Sie Rücksicht nehmen, wenn Sie eine Site für Kinder einrichten möchten oder in Ihrem Angebot ein paar Screens für kleine Benutzer einplanen. Ansonsten kämpfen Kinder mit den gleichen Problemen wie die Großen: Wirre Navigation nervt, und komische Wörter versteht man auch nicht sofort. Besonders verärgert reagieren Kinder, wenn man ihnen ungewöhnliche Lösungen anbietet. Auch Kinder haben bereits Erfahrungen gesammelt, wie andere Webseiten funktionieren. Sie wissen, wie man eine Suchfunktion benutzt oder ein Menü öffnet.

Ungewöhn-liche Lösungen sind unbeliebt

Arbeiten Sie nun auf der Seite mit »lustigen« Lösungen, wissen die Kinder nicht, wie diese funktionieren. Bei der Konzeption von Kinderseiten wird oft fälschlicherweise angenommen, dass Kinder gerne etwas ausprobieren und schon so lange herumklicken werden, bis sie »spielerisch« die Lösung entdecken. Das Gegenteil ist der Fall: Kinder reagieren hier wie Erwachsene. Sie sehen sich nach etwas anderem um im Internet.

Unbeliebt ist bei Kindern auch das Scrollen. Sie betrachten mit Vorliebe das, was sie gerade auf dem Bildschirm sehen, und interagieren mit dem, was sie dort vorfinden.

Pluspunkte sammeln Sie bei Kindern mit folgenden Dingen:

Damit sammeln Sie Pluspunkte

>> Soundeffekte: Wenn beim Öffnen einer Seite ein Lied erklingt oder eine Melodie abgespielt wird, ermuntert das die Kinder, sich die Inhalte näher anzusehen. Kinder suchen online gezielt nach Unterhaltung, und Soundeffekte sind hier genau richtig.

>> Animation: Animation fördert die Aufmerksamkeit der Kleinen. Sie beschäftigen sich mit Objekten, die hüpfen, springen oder winken, intensiver als mit solchen, die sich nicht vom Fleck bewegen. Achten Sie allerdings darauf, dass Animation maßvoll eingesetzt wird.

>> Alltagsmetaphern: Kinder lieben dreidimensionale Objekte wie Schreibtische, Dörfer, einen Wald, ein Baumhaus oder Landkarten zum Herumklicken.

>> Anleitungen: Kinder lesen in der Tat gerne Anleitungen. Anders als Erwachsene gehen sie etwa gewissenhaft Spielregeln durch, bevor sie eine Anwendung in Gang setzen. Mädchen legen interessanterweise auf gute Anleitungen deutlich mehr Wert als Jungen.

Teenager

Ähnlich wie bei Kindern halten sich auch in Bezug auf Teenager hartnäckige Vorurteile. Jugendliche gelten als oberflächliche Technikfreaks, die das Internet hauptsächlich aufsuchen, um dort zu spielen und sich blinkende Grafiken anzusehen.

Studien sind der Frage nachgegangen, was Teenager im Web wirklich tun. Die Realität sieht dann doch etwas anders aus als die landläufige Meinung. Als beliebteste Onlineinhalte nannten die Jugendlichen diese fünf Themen am häufigsten:

>> Material für Hausaufgaben

>> Informationen zu ihren Hobbys

>> Musik, Spiele und andere Unterhaltung

>> Nachrichten

>> Onlineshopping

Onlineshopping ist dabei ein interessanter Punkt. Viele Jugendliche haben keine Kreditkarte zur Hand, um im Web auf Einkaufstour zu gehen. Sie nutzen gerade deshalb alles, was den sogenannten Sale Cycle Delay überbrückt, die Zeit zwischen Informieren und Kaufen. So legen Teenager gerne Wunschzettel an, um diesen dann Eltern und Verwandten zu zeigen.

Auffällig ist, dass Teenager im Web jegliche Art von Interaktion bevorzugen, die die Kommunikation mit anderen Benutzern ermöglicht. Dazu zählen:

>> Diskussionsforen, wo Anregungen gegeben, Rat geholt oder Fragen gestellt werden können

>> Bewertungen abgeben

>> Umfragen und Tests

>> Möglichkeiten zum Austausch von Bildern und Geschichten

Interaktion mit anderen ist bei Teenagern beliebt

>> Schwarze Bretter zum Veröffentlichen von Nachrichten

>> Optionen, selbst etwas zum Inhalt einer Website beizusteuern – etwa über Leserkommentare

Außerdem sind Jugendliche an Spielen, Onlinequiz und Anregungen für die Gestaltung ihrer eigenen Website interessiert.

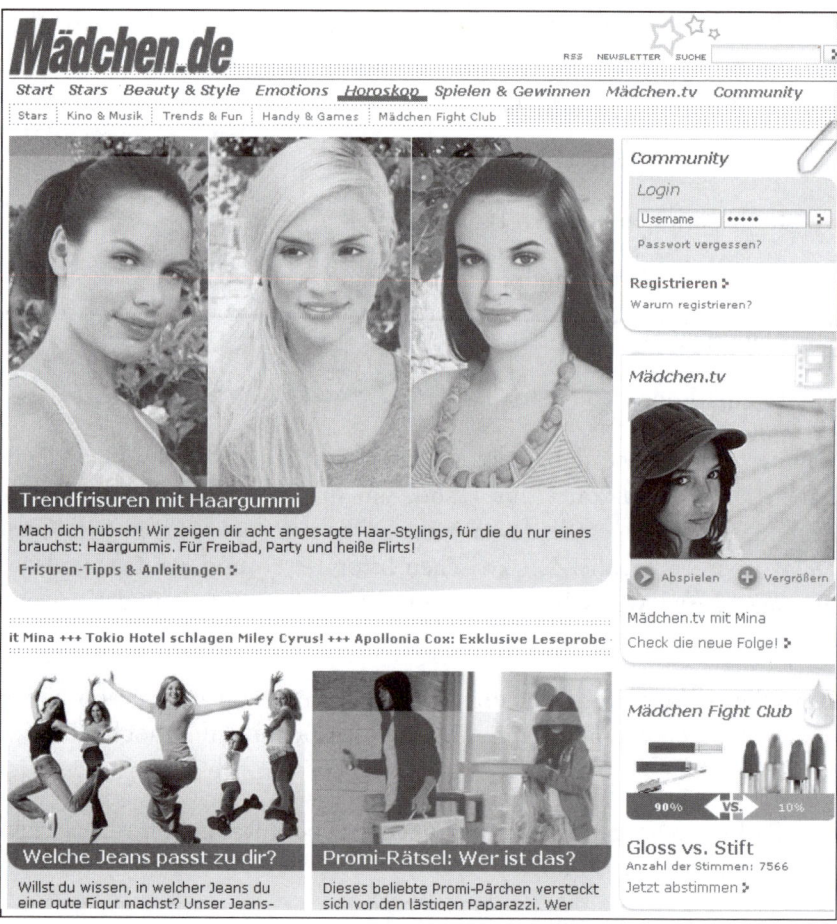

Abbildung 3.38: Website für Mädchen, die ohne Animation auskommt: Das einzige bewegte Element ist der Nachrichtenticker in der Mitte des Bildschirms

Studien, die das Verhalten von Teenagern im Web näher beleuchten, kommen zu dem Schluss, dass Jugendliche in Ergonomietests mehr Fehler machen und damit letztlich weniger gute Ergebnisse erzielen als Erwachsene. Die Hauptursache liegt darin, dass Teenager wesentlich weniger Geduld mit einer Internetanwendung aufbringen als Erwachsene. Vor allem Wartezeiten und langsames Laden von Inhalten lässt diese Benutzergruppe ungeduldig werden. Typisch sind außerdem kurze Aufmerksamkeitsspannen und die ständige Suche nach Stimulation.

Jugendliche sind ungeduldig

Das bedeutet aber nicht, dass Seiten für Teenager blinken und zappeln müssen. Obwohl Jugendliche Grafiken mehr Aufmerksamkeit schenken als Texten, wünschen sie sich ein schlichtes Design. Seiten, die mit grafischen Elementen oder Animationen überfrachtet sind, werden subjektiv als benutzerunfreundlich empfunden.

Ebenso unbeliebt ist kleine Schrift. Junge Menschen haben zwar selten Probleme mit der Sehschärfe, möchten sich aber nicht abmühen, allzu kleine Schriftgrößen zu entziffern. Sie lesen ohnehin im Internet genauso ungern wie Erwachsene. Online bevorzugen sie Seiten mit wenig oder ganz ohne Text.

Erwachsene

Haben Erwachsene tatsächlich spezielle Bedürfnisse? Die meisten Internetseiten sind schließlich für erwachsene Benutzer gedacht, die aus der Altersgruppe zwischen 25 bis 65 Jahren stammen. Webseiten, die sich an Geschäftskunden wenden, aber auch jede Art von Intranet trifft exakt diese Zielgruppe.

Die Annahme liegt nahe, dass sich Erwachsene nicht allzu sehr voneinander unterscheiden. Das ist fast richtig: Die Fähigkeit, mit dem Internet umzugehen, sinkt nur minimal von Lebensjahr zu Lebensjahr ab. Je älter ein Benutzer, umso langsamer surft er von Seite zu Seite und umso mehr Zeit braucht er, um online das zu erreichen, was er sich vorgenommen hat: eine Überweisung beim Onlinebanking tätigen, einen Lexikoneintrag finden oder eine Bahnverbindung suchen. Die Schwierigkeiten, eine Navigation zu verstehen, wachsen mit jedem Lebensjahr nur minimal an.

Je älter, desto langsamer

Studien haben gezeigt, dass diese Effekte sich allerdings schon ab 25 Jahren mit 0,8 Prozent pro Lebensjahr bemerkbar machen. Das erscheint auf den ersten Blick wenig. Statistisch gesehen benötigt aber ein 40-jähriger Benutzer 8 Prozent mehr Zeit, um eine Aufgabe online zu bewältigen, als ein 30-jähriger. Ein 50-jähriger Benutzer braucht weitere 8 Prozent mehr Zeit.

Erwachsene sind eine inhomogene Gruppe

Dabei zeigen sich allerdings sehr große Unterschiede zwischen Benutzern. Die Gruppe der Erwachsenen enthält gleichzeitig sehr schnelle und ausgesprochen langsame Benutzer. Der Usability-Experte Jakob Nielsen hat hierfür die sogenannte 5-5-5-Regel aufgestellt: Die langsamsten 5 Prozent dieser Benutzergruppe sind 5-mal so langsam wie die 5 Prozent der Schnellsten. Das heißt konkret: Die langsamsten Benutzer benötigen 400 Prozent mehr Zeit als die schnellsten Benutzer, um dieselbe Aufgabe zu lösen.

Die Gründe für die verlangsamte Nutzung mit steigendem Lebensalter liegen darin, dass sich die Art verändert, wie Informationen aufgenommen werden. Ältere Benutzer verweilen länger auf einer Site, sehen sich Texte gründlicher an und suchen insgesamt mehr Seiten auf. Zudem wird es umso schwieriger, eine Navigation zu benutzen, je älter ein Besucher ist. Dieser Effekt macht sich schon im mittleren Alter bemerkbar. Keineswegs sind hier nur Senioren betroffen.

Schon ab dem 25. Lebensjahr nehmen Sehtüchtigkeit, Reaktionsgeschwindigkeit und manuelle Geschicklichkeit ab. Die Geschwindigkeit der Denkprozesse verlangsamt sich, das Gedächtnis wird schlechter. All diese Effekte führen dazu, dass sich ältere Benutzer langsamer auf einer Website bewegen.

Eine weitere Größe hat hier zusätzlich Einfluss: das Alter, in dem mit der Internetnutzung begonnen wurde. Ältere Benutzer haben in der Regel erst wesentlich später angefangen, sich mit dem Internet zu beschäftigen. Wer heute 45 Jahre alt ist, hat vielleicht erst 5 Jahre Interneterfahrung. Ein 30 Jahre alter Benutzer bringt dagegen oft 10 Jahre Erfahrung mit.

Allerdings führen die Unterschiede nicht dazu, dass Erwachsene zwischen 25 und 65 spezielle Bedürfnisse haben. Sie können die 5 Prozent der sehr langsamen und die 5 Prozent sehr schnellen Benutzer getrost vernachlässigen.

Auf eins jedoch sollten Sie achten: Wenn Sie jemanden mit der Erstellung Ihrer Website beauftragen, der um 25 oder jünger ist, dann kann das dazu führen, dass auf Bedürfnisse der erwachsenen Benutzer zu wenig Rücksicht genommen wird.

Senioren

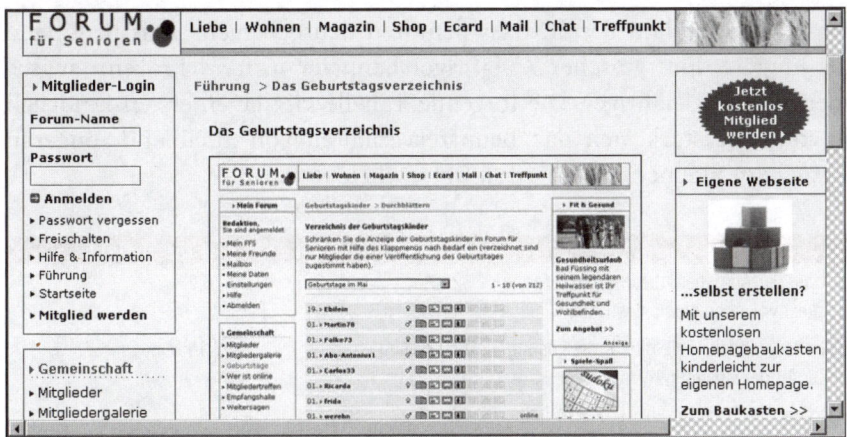

Abbildung 3.39: Seite für Senioren: Hier wird beim Log-in (links im Bild) konsequent auf die üblichen Anglizismen wie Username oder FAQ verzichtet

Die Altersgruppe der Menschen, die 65 Jahre und älter sind, wächst in den Industrienationen beständig. Ebenso wächst die Zahl der Älteren, die das Internet nutzen. Dabei ist die Zahl derjenigen, die Internetneulinge sind, besonders groß. Diese Nutzergruppe enthält also überproportional viele, die über sehr wenig Interneterfahrung verfügen.

Anwendung Nummer 1 in der Onlinewelt der Senioren ist die E-Mail. Ansonsten sucht diese Nutzergruppe im Web nach folgenden Informationen:

>> Wissenschaft und Forschung

>> Nachrichten

>> Finanzen, Investment und Börse

>> Medizin und Gesundheit

>> Informationen zu ihren Hobbys

Internet gehört zum Alltag

Für viele Senioren ist es alltäglich geworden, im Internet einzukaufen und Onlinebanking zu betreiben. Auf den ersten Blick verhalten sich Senioren also nicht viel anders als jüngere, erwachsene Nutzer. Doch der Schein trügt: So durchschnittlich E-Mail-Nutzung, Onlineshopping oder die Suche nach medizinischer Information auch sein mag, so drastisch unterscheiden sich die Senioren von den jüngeren Erwachsenen hinsichtlich ihres Verhaltens am Computer.

Das beginnt schon damit, dass Senioren deutlich mehr Zeit benötigen als Jüngere: Ein typischer 75-jähriger Benutzer surft 74 Prozent langsamer als ein 35-jähriger. Die folgende Tabelle gibt einen ersten Eindruck davon, wie stark sich das Benutzerverhalten von alten und jüngeren Besuchern in einer Testsituation unterscheidet:

	65 Jahre und älter	21 bis 55 Jahre
Anzahl der Aufgaben, die in einem Ergonomietest vollständig gelöst wurden	52,9 %	78,2 %
Durchschnittliche Zeit, die für die Lösung einer Aufgabe benötigt wurde	12:33 Minuten	7:14 Minuten
Durchschnittliche Anzahl der Fehler beim Lösen einer Aufgabe	4,6	0,6
Subjektive Einschätzung der Benutzerfreundlichkeit einer Seite durch die Testperson (1 = niedrig, 7 = hoch)	3,7	4,6
Ergonomie der getesteten Seite	100 %	220 %

Viele Studien kommen zum selben Ergebnis: Senioren haben mehr Probleme als jüngere Erwachsene bei der Internetnutzung. Die Gründe dafür sind vielfältig.

Zum einen werden Internetseiten sehr oft von jungen Menschen gestaltet. Diese beachten selten die Bedürfnisse Älterer. Zu kleine Schrift ist ein typisches Problem. Senioren benötigen Schriftgrade von 14 Pixel oder höher. Optimal wäre eine Funktion, mit der sich die Schriftgröße individuell einstellen lässt. Das gilt im Übrigen für alle Altersgruppen.

Handhabung der Maus ist kompliziert

Ein anderes Problem ist die Handhabung der Maus. Senioren haben meist verminderte motorische Fähigkeiten. Der schnelle Doppelklick bereitet ihnen Mühe, aber auch das Öffnen von Dropdown-Menüs oder die genaue Steuerung des Mauszeigers innerhalb eines ausklappenden

Menüs. Der Umgang mit dem Computer ist bei weitem nicht so vertraut wie bei jüngeren Nutzern – auch das wirkt sich bei der Nutzung des Internets aus.

Die fehlende Erfahrung mit dem Internet erhöht die Schwierigkeiten. So berichtet eine Studie von Senioren, die auf einer geöffneten Internetseite das Feld für die Eingabe der Suchbegriffe mit dem Eingabefeld für die URL im Browser verwechselten. Diese Wissenslücken machen es Senioren fast unmöglich, mit Fehlermeldungen oder trickreichen Benutzeroberflächen korrekt umzugehen. Fehlermeldungen müssen also auf den Seiten für Senioren besonders durchdacht sein. Noch besser ist es, Eingabefelder möglichst fehlertolerant anzulegen.

Mangelnde Weberfahrung bereitet Probleme

Sehr wichtig ist für Senioren eine klare Navigation, die ihnen genau sagt, wo sie sich befinden und welche Links sie schon angeklickt haben. Ältere benötigen diese Funktion stärker als Jüngere, weil ihr Gedächtnis mit steigendem Alter nachlässt. Wird auf diese Gedächtnisstütze in der Navigation verzichtet, tendieren Senioren dazu, mit großer Anstrengung Wege zurück zum Ausgangspunkt zu finden. Das kostet viel Mühe und senkt den subjektiven Eindruck, den die Senioren von der Nutzerfreundlichkeit der Site erhalten.

3.13   Weiterführende Links

>> Interessante (englischsprachige) Beiträge vom Usability-Guru Jakob Nielsen:

   http://www.useit.com

>> Praxisnahe Informationen zum Thema Nutzerfreundlichkeit bietet das Fraunhofer Institut an:

   http://www.fit-fuer-usability.de/

>> Diese US-amerikanische Website sammelt Beiträge (nicht nur aus der Onlinewelt) rund um nicht funktionierende, benutzerunfreundliche technische Dinge:

   http://www.goodexperience.com/tib/

KAPITEL 4
Suchmaschinenoptimierung

Gute Resultate in den Trefferlisten von Suchmaschinen zu erzielen ist unverzichtbar. Wie soll Ihre Site sonst in den Weiten des Internets gefunden werden? Wer nicht in Trefferlisten auftaucht, existiert im Grunde nicht.

Aus diesem Grund hat Suchmaschinenoptimierung eine große Bedeutung erlangt. Es gibt dazu eigene Fachbücher, Kurse, Spezialagenturen und sogar Vorlesungen. Unzählige Websites beschäftigen sich mit dem Thema.

Keine Frage, Suchmaschinenoptimierung ist zu einer eigenen Wissenschaft geworden. Und trotzdem: Viele Optimierungsideen sind nichts als Vermutungen. Ganz genau weiß außer einem kleinen Kreis von Entwicklern keiner, wie Google & Co funktionieren. Rund 150 Kriterien gehen in die Wertung der Sites mit ein. Welche Kriterien mit welcher Gewichtung in die Berechnung des PageRanks einbezogen werden, darüber lässt sich nur spekulieren.

In diesem Kapitel finden Sie deshalb nicht nur Möglichkeiten, wie Sie Ihre Website für die Suchmaschinen optimieren können, sondern auch Alternativen zu SEO sowie einen Textabschnitt zu Chancen und Risiken von Suchmaschinenoptimierung. Sie lernen Wege kennen, wie Sie sichtbare Elemente einzelner Screens optimieren, aber auch hinter den Kulissen Anpassungen in den sogenannten Meta-Tags vornehmen können.

4.1   Chancen und Risiken von SEO

Suchmaschinenoptimierung gilt heutzutage als unverzichtbar. Manche Unternehmen beschäftigen damit mehrere Mitarbeiter in Vollzeit. Mitarbeiter verfolgen täglich, wie die Platzierung der eigenen Site innerhalb der Trefferlisten erfolgt. Unruhe entsteht, wenn sich dort etwas verändert. Mit hektischer Aktivität versucht man, Herr der Lage zu werden und die bisherige gute Platzierung wiederherzustellen.

Keine Frage, Suchmaschinenoptimierung hat Vorteile und bietet Ihnen große Chancen – vor allem wenn Sie einen Onlineshop betreiben.

Denn erst wenn Ihre Website auf den vorderen Plätzen einer Trefferliste dabei ist, wird sie in der Informationsfülle des Internets gefunden und wahrgenommen – und zwar von einem Benutzer, der durch seine Suchanfrage ein ganz konkretes Interesse an den Inhalten signalisiert. Wenn Ihre Site über Suchmaschinen nicht gefunden wird, bedeutet dies im Grunde, dass sie gar nicht existiert.

Dass Treffer in Suchmaschinenergebnissen auch angeklickt werden, ist sehr wahrscheinlich. Der Benutzer hat einen konkreten Bedarf an dem, was gesucht wurde. Ergebnisse sind hier und jetzt gefragt. Also wird auf einen Treffer geklickt. Der Erfolg eines guten Rankings lässt sich schon allein an den Zahlen aus der Webstatistik ablesen. Sehen Sie doch einmal in Ihren eigenen Zahlen nach: Suchmaschinen generieren erfahrungsgemäß den größten Anteil von Besuchern, die auf einer Website landen. Dazu kommt, dass Besucher, die von Suchmaschinen aus auf Ihre Website kommen, oft länger dort verweilen und mehr Seiten besuchen als andere Nutzer. Die »Qualität« der Besucher ist höher.

Trotzdem hat Suchmaschinenoptimierung auch Nachteile. Die größte Gefahr entsteht dadurch, dass Google als allmächtiger Beherrscher des Suchmaschinenmarkts gilt. Auf Googles Suchergebnisse konzentrieren sich dann auch alle Bemühungen.

Das erzeugt eine mehr oder weniger starke Abhängigkeit von Google. Im schlimmsten Fall wird Ihr gesamtes Geschäftsmodell davon abhängig, wie viele Besucher Google auf Ihre Site lenkt. Wird ein Algorithmus bei Google umgestellt, verschlechtert sich Ihr PageRank und es kommen weniger Besucher. Ein Platz auf Seite zwei der Suchergebnisse würde für Ihren Shop einen konkreten Verlust bedeuten.

Damit wird ein weiteres Risiko deutlich: Ständige Kontrolle der Ergebnisse ist notwendig. Denn niemand weiß genau, welche Kriterien Google wirklich verwendet. Alle Aktivitäten in Bezug auf Suchmaschinenoptimierung sind bloße Vermutungen.

Natürlich bedeutet ständiges Verfolgen von Suchergebnissen und Trefferlisten, dass Sie viel Zeit dafür verwenden müssen und eigens dazu Mitarbeiter einstellen. Nicht selten unterhalten Unternehmen, deren Geschäftsmodell stark von Besucherströmen aus Suchmaschinen abhängt, ganze Abteilungen für Suchmaschinenoptimierung.

4.2   Aufwandsabschätzung

Wie hoch wird Ihr Aufwand ausfallen, um mit einer suchmaschinenoptimierten Site Ihr Ranking (deutlich) zu verbessern? Die Mühe wird umso größer, je mehr Treffer eine Suchmaschine für diejenigen Suchbegriffe findet, die für Ihr Business relevant sind. Als Richtwert können Sie folgende Zahlen verwenden:

Trefferanzahl	Aufwand, um durch Optimierung besseres Ranking zu erzielen
Weniger als 50 000	Geringer Aufwand. Auch ohne Optimierung wird Ihre Site gut gefunden.
50 000 – 500 000	Mittlerer, durchaus vertretbarer Aufwand. Sie müssen unbedingt über fachliches Know-how zur Suchmaschinenoptimierung verfügen.
500 000 – 5 Millionen	Hoher Aufwand. Sie müssen hart arbeiten und viel Geduld mitbringen, um die Resultate immer weiter zu verbessern. Optimierung des PageRanks ist nur langfristig möglich.
Mehr als 5 Millionen	Der zu erwartende Aufwand steht in keinem Verhältnis zum Ergebnis. Eine echte Verbesserung des PageRanks ist kaum vorhersagbar.

4.3   Eintrag in Suchmaschinen und Kataloge

Bevor Sie mit der eigentlichen Suchmaschinenoptimierung beginnen, haben Sie vielleicht vor, Ihre Website bei Suchmaschinen oder Katalogen (Webverzeichnissen) anzumelden.

Dies ist vertane Mühe. Der Suchmaschinenmarkt wird fast vollständig von Google beherrscht. Andere Suchmaschinen, beispielsweise ask.com, haben trotz großer Anstrengungen und innovativer Suchtechnologie nie so recht Fuß fassen können. Daher spielt die Anmeldung bei anderen Suchmaschinen keine bedeutende Rolle.

Google selbst wird Ihre Site schon nach kurzer Zeit ganz von allein finden. Alles, was Sie dazu brauchen, ist mindestens einen Link von einer anderen Site zu Ihrer Website. Suchmaschinen durchforsten von selbst das Internet auf der Suche nach neuen Websites. Sobald Ihre gefunden wurde, wird sie auch in Treffern gelistet.

Google findet von selbst nicht angemeldete Sites

Sie möchten trotzdem nicht abwarten, bis Ihre Site gefunden wird? Wollen Sie sich in der Zwischenzeit anmelden, haben Sie drei Möglichkeiten: automatisiert per Software, mit Onlinediensten oder manuell.

Eintrag per Software

An Softwareangeboten, die Ihnen die Anmeldung Ihrer Site erleichtern wollen, mangelt es nicht. Sie sparen zwar Zeit, weil der Anmeldeprozess automatisiert wird und Sie mit einem Eintrag bei zahlreichen Suchmaschinen angemeldet werden. Allerdings gehen immer mehr Suchmaschinen dazu über, das automatisierte Anmelden zu unterbinden. Der Anmeldeprozess ist dann nur noch manuell möglich. Während Sie sich anmelden, müssen Sie ein Passwort eingeben, welches Ihnen auf einer der Anmeldeseiten angezeigt wird.

Onlinedienste

Sie werden im Internet Dienstleister finden, die Ihnen anbieten, Suchmaschineneinträge zu übernehmen. Dahinter verbirgt sich eine Technologie, die per Script eine Suchmaschine nach der anderen aufsucht und deren Anmeldeformulare ausfüllt. Auch hier wird wieder das Problem auftauchen, dass Suchmaschinen automatisierte Einträge nicht gern sehen und unterbinden.

Wesentlicher ist jedoch, dass es unter diesen Dienstleistern, die für den Eintrag in Suchmaschinen Ihre Daten kennen, schwarze Schafe gibt, die diese Daten allzu oft an Spam-Versender weiterverkaufen.

Manueller Eintrag

Wenn Sie sich bei einer Suchmaschine anmelden möchten, ist der manuelle Eintrag zwar am zeitaufwendigsten, aber auch die beste Option. Sobald Sie Ihre Daten Schritt für Schritt eingeben, können Sie individuell auf jede Spezialisierung der Suchmaschine eingehen. Daher ist die manuelle Anmeldung den beiden anderen Optionen vorzuziehen.

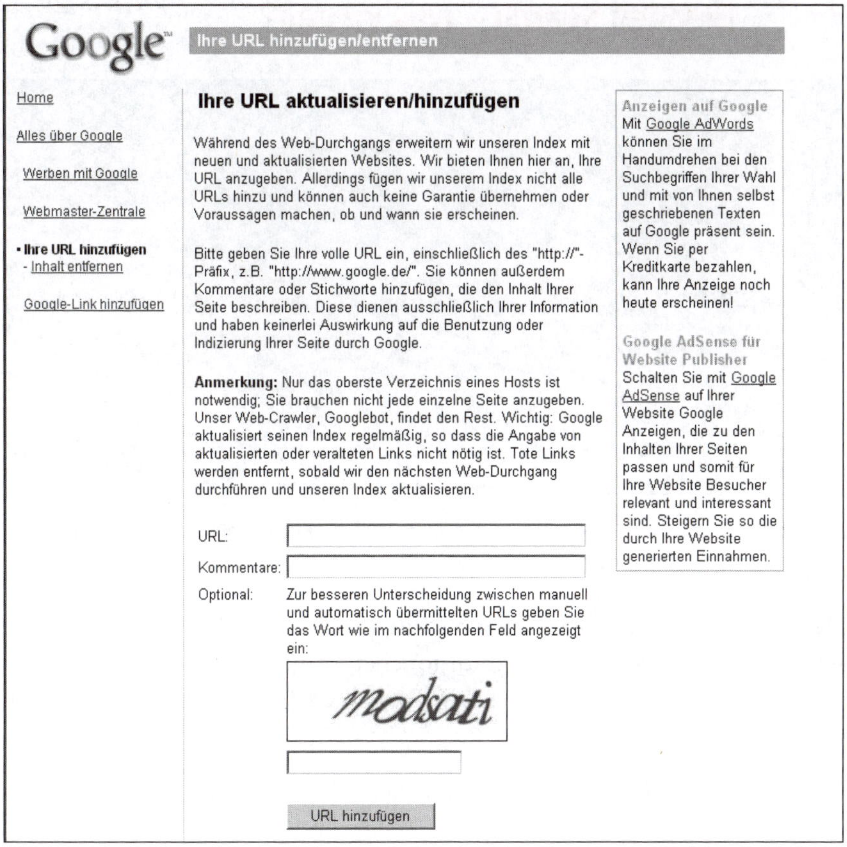

Abbildung 4.1: So einfach ist das manuelle Anmelden Ihrer Website: URL eintragen, Kommentar verfassen und den Code (das Captcha zur Spam-Abwehr) abtippen – fertig!

Eintrag in Kataloge

Der Eintrag in Webkataloge bringt ähnlich geringe Resultate wie der Eintrag in Suchmaschinen. Beherrschend im Markt der Websuche ist und bleibt Google. Benutzer machen sich nicht die Mühe, Kataloge voller Links zu durchsuchen. Dies war in den Anfangszeiten des Internets beliebt, und der Yahoo-Katalog gehörte zu den meistgenutzten Einstiegsportalen. Heute ist das grundlegend anders. Google ist allgegenwärtig.

4.4   Blended Search – was ist das?

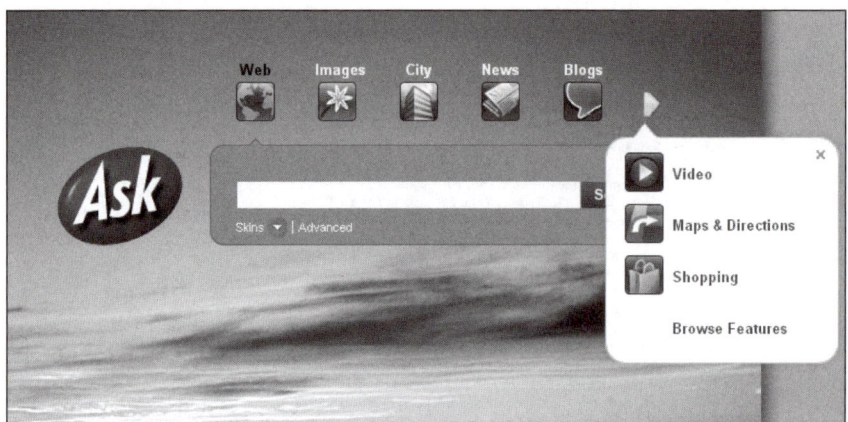

Abbildung 4.2: Startseite einer Suchmaschine: Schon hier kann der Benutzer wählen, ob nach Videos, Landkarten oder Shoppingtipps gesucht werden soll

Derzeit wandeln sich die Ergebnisseiten der führenden Suchmaschinen immer stärker. Neben den traditionellen Ergebnissen werden zunehmend auch Videos, Fotos, Nachrichten, Blog-Beiträge und Landkarten angezeigt.

Trend zu Web-2.0-Elementen Der Trend geht dazu über, mehr und mehr Web-2.0-Inhalte darzustellen. Ergebnisseiten, die sogar Treffer aus Communitys wie Facebook, LinkedIn, My Space oder Second Life beinhalten, sind durchaus vorstellbar.

Diese Veränderungen führen dazu, dass es mit der Erweiterung der Suche immer enger wird auf den Ergebnisseiten der Suchmaschinen. Immer mehr Treffer drängeln sich auf den begehrten vorderen Plätzen und konkurrieren um gute Rankings.

Wenn Suchmaschinenoptimierung zu Ihren wesentlichen Marketingstrategien gehört, sollten Sie dieser Entwicklung unbedingt Beachtung schenken. Es könnte gut sein, dass Ihr derzeitiges gutes Ranking, an dem Sie so lange gefeilt haben, eines Tages nicht mehr funktioniert. Plötzlich haben Videos, Bilder oder Sounddateien die vorderen Plätze eingenommen und Ihre textlastige Website verdrängt.

Wie können Sie sich schon jetzt auf diese Entwicklung vorbereiten und dem Verlust Ihres guten Rankings vorbeugen? Dass Ihre Seiten wahrscheinlich ohnehin suchmaschinenoptimiert sind, bildet eine solide Basis. Nach wie vor zählen die Optimierungen, die Sie direkt auf der Site vornehmen – beispielsweise die richtige Keyword-Dichte in Texten –, zu den wichtigsten Kriterien bei der Vergabe der Platzierungen auf den Ergebnisseiten.

Wenden Sie sich nun den multimedialen Elementen auf Ihrer Site zu. Beginnen Sie mit den Bildern. In den Bildern schlummert ein großes Potenzial, welches Sie einfach nutzen können. Verwenden Sie sinnvolle Alt-Attribute und zeigen Sie nur solche Bilder an, die eine gute Auflösung haben. Haben Sie die Wahl zwischen einem verpixelten Bild und gar keinem Bild, lassen Sie lieber das Bild weg.

Multimediale Elemente einbauen

Überlegen Sie, wie Sie die Inhalte für Ihren Kaffeeshop in anderen Formaten als bisher präsentieren könnten. Warum nicht ein Video in die FAQ-Liste einbauen, das zeigt, wie einfach sich die Kaffeemaschinen bedienen lassen, die Sie im Shop verkaufen?

Pressemitteilungen etwa lassen sich per RSS anbieten. Das führt dazu, dass Neuigkeiten und Pressemeldungen, die auf Ihrer Website stehen, plötzlich auch in den Ergebnisseiten von Suchmaschinen auftauchen und dort gesondert als RSS-Content markiert sind.

Eventuell eignet sich sogar ein Podcast für Ihre Seiten. Die Themen können vielfältig sein: Wenn Sie etwa eine Branchenmesse besuchen, zeichnen Sie dort einen Podcast mit einem Miniinterview auf. Oder Sie erlauben Ihren Websitebesuchern den Einblick in Ihr Unternehmen. Filmen Sie das Richtfest von Ihrem neuen Gebäude oder eine Veranstaltung, auf der Sie als Sponsor auftreten.

Wenn Sie noch kein Blog auf Ihrer Site haben: Richten Sie eines ein! Blogs steigen immer mehr in der Beliebtheit der Internetnutzer, und auch die Suchmaschinen haben darauf reagiert. Ergebnisse aus Blogs werden mittlerweile gezielt gesucht und immer öfter auf den Suchergebnisseiten aufgelistet. Inhalte aus Ihrem Blog sind daher ein gutes Mittel, um innerhalb kurzer Zeit auf sich aufmerksam zu machen.

Blogs nutzen

Suchmaschinen scheinen auch umso mehr Punkte für Ihre Site zu vergeben, je öfter neue Inhalte dort bereitgestellt werden. Die neuen Inhalte
erhalten gegenüber älteren Inhalten ein höheres Gewicht. Machen Sie
sich das zunutze und stellen Sie regelmäßig neue und für den Nutzer
interessante Bilder, Blog-Beiträge, Podcasts, RSS-Feeds oder Videos auf
Ihre Site.

4.5 Texten für Suchmaschinen

Wenn Sie Ihre Texte einer Suchmaschinenoptimierung unterziehen,
behalten Sie immer im Blick, dass Sie nicht für Suchmaschinen texten,
sondern für Menschen – für Interessenten, die Ihre Site besuchen und
sich dort informieren möchten. Suchmaschinenoptimierung darf nicht
so weit gehen, dass das Textverständnis beeinträchtigt wird und die Lesbarkeit leidet.

Zudem reagieren Besucher verärgert, wenn Texte ganz offensichtlich zur
Suchmaschinenoptimierung eingesetzt wurden und statt den gesuchten
Informationen wertlose Wortansammlungen voller Keywords enthalten.
Der vermeintliche Treffer entpuppt sich als Suchmaschinentrick. Ent-
sprechend enttäuscht sind Benutzer, wenn Texte zu derartigen Selbst-
zwecken missbraucht werden.

Die passenden Keywords finden

Wonach suchen Nutzer? Keywords sind Schlüsselbegriffe, die bei Suchanfragen in Suchmaschinen eingegeben werden. Es sind die Begriffe, nach denen Benutzer online
fahnden. Der Einbau von Keywords in Texte trägt dazu bei, dass Suchmaschinen Ihre Website besser finden – und zwar passend zu den Suchanfragen, die von Nutzern gestartet werden. Bevor Sie mit einer
Suchmaschinenoptimierung beginnen, sollten Sie sich einen Überblick
verschaffen, wonach die Benutzer wirklich suchen. Die Wörter, nach
denen gesucht wird, bauen Sie dann gezielt in Ihre Texte ein.

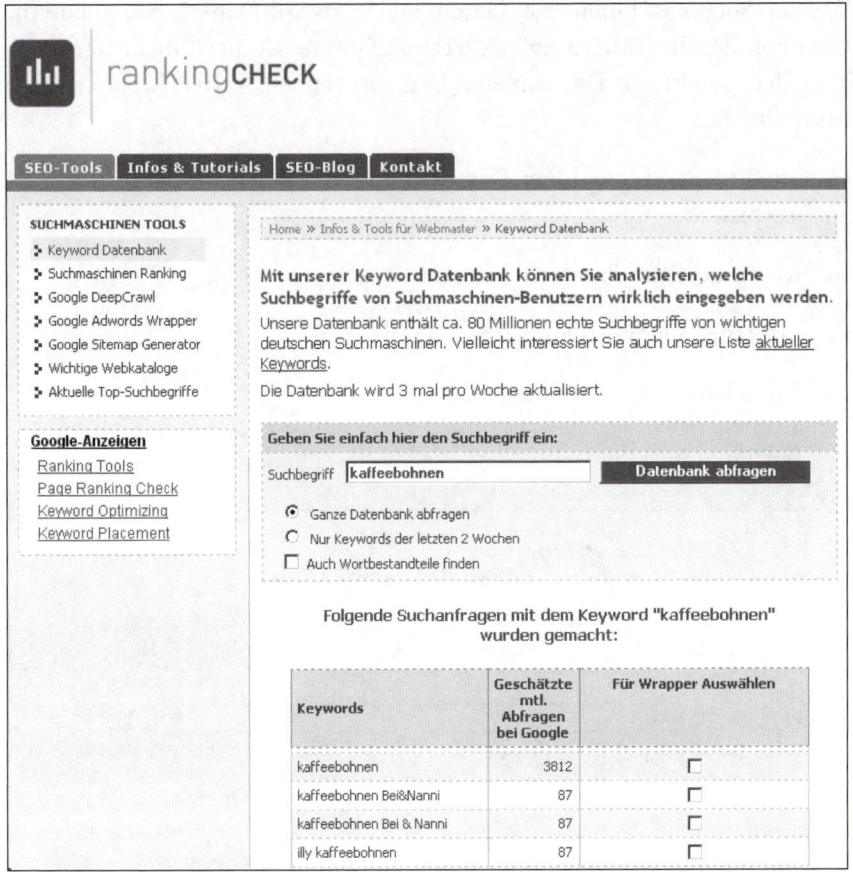

Abbildung 4.3: Beispiel für eine Keyword-Datenbank: Sie sehen, dass bei Google pro Monat fast 4000 Benutzer nach »Kaffeebohnen« gesucht haben

Um passende Keywords zu finden, helfen Ihnen sogenannte Keyword-Datenbanken. Diese Datenbanken speichern Begriffe und Begriffskombinationen aus Suchanfragen, die tatsächlich stattgefunden haben. Wenn Sie also in einer Keyword-Datenbank einen Suchbegriff eingeben, erscheint als Treffer, welche thematisch verwandten Begriffe Benutzer in ihren Anfragen bei Suchmaschinen verwendet haben. Sie sehen auch, welche Begriffe und Begriffskombinationen besonders beliebt waren bei der Suche. Damit machen Sie sich ein gutes Bild, welche Wörter Sie in Ihren Texten benötigen.

Keyword-Datenbanken benutzen

Welche Suchmaschinen die Daten an Keyword-Datenbanken liefern, wird von den Betreibern nicht verraten. Google ist meist nicht darunter. Trotzdem reicht die Datenmenge aus, um repräsentative Ergebnisse zu bekommen.

Hier eine kleine Auswahl an Datenbanken, die Ihnen viel Komfort beim Suchen bieten:

>> Keyword-Datenbank ranking-check.de

>> Overture Keyword Suggestion Tool

>> Miva Keyword Generator

>> Kwmap.com

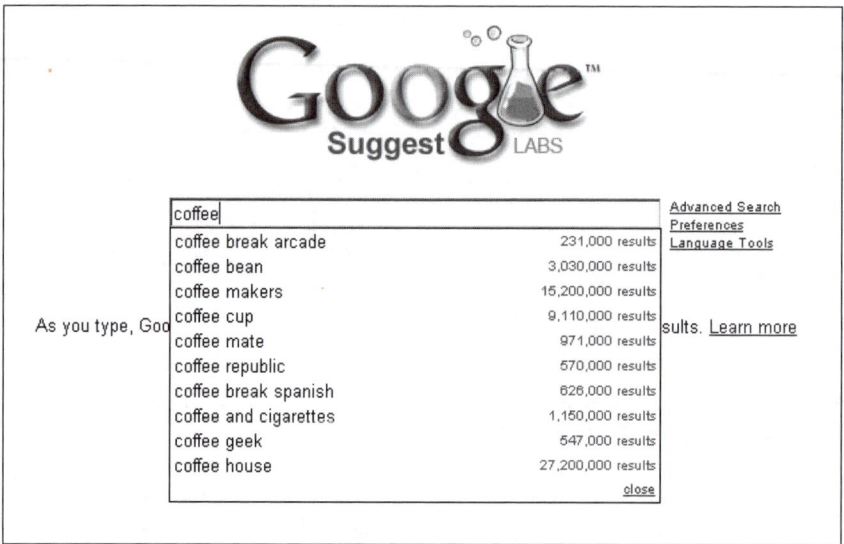

Abbildung 4.4: Das Keyword-Tool Google Suggest schlägt Ihnen schon beim Eintippen Keywords vor. Wie beliebt diese bei den Benutzern sind, zeigen Ihnen die mitgelieferten Zahlen der Suchanfragen zu diesen Begriffen

Neben Keyword-Datenbanken, die echte Suchanfragen verarbeiten, gibt es auch solche Datenbanken, die keine Suchanfragen widerspiegeln, sondern sich ausschließlich darauf konzentrieren, verwandte Begriffe oder Synonyme für Ihre Keywords zu finden. Beispiele dafür finden Sie hier:

>> Google AdWords Keyword Tool

>> Google Suggest Keyword Tool (bislang nur auf Englisch)

>> MetaGer-Web-Assoziator

Keywords richtig verwenden

Schlüsselwörter oder Keywords sind diejenigen Begriffe, die für den Inhalt Ihrer Website stehen. Anhand der Keywords macht sich eine Suchmaschine ein Bild, worum es auf Ihrer Site überhaupt geht. Um das festzustellen, zählt die Suchmaschine, wie oft welches Wort auf der Site vorkommt. Die gefundenen Wörter setzt die Suchmaschine nun in Relation zur Gesamtwortzahl. So errechnet sich die sogenannte Keyword-Dichte.

Würde etwa das Wort »Apfelmus« drei Mal innerhalb von 100 Wörtern auftauchen, liegt die Keyword-Dichte für dieses Wort bei 3 Prozent. Je höher die Keyword-Dichte ausfällt, desto eher wird Ihre Website dem Thema »Apfelmus« zugeordnet. Das wiederum führt dazu, dass Ihre Site als Treffer angezeigt wird, sobald ein Benutzer »Apfelmus« als Suchbegriff eingibt.

Optimale Keyword-Dichte liegt bei 3 Prozent

Übertreiben Sie es nicht mit der Verwendung von Schlüsselwörtern. Suchmaschinen vergeben Minuspunkte, wenn Texte absichtlich mit Keywords vollgestopft werden. Sie müssen auch gar nicht Schlüsselwörter exzessiv verwenden, um ein gutes Ranking zu erzielen. Eine Keyword-Dichte ist bereits bei 3 bis 4 Prozent ideal. Erzielen Sie eine deutlich höhere Dichte, sollten Sie Ihre Keywords »verdünnen«, indem Sie weiteren Text anfügen.

Bei der Texterstellung muss aber darauf geachtet werden, dass keine anderen Begriffe den Text dominieren und dann fälschlicherweise als Keywords aufgenommen werden. Für Allerweltswörter wie »und« oder »der« gilt diese Zählung übrigens nicht. Dass solche Wörter häufig in

Texten auftauchen, ist den Suchmaschinenbetreibern bekannt. Diese Wörter werden automatisch aussortiert. Eine Berechnung der Keyword-Dichte für Wörter wie »ein« oder »er« findet nicht statt.

Tipp . . . . . *Um optimale Keyword-Dichten zu garantieren, müssten Sie in jedem Text Wörter zählen. Diese lästige Arbeit können Sie von Programmen im Internet erledigen lassen. Sie finden beispielsweise unter* www.webjectives.com*,* www.webmaster.org *oder* www.searchengineworld.com *hilfreiche Tools dazu. Selbst Word oder OpenOffice verfügen über entsprechende Funktionen.*

Achten Sie darauf, dass Keywords konsistent sind. Im Text verwenden Sie besser keine Synonyme zum Keyword, sondern konsequent immer die gleiche Schreibweise. Schreiben Sie nicht BU oder Berufs-Unfähigkeit statt Berufsunfähigkeit. Gut platziert sind Keywords in Überschriften.

Ungebeugte Substantive verwenden Keywords sollen immer Substantive sein. Und zwar ungebeugte! Suchmaschinen berücksichtigen keine Wortstämme und erkennen z. B. ein Keyword dann nicht, wenn es im Genitiv verwendet wird. Das bedeutet auch, dass Schlüsselwörter nicht gefunden werden, wenn sie falsch geschrieben worden sind. Prüfen Sie die Texte deshalb in jedem Fall gründlich auf Rechtschreibung.

Am besten kombiniert man pro Screen zwei oder drei Keywords miteinander, da der überwiegende Teil der Benutzer eine Zwei-Wort-Suchanfrage durchführt.

Teilen Sie Ihre Texte in kleine thematische Einheiten: pro Screen nur eine Einheit. Wenn Sie zu viele Themen auf einem Screen vermischen, wird ein einzelnes Thema weniger gut gefunden.

Platzierung von Keywords

Weiterhin benötigen Keywords eine möglichst prominente Platzierung. Suchmaschinen ordnen das, was weiter vorne steht, als wichtiger ein als nachfolgende Inhalte. Wichtige Keywords sollten also ganz am Anfang des Screens positioniert werden. Verzichten Sie deshalb auf Begrüßungsfloskeln oder Füllwörter. Formulieren Sie so, dass Schlüsselwörter die ersten Stellen einnehmen.

Das gilt für alle Stellen, an denen Keywords vorkommen können: Das erste Wort in einem Satz oder einer Überschrift ist am wichtigsten. Auch das erste Wort in einem Absatz oder einer Zwischenüberschrift.

Das Wichtigste zuerst

Durch die einfache Anordnung von Wörtern sorgen Sie für mehr Suchmaschinenoptimierung. Es dauert gar nicht lange, und Sie haben mit dem Suchmaschinen-Schreibstil so viel Übung, dass Sie mühelos die passenden Formulierungen finden.

Textgestaltung

Wenn Überschriften angelegt werden, benutzen Sie dazu die HTML-Tags <h1> bis <h6>. Die Zahl dieses Tags kennzeichnet die Hierarchie der Überschriften: Die 1 steht für eine Überschrift der höchsten Gliederungsstufe, die 6 dagegen steht für eine der niedrigsten Stufe. Das alles erkennen Suchmaschinen, wenn sie den Quelltext Ihrer Website ansehen. Wenn Sie dagegen mit Fettungen, größeren Buchstaben oder anderen grafischen Hervorhebungen arbeiten, erkennt die Suchmaschine die Überschrift nicht als solche.

HTML-Code nutzen

Verstecken Sie keinen Text in Formaten, die für Suchmaschinen nicht lesbar sind. Dazu gehören beispielsweise Grafiken. Gerade in der Navigation sollten Sie den Einsatz von Grafiken – etwa Text, der in Bildern angezeigt wird – sorgfältig abwägen: Navigationsbegriffe werden dann nicht mehr von Suchmaschinen gefunden. Womöglich stellen aber gerade die Navigationsbegriffe wichtige Schlüsselwörter dar.

Aufzählungen werden vermutlich von Suchmaschinen stärker beachtet als Fließtext.

Ebenso werden von Suchmaschinen Unterstreichungen, kursiver Text, Fettungen, Farbe und Textanker beachtet. Kennzeichnen Sie auch diese mit entsprechenden HTML-Tags.

Hervorhebungen sind nützlich

Besonders hier gilt: Lesbarkeit ist wichtiger als Suchmaschinenoptimierung. Widerstehen Sie der Versuchung, hier durch Experimente mit der Typografie bessere Suchmaschinen-Rankings zu erzielen. Pro Absatz sollten Sie nicht mehr als fünf Hervorhebungen benutzen. Besucher verlassen die Site sofort, wenn Texte schlecht lesbar sind. Damit wäre all Ihre Mühe, per Suchmaschinentreffer Aufmerksamkeit für Ihre Site zu generieren, umsonst.

Kurz gefasst sollten Sie semantisch korrektes HTML nutzen. Wenden Sie HTML so an, wie es gedacht ist. Jeder Textteil wird passend zu seiner Eigenart ausgezeichnet. Eine Überschrift wird als Überschrift ausgezeichnet, eine Liste als ebensolche und Sätze werden zu Absätzen zusammengefasst. Wer alles nur in DIV-Container oder gar Layouttabellen steckt, verhindert, dass eine Suchmaschine den Charakter des erfassten Textes erkennen und bewerten kann.

PDF-Dateien

Bestimmt ist Ihnen beim Durchforsten von Suchergebnissen schon aufgefallen, wie oft PDF-Dateien auf vorderen Plätzen landen. Eventuell vergeben Suchmaschinen hier Extrapunkte. Nicht etwa, weil das Erstellen und Ändern einer PDF-Datei aufwendiger ist als das Erstellen einer HTML-Seite. In der Regel wird bei einer PDF-Datei intensiver nachgedacht, ob die Inhalte wirklich wertvoll sind. Zudem sind Informationen aus PDF-Dateien langlebiger als solche in HTML-Dateien. Wenn Sie also in Ihrem Unternehmen PDF-Dateien verwenden, die auch online eingesetzt werden können, dann setzen Sie sie auf Ihrer Website ein.

4.6   Beliebtheit innerhalb der Suchergebnisse

Was angeklickt wird, sammelt Pluspunkte

Über die Mechanismen der Rangvergabe innerhalb der Trefferlisten kann man nur spekulieren. Dass jedoch die Klickzahlen eine Rolle spielen könnten, liegt nahe. Das würde bedeuten, dass eine Seite, die oft von Benutzern angeklickt wird, künftig in Trefferlisten für die gleiche oder eine ähnliche Suchanfrage höher eingestuft wird.

Google verfährt bei der Auflistung von AdWords-Anzeigen genau so. Die Suchmaschine ist ja daran interessiert, den Nutzern relevante Ergebnisse anzuzeigen. Relevant ist für Google alles, was angeklickt wird. Daher würde es naheliegen, die Technik von Google AdWords auf die Suchergebnisse zu übertragen.

Weiterhin hätte diese Technik für Google den Vorteil, dass sie nur schwer manipulierbar ist. Selbst wenn ein Betreiber einer Site viele Menschen damit beschäftigen würde, seine Seiten in den Trefferlisten von Google anzuklicken, würde dies in der riesigen Gesamtzahl der täglichen Suchanfragen nicht ins Gewicht fallen.

Wenn also die Klickraten innerhalb der Trefferliste eine große Rolle für die Vergabe des Rankings spielen, sollten Sie sich unbedingt im Abschnitt »Hinter den Kulissen« ansehen, wie Sie selbst dazu beitragen, einen attraktiven Treffer-Text zusammenzustellen. Google setzt zwar die Trefferliste selbst zusammen, aber Sie geben auf Ihrer Website alle notwenigen Bausteine vor. Wenn Sie hier geschickt texten, machen Sie aus einem nichtssagenden Treffer einen echten Besuchermagneten.

4.7   Verweildauer der Benutzer

Woher kennt Google die Verweildauer eines Benutzers auf einer bestimmten Website? Dazu wird ein einfacher Trick verwendet. Es gibt von Google die sogenannte Google Toolbar. Dieses kleine spielzeugartige Tool lässt sich bei Google herunterladen und integriert sich dann in den Kopfbereich Ihres Browsers. Dort sehen Sie dann in einer winzigen Statusanzeige auf einer Skala, wie gut die Site aktuell bei Google gerankt ist, die Sie gerade betrachten.

Um diese Information zu Ihnen zu übertragen, benötigt Google auch die URL, auf der Sie sich gerade bewegen. Umgekehrt erfährt Google dabei etwas über Ihr Surfverhalten. Wenn nun genügend viele Menschen diese Toolbar installieren, kann Google sehr viele Zahlen sammeln und dieses Nutzerverhalten auswerten. Interessant sind für Google vor allem Bewegungen von Trefferlisten auf ein Ergebnis und von dort wieder zurück zur Trefferliste. Anhand eines solchen Klickpfads lässt sich genau analysieren, inwieweit ein Treffer die Erwartungen des Benutzers erfüllt hat. Wird etwa eine Seite schon nach Sekunden verlassen, ohne dass dort auch nur ein einziger Link angeklickt wurde, hat der Betrachter kein Interesse an den Inhalten gefunden. Der Treffer war nicht das, was sich der Benutzer versprochen hat.

Wie Google Ihr Surfverhalten aufzeichnet

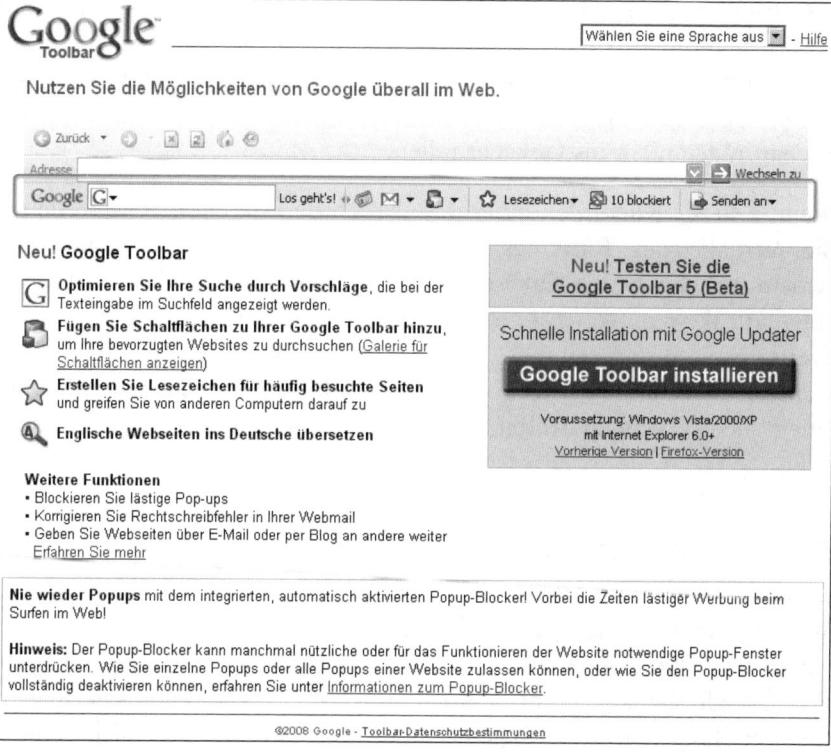

Abbildung 4.5: Google Toolbar: bietet unter anderem auch Zugriff auf den PageRank der aktuell geöffneten Seite

Google wird nun diejenigen Seiten mit Pluspunkten bedenken, auf denen Benutzer lange verweilt und viele Links angeklickt haben. Die anderen, die die Aufmerksamkeit des Besuchers nicht fesseln konnten, werden weniger gut bewertet. Dadurch schafft es Google, Websites auf vordere Plätze in den Trefferlisten zu heben, die von Nutzern als hilfreich eingestuft wurden. Das trägt letztlich dazu bei, dass die Qualität der Suchergebnisse steigt.

Sie sehen daran, wie wichtig es ist, mit der ersten Seite bei den Besuchern einen guten Eindruck zu erzeugen. Nur wenn Sie Inhalte ansprechend aufbereiten und eine klare Navigation anbieten, werden Sie die Besucher halten und zu Klicks in tiefere Ebenen bewegen können.

4.8   Aktualität von Inhalten

Inwieweit das Erstellungsdatum von Inhalten beim Ranking von Treffer-listen eine Rolle spielt, wird unter Fachleuten kontrovers diskutiert. Die Mehrheit tendiert dazu, Änderungen als positiv einzustufen.

Wenn es viele Benutzer gibt, die nach aktuellen Inhalten suchen, dann haben diejenigen Internetseiten das Nachsehen, die wenige aktuelle Informationen anbieten. Das werden in erster Linie Preisinformationen oder Veranstaltungshinweise sein. Aber auch bei anderen Daten und Fakten wird oft weggeklickt, wenn sich herausstellt, dass diese vor Jahren angefertigt wurden.

Warum Aktuelles mehr zählt als Altes

Dabei ist das durch kein rationales Argument zu rechtfertigen. Ein »altes« Dokument muss keine schlechte Qualität haben. Lediglich das subjektive Gefühl der Benutzer sorgt dafür, dass solche Seiten als quali-tativ minderwertig empfunden werden. Hier spielt auch die Erwartung des Benutzers eine Rolle, im Internet besonders aktuelle Informationen vorfinden zu wollen. Oder es wird vorschnell rückgeschlossen: Ist der Text 1998 verfasst worden, so wird auch der Rest der Website ähnlich veraltete Informationen enthalten.

Fatal wirkt es sich aus, wenn Benutzer etwas entdecken, was tatsächlich veraltet ist: Preisangaben in D-Mark oder ein Gewinnspiel für Weih-nachten, das im Juni noch online ist. Solche Unachtsamkeiten bedeuten einen Imageverlust für die gesamte Website.

Als Betreiber einer Site können Sie dafür sorgen, dass Screens mit aktuel-len Inhalten auch tatsächlich immer auf dem neuesten Stand sind. Alle anderen Seiten sollten Sie von Zeit zu Zeit ändern. Dabei reicht es nicht aus, hier einen Tippfehler auszubessern und dort eine Bildunterschrift neu zu verfassen. Damit eine Website neu indexiert wird, sollten pro Screen ein bis zwei Sätze geändert werden.

4.9 Hinter den Kulissen

In den vorangegangenen Abschnitten dieses Kapitels haben Sie gelernt, wie sich einzelne Elemente für Suchmaschinen optimieren lassen. Alle diese Elemente finden Sie als sichtbare Objekte auf Internetseiten vor.

Quelltext enthält wichtige Daten

Doch es gibt noch eine andere Ebene von Suchmaschinenoptimierung: diejenige, die sich mit Teilen des HTML-Dokuments befasst. Sie müssen für diese Art der Suchmaschinenoptimierung nicht programmieren können. Es reicht völlig aus, wenn Sie einen Blick auf den Quelltext einer beliebigen HTML-Seite werfen. Das geht ganz einfach, indem Sie nach dem Aufruf der Seite im Browsermenü *Ansicht* und dann *Quelltext* wählen (MS Internet Explorer) bzw. *Ansicht* und dann *Seitenquelltext anzeigen* (Mozilla Firefox) (Strg+U).

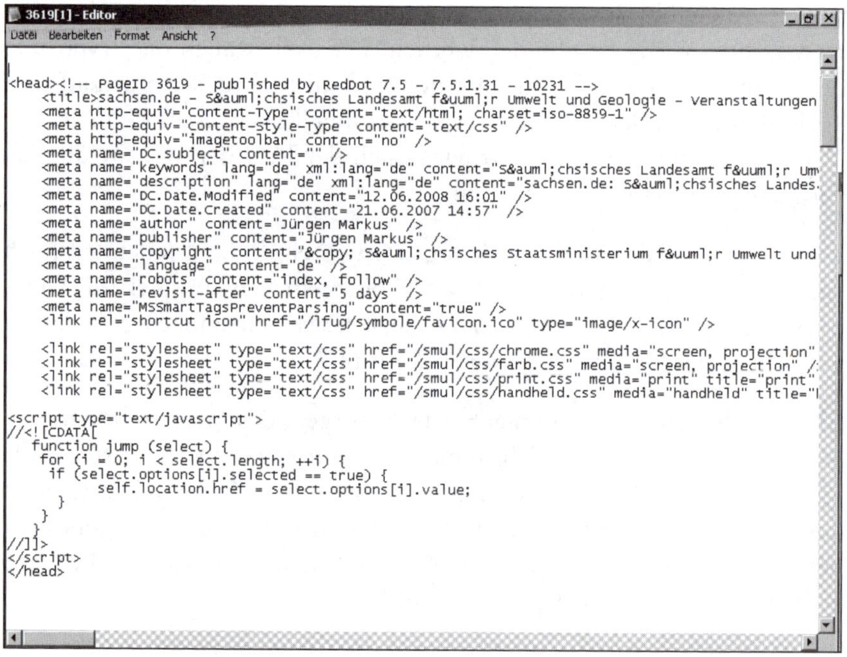


```
<head><!-- PageID 3619 - published by RedDot 7.5 - 7.5.1.31 - 10231 -->
    <title>sachsen.de - S&auml;chsisches Landesamt f&uuml;r Umwelt und Geologie - Veranstaltungen
    <meta http-equiv="Content-Type" content="text/html; charset=iso-8859-1" />
    <meta http-equiv="Content-Style-Type" content="text/css" />
    <meta http-equiv="imagetoolbar" content="no" />
    <meta name="DC.subject" content="" />
    <meta name="keywords" lang="de" xml:lang="de" content="S&auml;chsisches Landesamt f&uuml;r Umw
    <meta name="description" lang="de" xml:lang="de" content="sachsen.de: S&auml;chsisches Landes.
    <meta name="DC.Date.Modified" content="12.06.2008 16:01" />
    <meta name="DC.Date.Created" content="21.06.2007 14:57" />
    <meta name="author" content="Jürgen Markus" />
    <meta name="publisher" content="Jürgen Markus" />
    <meta name="copyright" content="&copy; S&auml;chsisches Staatsministerium f&uuml;r Umwelt und
    <meta name="language" content="de" />
    <meta name="robots" content="index, follow" />
    <meta name="revisit-after" content="5 days" />
    <meta name="MSSmartTagsPreventParsing" content="true" />
    <link rel="shortcut icon" href="/lfug/symbole/favicon.ico" type="image/x-icon" />

    <link rel="stylesheet" type="text/css" href="/smul/css/chrome.css" media="screen, projection"
    <link rel="stylesheet" type="text/css" href="/smul/css/farb.css" media="screen, projection" /:
    <link rel="stylesheet" type="text/css" href="/smul/css/print.css" media="print" title="print"
    <link rel="stylesheet" type="text/css" href="/smul/css/handheld.css" media="handheld" title="|

<script type="text/javascript">
//<![CDATA[
   function jump (select) {
    for (i = 0; i < select.length; ++i) {
     if (select.options[i].selected == true) {
          self.location.href = select.options[i].value;
      }
    }
   }
//]]>
</script>
</head>
```

Abbildung 4.6: Head-Bereich im Quelltext einer Internetseite: Die zahlreichen Meta-Tags tragen zur Suchmaschinenoptimierung bei

Wenn Sie sich diesen Quelltext ansehen, erkennen Sie einen Abschnitt, der mit <head> gekennzeichnet ist, gefolgt von einem weiteren Abschnitt <body>. Im Head liegen sogenannte Metainformationen. Sie erkennen das ganz leicht am Zeilenanfang »meta«. Diese Daten werden auf der eigentlichen Website nicht angezeigt. Im Body-Teil dagegen finden sich genau die Informationen, die im Browserfenster dem Benutzer angezeigt werden.

In den folgenden Abschnitten geht es um die Optimierung von Metaangaben. Diese Angaben werden in Tags notiert. Tags sind im Quellcode einer Seite die Entsprechung von HTML-Elementen. Diese Elemente repräsentieren Informationseinheiten.

Metaangaben

Title-Tag

Dieser sollte nicht mehr als 65 Zeichen enthalten und einen direkten Bezug zu den Inhalten der jeweiligen Seite haben, d. h., der Text des Title-Tags sollte so auf der Seite wiederzufinden sein. Je wichtiger ein Begriff, umso weiter vorne wird er platziert.

Abbildung 4.7: Suchresultat bei Google: Die Überschrift wird aus dem Title-Tag
<title>muenchen.de – Offizielles Stadtportal für München</title> generiert

Die Formulierung des Meta-Tags muss unbedingt aussagekräftig sein, denn sie wird in der Liste der Suchmaschinentreffer als anklickbare Überschrift verwendet und erfährt entsprechend Beachtung durch den User. Auch wenn der User ein Bookmark setzt, wird ihm das Title-Tag als Bezeichnung für dieses Lesezeichen vorgeschlagen. Zudem wird das Title-Tag für die Beschriftung des Browserkopfs verwendet.

Wenn Sie im Title-Tag den Namen der Seite erwähnen wollen, dann stellen Sie ihn nach hinten. Das ist benutzerfreundlicher für die Bookmarks und generiert eine aufmerksamkeitsstärkere Überschrift in den Trefferlisten der Suchmaschinen. Im oben genannten Beispiel für die Stadt München wäre eine Überschrift wie »Offizielles Stadtportal für München – muenchen.de« die bessere Wahl gewesen.

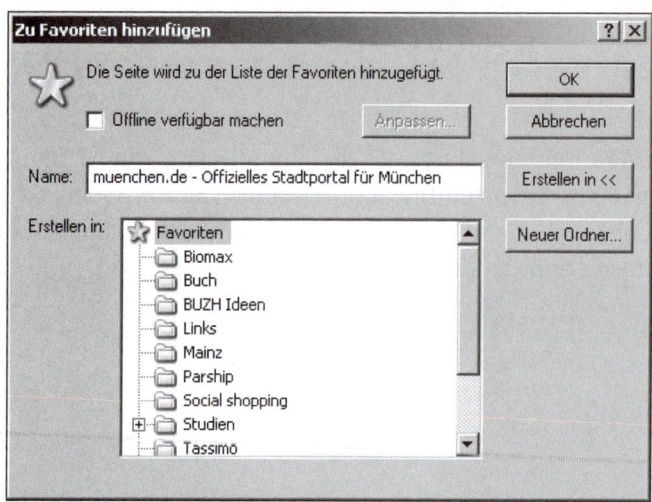

Abbildung 4.8: Interface zum Anlegen eines Lesezeichens im Browser: Im Feld »Name« taucht das Title-Tag aus obigem Beispiel wieder auf

Sie haben mit 65 Zeichen recht wenig Platz im Title-Tag. Überlegen Sie also gut, was Sie dort hineinschreiben. Verzichten Sie auf Begrüßung des Benutzers, irgendwelche Floskeln oder entbehrliche Füllwörter. Schreiben Sie nur das in das Title-Tag, was unverzichtbar ist. Beginnen Sie dabei mit dem Wichtigsten. Verfassen Sie für jede Seite ein eigenes Title-Tag. Produktdetailseiten beispielsweise sollten den Produktnamen enthalten.

Für Ihren Kaffeeshop würden Sie also keinesfalls Title-Tags wie diese wählen:

>> Herzlich willkommen auf meiner Homepage

>> Die besten Kaffees der Welt für Sie persönlich ausgewählt

Durchdachte Title-Tags würden beispielsweise so aussehen:

>> Kaffeemaschinen, Ganze Bohnen, Zubehör, Reparatur

>> Kaffee online kaufen, 200 Sorten ohne Versandgebühr

Description-Tag

Das Description-Tag wird mitunter in der Liste der Suchmaschinentreffer als Beschreibungstext verwendet. Die verwendeten Begriffe müssen auch auf der zugehörigen Page auffindbar sein. Zumindest für Google gilt: Sind die Begriffe des Description-Tags nicht auffindbar, stellt Google seinen eigenen Beschreibungstext für den Treffer zusammen. Und der verlockt dann selten zum Klicken.

```
Flughafen München - Passagiere und Besucher
Das Unternehmen informiert über Flugpläne, die Einrichtungen am Flughafen und Daten und
Fakten des Konzerns.
www.munich-airport.de/ - Ähnliche Seiten

www.lmu.de - Startseite - Ludwig-Maximilians-Universität München
Diese Seite ist aus Gründen der Barrierefreiheit optimiert für aktuelle Browser. Sollten Sie
einen älteren Browser verwenden, kann es zu Einschränkungen der ...
www.uni-muenchen.de/ - 20k - Im Cache - Ähnliche Seiten

Münchner Verkehrs- und Tarifverbund
Das Unternehmen bietet eine Fahrplanauskunft, Aushangfahrpläne und Informationen zu
Streckensperrungen und Baustellen.
www.mw-muenchen.de/ - 26k - Im Cache - Ähnliche Seiten
```

Abbildung 4.9: Beschreibungstexte mit unterschiedlicher Qualität: Beim mittleren Treffer war kein Description-Tag hinterlegt. Google sucht sich dann selbst beliebige Textschnipsel

Base-Tag

Das Base-Tag legt die Startadresse für relative Verzeichnisangaben fest. Verwenden Sie deshalb hier immer komplette Links. Schreiben Sie nicht in das Base-Tag »home.html«, sondern »www.meinkaffeeshop.de/home.html«.

Eigentlich hat das Base-Tag keine Bedeutung für eine Suchmaschinenoptimierung. Es schützt aber Ihre Website vor Angriffen von außen. Im Internet gehen täglich viele Kopiermaschinen auf Beutefang. Sie suchen Webseiten auf und verschieben den gefundenen Inhalt in eine andere Domain. Die Betreiber dieser Domain hoffen nun, mit den neuen Inhalten Pluspunkte bei Suchmaschinen zu sammeln und sich so ein höheres Ranking zu ergaunern.

Schützt vor Angriffen von außen

Wenn Sie nun mit einem Base-Tag festgelegt haben, von wo aus die Verzeichnisangaben starten, machen Sie für den Datendieb die Beute wertlos. Das Base-Tag legt fest, von welcher Domain aus die Links auf Ihren

Seiten starten sollen. Ihre Domain ist nicht identisch mit der des Datendiebs. Daher funktionieren die Verzeichnisangaben nicht mehr und alle Links auf den gestohlenen Seiten sind tot.

Keyword-Tag

Der Begriff »Keyword« kommt Ihnen bestimmt bekannt vor. Vielleicht schließen Sie daraus, dass in diesem Tag die Schlüsselwörter für die Suche nach Ihren Seiten hinterlegt werden sollen. Doch das ist nicht der Fall. Experten für Suchmaschinenoptimierung sind sich unsicher, ob die Belegung dieses Tags überhaupt etwas bewirkt.

Schaden wird sie umgekehrt aber auch nichts. Füllen Sie dieses Tag am besten mit einigen Begriffen, die Sie entweder mit Leerzeichen oder durch Kommas voneinander trennen können.

Geo-Tag

Wie der Name schon andeutet, liegen in diesem Tag mehrere Informationen über den geografischen Standort Ihres Unternehmens. Ob diese Angabe eine Auswirkung auf das Ranking Ihrer Website hat, ist fraglich. Über die Verwendung des Geo-Tags stellen SEO-Fachleute nur Vermutungen an.

Wichtig für ortsbezogene Suchanfragen

Denkbar wäre immerhin, dass diese Information früher oder später mit Google Earth verknüpft wird. Google Earth ist eine interaktive Anwendung, mit der Sie Landkarten, Luftbilder und anderes mehr aufrufen können. Oft werden Standorte von Unternehmen auf diesen Land- oder Städtekarten angezeigt. Diese Information ist deshalb so wertvoll, weil bei Google mittlerweile rund 25 Prozent aller Suchanfragen eine Ortsangabe beinhalten – etwa »Tierarzt Köln«.

Wenn Sie Geo-Tags einfügen, achten Sie genau auf die Codierung der Umlaute in HTML und die korrekte Eingabe Ihrer Längen- und Breitengrade. Was geben Sie nun genau wo ein? Die Geo-Tags umfassen folgende Angaben:

Geo-Tag	Eintrag	Beispiel
City	Ortsname	München
Country	Land	Germany
State	Bundesland	Bayern
Zipcode	Postleitzahl	80333
geo.position	Erst Breitengrad, dann Längengrad	49.45000;11.08300
geo.placename	Ort und Region	München, Bayern
geo.region	Regionalcode	DE-BY
icbm	Die Abkürzung bedeutet »intercontinental ballistic missile« – eine scherzhaft gemeinte Anspielung auf die Verwendung von Geo-Daten als Zielangabe für Interkontinentalraketen.	49.45000;11.08300

Woher bekommen Sie diese Daten? Gehen Sie im Internet einfach auf http://www.geo-tag.de. Dort finden Sie eine interaktive Weltkarte, die Ihnen beliebige Geo-Daten ermittelt.

Robots-Tag

Suchmaschinen werden mit neuen Informationen von kleinen Programmen gefüttert, den sogenannten Bots oder Robots. Diese durchforsten das Internet nach neuen Seiten, um sie dann dem Index der Suchmaschinen zuzuführen. Der Robot »klickt« auch alle Links an, die er finden kann, um weitere Seiten zu entdecken und zu indexieren.

Mit dem Robots-Tag können Sie die Aktivitäten dieses Programms beeinflussen. Allerdings nur, wenn der Robot sich an die Regeln hält, was bei seriösen Suchmaschinen immer der Fall ist. Die Angabe in dem Tag besteht aus zwei Wörtern. Das erste Wort lautet entweder »index« oder »noindex«. Damit signalisieren Sie dem Robot, ob er diese Seite auf den Index setzen soll, damit sie von der Suchmaschine gefunden wird, oder ob die Seite nicht indiziert und später auch nicht gefunden werden soll. Das zweite Wort heißt »follow« oder »nofollow«. Das ist eine Anweisung für den Robot, den Links auf der Seite zu folgen oder nicht.

Dirigiert kleine Suchprogramme

Wenn der Robot den Links folgt, stöbert er weitere Unterseiten auf, die er wiederum indizieren und auf neue Links durchsuchen wird.

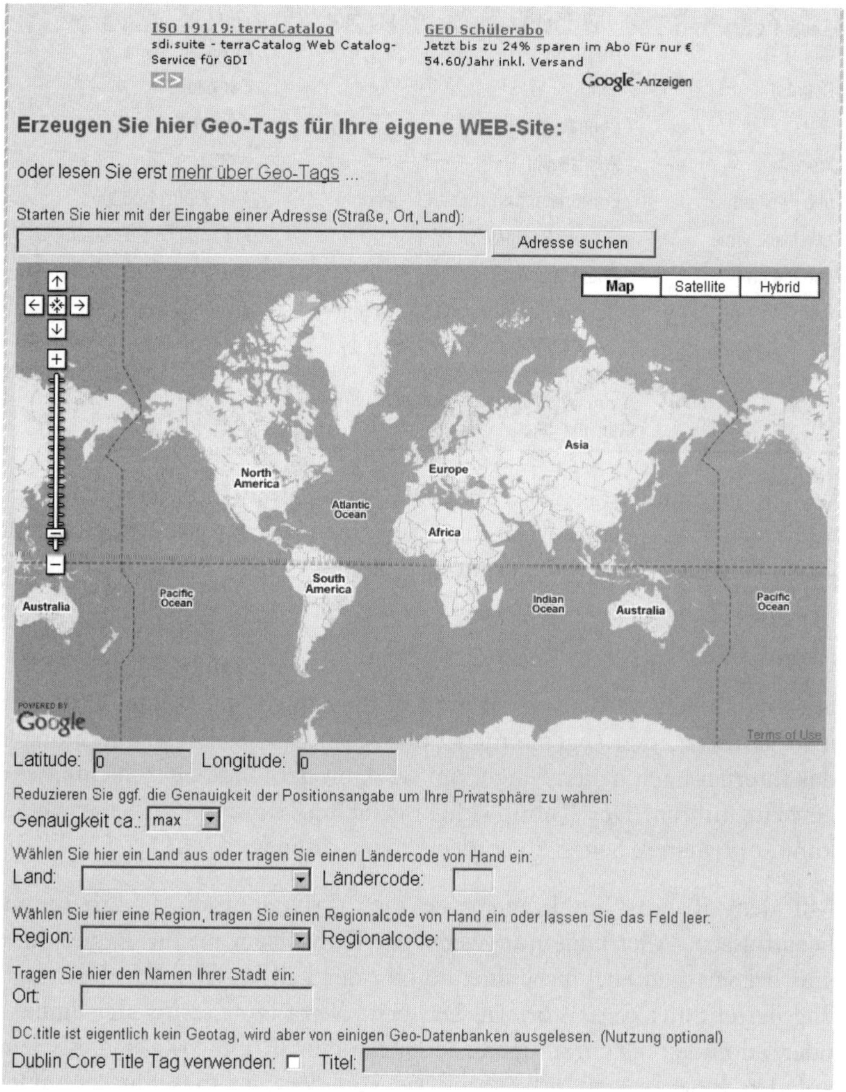

Abbildung 4.10: Geo-Tag.de: Hier können Sie die Längen- und Breitengrade Ihrer Adresse berechnen lassen

Sie können also beispielsweise mit der Robots-Tag-Kombination »noindex, follow« bewirken, dass diese einzelne Seite zwar nicht in den Suchmaschinenindex aufgenommen wird, aber der Robot allen neuen Links folgt, die er auf der Seite findet. Für eine Sitemap wäre dies beispielsweise hilfreich.

Der Einsatz des Robots-Tags hat nur dann Sinn, wenn Sie etwas verbieten möchten. Entweder soll die einzelne Seite nicht indiziert werden oder der Robot darf den Links nicht folgen. Wenn Sie weder das eine noch das andere unterbinden wollen, müssten theoretisch alle Seiten Ihrer Website den Robots-Tag »index, follow« tragen. Statt sich die Mühe zu machen, dies alles einzutragen, können Sie die entsprechenden Tags auch alle leer lassen. Die Wirkung ist dieselbe. Als Default-Einstellung ist ohnehin »index, follow« gewählt. Sie können diese Einstellung also übernehmen und nur dort abändern, wo Sie es für nötig halten.

Taugt nur für Verbote

Im Übrigen steht das Robots-Tag in keinem Zusammenhang mit dem Tag »Revisit-after«. Dieses Tag wendet sich zwar auch an Robots. Sie können aber keinem Robot vorschreiben, in welchen zeitlichen Abständen er Ihre Website erneut aufsuchen soll. Das Revisit-after-Tag können Sie getrost ignorieren.

Sprachen-Tag

Die Information in diesem Tag teilt der Suchmaschine mit, in welcher Sprache die Website abgefasst ist. Für eine deutschsprachige Website würden Sie also auf jedem Screen im Sprachen-Tag eintragen: content = deutsch. Diese Mühe müssen Sie sich aber nicht machen. Suchmaschinen erledigen das für Sie und erkennen automatisch, um welche Sprache es sich handelt. Das Sprachen-Tag ist daher unbedeutend.

Refresh-Tag

Nur selten sinnvoll

Dieses Tag brauchen Sie nur dann, wenn Sie Besucher von einem Screen auf einen anderen umleiten möchten. In dem Tag legen Sie fest, nach wie vielen Sekunden die automatische Weiterleitung erfolgen soll und auf welche Zielseite Sie den Besucher weiterschicken.

Für die Weiterleitung sollten Sie eine Mindestzeit von fünf Sekunden nicht unterschreiten. Bei kleineren Werten werden Suchmaschinen misstrauisch und nehmen Ihre Site nicht in den Index auf. So laufen Sie Gefahr, wegen eines einzigen seltsamen Werts nicht mehr gefunden zu werden.

Steuert Weiterleitung von einer Seite zur anderen

Für den Benutzer ist eine Weiterleitung nach zwei Sekunden verwirrend: Weder wird erfasst, wo man eben noch war, noch ist klar, weshalb plötzlich eine Weiterleitung einsetzt.

Weitere Meta-Tags

Publisher, Copyright, Author, page-topic, page-type, revisit-after können befüllt werden, haben aber keine Auswirkung darauf, wie gut Ihre Website von Suchmaschinen gefunden und indiziert wird.

Dateinamen

Die Adresse Ihrer Seiten im Internet ist für Suchmaschinen vermutlich ein wichtiger Indikator. Jede Website sollte einen sprechenden Namen erhalten, z. B. privathaftpflicht.html. Der Dateiname darf nur Kleinbuchstaben und Zahlen enthalten, keine Großbuchstaben, Umlaute, Leerzeichen oder Sonderzeichen.

Enthält der Dateiname ein weiteres Wort, werden die beiden durch Bindestrich getrennt. Grund: Suchmaschinen werten nur ganze Wörter aus, aber keine Wortstämme.

Thematisch verwandte Seiten gehören in ein gemeinsames Verzeichnis. Auch dieser Verzeichnisname soll sprechend sein.

Vermeiden Sie daher in Ihrem Kaffeeshop URLs und Verzeichnisse wie:

>> www.mein-kaffeeshop.de/produkt.html

>> www.mein-kaffeeshop.de/bohne_12.htm

>> www.mein-kaffeeshop.de/new/2008/23.html

Suchmaschinen mögen sprechende Verzeichnisnamen wie

>> www.mein-kaffeeshop.de/bohnen/ganz/primacrema.html

>> www.mein-kaffeeshop.de/bohnen/gemahlen/cremadoro.htm

>> www.mein-kaffeeshop.de/wir-ueber-uns/newsletter.html

Nicht voreilig überarbeiten Bevor Sie sich jetzt daranmachen, Ihre Verzeichnisnamen zu überarbeiten: Denken Sie daran, dass wahrscheinlich schon Robots von Suchmaschinen Ihre Seiten besucht haben. Wenn Sie nun die Verzeichnisnamen umbenennen, findet der Robot bei seinem nächsten Besuch Ihre Dateien nicht mehr. Suchmaschinen verteilen dann Minuspunkte. Das verschlechtert die Positionierung Ihrer Seiten. Vielleicht werden Sie für eine bestimmte Zeit auch gar nicht mehr gelistet.

Wenn Sie über genügend Fachkenntnisse verfügen, können Sie auf dem jeweiligen Server eine Datei anlegen, die sowohl Suchmaschinen als auch Besuchern mitteilt, dass die Site vorübergehend oder zeitweise umgezogen ist. Damit umschiffen Sie das oben geschilderte Problem beim Wechsel der URL.

Tipp . . . . . .

Lassen Sie besser die alten Dateien dort stehen, wo sie bisher waren. Die Verzeichnisse mit suchmaschinenfreundlicheren Namen legen Sie parallel an. Dann können Sie die Dateien vom alten Verzeichnis ins neue kopieren. Das alte Verzeichnis darf danach nicht gelöscht werden! Heben Sie es so lange auf, bis Suchmaschinen-Robots die neuen Verzeichnisse aufgesucht haben. Erst dann entfernen Sie die bisher verwendeten Verzeichnisse.

Subdomains

Verwenden Sie eine Subdomain? Subdomains wie www.subdomain. mein-kaffeeshop.de gehen in die Wertung der Suchmaschinen nicht mehr so stark mit ein wie noch vor einigen Jahren. Der Missbrauch, der damit betrieben wurde, war zu groß geworden. So hatten immer mehr Unternehmen versucht, ihren Firmennamen als Subdomain in einen populären Domainnamen zu integrieren und von dessen Popularität zu profitieren.

Was früher ein Vorteil war, hat sich heute ins Gegenteil verkehrt. Bei Google müssen sich alle Subdomains, die sich unter dem Dach einer Domain versammeln, die Suchergebnisse teilen. Google zeigt dann nur die besten zwei an. Der Rest hat das Nachsehen und taucht gar nicht erst in der Trefferliste auf. Das ist so lange unkritisch, wie sich die Keywords der Subdomaininhaber nicht zu stark ähneln. Beschäftigen sich aber die Webseiten der Subdomaininhaber mit sehr ähnlichen Inhalten, entsteht eine Rangelei um die beiden verfügbaren Plätze bei Google. Das ist beispielsweise bei Portalen der Fall, wo sich einzelne Branchen – etwa Handwerker, Ärzte, Werbeagenturen – versammeln. Sind Sie hier gelistet, sollten Sie überlegen, auch außerhalb des Portals unter einer eigenständigen URL aktiv zu werden.

Wenig empfehlenswert

Dateinamen

Auch Bilddateien brauchen sinnvolle Namen, beispielsweise nicht logo.gif oder haus_groß.jpg, sondern haftpflicht.gif und hausratversicherung.jpg.

Vergessen Sie nicht, allen grafischen Elementen wie Bildern oder Buttons einen Alt-Text zuzuordnen. Der kleine Textschnipsel ist nicht nur für Besucher wichtig, die das Laden von Bildern deaktiviert haben, sondern wird auch von Suchmaschinen ausgewertet. Alt-Text ist kein Ort, um Keyword-Spam unterzubringen. Stopfen Sie also keine Keywords in das Alt-Attribut hinein. Das wird von Suchmaschinen mit Minuspunkten bestraft.

Links von extern auf Ihre Site

Manche Links sind wertvoller als andere

Links, die von extern auf Ihre Site führen, spielen eine maßgebliche Rolle bei der Vergabe der Ranking-Punkte. Sie werden von Suchmaschinen allerdings nicht gleich stark gewichtet. Manche Top-Level-Domains zählen mehr als andere. Besonders wertvoll sind scheinbar Links, die von Webseiten kommen, deren URL auf .edu, .org, .gov oder .mil enden. Internetadressen mit diesen Top-Level-Domains sind nicht so einfach zu bekommen. Sie gehören beispielsweise Universitäten, militärischen Einrichtungen oder Behörden. Wenn von dort aus auf eine Seite verlinkt wird, dann ist es nahezu ausgeschlossen, dass hier Spammer am Werk waren.

Auch das Ranking der linkgebenden Seite zählt für Google: Je besser der Linkgeber auf einer Trefferliste positioniert ist, desto positiver wirkt sich dies auf den Wert der Verlinkung zu Ihrer Homepage aus.

Das Alter eines Links spielt bei manchen Suchmaschinen ebenfalls eine Rolle. Wenn ein Link über längere Zeit angezeigt und nicht entfernt wurde, ist das für die Suchmaschinen ein positives Signal: Hier hat jemand dauerhaft auf Ihre Site verwiesen. Suchmaschinen vermuten, dass hier Vertrauen und der Glaube an die Qualität Ihrer Webseiten eine große Rolle spielen.

Je weiter oben in der Seitenhierarchie der Link auf Ihre Homepage platziert wird, umso besser.

Bedeutungsvoll ist auch der Text, der zu dem Link gehört. Denkbar schlecht sind allgemeine Worte wie »Info«, »mehr« oder »hier klicken«. Vorteilhafter ist es für Sie, wenn als Link ein Text verwendet wird, der klar auf die Inhalte Ihrer Seite schließen lässt. Suchmaschinen sehen sich auch die Texte an, die den Link umgeben. Notfalls werden sie dort auf der Suche nach relevanten Keywords fündig.

4.10   Mogeleien und Tricks

Was immer Ihnen an Empfehlungen unterkommt, Suchmaschinen auszutricksen: Wenden Sie es nicht an! Plumpe Tricks, wie etwa weißer Text auf weißem Grund, fliegen früher oder später genauso auf wie die vermeintlich clevere Positionierung eines Textfelds weit außerhalb des sichtbaren Browserfensters.

Es gibt sogar Unternehmen, die täglich bis zu 1000 Seiten automatisch generieren lassen. In diesen Seiten befinden sich jede Menge Links, die wiederum auf die eigene Website verweisen. So erhoffen sich die Unternehmen mit einer hohen Anzahl von Querverweisen bessere Positionierungen in den Trefferlisten bei Google & Co.

Früher oder später fällt solches Vorgehen auf und wird von den Suchmaschinen bestraft. Das gilt auch für Änderungen, die nicht in diesem großen Stil ablaufen. Wenn Sie etwa wochenlang mit einem Keyword experimentieren und ständig versuchen, Ihr Ranking zu verbessern, dann kann auch dies auffallen.

Dasselbe gilt für den Einsatz von Verlinkungen. Es ist kein Geheimnis, dass jeder Link von extern auf Ihre Website ein Plus für Ihr Ranking bedeutet. Vor Jahren wurde dies massiv missbraucht, indem mit sogenannten Linkfarmen Links gesetzt wurden, um die Popularität von einzelnen Seiten stark zu erhöhen. Seither sind Suchmaschinen wachsam. Die Linkgeber werden sehr genau kontrolliert; Mogeleien im großen Stil haben heute keine Chance mehr.

Hände weg von unsauberen Manipulationen

Das bedeutet aber auch für Sie, dass Sie bei Suchmaschinenoptimierungen vorsichtig vorgehen müssen. Einfach ein paar Domains bei einem Billiganbieter zu registrieren und von dort aus 200 Links auf die eigene Website zu setzen kann gründlich ins Auge gehen.

Ebenso kann Ihnen der umgekehrte Fall Probleme bereiten: Sctzen Sie auffällig viele Links nach extern auf Ihre Seiten, geraten Sie womöglich in den Verdacht, eine Linkfarm zu betreiben. Haben Sie deutlich mehr als 100 Links nach extern auf Ihrer Site, sollten Sie diese auf mehrere Seiten aufteilen.

In jedem Fall sind die Betreiber von Suchmaschinen wachsam gegenüber jeglichem Missbrauch. Wird eine Missbrauchstechnik entdeckt, so entwickeln die Suchmaschinenbetreiber nicht nur Gegenmaßnahmen, sondern gehen sehr viel weiter und greifen vorausschauend noch tiefer in die Trickkiste. Es werden neben der eigentlichen Gegenmaßnahme weitere Parameter unter die Lupe genommen, um den Tricksern gründlich das Handwerk zu legen.

Gefahr des De-Listings　Je nachdem, wie exzessiv Sie eine Mogelei einsetzen, kann die Folge sein, dass Ihre Site komplett aus der Summe der Suchmaschinenergebnisse herausgenommen wird. Gehen Sie dieses Risiko erst gar nicht ein. Versuchen Sie, besser mit legalen Mitteln zu arbeiten. Am besten, Sie verwenden besonders hochwertige Inhalte und bieten Ihren Besuchern kein aufgetakeltes Suchergebnis, sondern echte Information.

Nicht zuletzt sind einige Techniken der Suchmaschinentricks illegal und rechtswidrig. So können Sie in ernste Schwierigkeiten kommen, wenn Sie mit unsichtbarem, gut verstecktem Text arbeiten, die Markennamen Ihrer Wettbewerber verbotenerweise in Meta-Tags verwenden oder Suchmaschinen mit sogenannten Doorway-Pages austricksen.

Lassen Sie die Inhalte lieber kontinuierlich und auf natürliche Weise gedeihen. Verwenden Sie nützlichen Content, den Sie regelmäßig aktualisieren, legen Sie Wert auf passende Keyword-Dichte und suchen Sie nach Möglichkeiten, Links zu positionieren, die auf Ihre Website führen.

4.11   Wenn Ihre Website aus dem Index gefallen ist

Vielleicht haben Sie es mit der Suchmaschinenoptimierung übertrieben oder waren an einer Stelle unachtsam. 230 Links nach extern auf ein und derselben Seite – und schon ist Ihre Website aus dem Index einer Suchmaschine gefallen. Was tun?

Suchmaschinen bieten die Möglichkeit, sich dort wieder anzumelden. Bevor Sie das tun, sollten Sie sich überlegen, was der Grund für den Ausschluss Ihrer Website sein könnte. Sich einfach wieder anzumelden reicht nicht aus. Sie müssen zuerst die Ursache für die Sperrung erkennen und dann beseitigen.

So gehen Sie vor

Wenn Sie wegen einer Wiederanmeldung mit den Betreibern einer Suchmaschine Kontakt aufnehmen, sollten Sie kurz schildern, wieso Sie glauben, aus dem Index geworfen worden zu sein. Dann beschreiben Sie schlüssig, dass Sie die Ursache der Sperrung entfernt haben. Versichern Sie dem Suchmaschinenbetreiber glaubhaft, dass Sie künftig nicht mehr gegen Richtlinien der Suchmaschine verstoßen werden.

Rechnen Sie nicht damit, dass Ihre Website sofort wieder im Index der Suchmaschine auftaucht. Die Wartezeit beträgt erfahrungsgemäß ein bis zwei Monate.

4.12   Suchmaschinenoptimierung für problematische Seiten

Die Abschnitte, die Sie bisher über Suchmaschinenoptimierung gelesen haben, gehen von unproblematischen Seiten aus. Nirgendwo ist die Rede von technischen Stolpersteinen, die durch komplizierte Programmierung oder andere Effekte hervorgerufen sein könnten.

Wir sind bisher immer davon ausgegangen, dass Strategien und Techniken zur Suchmaschinenoptimierung sich überall anwenden lassen. Doch nicht jede Seite ist so unkompliziert. Wenn Sie etwa ein Onlineshop-System verwenden oder Ihre Seite noch Frames enthält, müssen Sie Dinge beachten, die für Betreiber von herkömmlichen Websites nicht relevant sind. Die folgenden Abschnitte zählen vier typische Problemfelder auf: Seiten mit Frames, JavaScript, Flash oder Shopsystemen.

Seiten mit Frames

Einer der wichtigsten Bewertungsaspekte für Suchmaschinen ist die Verlinkung, die Sie innerhalb Ihrer Website angelegt haben. Hier sind Seiten mit Frames echte Sorgenkinder. Ihre Linkstruktur läuft der Grundidee des Internets zuwider: Eine Seite entspricht genau einer Internetadresse. Verwenden Sie hingegen Frames, werden mehrere URLs auf einer einzigen Seite angezeigt. Das ist technisch komplex und muss auch nicht bis ins letzte Detail von jemandem verstanden werden, der sich mit Suchmaschinenoptimierung beschäftigt.

Entfernen Sie Frames radikal Wichtig ist aber, dass Seiten mit Frames ein völlig anders strukturiertes Netzwerk von Verlinkungen enthalten als eine Internetseite, die keine Frames verwendet. Für Google ist dieses Netzwerk sehr schwer zu analysieren.

Das Problem der Suchmaschinenoptimierung für Frame-Seiten ist gar nicht so abseitig, wie man vermuten könnte. Noch heute enthalten über 2 Millionen Webseiten aus dem deutschsprachigen Raum Frames.

Benutzerseitig dürfte es mit Frames kein Problem geben: Vom Browser werden Frames allesamt korrekt angezeigt. Moderne Browser können Frames problemlos verarbeiten. Von Befürwortern von Frames wird auch immer wieder argumentiert, dass Frames Ladezeiten minimieren und sich sehr einfach pflegen lassen.

Trotzdem sind sie im Hinblick auf Suchmaschinenoptimierung ein Auslaufmodell. Durch die vollkommen anders konzipierte Struktur der Verlinkungen lassen sich Frame-Seiten von Suchmaschinen kaum analysieren. Google verspricht zwar auf seinen Support-Seiten, Frames »so weit wie möglich« zu unterstützen. Das ist allerdings keine Garantie dafür, dass Seiten mit Frames auch genau so akkurat indiziert werden wie herkömmliche Webseiten.

Daher kann der Rat an alle Frame-Seiten-Betreiber nur lauten: Entfernen Sie die Frames und schaffen Sie eine Linkstruktur, die von Google & Co problemlos indiziert werden kann.

JavaScript, Ajax und ActiveX

JavaScript ist eine beliebte Programmiersprache, die vielseitig einsetzbar ist. Berechnungen lassen sich damit online durchführen, aber auch interessante Menüs gestalten. Suchmaschinen-Robots ignorieren solche Scripte. Das bedeutet, dass die Inhalte verloren gehen bzw. erst gar nicht vom Robot wahrgenommen werden. Wenn Sie etwa ein ausklappbares Menü mit JavaScript gestalten, werden alle Informationen dieses Navigationselements verloren gehen. Wenn die Links in dem Menü ebenfalls mit JavaScript geschrieben sind, erkennt der Robot die dahinter liegenden Seiten nicht und wird sie daher auch nicht besuchen.

Wenn Sie also JavaScript unbedingt für Ihre Navigation einsetzen möchten, nutzen Sie es so, dass Sie mittels JavaScript nur schon bestehendes HTML dynamisieren. Schreiben Sie möglichst nie Links und Texte mit JavaScript. Diese sind für Suchmaschinen verloren. Der Vorteil von JavaScript ist, dass es im Gegensatz zu Flash nicht großformatig eingesetzt wird, sondern zumeist nur kleine Elemente einer Seite codiert. Da der Screen außer diesen JavaScript-Teilen auch noch genügend Text und andere Elemente enthält, ist der Einsatz von JavaScript weniger kritisch als der von Flash.

Alternativ HTML anbieten

Ähnlich verhält es sich mit den modernen Technologien wie Ajax oder ActiveX. Auch sie sind für den Robot unsichtbar. Aber sie codieren wiederum nur Teile einer Webseite, sodass genügend andere Information für den Robot sichtbar bleibt.

Dies zeigt wiederum die Gefahr auf, die von diesen Technologien hinsichtlich Suchmaschinenoptimierung ausgeht: Gefährlich wird es dann, wenn diese Techniken intensiv eingesetzt werden und sich nicht mehr nur auf wenige Elemente innerhalb einer Seite beschränken.

Denn sobald der Robot diese Teile nicht mehr erkennen kann, werden jegliche Suchmaschinenoptimierungen an ihnen wertlos. Angenommen, Sie haben die Benennungen Ihrer Navigationspunkte stark überarbeitet und hoffen, dass durch die neuen Wörter ein besseres Ranking bei Google erzielt wird und Sie letztlich besser gefunden werden. Wenn Sie nun die Links statt mit HTML mit JavaScript erstellen, wird der Robot Ihre mühselig erarbeiteten Navigationsbegriffe nicht mehr aufspüren können, weil er das schicke Dropdown-Menü nicht erkennen kann.

4.13   Laufende Pflege

Jetzt haben Sie Ihre Website für Suchmaschinen aufpoliert. Doch damit endet die Optimierung noch lange nicht. Sie müssen sich mit der laufenden Pflege befassen.

Trefferlisten genau beobachten

Das bedeutet zum einen, dass Sie die Suchergebnisse in den Trefferlisten genau beobachten sollten. Sind Ihre Seiten im Ranking angerutscht? Was unternehmen Ihre Mitbewerber? Welcher neue Anbieter positioniert seine Webseiten besser als Sie Ihre? Was macht dieses Unternehmen anders als Sie? Hat Google etwas an den Algorithmen geändert? Auch Suchmaschinen werden ständig weiterentwickelt. Deren Entwickler lassen sich ständig etwas Neues einfallen, um die Qualität der Suchergebnisse zu verbessern und das Austricksen der Suchmaschinen zu verhindern. Sie müssen daher immer wieder Ihre Optimierungen anpassen.

Zum anderen sollten Sie Ihre eigenen Seiten regelmäßig überprüfen. Neue Inhalte werden von Google als Pluspunkt gewertet – also erneuern Sie Texte und Bilder von Zeit zu Zeit. Prüfen Sie Verlinkungen. Das betrifft Links auf die Seiten von anderen Anbietern, die vielleicht veraltet sein könnten. Genauso sorgfältig müssen interne Links geprüft werden, die sich auf Screens innerhalb Ihrer eigenen Site beziehen.

Genügend Geduld und Zeit aufbringen

Vor allem aber ist wichtig, dass Sie Suchmaschinenoptimierung nicht mit Übereifer, allzu großem Ehrgeiz oder unter Zeitdruck betreiben. Bleiben Sie geduldig und verwenden Sie genügend Zeit dazu, Ihre Optimierungen zu überdenken.

Je mehr Sie sich mit dem Thema Suchmaschinenoptimierung befassen, desto mehr Details werden Ihnen auffallen. An Ihrer Website genauso wie an den Websites von anderen Anbietern. Sie merken zudem erst nach einiger Zeit, welche Optimierung Resultate bringt und welche umsonst war. Sie lesen Zeitschriften, Bücher oder sprechen mit anderen Sitebetreibern. So sammeln sich wertvolle Ideen an, auf die Sie ad hoc nicht gekommen wären. Legen Sie lieber Wert auf langfristige Qualität als auf Schnellschüsse, die aus Übereifer erfolgen.

4.14   Weiterführende Links

>> Ein Blog mit vielen praktischen Tipps und gut recherchierten SEO-Fakten:

`http://www.seonauten.com/`

>> Noch mehr Tipps zur Suchmaschinenoptimierung warten auf dieser Website:

`http://www.seo-tipp.de/`

>> Ebenso lesenswert sind die SEO-Diskussionen unter:

`http://www.seokratie.de/08122/47-tipps-fur-seo/`

KAPITEL 5
Sicherheit online und auf Ihrem PC

»Schwere Panne bei der Uni-Psychiatrie«, vermeldet im Juni 2008 die Onlineausgabe der Süddeutschen Zeitung. »Patientendaten auf dem Flohmarkt verkauft.« Nicht immer sind es spektakuläre Hackerangriffe oder Lücken in irgendeiner Software, die zu Datenpannen führen.

sueddeutsche.de

Ressort: München
URL: /muenchen/artikel/821/185240/
Datum und Zeit: 10.07.2008 - 22:02

10.07.2008   17:50 Uhr   Drucken | Versenden | Kontakt

Schwere Panne bei der Uni-Psychiatrie
Patientendaten auf dem Flohmarkt verkauft

"Es kommt beim Probanden zu Angstattacken": Was ein Rentner auf einer gebrauchten Festplatte fand.
Von Helmut Martin-Jung

Auf einem Flohmarkt ist eine Computerfestplatte aufgetaucht, auf der sensible Patientendaten der psychiatrischen Klinik der Münchner Ludwig-Maximilians-Universität LMU unverschlüsselt abgespeichert sind. Die Klinik zeigte sich überrascht von dem Vorfall, betont aber, man werde den Fall zum Anlass nehmen, Sicherheitslücken im System zu suchen.

Eigentlich wollte er die gebrauchte Festplatte nur einmal kurz ausprobieren, die er auf einem Flohmarkt billig gekauft hatte. Doch als der frühere Ingenieur das Speicherbauteil an einen seiner Computer anschloss, traute er seinen Augen nicht. Auf dem Bildschirm des Rentners, der seinen Namen lieber nicht in der Zeitung lesen will, tauchten Dokumente auf, die nicht für die Öffentlichkeit bestimmt sind: hochsensible

Sie sind mindestens ebenso geduldig wie Papier, die glänzenden Scheiben in Computerfestplatten, auf denen sich ungeheure Mengen an Daten speichern lassen – und viel haltbarer. Auf einem Flohmarkt ist eine Festplatte aufgetaucht, auf der sich Dateien der Universitäts-

Abbildung 5.1: Datenpanne aus Unachtsamkeit: Sensible Daten wurden nicht gelöscht

Viele Sicherheitsprobleme entstehen erst dann, wenn aus Unachtsamkeit oder Unkenntnis Fehler gemacht werden. Dass Festplatten mit sensiblen Patientendaten auf dem Flohmarkt verkauft werden, ist sicherlich die Ausnahme. Aber wie oft haben Sie schon ein wichtiges Passwort auf einen Zettel notiert und an den Monitor befestigt? Kennen Sie die Sicherheitseinstellungen Ihres Browsers? Und wie konsequent betreiben Sie in Ihrem Unternehmen Datensicherung?

Dieses Kapitel zeigt Ihnen auf, wie Sie Ihren PC, den Internetzugang und wichtige Daten sicher schützen können.

5.1   Passwörter und Benutzeraccounts

Die Sicherung von Daten durch Passwörter und Benutzeraccounts hängt maßgeblich davon ab, wie gut Passwörter gewählt sind. In den folgenden Abschnitten lernen Sie Verfahren kennen, sichere Passwörter zu wählen, und erfahren, wie Datendiebe versuchen, Passwörter möglichst effektiv zu erraten.

Was macht ein Passwort sicher?

Passwörter lassen sich leicht erraten. Außerdem gibt es Programme, die systematisch Wörter als Passwörter ausprobieren. Sogar die Kombination mit Zahlen ist hier möglich. Viele Menschen benutzen als Passwort das einfallsreiche »Passwort« oder die Zahlenkombination »123456« bzw. die Buchstabenabfolge »qwertz«, weil das so einfach auf der Tastatur einzugeben ist.

Je mehr Zeichen, desto besser

Je kürzer ein Passwort ist, desto unsicherer ist die Verwendung. Wählen Sie mindestens 6, am besten jedoch mehr Zeichen. Je länger ein Passwort, desto sicherer. Verwenden Sie keine Vornamen, Wohnorte, Geburtstage, Hausnummern, Hobbys oder die Namen Ihrer Haustiere.

Mischen Sie Großbuchstaben, Kleinbuchstaben, Zahlen und Sonderzeichen. So können Sie etwa aus dem ursprünglichen (und nicht sicheren Passwort) »Katze« das sichere Passwort »13Ka-Tze!« erzeugen. Komplett chancenlos sind Datendiebe, wenn Sie zufallsgenerierte Passwörter wie »ASdv78*h!« verwenden. Wenn Sie mit solchen Passwörtern Daten sichern, ist dieses technische Schloss sehr wirkungsvoll.

Wie Passwort-Knacker arbeiten

Möchte jemand das Passwort Ihres PC knacken, so stehen dem Datendieb beliebig viele Versuche offen. Wann immer der Rechner zur Passworteingabe auffordert, kann unbegrenzt herumprobiert werden. Ein großer Vorteil für den Datendieb ist hier die schnelle Prüfung des eingegebenen Passworts. Innerhalb von Sekundenbruchteilen ist eine Rückmeldung vorhanden.

Das eröffnet die Möglichkeit, mit automatisierten Worteingaben blindlings so lange an die verschlossene Eingangstür des Rechners zu klopfen, bis sie sich schließlich öffnet. Der Trick der Passwort-Knacker ist simpel: Sie benutzen Listen von Wörtern, wie sie beispielsweise im Duden stehen. Mit diesen Wörtern wird die Passworteingabe regelrecht bombardiert. Innerhalb weniger Minuten sind Zehntausende automatisierter Eingabeversuche möglich. Daher heißen diese Attacken auf den Rechner auch Wörterbuchangriffe.

Wörterbuchangriffe funktionieren am PC gut

Technisch funktioniert ein Wörterbuchangriff so, dass eine Wortsammlung von einem Programm eingelesen und anschließend verschlüsselt wird. Dieser Datensatz wird wiederum mit dem verschlüsselten Passwort auf dem Rechner verglichen. Lexikalische Passwörter wie »Katze« werden so innerhalb von Minuten geknackt. Bleibt der Einsatz der Wörterliste erfolglos, versuchen es die Datendiebe mit Kombinationen aus Zahlen und Worten. Auch hier werden sie schnell fündig.

Ganz anders ist die Situation, wenn nicht ein Rechner oder eine Datei aufgebrochen werden soll, sondern ein Online-Account auf einem Server. Die Kommunikation zwischen Angreifer und Server funktioniert nicht so rasch wie auf einem Rechner. Der Server benötigt für die Antwort eine spürbar längere Zeit, mitunter einige Sekunden lang. Jetzt können Datendiebe nicht mehr Zehntausende Passwörter pro Minute prüfen, sondern nur wenige Hundert oder noch weniger.

Situation beim Online-Account ist anders

Ein Server verhält sich auch anderweitig verschieden von einem PC, der im Büro steht. Während der PC unendlich viele Passwortanfragen erlaubt, stoppt der Server Wellen von Passwortanfragen. Die Software auf Servern lässt sich so konfigurieren, dass verdächtig viele Passwortanfragen einen Alarm auslösen. Wenn möglich, wird die IP-Adresse des Datendiebs gespeichert. Der angegriffene Account wird eine Zeit lang gesperrt.

Passwörter speichern

Niemals sollten Sie Passwörter in einer Textdatei speichern, per E-Mail verschicken oder gar auf einen Merkzettel schreiben und an den Monitor befestigen. Sicherheitsexperten raten auch vom Gebrauch von Programmen ab, die es als Passwortmanager zu kaufen gibt.

Verwendung einer Passwortverwaltung

Ob Sie ein Passwort in der Passwortverwaltung des Browsers abspeichern, hängt davon ab, was das Passwort sichert. Wenig wertvolle Accounts wie etwa der Zugang zu einer Community können Sie der Passwortverwaltung anvertrauen. Wichtige Passwörter dagegen gehören niemals in die Passwortverwaltung des Browsers.

Auch andere Programme oder Internetseiten bieten Ihnen in Dialogfenstern an, das Passwort zu speichern. Diese Funktion sollten Sie prinzipiell nie benutzen. Sobald Sie die Option »Passwort speichern« aktiviert haben, kann jeder Benutzer, der sich an Ihren Rechner setzt, Zugang zu geschützten Bereichen erlangen. Dann kauft der Unbefugte mit Ihrem Benutzeraccount in einem Onlineshop ein oder lädt kostenpflichtige Inhalte aus einer Fotodatenbank herunter.

5.2   Wireless LAN

Drahtlose Netzwerke werden immer beliebter. Das Gefährliche daran ist, dass die Reichweite der drahtlosen Verbindung so groß ist, dass sich ungebetene Gäste unbemerkt daran zu schaffen machen können. So ist es möglich, auf fremde Kosten im Internet zu surfen, aber auch Daten auszuspionieren oder sogar Passwörter einzufangen. Betreiben Sie daher ein Wireless LAN nie ohne Verschlüsselung und ohne das Passwort des Routers zu ändern.

Die Verschlüsselung sorgt dafür, dass der Austausch zwischen dem Zugangspunkt ins drahtlose Netzwerk und den WLAN-Komponenten ohne den passenden Schlüssel von Unbefugten nicht mitgelesen werden kann.

Überprüfen Sie, welche Verschlüsselung Ihr WLAN benutzt. Die alte Verschlüsselungstechnik WEP ist nicht mehr sicher. Seit 2005 ist es möglich, WEP-verschlüsselte WLAN zu knacken. Dazu müssen nicht einmal mehr große Datenmengen abgehört werden. Es reicht allein, dass das WLAN in Betrieb ist. Mit Tricks und Kniffen lässt sich die Sicherung WEP aushebeln. Datendiebe gelangen an den Schlüssel und können sich so unbemerkt in das drahtlose Netzwerk schmuggeln.

WEP ist nicht mehr sicher

Ausreichend Schutz bietet Ihnen nur die neue Verschlüsselungstechnik WPA. Diese lässt sich aber nur einsetzen, wenn sowohl der WLAN-Router als auch die WLAN-Karte im Rechner diese Verschlüsselungstechnik unterstützen. Das sollte bei Geräten der Fall sein, die im Jahr 2005 oder später gekauft wurden.

Schutz bietet WPA

Leider statten auch heute noch Hersteller ihre Geräte mit WEP als Standardverschlüsselung aus, obwohl die Geräte auch WPA unterstützen. Wird das Ganze dann in Betrieb genommen, schlägt der Router WEP vor. Fehlen dem Anwender nun die technischen Detailkenntnisse, wird nicht vom Vorschlag des Routers abgewichen. Wozu sollte man auf eine andere Verschlüsselungsart umsteigen? Der Anwender begibt sich hier unwissentlich in Gefahr.

Achten Sie also genau darauf, was Ihnen der Router bei Inbetriebnahme vorschlägt. Es sind sogar noch Produkte auf dem Markt, die nicht dazu auffordern, eine Verschlüsselung zu aktivieren. Diese wird aber unbedingt benötigt. WLAN bietet kaum eine Möglichkeit, einen ungebetenen Gast im Netz aufzuspüren. In ein ungesichertes WLAN kann sich also einloggen, wer will.

Unterstützen die Komponenten Ihres WLAN kein WPA, sollten Sie die Seiten des Herstellers im Internet aufsuchen und sich dort die passenden Treiber herunterladen. Finden Sie dort kein solches Angebot vor, ist es ratsam, neue Geräte zu kaufen oder ganz auf WLAN zu verzichten. Die Sicherheitsrisiken sind einfach zu hoch.

5.3   Datensicherung

Wer schon einmal einen größeren Datenverlust erlitten hat, weiß, wie unverzichtbar gerade im Bereich E-Commerce zuverlässig arbeitende Speichermedien sind. Die herkömmliche Speicherung auf Festplatten ist bei weitem nicht sicher. Konkurrenzdruck und technischer Fortschritt haben zwar dazu geführt, dass Festplatten immer schneller werden und ständig mehr Speicherplatz bieten. Robuster wurden Festplatten allerdings nicht.

Warum Festplatten sensibel sind
Daten auf Festplatten können durch äußere Einwirkungen, etwa durch einen Brand, eine Explosion oder Wasserschaden verloren gehen. Oft wird der Verlust auch durch Unachtsamkeit, versehentliches Löschen, Neuformatieren oder Transportschäden verursacht.

Defekte auf den sensiblen Festplatten werden oft durch Pannen in der teuren und empfindlichen Mechanik des Schreib-/Lesekopfs verursacht. Der Schreib-/Lesekopf bildet mit der Elektronik eine Einheit. Auch der Spindelmotor, der die Speicherscheiben in Rotation versetzt, wird nicht ewig halten. Die ständigen Kopfbewegungen belasten das Material erheblich. Ist auch nur eine einzige Komponente der Festplatte defekt, gibt das ganze Gerät seinen Geist auf. Defekte am Schreib-/Lesekopf, sogenannte Head-Crashs, kündigen sich oft mit seltsamen Geräuschen an. Wenn Sie Glück haben und dies rechtzeitig bemerken, können Sie noch schnell das Wichtigste sichern. Daten nachträglich zu retten ist aufwendig und vor allem teuer.

Vor- und Nachteile verschiedener Optionen

Sie sollten möglichst frühzeitig für eine durchdachte Datensicherung sorgen. Alternativen zur Festplatte gibt es in unterschiedlicher Form. Jede von ihnen hat typische Vor- und Nachteile. Im Folgenden finden Sie eine Übersicht, die Ihnen eine Orientierung verschafft.

	Kapazität	Kosten	Nachteil	Vorteil
Externe Festplatte	Bis zu 1000 GByte	80–200 Euro	Kann kein laufendes Betriebssystem sichern. Mechanische Defekte können das ganze Gerät wertlos machen. Hohe Erschütterungsempfindlichkeit und magnetische Beeinflussbarkeit. Verschlüsselung notwendig, falls direkter Datenzugriff nicht gewünscht. Back-up sollte auf zwei verschiedene externe Laufwerke verteilt werden.	In verschiedenen Größen und Formen erhältlich, unbegrenzt wiederbeschreibbar. Haltbarkeit 5 bis 10 Jahre.
USB-Stick	1–64 GByte	Ab 3 Euro	Nicht beliebig oft wiederbeschreibbar, sollte nicht wie eine Festplatte ständig neu beschrieben werden, geht aufgrund seiner geringen Größe oft verloren. Nicht geeignet für sensible Daten. Einsatz nicht immer möglich, da oft von Administratoren die schwer zu kontrollierenden Inhalte auf USB-Sticks als potenzielle Gefahrenquelle für Rechner eingestuft werden.	Extrem handlich und sehr kostengünstig, erschütterungsunempfindlich, öfter wiederbeschreibbar, keine mechanischen Teile, die kaputtgehen könnten.
CD	100–1000 MByte	30–100 Euro für CD-Brenner, CD-Rohlinge je nach Qualität ab 10 Cent/Stück	Kratzempfindlich, kann kein laufendes Betriebssystem sichern, nicht mehrfach beschreibbar, nur bis zu 5 Jahre haltbar. Brennfehler sind möglich. Fehlerhaft gebrannte CDs müssen entsorgt werden.	Kann von jedem PC gelesen werden, Brenner sind in modernen Computern Standard.
Bandlaufwerke (»Streamer«)	Mehrere 100 GByte	300–100 Euro	Direkter Zugriff auf eine einzelne Datei ist umständlich. Spezielle Back-up-Software notwendig. Nicht geeignet für kleine Datenmengen. Werden nur in professionellen IT-Umgebungen eingesetzt.	Ideal, wenn große Datenmengen in laufenden Betriebssystemen gesichert werden sollen. Bietet hohe Datensicherheit.
Back-up-Software	Spiegelt ganze Festplatten auf CDs oder externe Festplatten	Um 50 Euro (Einsatz für private Zwecke), ab 200 Euro (für gewerbliche Zwecke)	Spezielles Know-how erforderlich. Eine einzelne Datei ad hoc zu sichern ist nur mit einigem Aufwand möglich.	Sichert laufende Betriebssysteme und rekonstruiert in wenigen Minuten das komplette System.

	Kapazität	Kosten	Nachteil	Vorteil
Magnet-opti-sches Laufwerk (»MO Drive«)	128–16 700 MByte	Ab 15 Euro für das Laufwerk, MO Disk um 1 Cent	Für professionelle IT-Bereiche, dürfen daher nicht im permanenten Systemzugriff betrieben werden.	Robust gegenüber Magnetfeldwirkung, Wärme bis 100 Grad, Kälte, extreme Lichtverhältnisse oder Schock. MO Disks sind nahezu unbegrenzt wiederbeschreibbar.
DVD-RAM	20 GByte (einlagige Version), ca. 30 GByte (zweilagige Version)	Laufwerk um 25 Euro, Rohling um 4 Euro	Langsame Geschwindigkeit beim Beschreiben. Vergleichsweise hoher Preis des Rohlings.	Bis zu 100 000-Mal wiederbeschreibbar, sehr sicher in der Anwendung, keine spezielle Brennsoftware nötig. Defektmanagement wie eine Festplatte: Ist ein Sektor beschädigt, werden Daten an eine andere Stelle gespeichert. Geringe Belastung der CPU. Lebensdauer 30 Jahre.

Fazit und Empfehlung

DVD-RAM ist die vergleichsweise günstigste Lösung, was Medien und Laufwerk anbetrifft. Die Speichermethode bietet Pluspunkte in puncto Sicherheit, Leistung, Geschwindigkeit und praktische Handhabung im Alltag. Da heute beinahe jeder neue Rechner über ein DVD-Laufwerk oder einen Brenner verfügt, bietet es sich an, gleich einen DVD-RAM-fähigen Multibrenner anzuschaffen. Der kostet nämlich nicht mehr als ein gewöhnlicher DVD-Brenner. Man muss die DVD-RAM-Fähigkeit nur nutzen.

Der Nachteil des langsamen Beschreibens einer DVD-RAM wird mehr als aufgewogen durch das Defektmanagement, das Ihnen diese Technologie bietet. Sollte ein Sektor auf der Silberscheibe nicht beschreibbar sein, wird diese Stelle als defekt gekennzeichnet und der Inhalt woanders abgelegt. Dieser Vorgang findet schon während des Brennens statt und nicht erst nachträglich.

Unübertroffen ist die lange Lebensdauer der DVD-RAM. Durch die Verwendung von Materialien wie Germanium oder Antimon erreicht der Datenträger eine Lebensdauer von 30 Jahren.

Daten wiederherstellen

Die einfachste Möglichkeit, »weggeworfene« Dateien zurückzuholen, ist die Wiederherstellung aus einem Papierkorb des Systems. Wenn sie dort schon gelöscht wurden, ist die nächste Möglichkeit das Einspielen eines Back-ups. Fertigen Sie regelmäßig und häufig Back-ups an und bewahren Sie die Sicherungsmedien, CDs, externen Festplatten oder was auch immer Sie verwenden, an einem sicheren Ort auf.

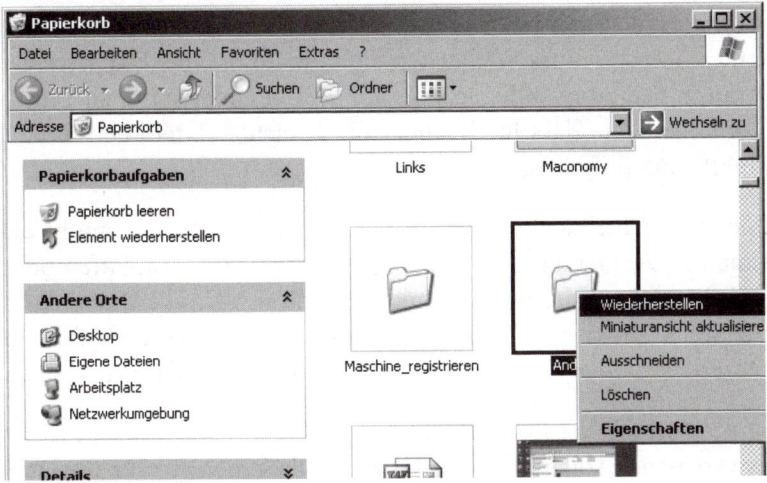

Abbildung 5.2: Daten aus dem Papierkorb wiederherstellen: Klick auf die rechte Maustaste genügt

Ist bei einem physisch intakten Gerät kein Back-up vorhanden und der Datenträger unbeschädigt, kann man die Daten mit geeigneten, zum Teil als kostenlose Downloads erhältlichen sogenannten Undelete-Programmen wieder sichtbar machen. Solche Programme gibt es für Festplatten, aber auch für einzelne Programme oder Speichermedien.

Undelete-Programme retten Daten

Wenn Sie nach dem Verlust einer Datei im System sehr schnell reagieren, minimieren Sie das Risiko, dass der von der Datei ursprünglich belegte Platz schon wieder zum Speichern neuer Daten verwendet wurde. Ist der Fall eingetreten, ist die Datei unwiederbringlich verloren.

Meist wurde die Datei nur gelöscht. Das bedeutet aber nicht, dass sie nicht mehr auf dem Rechner verfügbar ist. Ihr PC »vergisst« nur, wo die Datei liegt, und gibt die betreffende Speicherstelle frei, um dort neue Daten abzulegen. Haben Sie nun ein Programm zur Datenrettung zur Verfügung, durchsucht dieses den Datenträger gezielt nach denjenigen Stellen, die als »frei zum Überschreiben« markiert sind.

Bei Datenverlust nichts neu installieren

Haben Sie sehr wichtige Daten verloren, sollten Sie keine Experimente und Basteleien an Ihrem Rechner ausführen. Heikel sind vor allem Schreibzugriffe auf einen beschädigten Datenträger oder einen, der erst rekonstruiert werden muss. Versuchen Sie deshalb nie, bei Datenverlust ein Programm neu zu installieren oder die Daten anderweitig zu verändern. Das führt dazu, dass Ihr Rechner die gesuchte Datei überschreibt und dadurch endgültig vernichtet.

Holen Sie sich lieber fachmännische Hilfe. Experten haben staubfreie Reinräume zur Verfügung, um die Speichermedien von Festplatten oder Geräte mit Magnetbändern zu zerlegen. Danach werden die Daten dann Stück für Stück aus den vorhandenen Resten neu zusammengesetzt. In 80 bis 90 Prozent aller Fälle lassen sich verloren geglaubte Daten noch retten.

Lohnenswert ist ein solcher Aufwand, wenn die Daten für Ihr Business sehr wichtig sind und nicht anders ersetzt werden können. Datenwiederherstellung ist aufwendig und kostenintensiv. Bei mechanischen Schäden auf einer Festplatte liegen die Kosten einer einfachen Datenrekonstruktion meist bei circa 500 Euro.

5.4   Sicherheitsrisiko Browser

Wozu dient ein Browser? Zum Surfen im Internet, so lautet die landläufige Meinung. Doch Browser können längst mehr. Microsoft hat den Internet Explorer sehr tief in das Betriebssystem Windows integriert. Der Browser kann u. a. E-Mails lesen und schreiben, Dateien von der Festplatte abrufen und anzeigen oder die News, die Sie abonniert haben, per RSS anzeigen.

Apple hat seinen Browser Safari ebenso eng mit dem Betriebssystem verzahnt wie Linux, wo der Browser auch als Dateiverwalter dienen kann.

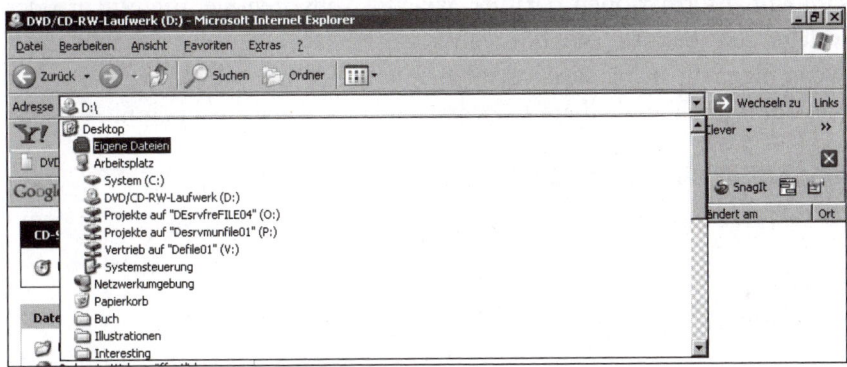

Abbildung 5.3: So eng ist der Internet Explorer mit dem Betriebssystem verzahnt: Sie können über das Eingabefeld, das eigentlich für die Webadresse vorgesehen ist, auch auf Ihren PC zugreifen

Für die Sicherheit Ihres PC ist es mehr als kritisch, wenn ein Programm so viele verschiedene Funktionen ausführt. Experten raten, Browser, E-Mail-Programm und FTP-Client voneinander zu trennen. Benutzen Sie beispielsweise den Browser Opera oder Mozilla Firefox.

Legen Sie einen Browser als Ihren Standardbrowser fest und nutzen Sie jeweils die neueste Version. Eine Studie der ETH Zürich aus dem Jahr 2008 hat gezeigt, dass eine erhebliche Anzahl von Nutzern nicht die aktuellste Version des verwendeten Browsers einsetzt. Das ist eine erhebliche Sicherheitslücke. Veraltete Browser sind für Angriffe durch infizierte Webseiten ein ideales Ziel. Welche Gefahr hier schlummert, lassen die Zahlen der Züricher Studie erahnen:

Immer neueste Version benutzen

Browsertyp und -version	Prozentsatz der Benutzer, welche die neueste Browserversion benutzen	Verbreitung des Browsers, gemessen in Millionen Downloads	Anteil der Browser in der täglichen Nutzung
Mozilla Firefox 2	92,2	209	16,1
Internet Explorer 7	52,2	579	78,3
Safari 3	70,2	34	3,4
Opera 9	90,1	10	0,8
Gesamt	59,1	832	98,6

Zurückgelassene Spuren löschen

Egal, welchen Browser Sie verwenden: Fast jedes dieser Programme sammelt Informationen darüber, welche Webseiten Sie aufgesucht oder welche Suchbegriffe Sie beispielsweise bei Google eingegeben haben. Wenn Sie nicht sicher sind, ob auch andere Benutzer mit Ihrem PC arbeiten, dann löschen Sie diese Informationen. Das geht recht einfach:

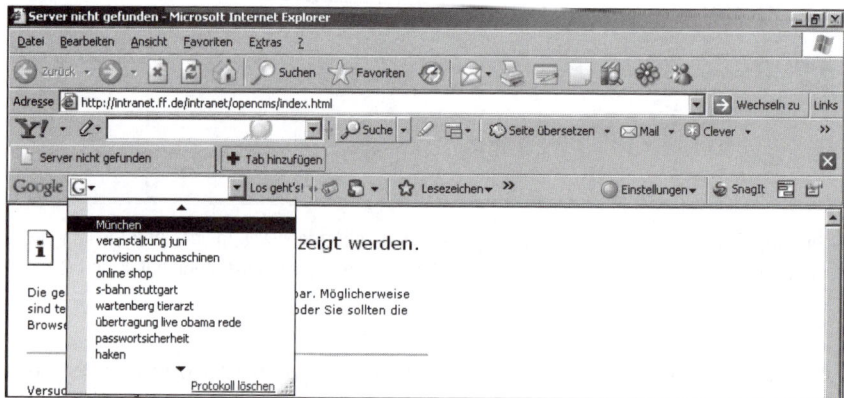

Abbildung 5.4: Ein Klick genügt, und schon sehen Sie die letzten Suchbegriffe, die der Besitzer dieses PC bei Google eingegeben hat

>> Die besuchten Internetseiten finden Sie im Explorer unter *Extras/Internetoptionen* – und dort *Verlauf leeren*.

>> In Mozilla Firefox liegen diese unter *Extras/Einstellungen/Datenschutz* – und hier *Chronik löschen*.

>> Unter Netscape finden Sie den Internetverlauf in *Gehe/History* – und hier *Bearbeiten/Löschen*.

>> Wenn Sie den Browser Opera nutzen, klicken Sie auf *Extras* und dann auf *Internetspuren löschen*.

>> Apples Browser Safari löscht Ihre Webspuren, wenn Sie unter *Safari* den Punkt *Safari zurücksetzen* wählen.

Auch Cookies erlauben Rückschlüsse auf Ihre Internetaktivitäten. Cookies sind kleine Programme, die beim Besuch einer Website auf Ihrer Festplatte abgelegt werden. Kehren Sie das nächste Mal zu dieser Website zurück, erkennt die Site Sie wieder. Sie können nun direkt auf einen Benutzeraccount zugreifen, werden mit korrektem Namen angesprochen oder finden den Warenkorb vor, den Sie bei Ihrem letzten Besuch in einem Onlineshop stehen gelassen haben. Wenn Sie Ihren PC nicht allein nutzen und niemandem Rückschlüsse auf Ihre Internetaktivitäten geben wollen, können Sie Cookies wie folgt löschen:

Cookies entfernen

Gehen Sie im Internet Explorer auf *Extras*, dann *Internetoptionen* – und hier *Cookies löschen*. In Netscape finden Sie unter *Extras* den Cookie-Manager. Mozilla Firefox hat diese Funktion unter *Extras/Einstellungen/Datenschutz/Cookies*.

Darüber hinaus enthalten alle Browser spezielle Einstellungen zur Sicherheit.

Sicherheitseinstellungen

Im Internet Explorer finden Sie diese unter *Extras/Internetoptionen* und hier bei dem Karteireiter *Sicherheit*. Als Voreinstellung ist *Mittel* gewählt, was einen guten Kompromiss zwischen Sicherheit und Umständlichkeit in der Benutzung darstellt. Wenn Sie ganz sichergehen wollen, können Sie die Einstellung *Hoch* wählen. Über die Option *Stufe anpassen* erlaubt Ihnen der Browser, weitere 30 Einstellungen individuell anzupassen.

Internet Explorer

In Opera lassen sich Sicherheitseinstellungen für einzelne Websites festlegen. Das ist ideal, wenn Sie beispielsweise der Website einer Universität oder Behörde mehr vertrauen als anderen Websites. Zur Einstellung dieser Optionen drücken Sie an Ihrem PC die Taste F12. Wählen Sie nun aus den Optionen wie folgt aus:

Opera

>> Unerwünschte Popups blockieren

>> GIF/SVG-Animation zulassen

>> Geräusche in Webseiten zulassen

>> Proxyserver aktivieren

Firefox In Firefox lassen sich keine unterschiedlichen Sicherheitseinstellungen für verschiedene Websites vorgeben. Alle Einstellungen gelten global für jede Website, die Sie besuchen. Sie können diese Einstellungen über *Extras/Einstellungen* verwalten. Hier lassen sich beispielsweise Java-Script deaktivieren oder Plug-Ins sperren.

5.5   Viren und andere Schädlinge

Symptome eines Virenbefalls

Wenn Ihr Rechner mit Viren, Trojanern oder anderen »Schädlingen« befallen ist, hat das in der Regel eine Vielfalt von Auswirkungen, die schnell nach außen spürbar werden. Sie sollten trotzdem nicht sofort in Panik verfallen. In 9 von 10 Fällen entpuppen sich »verdächtige« Symptome als Hardwarefehler oder Softwarestörung.

Seien Sie aber wachsam, entwickeln Sie ein gesundes Maß an Misstrauen und gehen Sie Ihrem Verdacht nach. Welche Symptome deutlich auf eine Infektion hinweisen:

Ihr PC verändert sein Verhalten beim Starten

>> Das Betriebssystem wird nicht in Gang gesetzt, weil wichtige Systemdateien fehlen.

>> Eine Meldung weist darauf hin, dass eine Reihe von Systemdateien fehlt.

>> Der Computer startet zunächst wie gewöhnlich, braucht aber extrem lange, bis endlich Desktopsymbole und Taskleiste angezeigt werden.

>> Ihr Computer startet sich eigenständig neu.

Ihr PC verändert sein Verhalten während des Betriebs

>> Fehlermeldungen kündigen an, dass der Arbeitsspeicher knapp ist, obwohl Sie genau wissen, dass Ihr Rechner über genügend Speicherkapazität verfügt und Sie nur wenige Programme geöffnet haben, die mit dem Hauptspeicher sparsam umgehen.

>> Merkwürdige Dialogfenster erscheinen auf dem Bildschirm.

>> Auf dem Desktop liegen plötzlich Symbole von Programmen, die Sie nicht kennen und auch nicht installiert haben.

>> Umgekehrt können auch Programme von Ihrem Rechner verschwinden, ohne dass Sie sie deinstalliert haben.

>> Programme, die früher einwandfrei arbeiteten, stürzen neuerdings häufig ab. Das ändert sich auch nicht, nachdem Sie die Programme entfernt und neu installiert haben.

>> Aus den Lautsprechern des PC ertönen merkwürdige Audiosignale.

>> Das CD-ROM-Laufwerk öffnet und schließt sich plötzlich.

>> Programme starten ohne Aufforderung.

>> Dateien und Ordner verschwinden oder verändern ihren Inhalt.

>> Der Windows-Task-Manager lässt sich nicht mehr über `Strg`+`Alt`+`Entf` aufrufen.

>> Ihr Antivirenprogramm ist nicht aktiv und kann auch nicht ausgeführt werden.

>> Ihnen fällt auf, dass der Rechner viel häufiger als sonst auf die Festplatte zugreift.

E-Mail-Programme bereiten Ihnen Sorge

>> Im Posteingang liegen plötzlich viele Nachrichten ohne Antwortadresse und ohne Betreff.

>> Jemand erhält eine E-Mail mit Ihrer Absenderadresse, die Sie nie verschickt haben. Die E-Mail enthält womöglich einen Anhang, den Sie nicht kennen.

>> Ein E-Mail-Anhang, den Sie geöffnet haben, besitzt eine merkwürdige Endung wie *jpg.exe* oder *tif.vbs*.

>> Nachdem Sie einen »unverdächtig aussehenden« Anhang geöffnet haben, sinkt die Systemleistung Ihres Rechners von einer Sekunde auf die nächste rapide ab.

Was tun bei Virenbefall?

Wenn Sie einen konkreten Verdacht haben, dass Ihr Rechner mit einem Schädling infiziert ist, gehen Sie am besten wie folgt vor:

>> Trennen Sie als Erstes die Internetverbindung. Am besten, Sie ziehen die entsprechenden Netzkabel aus den Steckverbindungen heraus, um ganz sicherzugehen.

>> Entkoppeln Sie den Rechner vom lokalen Netzwerk, falls er dort angeschlossen sein sollte.

>> Speichern Sie wichtige Daten auf einem externen Datenträger wie USB-Stick oder CD. Markieren Sie die Daten als »Potenziell infiziert«.

>> Gehen Sie erst dann daran, den Rechner im abgesicherten Modus zu starten. Lassen Sie sich dabei unbedingt von Fachleuten helfen.

>> Starten Sie nun im abgesicherten Modus einen Virenscanner. Achten Sie genau darauf, welche Einstellung der Virenscanner hat. Ratsam ist, den Virenscanner nichts automatisch löschen zu lassen, sondern nur einen Virenreport zu erstellen. Dieser sollte die Namen der befallenen Dateien enthalten.

>> Anschließend starten Sie den PC noch einmal im abgesicherten Modus neu. Suchen Sie die befallenen Dateien und löschen Sie sie einzeln. Löschen Sie danach den Inhalt des Papierkorbs auf Ihrem Rechner.

>> Scannen Sie den PC erneut. Nun sollten keine Viren mehr vorhanden sein.

Sind so viele Dateien von Schädlingen befallen, dass Sie sie nicht mehr per Hand löschen können? Dann sollten Sie über eine komplette Neuinstallation Ihres Systems nachdenken. Das empfiehlt sich ohnehin, weil viele Viren unerwünschte Änderungen in den Systemeinstellungen zurücklassen, die Sie nur schwer wieder ändern können.

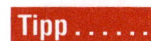

Schädlingsbefall vorbeugen

In den vorhergehenden Abschnitten haben Sie gelernt, welche Auffälligkeiten ein infizierter Rechner zeigen kann. Künftig werden sich Viren nicht mehr so einfach erkennen lassen. Sie veranlassen den PC nicht mehr zu auffälligen Handlungen, sondern sind im Gegenteil bestrebt, unsichtbar im Hintergrund ihr Unwesen zu treiben. Funktionen, die wie Tarnkappen wirken, ermöglichen diese verborgenen Aktivitäten.

Moderne Viren verbergen sich

Ohne dass der Benutzer auch nur die kleinste Auffälligkeit bemerkt, spähen die schädlichen Programme Kreditkartendaten oder eBay-Passwörter aus. Selbst vor professionellen Virenscannern verbergen sich diese Schädlinge erfolgreich.

Ein weiterer Trend geht zu »individuellen« Viren. Diese sind nicht massenweise auf Tausenden PCs verbreitet, sondern werden ganz gezielt zur Infektion einzelner Rechner von kleinen Benutzergruppen eingesetzt. Virenscanner finden diese Schädlinge nicht, da sie so wenig verbreitet sind. Individuelle Viren dienen dazu, etwa Rechner eines Unternehmens auszuspionieren.

Weil also die Erkennung der Schädlinge zunehmend schwieriger wird, ist es umso wichtiger, rechtzeitig vorzubeugen. Diese folgenden Tipps helfen Ihnen dabei:

>> Nutzen Sie immer die aktuellen Sicherheitsupdates, die für Ihr Computersystem angeboten werden.

>> Benutzen Sie ein veraltetes System, für welches der Hersteller keine Sicherheitsupdates mehr anbietet, tauschen Sie es gegen eine moderne Version aus.

>> Halten Sie auch Ihren Virenscanner immer auf dem neuesten Stand, indem Sie sich die entsprechenden Updates aus dem Internet herunterladen.

>> Verwenden Sie den Internet Explorer nicht gedankenlos. Dieser Browser bietet durch seine enge Verzahnung mit dem Betriebssystem eine ideale Angriffsfläche für Attacken von außen.

>> Werden in Ihrem Unternehmen Benutzerrechte vergeben, so sollten nur wenige Mitarbeiter Administratorenrechte besitzen. Mitunter werden diese Administratorenrechte sorglos allen Benutzern zugeteilt. Das ist zwar bequem: Jeder darf auf seinem Rechner nach Gutdünken Programme installieren oder Systemeinstellungen ändern, ohne jemanden zu fragen. Die Kehrseite der Medaille ist aber, dass Schädlinge diese Rechte »erben« und nun ihrerseits auf dem System Einstellungen verändern. Hat etwa ein Benutzer kein Recht, Programme beim Systemstart automatisch zu laden, kann das Virus das auch nicht. Das Virus wird also beim nächsten Systemstart inaktiv bleiben.

>> Verwenden Sie eine Hardware-Firewall. Lassen Sie sich von Fachleuten beraten, um die Firewall richtig einzustellen.

>> Öffnen Sie nie »unverdächtig« aussehende Dateianhänge in E-Mails von unbekannten Absendern.

5.6   Weiterführende Links

>> Das deutsche Bundesamt für Sicherheit in der Informationstechnik gibt viele praktische Hinweise zu Themen wie WLAN, Onlinebanking, Viren, Chat oder Recht im Internet:

`http://www.bsi-fuer-buerger.de/`

>> Alles rund um Computerviren finden Sie hier:

`http://www.computerviren-info.de/`

>> Ein interessantes Blog, das speziell für Shopbetreiber viele lesenswerte Beiträge zum Thema Sicherheit anbietet:

`http://www.shopbetreiber-blog.de/category/sicherheit/`

KAPITEL 6
Webstatistik: Schlüssel zum Geschäftserfolg

6.1   Wenn Sie noch kein Web Analytics Tool verwenden

Wenn Sie in Ihrem Unternehmen noch keine Software einsetzen, um Webstatistik zu generieren, beginnen Sie am besten so einfach und effizient wie möglich.

Investieren Sie keine Zeit darin, eine umfangreiche Anforderungsanalyse zu erheben und möglichst jeden Mitarbeiter einzubeziehen, der künftig in irgendeiner Form an den Webstatistiken interessiert sein könnte. Das Auswählen eines Anbieters und das Einbinden der technischen Lösung sind zeitintensiv und teuer. Mit großer Wahrscheinlichkeit erzielen Sie als unerfahrener Anwender nicht die Ergebnisse, die Sie sich erhofft haben.

Anbieter eines umfangreichen Tools werden Ihnen in vielen Fällen zunächst sagen, dass Ihre Website erst einmal an zahlreichen Stellen umgebaut werden muss, um dort effizientes Webtracking zu betreiben. Das und die nachfolgenden Umbauprozesse sind teuer und zeitintensiv.

Mit einem kostenlosen Tool starten

Gehen Sie besser pragmatisch vor. Implementieren Sie ein Tool, das Ihnen sofort zur Verfügung steht und kostengünstig ist. Beispielsweise eignen sich für einen schnellen Einstieg Lösungen wie Google Analytics oder StatCounter. Google Analytics etwa ist eine kostenlose Lösung, die Sie innerhalb weniger Minuten in Gang gesetzt haben.

Beziehen Sie in Ihre Planung nur diejenigen Mitarbeiter ein, die später zu den Kernnutzern des Tools gehören werden und deren Job direkt von der Aussagekraft der Statistiken abhängt.

Die gelieferten Daten sind nicht so aufwendig aufbereitet, wie das bei ausgefeilteren Tools der Fall ist. Aber Sie erhalten einen ersten Überblick, wie viele Besucher Ihre Site hat, woher diese kommen, mit welchen Suchbegriffen Sie gefunden werden und welche Seiten die beliebtesten sind auf Ihrer Website.

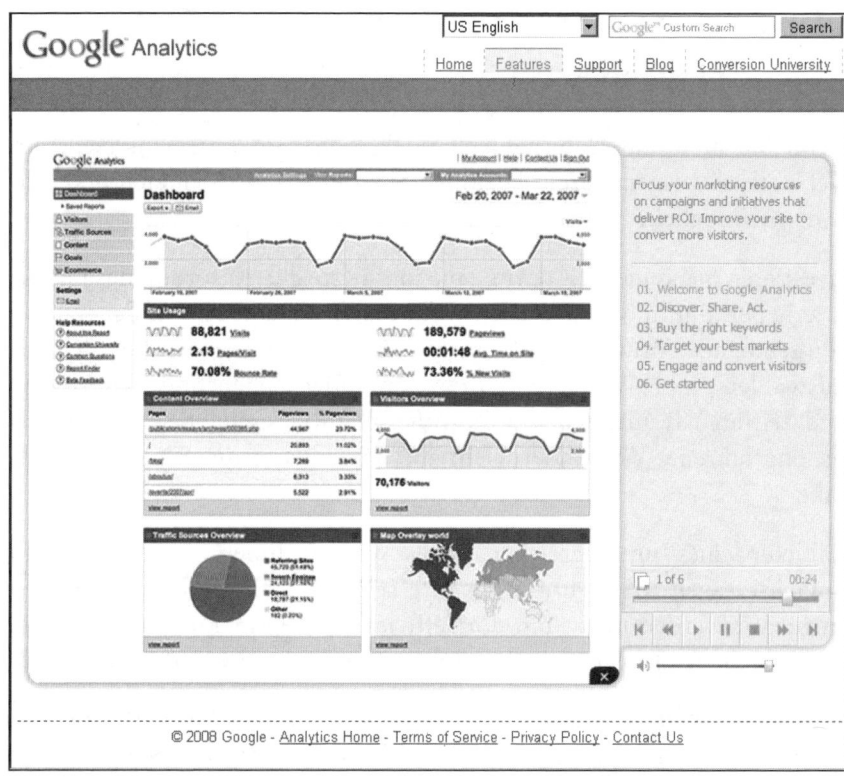

Abbildung 6.1: Google Analytics: schneller und kostenloser Einstieg ins Webtracking, aber datenschutzrechtlich bedenklich

Mit diesen Eckdaten lässt sich schon nach rund einer Woche ein erster Report zusammenstellen. Versenden Sie diesen Report an diejenigen Kollegen, die die Daten unbedingt benötigen, und holen Sie nach ein paar Tagen deren Feedback ein. Was war gut an dem Report, was hat gefehlt, was müsste anders aufbereitet sein?

Vielleicht stellen Sie schon an diesem Punkt fest, dass die einfache Lösung vollauf für Ihre Zwecke genügt.

Oder Sie stellen fest, dass es nicht nur die Daten aus dem Webtracking sind, die Ihnen zu neuen Erkenntnissen verhelfen. Vielleicht kommen Sie zu dem Schluss, dass die Daten aus dem Webtracking mit Branchenreports, weiteren Research-Daten oder der Analyse eines Unternehmensberaters ergänzt werden sollten.

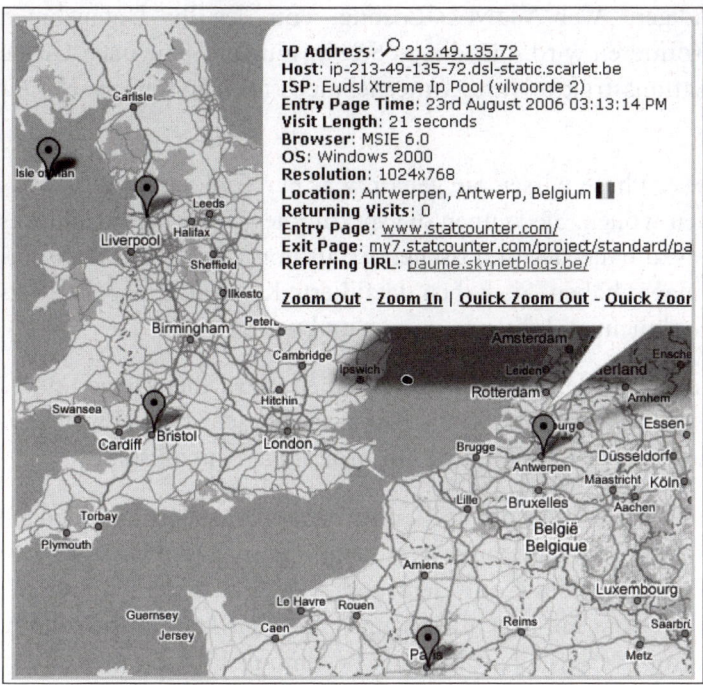

Abbildung 6.2: Webtracking-Daten für einen Einzelbesucher: hübsch anzusehen, aber keine unentbehrlichen Fundamentaldaten

Wenn Ihnen klar ist, dass die Einstiegslösung nicht ausreicht, weil Ihr Unternehmen spezielle Bedürfnisse oder sehr hohe Ansprüche an die Datenqualität hat, können Sie in die zweite Phase des Projekts starten.

Nun heißt es, die Schwächen der jetzigen Lösung genau unter die Lupe zu nehmen: Welche Fragen können mit dem implementierten Tool nicht beantwortet werden? Sie werden schnell erkennen, dass Lücken in den Reports nicht unbedingt auf die mangelnde Leistungsfähigkeit des Tools zurückzuführen sind. Viel öfter muss die Website an sich restrukturiert werden. Das kann JavaScript betreffen, den Aufbau Ihrer URLs, die Benennung Ihrer Seiten oder Informationen, die im Backend gespeichert werden. An dieser Stelle benötigen Sie die Hilfe Ihrer Techniker.

Was kann das einfache Tool nicht?

Gehen Sie nun daran, die Website entsprechend den Anforderungen für die Webstatistik umzubauen. Bei komplexeren Websites lohnt es sich, Zeit und Geld zu investieren, denn Sie schaffen damit die Grundlage für eine aufwendigere Web-Analytics-Lösung, von der Ihr Untenehmen lange Zeit profitieren wird. Für diesen Schritt müssen Sie je nach Größe und Organisationsstruktur Ihres Unternehmens mit rund einem Monat rechnen.

Am Ende dieser Phase wissen Sie genau, was ein Tool leisten muss, das Sie sich kaufen wollen. Sie kennen die spezifischen Anforderungen Ihres Unternehmens anhand der praktischen Erfahrung, die Sie mit dem Einstiegstool gemacht haben. Sie haben detaillierte Kenntnisse darüber, was das jetzige Tool nicht zu leisten vermag – und warum.

Anforderungs-analyse erstellen
Wenn Sie eine Anforderungsanalyse schreiben, wird diese ganz anders ausfallen, als wenn Sie sofort – ohne den Zwischenschritt des Einsteigertools – damit begonnen hätten, Ihre Anforderungen aufzulisten.

Wenn Sie nun diverse Tools der großen Anbieter vergleichen, werden Sie schnell feststellen, dass diese insgesamt keine signifikanten Unterschiede aufweisen. Um eine Lösung auf Herz und Nieren zu testen, sollten Sie sie auf Ihrer Website implementieren und eine Zeit lang ausprobieren. Die meisten Anbieter erlauben für eine bestimmte Frist die kostenlose Nutzung. Vergleichen Sie sie mit der Lösung, die Sie bisher angewendet haben, und entscheiden Sie sich.

Nachteile kostenloser Tools

Kostenlose Tools wie Google Analytics haben auch Nachteile. Anhand der folgenden kleinen Checkliste können Sie schnell prüfen, ob einer dabei ist, den Sie auf keinen Fall tolerieren möchten:

>> Oft werden Ihre Daten von einem externen Dienstleister gespeichert. Der Anbieter des Tools erhält möglicherweise Einblick in die Nutzung Ihrer Website. Hier müssen Sie entscheiden, ob Sie dem Tool-Anbieter genügend vertrauen können.

>> Sie können die Erfassung Ihrer Daten durch Dritte nicht erlauben. Das ist hinderlich, wenn Sie beispielsweise mit Mediaagenturen zusammenarbeiten, die Ihre Webtracking-Zahlen auswerten möchten.

>> Nicht alle Anbieter garantieren Ihnen, dass die Daten immer zur Verfügung stehen. Fallen Messungen aus, ist kein Service zur Stelle.

>> Kostenlose Tools lassen sich in der Regel nicht an individuelle Bedürfnisse anpassen. So fehlen etwa Zugriffsrechte für definierte Benutzertypen.

6.2   Daten mit Umfrageergebnissen ergänzen

Auch Web Analytics Tools, die sehr detaillierte Ergebnisse liefern, haben Lücken in den Daten. Beispielsweise lassen sich nicht alle URLs erfassen, von denen aus die Benutzer Ihre Website erreichen. Grund: Diejenigen Besucher, die Ihre Website von einem Lesezeichen in der Favoritenliste des Browsers aus aufrufen, können nicht erfasst werden. Ebenso wenig können Sie die Zahl der Benutzer messen, die Ihre Internetadresse direkt im Browser eingegeben haben. Oder Sie haben ein ganz anderes Anliegen, welches sich mit den Daten aus den Web Analytics nicht ableiten lässt.

Daher bilden Umfragen eine gute, schnelle und obendrein kostengünstige Möglichkeit, Daten aus dem Webtracking zu ergänzen. Zudem haben Umfragen den Vorteil, dass sie einen direkten Draht zum Benutzer aufbauen. Freitexteingaben auf offene Fragen geben Ihnen einen ungefilterten Eindruck davon, was Besucher denken.

Mit Umfragen Webtracking-Daten ergänzen

Wenn Sie Umfragen regelmäßig einsetzen, werden Sie schnell Veränderungen messen können, die durch Blog-Beiträge, Pressemitteilungen oder andere äußere Einflüsse entstehen.

Umfragen lassen sich auf zwei Wegen starten: Eine weit verbreitete Methode ist, direkt auf der Website eine Umfrage zu starten.

Für gewöhnlich findet der Besucher dort ein Popup vor, das zu einer Umfrage einlädt. Manche Unternehmen bauen auch Rating-Funktionen auf ihren Seiten ein, damit der Benutzer bewerten kann, wie hilfreich die Seite war, die gerade geöffnet ist. Eine andere Option ist, an die E-Mail-Adressen derjenigen Besucher eine Umfrageeinladung zu versenden, die auch den Newsletter abonniert haben. Die Umfrage sollten Sie im Newsletter ankündigen. Beide Methoden haben Vor- und Nachteile.

Umfragen auf der Website

Umfragen, die direkt auf der Website starten, können Sie auf verschiedene Arten anlegen. Entweder sie starten automatisch, indem sich beispielsweise ein Popup öffnet, oder sie starten nur dann, wenn ein Benutzer sie durch einen Klick auf einen Link aktiv startet. Sehr kurze Umfragen sind auch oft direkt in Verbindung mit Content verfügbar. Ein solcher Link könnte heißen: »Bewerten Sie diese Seite«, oder: »Senden Sie uns Ihre Meinung«.

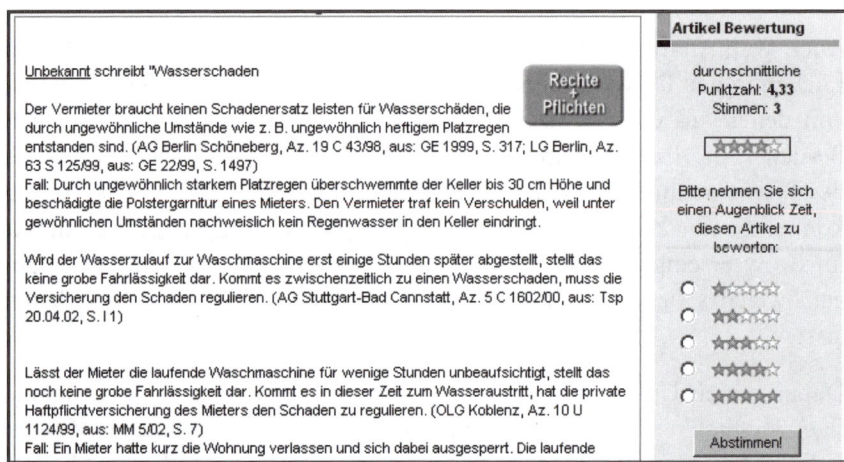

Abbildung 6.3: Bewertungsoption einer Online-Rechtsberatung: direkt an den Inhalten verankert

Umfragen, die automatisch starten

Startet eine Umfrage automatisch, dann hat sie weniger Bezug zu einer spezifischen Seite als die Umfrage, die an einem genau definierten Punkt vom Benutzer gestartet wird. Daher sind solche Umfragen nicht geeignet, bestimmte Details zu erfragen, die einen klaren Bezug zu einzelnen Seiten innerhalb Ihrer Website haben. Viele Benutzer empfinden zudem eine automatisch startende Umfrage als störend. Wenn die Umfrage einem Erstbenutzer angezeigt wird, ist dieser ratlos. Eine Meinung zur besuchten Website ist noch nicht vorhanden.

Automatisch startende Umfragen sind eher geeignet, übergeordnete Parameter zu erfragen, die sich auf die gesamte Site beziehen. Beispiele:

Ideal für Fragen zur gesamten Website

>> Lädt die Website schnell genug?

>> Waren Produktinformationen hilfreich?

>> Haben Sie sich mit der Navigation schnell zurechtfinden können?

>> Sind Sie mit den Preisen und Versandkosten zufrieden?

>> Würden Sie unsere Website weiterempfehlen?

>> Wie oft haben Sie uns schon im Internet besucht?

>> Welche Seite haben Sie zuletzt angesehen, bevor Sie unsere Website aufgerufen haben?

Abbildung 6.4: Startet automatisch beim Betreten der Seite: Umfrage auf einem News-Portal. Sinnvoll für Wiederkehrer und Stammleser, aber kaum geeignet für Neuankömmlinge

Der Vorteil solcher Umfragen ist, dass sie den Benutzer zu einem Zeitpunkt befragen, wo Eindrücke soeben gewonnen wurden und Erinnerungen noch ganz frisch sind. Achten Sie darauf, wo Sie die Umfrage starten lassen. Wählen Sie dazu nicht die Startseite aus, sondern platzieren Sie den Start auf einer Unterseite, die erst nach einigen Klicks zugänglich ist. Ansonsten besteht die Gefahr, dass Benutzer noch gar keine Antworten auf Ihre Fragen zu Versandkosten oder Produktabbildungen geben können.

Umfragen, die vom Benutzer aktiv gestartet werden

Solche Umfragen werden vom Benutzer an einer bestimmten Stelle aufgerufen und erlauben daher genauere Erkenntnisse über eben diese individuelle Seite. Sie fallen oft sehr viel kürzer aus als automatisch startende Umfragen. Manchmal sind sie so kurz, dass auf Fragebogen verzichtet und nur eine Rating-Funktion angeboten wird. Diese Funktion ist meist eng mit dem Kontext auf der Seite verknüpft.

Perfekt für Fragen zu einem Einzelscreen Die Fragen, die hier gestellt werden, orientieren sich also eng am Inhalt der Seite. Beispiele:

>> War dieser Hilfetext nützlich?

>> Haben die FAQ Ihnen weitergeholfen?

>> Fanden Sie diesen Kommentar hilfreich?

>> Gefällt Ihnen dieser Produktvorschlag?

>> Waren das die Treffer, die Sie erwartet haben?

>> Haben Sie eine Idee für eine neue Unterkategorie dieser Produktkatalogseite?

Stellen Sie dem Benutzer nicht zu viele Fragen. Je mehr Fragen sich hier türmen, umso wahrscheinlicher ist es, dass die Umfrage abgebrochen wird.

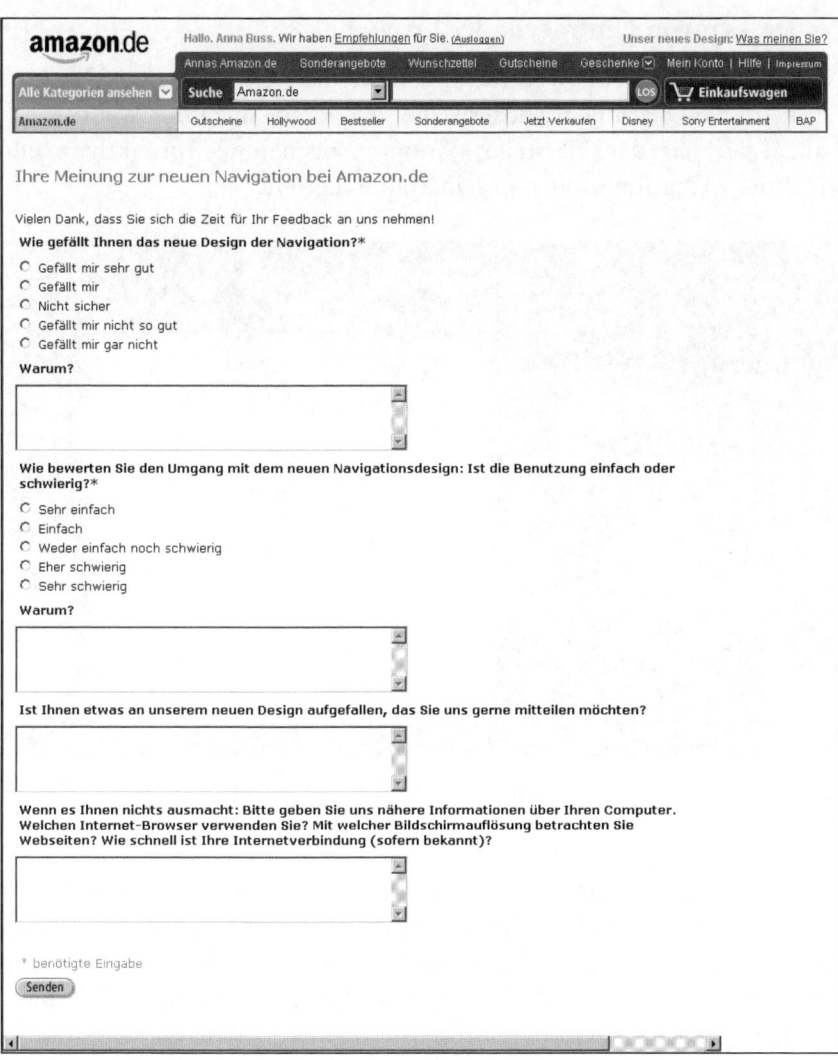

Abbildung 6.5: Eine Umfrage zum neuen Design, die vom Benutzer mit einem Klick auf den Link ganz oben rechts im Bildschirm gestartet wird

Neuer Typ von Umfragen: der Live-Chat

Manche Anbieter von Webtracking-Tools bieten ein neuartiges Feature an: den Live-Chat mit Besuchern, die sich gerade auf Ihrer Website aufhalten. So hat der Hersteller Woopra sogenannte »proaktive« und »reaktive« Chatfunktionen in sein Tool integriert.

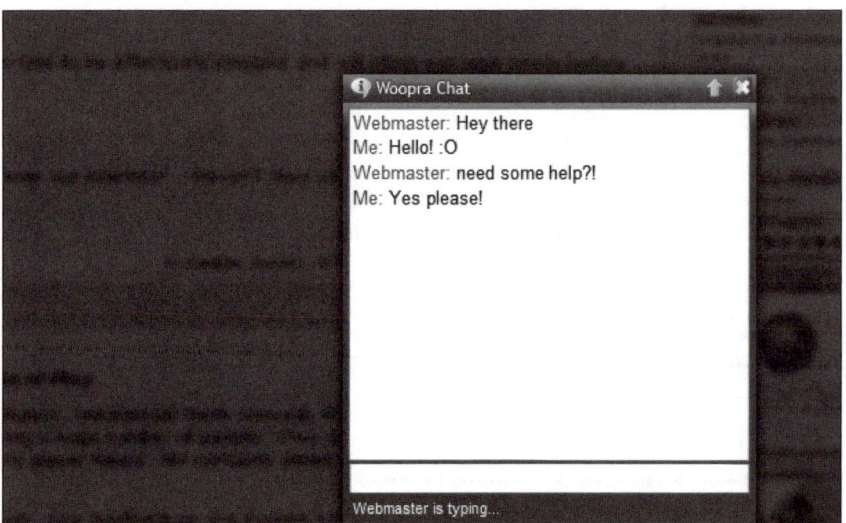

Abbildung 6.6: Chatfunktion im Webtracking-Tool Woopra: eine gewöhnungsbedürftige Möglichkeit, Umfragen zu starten

Das bedeutet, dass nicht nur der Webmaster gezielt einen »proaktiven« Chat mit einem Besucher initiieren kann. Umgekehrt können auch Besucher »reaktiv« auf einen »Jetzt chatten«-Button klicken. Eine Installation von Software ist dafür auf dem Rechner des Besuchers nicht notwendig.

Für geübte Benutzer kann das eine nützliche Zusatzfunktion sein. Wer allerdings zum ersten Mal auf diesen Service trifft, reagiert womöglich verschreckt. Ein abgedunkelter Screen und das plötzlich erscheinende Chatfenster lassen manche Benutzer gar an ein Computervirus denken. Daher sollte der Einsatz einer solchen Funktion sorgfältig abgewogen werden.

Umfragen außerhalb des Websitebesuchs

Solche Umfragen werden meist per E-Mail versendet und eignen sich ganz besonders, um alle Prozesse zu durchleuchten, die einem Websitebesuch nachgelagert sind. Fragen könnten sich hier etwa auf folgende Themen beziehen:

>> Hat der Download eines Produkts reibungslos funktioniert?

>> Hat die Onlinehilfe Sie bei der Installation der gekauften Software erfolgreich unterstützt?

>> Ist die online bestellte Ware pünktlich eingetroffen?

>> Was war bei der Produktsuche nützlicher: der Katalog oder die Suchfunktion?

Für Fragen zu Offlineprozessen

Umfragen, die außerhalb eines Websitebesuchs durchgeführt werden, sind im Vergleich zu Umfragen, die auf der Website automatisch starten, deutlich kürzer. Sie erfragen meist nur einen kleinen Ausschnitt aus einem Gesamtszenario. Daher sind sie lediglich als Ergänzung zu Umfragen zu sehen, die direkt auf der Website stattfinden.

Ein Nachteil dieses Umfragetyps ist, dass der Besuch der Website bzw. die Erfahrung mit nachgelagerten Prozessen – etwa Onlineeinkauf oder Download eines Produkts – schon länger zurückliegen kann. Der Benutzer muss sich erst erinnern. Das kann unter Umständen das Umfrageergebnis verfälschen.

Umfragen vorbereiten

Ganz egal, ob Ihre geplante Umfrage automatisch startet, sobald der Besucher Ihre Website betritt, oder ob sie per E-Mail zehn Tage nach einem Onlineeinkauf versendet wird: Mit der folgenden Checkliste bereiten Sie sich so vor, dass die Umfrage Ihre Daten aus der Webstatistik optimal ergänzt.

Vorüberlegungen anstellen

>> Was ist das Ziel der Website?

>> Mit welchen Anliegen kommen die Besucher auf die Website?

>> Was sind die Hauptelemente, die den Besuchern begegnen: ein Produktkatalog, Onlinebanking oder ein interaktiver Stadtplan?

>> Welches sind die geschäftskritischen Fragen, die die Entscheidungsträger in Ihrem Unternehmen beantwortet haben wollen?

Themen der Umfrage eingrenzen

>> Welche Lücken können durch die Statistiken Ihres Web Analytics Tools nicht gefüllt werden?

>> Welche Fragen bleiben nach wie vor offen?

Umfragetyp wählen

Welcher Umfragetyp eignet sich am besten: auf der Seite automatisch startend, nach Klick startend oder außerhalb der Website? Je nachdem, was Sie fragen möchten, wählen Sie den passenden Typ:

>> Bei direktem Seitenbezug: nach Klick startend

>> Bei allgemeinem Seitenbezug: automatisch startend, aber nicht sofort auf der Homepage

>> Bei Fragen, die sich auch auf Offlineprozesse oder auf größere Zeiträume beziehen: außerhalb der Website

Platzierung wählen

Um die optimale Platzierung der Umfrage herauszufinden, müssen Sie ein wenig experimentieren. Probieren Sie diverse Möglichkeiten und vergleichen Sie, wo Sie die meisten Antworten erhalten. Denkbar sind folgende Möglichkeiten:

>> Umfrage startet in einem Extrafenster, sobald der Besucher die Seite aufruft

>> Umfrage startet an einem bestimmten Schritt eines Prozesses und ist in die Seite eingebunden

>> Umfrage startet am Ende eines Prozesses – etwa wenn sich der Besucher aus einem geschlossenen Bereich ausloggt

Wenn Sie sich entscheiden, die Umfrage automatisch nach einer bestimmten Anzahl besuchter Seiten starten zu lassen, helfen Ihnen bestehende Webstatistiken. Sehen Sie nach, wie viele Seiten ein Benutzer im Schnitt besucht, und lassen Sie die Umfrage nach einer Anzahl besuchter Seiten starten, die deutlich unter diesem Durchschnittswert liegt. So gehen Sie sicher, dass mit großer Wahrscheinlichkeit die Umfrage gestartet wird, bevor der Besucher die Seite verlässt.

Tipp . . . . . .

Fragen und Antworten erstellen

>> Kann der Benutzer aufgrund seines Wissens alle Fragen beantworten?

>> Haben Sie genügend offene Fragen mit Freitexteingabe vorgesehen? Hier erhalten Sie die aufschlussreichsten Antworten und sehen, wie die Benutzer ihre Ideen, Kritik oder Lob formulieren.

>> Sind die Fragen beim ersten Durchlesen zu verstehen? Formulieren Sie eindeutig und einfach.

>> Verwenden die Fragen die Sprache des Benutzers? Falls nicht, riskieren Sie, dass die Frage gar nicht oder falsch verstanden wird.

>> Bestehen die Fragen aus kurzen Sätzen? Je kürzer die Frage, desto schneller wird sie verstanden.

>> Sind die Fragen lediglich mit wenigen Zusatztexten versehen? Verzichten sollten Sie etwa auf zu viele Beispiele.

>> Sind die Fragen neutral formuliert? Vermeiden Sie Fragen, die eine bestimmte Antwort vorzugeben scheinen.

>> Ist das System der Antwortmöglichkeiten durchgängig verwendet? Bieten Sie nicht nach jeder Frage eine neue Skala an, die der Benutzer erst einmal verstehen muss.

>> Haben Sie so wenig Fragen gestellt wie möglich? Je länger die Fragenliste, umso größer die Gefahr, dass die Benutzer abbrechen.

Anreize zum Ausfüllen

Viele Umfragen locken damit, dass unter allen Einsendern Sachpreise verlost werden. So einleuchtend diese Motivation auch sein mag: Verzichten Sie lieber darauf. Ein materieller Anreiz kann dazu führen, dass die Ergebnisse verfälscht werden. Besucher kommen in Versuchung, an der Umfrage nur wegen der Verlosung teilzunehmen. Sie beantworten die Fragen deshalb nur oberflächlich und schnell, was wiederum die Datenqualität absenkt.

Wie viele User sind repräsentativ?

Das hängt von der Menge der durchschnittlichen Besucherzahl ab, die Ihre Website verzeichnet. Statistisch relevant sind Zahlen zwischen 1000 und 1500 Befragten. Wahrscheinlich werden Sie nicht diese Menge an befragten Nutzern erreichen, denn erfahrungsgemäß werden nur 1 bis 2 von 100 angesprochenen Nutzern an der Umfrage teilnehmen.

Auswertung

Jetzt haben Sie also die Antworten von 589 Besuchern gesammelt, die auf einer Skala von 1 bis 10 die Produkte Ihres Unternehmens mit 7 bewertet haben. Doch was sagt das wirklich aus? Achten Sie bei der Datenauswertung auf folgende Parameter:

Benchmarks: Wichtig ist der sogenannte Benchmarkvergleich. Es gibt einschlägige Dienstleister, die darauf spezialisiert sind, herauszufinden, wie Ihr Unternehmen im Vergleich mit anderen abschneidet.

Mitunter finden sich auch Daten dazu online. Informationen über die Kundenzufriedenheit mit US-amerikanischen Firmen finden Sie beispielsweise auf der Website des American Customer Satisfaction Index, kurz ACSI.

Freitexteingaben: Die wichtigsten Ergebnisse sind in den individuellen Freitextantworten auf die offenen Fragen versteckt: Was gefällt Ihnen am besten am neuen Design? Warum verlängern Sie nicht Ihre Premium-Mitgliedschaft? Solche Userzitate spiegeln ungefiltert die Meinung der Konsumenten wider. Sie sind wichtig, um den direkten Draht zum User zu haben. Verwenden Sie dies, um statistische Aussagen zu unterstützen.

Trends: Genauso wichtig sind Trends, die sich abzeichnen. Führen Sie deshalb regelmäßig Umfragen durch. So erkennen Sie auch leicht statistische Ausreißer, die Umfrageergebnisse verfälschen.

Datensegmentierung: Ein Schlüssel zur Datenauswertung ist auch die Segmentierung. Ein bloßes Auflisten von Summen kann schnell verschleiern, was sich wirklich auf Ihren Seiten tut.

ACSI — The American Customer Satisfaction Index™

Scores By Company
eBay Inc.

	Base-line	95	96	97	98	99	00	01	02	03	04	05	06	07	08	Previous Year % Change	First Year % Change
Amazon.com, Inc.	NM	NM	NM	NM	NM	NM	84	84	88	88	84	87	87	88		1.1	4.8
Newegg Inc	NM	NM	NM	NM	NM	NM	NM	NM	NM	NM	NM	NM	NM	87		N/A	N/A
Netflix, Inc.	NM	NM	NM	NM	NM	NM	NM	NM	NM	NM	NM	NM	NM	84		N/A	N/A
Internet Retail	**NM**	**NM**	**NM**	**NM**	**NM**	**NM**	78	77	83	84	80	81	83	83		0.0	6.4
All Others	NM	NM	NM	NM	NM	NM	77	75	82	83	79	80	82	82		0.0	6.5
eBay Inc.	NM	NM	NM	NM	NM	NM	80	82	82	84	80	81	80	81		1.3	1.3
Overstock.com, Inc.	NM	NM	NM	NM	NM	NM	NM	NM	NM	NM	NM	NM	NM	80		N/A	N/A
Buy.com Inc.	NM	NM	NM	NM	NM	NM	78	78	80	80	80	80	81			N/A	N/A
Egghead.com, Inc.	NM	NM	NM	NM	NM	NM	73	#								N/A	N/A
barnesandnoble.com llc	NM	NM	NM	NM	NM	NM	77	82	87	86	87	87	88			N/A	N/A
1- 800- FLOWERS.COM, Inc.	NM	NM	NM	NM	NM	NM	69	76	78	76	79	77	77			N/A	N/A
uBid.com Holdings, Inc. (Petters Group Worldwide, LLC)	NM	NM	NM	NM	NM	NM	67	69	70	73	73	73	74			N/A	N/A

Abbildung 6.7: Der American Customer Satisfaction Index misst Werte für Kundenzufriedenheit, beispielsweise mit Internethändlern wie eBay oder Amazon

Angenommen, Sie haben als durchschnittlichen Wert für einen gekauften Warenkorb in Ihrem Kaffeeshop 50 Euro ermittelt. Eine Segmentierung der Daten zeigt Ihnen aber wesentlich Interessanteres:

>> Käufer aus ländlichen Räumen bestellen durchschnittlich für 100 Euro.

>> Käufer aus Großstädten kaufen nur halb so oft ein und bestellen einen durchschnittlichen Warenwert von 20 Euro.

>> Käufer zwischen 25 und 40 Jahren kaufen mehr als andere Altersgruppen.

>> Käufer, die in einer Umfrage angaben, Kinder zu haben, kaufen für durchschnittlich 60 Euro ein.

>> Wer den Newsletter Ihres Shops abonniert hat, kauft für durchschnittlich 70 Euro ein.

Aus solchen detaillierten Daten können Sie konkrete Marketingstrategien ableiten, was mit einer bloßen Aufsummierung über den Warenkorbwert nicht möglich gewesen wäre.

Korrelationen: Typisch für Umfragen ist, dass einzelne Fragen gestellt werden. Sie mögen thematisch zusammenhängen, aber die Antworten werden isoliert voneinander ausgewertet. Selten wird untersucht, ob Antworten auf Fragen statistisch voneinander abhängen. Mit mathematischen Verfahren, sogenannten Regressionsanalysen, lässt sich herausfinden, ob und wie stark ein Zusammenhang zwischen den gewählten Antworten besteht.

Angenommen, Sie stellen in Ihrem Kaffeeshop folgende Fragen mit einer Antwortskala, die die Schulnoten 1 bis 6 verwendet:

>> Bewerten Sie bitte die Produktinformationen im Shop.

>> Hat Ihnen die Navigation bei der Produktsuche geholfen?

>> Wie gefällt Ihnen unser neues Design?

>> Wie benutzerfreundlich fanden Sie unseren Shop insgesamt?

Als Ergebnis erhalten Sie folgende Durchschnittswerte:

>> Bewerten Sie bitte die Produktinformationen im Shop: Note 2

>> Hat Ihnen die Navigation bei der Produktsuche geholfen: Note 1

>> Wie gefällt Ihnen unser neues Design: Note 4

>> Wie benutzerfreundlich fanden Sie unseren Shop insgesamt: Note 2

Auf den ersten Blick ist Ihnen bestimmt die Note 4 fürs Design aufgefallen. Keine Frage: Hier sollte etwas verbessert werden! Doch das muss nicht richtig sein. Hinterfragen Sie an dieser Stelle die statistischen Zusammenhänge zwischen den verteilten Noten. Dies könnte beispielsweise folgendes Bild ergeben:

Die Wahrscheinlichkeit dafür, dass für die erste und die letzte Frage gute Noten gegeben werden, ist sehr hoch. Dagegen fällt die Wahrscheinlichkeit sehr gering aus, dass eine gute Note in Frage 3 auch eine gute Note in der letzten Frage bedingt. Weiterhin stellen Sie fest, dass Benutzer, die eine gute Note für die zweite Frage vergeben, auch bei der letzten Frage gute Wertungen ankreuzen.

Sie können daraus schließen, dass der benutzerfreundliche Gesamteindruck nicht vom Design beeinflusst wird.

6.3   Webtracking: wie Sie Statistiken über das Besucherverhalten für Ihr Geschäft nutzen

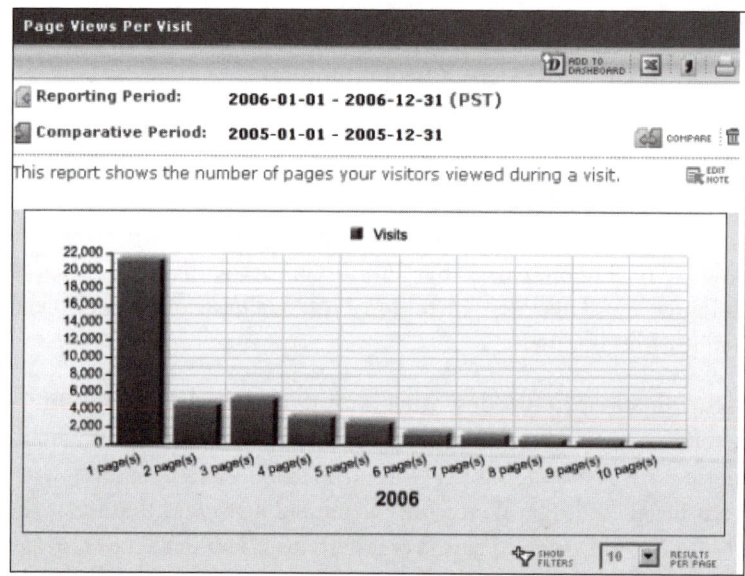

Abbildung 6.8: Professionelle Tools liefern tonnenweise Statistik

Wählen Sie gezielt die relevanten Daten aus

Webtracking liefert Ihnen Tonnen von Zahlen, in deren Fülle Sie schnell den Überblick verlieren können. Nicht alle Daten sind relevant. Sie sollten Ihr Augenmerk auf bestimmte Daten richten. Details oder die Kopplung von Daten sind dabei oft aufschlussreicher als Gesamtaussagen.

Viele Webtracking-Systeme bieten auf Knopfdruck sogenannte Management Summaries an, die Gesamtsichten und Trends aufzeigen, aber auf die aussagekräftigen Details verzichten. Sie haben dann z. B. Aussagen über die Gesamtzahl der jährlichen Page Views, die Ihnen aber nur wenig weiterhilft, um Ihr Business weiterzuentwickeln.

Was leistet Webtracking? Und was nicht?

Zahlen, die Sie aus dem Webtracking generieren, beschreiben immer einen Zustand. Sie erfahren, **wie** etwas ist – aber nicht, **warum** es so ist oder welche Entwicklungen dazu geführt haben.

Die Frage nach dem Warum lässt sich beantworten, wenn Sie die Daten aus dem Webtracking in Bezug setzen zu den Personas. Aus Zahlen und konkreten Benutzerszenarien lässt sich so zum Beispiel rekonstruieren, wieso einzelne Seiten Ihres Webangebots vom Benutzer nicht beachtet werden. Sie finden auch heraus, warum ein Kaufprozess an einer bestimmten Stelle auffällig häufig abgebrochen wird.

Webtracking sagt »wie«, aber nicht »warum«

Die meisten Webtracking-Tools glänzen mit grafisch sehr schön aufbereiteten Statistiken. Hinterfragen Sie die Abbildungen, statt sie unverändert für eine Präsentation zu übernehmen. Fast alle direkt zugänglichen Analysen enthalten Durchschnittswerte, die die wahren Zusammenhänge eben genau nicht aufzeigen. Erst Datensegmentierung liefert Ihnen wichtige Aussagen.

Alternativen zum Webtracking: Was tun, wenn die Daten nicht vorhanden oder lückenhaft sind?

Sie haben noch kein Webtracking-Tool und möchten trotzdem wissen, was die User über Ihre Produkte, Ihren Shop oder Ihre Website denken? Sie haben zwei Alternativen, hier Näheres zu erfahren.

Google Blog Search

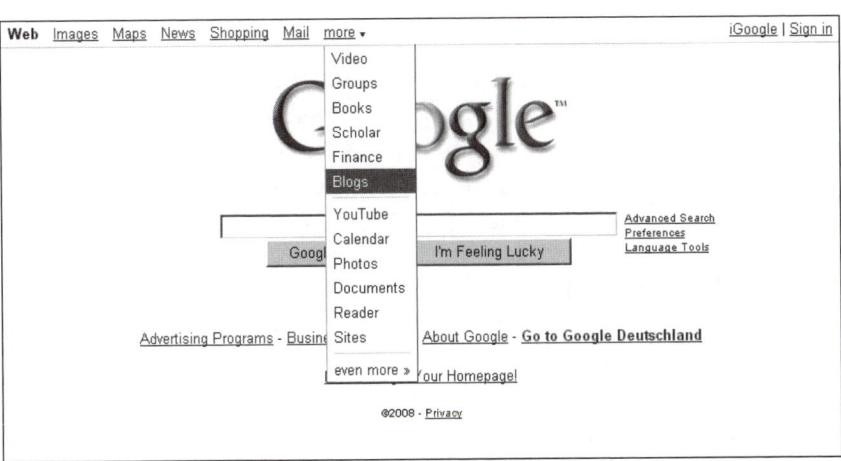

Abbildung 6.9: Google Blog Search: eine Alternative zum Webtracking

Zum einen hilft Ihnen Google Blog Search. Dieses finden Sie auf der US-amerikanischen Google-Website unter den üblichen Suchoptionen wie »Bilder«, »Web« als Suche nach »Blogs«.

Geben Sie hier Suchbegriffe ein, die für Ihre Produkte oder Ihren Shop eine große Rolle spielen. So finden Sie schnell Blogs, die sich mit den Themen befassen, die für Sie relevant sind. Machen Sie sich die Mühe und lesen Sie Blog-Beiträge zumindest quer. Welche Themen kommen hier zur Sprache? Sie erfahren in sehr authentischer und völlig ungefilterter Weise etwas darüber, was User wirklich interessiert.

Wenn Sie diese Recherche für Ihren Kaffeeshop durchführen, könnten Sie zu folgendem Ergebnis kommen:

Angenommen, Sie vertreiben neben den Bohnen und diversem Zubehör auch zwei Typen von Kaffeemaschinen, die mit einer erklärungsbedürftigen Technologie arbeiten. Bis jetzt haben Sie in der Navigation solche Themen verwendet, von denen Sie bei der Erstellung der Website einfach angenommen haben, dass Ihre Besucher diese interessant finden. Dabei handelt es sich um folgende drei Themen:

>> Sonderangebote

>> Wissenswertes über die Kulturpflanze Kaffee

>> Shop und Produktkatalog

Nun lesen Sie Blog-Beiträge zu den Kaffeemaschinen-Typen, die Sie in Ihrem Shop anbieten. Außerdem suchen Sie gezielt nach Blogs für Kaffeeliebhaber. Nachdem Sie zahlreiche Wortmeldungen in den Blogs durchforstet haben, kommen Sie zu dem Ergebnis, dass Benutzer sich ganz andere Inhalte wünschen.

>> Rezepte für »aufgepeppte« Kaffeegetränke

>> Warenkunde zu Kaffeebohnen

>> Details zur Technologie der Kaffeemaschinen

>> Pflege und Wartung der Maschinen

Blog-Beiträge sind deshalb so wertvoll, weil Sie hier unverfälschte Aussagen von Benutzern erhalten. So schreibt ein Benutzer, der sich für eine Kaffeemaschine interessiert: »Welche Teile lassen sich in der Spülmaschine reinigen? Davon hängt's ab, ob ich das Ding kaufe oder nicht.«

Haben Sie genügend viele Blog-Beiträge zur Verfügung, können Sie sie nach Themen ordnen und so beispielsweise eine neue Navigationsstruktur erstellen. Vergleichen Sie die Interessen der User mit der Darstellung dieser Themen auf Ihrer Website. An welchen Themen ist das Interesse der User besonders hoch? Stellen Sie die Themen dar, die den User interessieren, und wenn ja, gewichten Sie sie richtig?

Verbraucherportale

Der andere Weg, mehr über das Denken der User zu erfahren, sind Verbraucherportale wie `dooyou.de`, `ciao.de` oder `shopping.com`. Hier finden Sie nicht nur Preisvergleiche und Produktkataloge, sondern auch Verbrauchermeinungen. Wenn Sie sich ein wenig in den Schreibstil einarbeiten, der für Mitglieder der jeweiligen Community typisch ist, werden Sie schnell in der Lage sein, authentische Texte von solchen zu unterscheiden, die lediglich von PR-Unternehmen als Produktlob platziert wurden.

Die Verfasser dieser Einträge machen sich oft große Mühe und beschreiben Kaufmotivation, Service, Material, Handhabung von Produkten und vieles mehr sehr ausführlich. Hier werden Sie schnell fündig und können sich einen Überblick verschaffen, wie Ihre Website angenommen wird. Eventuell finden Sie sogar Verbrauchermeinungen zu Ihrem Shop. Auch Meinungen zu Ihren Mitbewerbern werden Sie vorfinden.

Ausführliche Meinungen zu Produkten

Die meisten Verbraucherportale unterstützen die User beim Schreiben und strukturieren die Einträge vor. Machen Sie sich dies zunutze. Sie können schneller ersehen, welcher Aspekt wie bewertet wurde. Anhand der Meinungen machen Sie sich abseits von Marktforschungserhebungen ein authentisches Bild davon, welche Dinge gut ankommen und welche Probleme bereiten. Vergleichen Sie dies mit Ihrer Website: Werden die relevanten Themen entsprechend abgedeckt?

Abbildung 6.10: Preisvergleichsportal Ciao.de: Verbrauchermeinungen zu einer Kaffeesorte

6.4   Webtracking richtig nutzen

Vier unverzichtbare Basisdaten

Jede Webtracking-Software kann Ihnen die Grunddaten zu Besucherzahlen, angesehenen Seiten und zur Verweildauer liefern. Sie sind unverzichtbar für jeden Report. Gerade weil die Grunddaten scheinbar einfache Messgrößen sind, lohnt es sich, bei diesen Daten etwas genauer hinzusehen. Im Folgenden wird aufgelistet, wie Sie Schwächen in den Messungen finden und was Sie tun können, um eine aussagekräftigere Datenqualität in Ihren Reports zu erhalten.

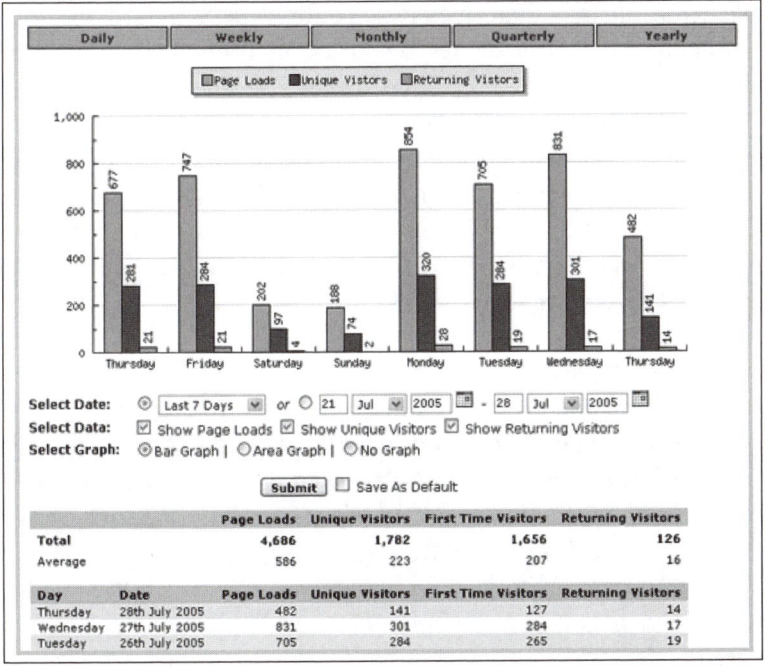

Abbildung 6.11: Statistik, die Einzelbesucher, Seitenabrufe und Wiederkehrer erfasst

Unique Visitors und Visits

Die Besucherzahlen auf der Site gehören zu den zentralen Parametern. Unique Visitors sind dabei die einzelnen Besucher, nicht aber die Besuche (Abrufe der Seiten) selbst, die wiederum als Visits gemessen werden.

Obwohl jedes Webtracking-Tool diesen Wert misst, verwenden die Tools ganz unterschiedliche Namen für die Anzahl der Besucher: Visitors, Visits, Gesamte Besucher, Sessions, ja sogar aus technischen Gründen »Cookie«.

Einzelne Besucher und deren Besuche auf der Website

»Visits« misst dagegen, wie viel Mal während einer festgelegten Zeitspanne Nutzer die Website besuchen. Gezählt werden dabei die sogenannten Sessions: die Zeitspanne zwischen dem Öffnen der ersten Seite und dem Verlassen der Seite. Unerheblich ist dabei, ob es sich um ein und denselben Besucher gehandelt hat. Besuchen Sie also vom selben Rechner aus drei Mal in der Woche eine Website, so werden Ihre Aktivitäten dort als 1 Unique Visitor und 3 Visits gezählt.

Leider existieren für beide Parameter bis heute keine Standards. Lassen Sie sich deshalb vom Betreiber des Webtracking-Tools genau erklären, wie Sessions gemessen werden. Einige Anbieter verwenden andere Messmethoden als die Zeitspanne zwischen dem ersten Öffnen einer Seite und dem Verlassen der Seite. Beispielsweise beenden manche Tools eine Session automatisch, wenn ein Benutzer längere Zeit inaktiv ist. Andere zählen eine sehr kurze Session-Unterbrechung nicht als solche, sondern als eine Session, wenn etwa nur kurz eine andere Website aufgesucht wurde und der User sofort zurückkehrt.

**Tipp . . . . . . ** *Achten Sie außerdem genau darauf, wie Ihr Tracking-Tool Unique Visitors misst. Manche Tools summieren die Unique Visitors über eine Zeitspanne auf und kommen so zu verfälschten Ergebnissen. So würden aus den im obigen Beispiel genannten 3 Besuchen 3 Unique Visitors, weil das Tracking-Tool an jedem Tag der Woche die Unique Visitors gemessen und dann die Einzelwerte von Montag bis Sonntag summiert hat. Sie haben also am Montag, Mittwoch und Freitag jeweils als Unique Visitor die Seite besucht, was in der Summe über alle Wochentage 3 Unique Visitors ergibt.*

Cookies identifizieren Einzelbesucher

Denken Sie bei der Auswertung der Daten daran, dass Unique Visitors über sogenannte Cookies identifiziert werden. Cookies sind kleine Dateien, die auf der Festplatte des Besuchers abgelegt werden. Besucht dieser Nutzer ein zweites Mal denselben Server, können diese Informationen ausgelesen werden. Browser wie Firefox bieten zahlreiche Einstellungen zum Umgang mit Cookies. Internet Explorer 7 ist schon bei der ersten Benutzung so eingestellt, dass er das Ablegen von Cookies auf der Benutzerfestplatte nicht zulässt. Der Benutzer muss dies aktiv ändern, ansonsten wird diese Einstellung als Standard beibehalten.

Wenn beispielsweise auf dem Rechner der Besucher ein Programm installiert ist, das jeden Tag sämtliche Cookies löscht, dann gelten diese Besucher täglich als neuer Besucher. Grund: Der Server findet kein Cookie vor und nimmt deshalb an, dass der Besucher noch nie auf der Website war.

Setzen Sie nur sogenannte First-Party-Cookies ein. First-Party-Cookies sind solche Cookies, die von der Webseite auf dem Rechner des Nutzers hinterlassen werden, die gerade betrachtet wird. Messen Sie, wie viele Nutzer ihren Browser so eingestellt haben, dass Cookies abgewiesen werden. Liegt der Prozentsatz sehr hoch, sind Ihre Messdaten verfälscht.

Tipp . . . . . .

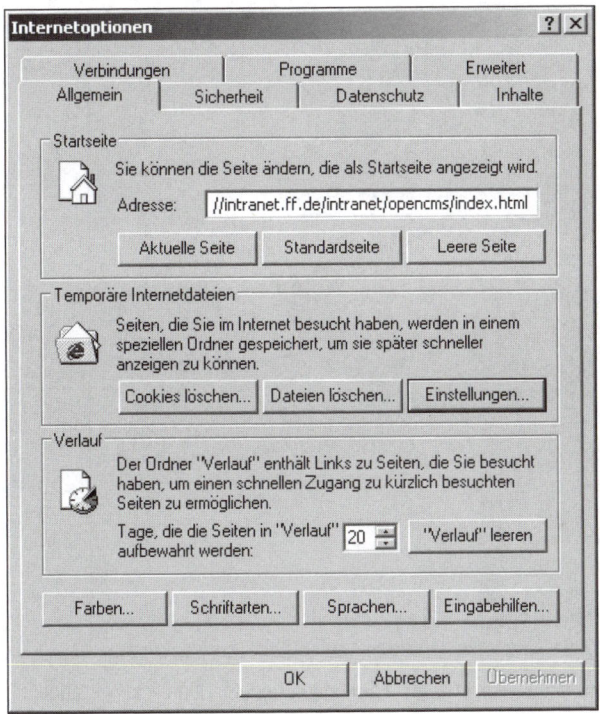

Abbildung 6.12: Internetoptionen im Microsoft Internet Explorer:
Unter »Temporäre Internetdateien« lassen sich Optionen für Cookies einstellen

Verweildauer auf der Site

Neben der Frage, wie viele Besucher Ihre Website zu verzeichnen hat, interessiert meist ebenso, wie lange die Besucher dort verweilen.

Wird mit Zeit-stempeln gemessen

Auch hier sollten Sie wieder genau nachvollziehen, wie diese scheinbar einfache Zahl gemessen wird. Typischerweise ist es so, dass vom Web Analytics Tool Zeitstempel verteilt werden, die wie eine Stoppuhr die Bewegung des Benutzers messen. Der erste Stempel wird gesetzt, sobald der Besucher die Site betritt und dort die erste Seite öffnet. Beim Öffnen der zweiten Seite wird der zweite Zeitstempel gesetzt usw. Das Webtracking-Tool berechnet nun aus den Differenzen in den Werten der Zeitstempel, wie lange ein Besucher sich auf welcher Seite aufgehalten hat.

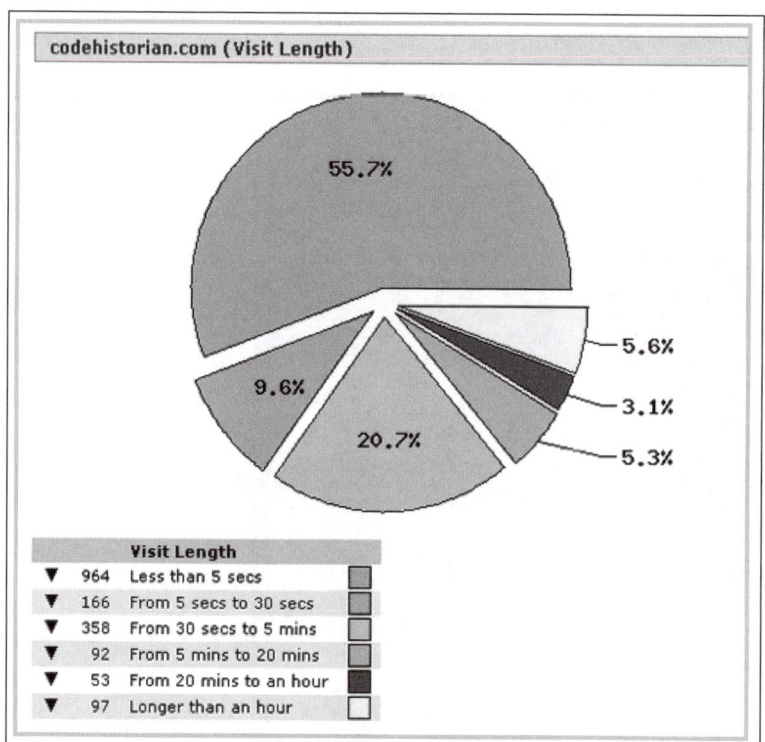

Abbildung 6.13: Jeder Zweite hatte weniger als fünf Sekunden Geduld: Überblick, wie lange sich Besucher auf einer Seite aufgehalten haben

Das funktioniert gut – außer für die letzte aufgerufene Seite. Verlässt der Benutzer Ihre Website oder lässt er einfach den Browser an dieser Stelle offen, kann kein letzter Zeitstempel gesetzt und daher keine Differenz berechnet werden. Deshalb wird die Verweildauer für die letzte besuchte Seite mit null Minuten festgesetzt. Und zwar ganz unerheblich davon, wie lange sich der Besucher tatsächlich dort aufgehalten hat. Das verfälscht die Messungen.

Verfälschte Messung für die letzte besuchte Seite

Manche Webtracking-Tools können durch einen technischen Trick zumindest messen, wann der Benutzer von der letzten Seite aus auf eine neue URL wechselt. Fragen Sie den Hersteller Ihres Tools, ob diese Funktion im Angebot ist. Nicht erfasst werden kann aber weiterhin die Verweildauer auf der letzten Seite, wenn der Browser einfach an dieser Stelle offen gelassen wird und der Benutzer sich anderen Tätigkeiten zuwendet.

Tipp . . . . . .

Die verfälschte Messung für die letzte besuchte Seite sollten Sie bei der Datenauswertung im Auge behalten. Haben Sie nämlich viele Besucher, die sich nur eine einzige Seite ansehen, werden sämtliche Ein-Seiten-Besuche mit null Minuten angegeben. Sie erhalten dadurch ein stark verzerrtes Bild von der wahren Verweildauer.

Beziehen Sie also die Anzahl der durchschnittlich besuchten Seiten mit ein, wenn Sie die Verweildauer analysieren. Fällt der Anteil der Ein-Seiten-Besuche sehr hoch aus, blenden Sie diese Benutzer aus der Analyse der Verweildauer aus. Die Daten, die Ihnen nun angezeigt werden, sind wesentlich aussagekräftiger. Sie werden feststellen, dass die Verweildauer deutlich angestiegen ist.

Auswirkungen des Messfehlers

Vom Effekt der messungsverfälschenden Ein-Seiten-Besuche sind vor allem Blogs betroffen. Blogs sind meist so strukturiert, dass auf der Startseite untereinander viele Blog-Einträge aufgelistet werden, beginnend mit dem aktuellsten. Besucher des Blogs werden sich hauptsächlich auf dieser Seite aufhalten, interessante Beiträge lesen, aber nichts anklicken. Dadurch werden sie zu Ein-Seiten-Besuchern und verfälschen die Verweildauer. Sollte Ihr Blog von diesem Effekt betroffen sein, so zeigen Sie auf der Startseite nicht den vollen Text an, sondern Links zu diesem Text.

Die Interpretation der Verweildauer ist selbst dann komplex, wenn Sie nicht mit dem Problem der verfälschten Messungen kämpfen. Angenommen, Sie haben zahlreiche Besucher, die die Site schnell wieder verlassen. Das kann für eine gute, aber auch für eine schlechte Usability sprechen.

Kurze Verweil-
dauer kann
positiv sein

Positiv ist eine kurze Verweildauer, wenn die Websites stark prozessorientiert sind und wenig bis gar keinen Content anbieten. Das ist etwa bei Onlinebanking-Anwendungen der Fall oder bei einem internetbasierten Zeiterfassungssystem. Hier spielt Effizienz eine große Rolle: Der User möchte etwas in kurzer Zeit erledigen.

Negativ sind kurze Verweildauern, wenn Sie viel Content – etwa einen Produktkatalog – anbieten und wenige Prozesse auf Ihrer Website haben. Wer hier nur kurz verweilt, stuft den Content als uninteressant ein, schaut sich nicht lange um und verlässt die Site wieder.

Selbst bei scheinbar unspektakulären Dingen wie Formularen ist es wichtig, genau hinzusehen. Benötigen die Kunden sehr lange, um ein einfaches Formular auszufüllen?

Sorgen über die Usability dieses Formulars müssen Sie sich dann machen, wenn Fragen wie Hausnummer, Straße oder Religionszugehörigkeit gestellt werden, die sich sofort beantworten lassen.

Für Fragen wie »Welches sind Ihre drei Lieblingsbücher?«, »Welche drei Gegenstände nehmen Sie mit auf eine einsame Insel?« dürfen die Benutzer allerdings etwas Zeit brauchen. Dauert es hier länger, das Formular auszufüllen, liegt es am Charakter der Fragen, nicht an mangelnder Benutzerfreundlichkeit.

Page Views

Page Views beschreibt die Anzahl der einzelnen Seiten, die ein Benutzer während eines Besuchs auf Ihrer Website abruft.

Noch vor wenigen Jahren war diese Messgröße einfach zu ermitteln: Seitenabrufe auf dem Server wurden gezählt. Dabei war eine Seite definiert als eine Internetadresse, eine URL. Web Analytics Tools verwenden bis heute das Konzept des Seitenabrufs, der gezählt wird.

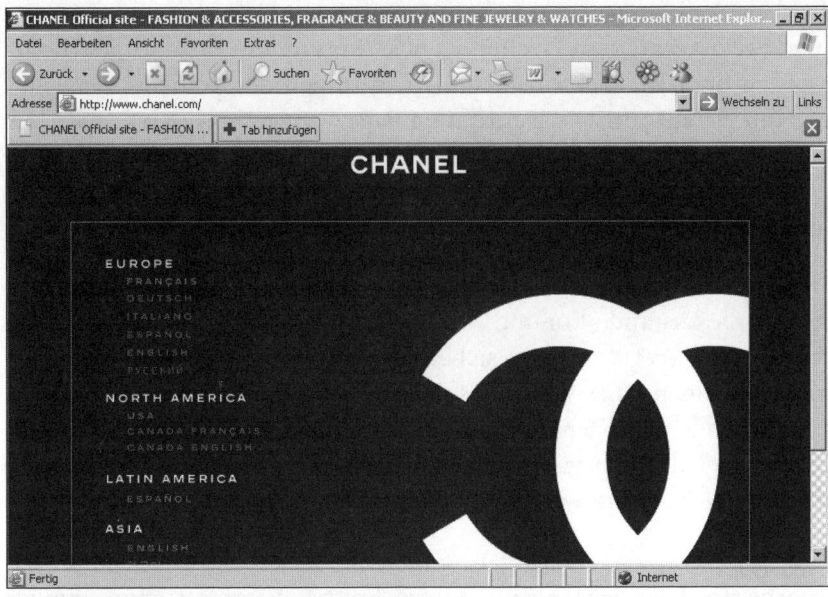

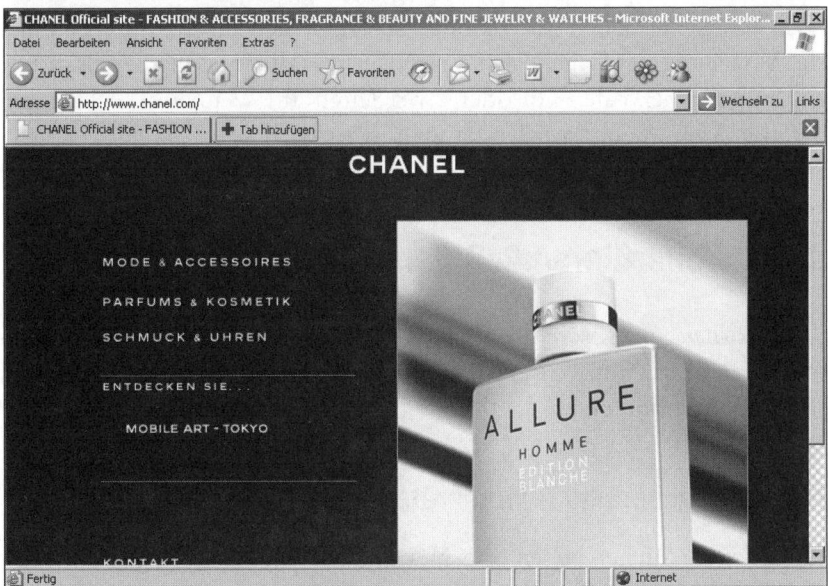

Abbildung 6.14: Rich-Media-Website des Modehauses Chanel: Beim Wechsel von der Home-page (oberes Bild) auf eine länderspezifische Unterseite (unteres Bild) ändert sich die URL in der Adresszeile des Browsers nicht

Messfehler durch Web- 2.0-Elemente

Mit dem Aufkommen neuer Technologien hat sich aber die Situation grundlegend verändert. Techniken wie Ajax oder Flash sorgen dafür, dass sich die URL nicht mehr ändert, während der Besucher per Klick neue Inhalte aufruft. Die Zuordnung Page View = Abruf einer URL auf dem Server funktioniert also nicht mehr. Die Web Analytics Tools müssen technisch mit den Entwicklungen der neuen Internettechnologien mithalten, und nicht alle tun das zum jetzigen Zeitpunkt.

Begriff »Page« genau definieren

Deshalb ist es wichtig, dass Sie sich auch bei dieser Messgröße informieren, wie sie zustande kommt. Wie ist der Begriff der »Page« auf Ihrer Website definiert? Wie kann sichergestellt werden, dass das Web Analytics Tool einen Page View als solchen auch korrekt erfasst? Legen Sie dabei besonderes Augenmerk auf Rich-Media-Anwendungen: Wie werden hier die Abrufe erfasst? Setzen Sie sich dazu mit Ihrer IT-Abteilung und dem Hersteller des Tracking-Tools zusammen.

Wenn Sie Page Views auswerten, sollten Sie nicht mit Durchschnittswerten arbeiten. Diese sind wenig aussagekräftig. Vergleicht man nämlich verschiedene Webseiten miteinander, so ergibt sich für die durchschnittliche Verteilung der Page Views pro Visit überall ein ähnliches Bild: Die meisten Besucher rufen ein oder zwei Seiten ab. Wenige besuchen drei oder vier. Mehr Seiten werden kaum abgerufen.

6.5 Weiterführende Daten

In den vorherigen Abschnitten haben Sie Details zu den vier Basismessgrößen erfahren. Nun wenden wir uns komplexeren Reports mit neuen, spannenden Variablen zu.

Kurzzeitbesucher und Abbruchraten

Als Kurzzeitbesucher gelten alle Nutzer, die sich nur wenige Sekunden auf Ihrer Website aufhalten und dann abspringen. Dieser Wert wird auch als »Bounce Rate«, Abbruchrate, bezeichnet. Für die Abbruchrate ist nur die kurze Zeitspanne wesentlich, nicht aber die Anzahl der besuchten Seiten.

Die Anzahl der Kurzzeitbesucher gibt Ihnen Aufschluss darüber, wie intensiv die Aufmerksamkeit der Benutzer gefesselt wurde. Wenn Sie die Daten der Bounce Rate separieren und in Relation setzen zu anderen Messgrößen, erhalten Sie aufschlussreiche Ergebnisse. So können Sie beispielsweise feststellen, wie hoch die Bounce Rate in Bezug auf die geografische Herkunft Ihrer Besucher ist. Oder Sie erkennen, dass Besucher, die von Google-Suchergebnissen auf Ihre Website kommen, eine deutlich höhere Bounce Rate haben als Besucher, die vorher in der Suchmaschine ask.com recherchiert haben.

Zeigt, wie stark die Aufmerksamkeit gefesselt wurde

Vergleichen Sie auch die Bounce Rate von einzelnen Pages Ihrer Website. Dort, wo hohe Abbruchraten zu verzeichnen sind, sollten Sie genauer hinsehen: Fehlt es an interessanten Inhalten, hapert es in der Navigation oder weiß der Besucher vor lauter gleichwertigen Optionen gar nicht, wohin er klicken soll? Es lohnt sich in jedem Fall, den Ursachen hoher Abbruchraten nachzugehen.

Auch die kurzzeitig aktiven Besucher sind wertvoll. Vielleicht haben Sie viel Geld in E-Mail-Marketing, Google-AdWords-Kampagnen oder Werbebanner investiert, die Ihnen diese Besucher tatsächlich auf die Website gebracht haben. Analysieren Sie die Gründe für den schnellen Abbruch und helfen Sie den Besuchern dabei, Ihre Website in Zukunft besser zu nutzen.

Woher User kommen und wonach sie suchen

Es gibt wenige Daten aus Webtracking-Tools, die so aufschlussreich sind wie die Herkunft der Besucher (»Referrer«) und die Suchbegriffe, die in eine Suchmaschine eingegeben werden, um Ihre Site aufzuspüren.

Wenn Sie die Websites kennen, von denen aus Besucher zu Ihnen gelangen, können Sie etwas über die Erwartung dieser Besucher sagen. Sehen Sie sich die Herkunftssites an und überlegen Sie, was Benutzer wohl dazu gebracht haben könnte, von hier aus auf Ihre Site überzuwechseln. Wonach hat der Benutzer genau gesucht? Versuchen Sie, diese Bedürfnisse auf Ihrer Site präzise abzudecken. Sie können beispielsweise einen häufig genutzten Suchbegriff, der viele Besucher auf Ihre Site führt, in einer augenfälligen Überschrift oder Grafik aufgreifen.

Gibt Aufschluss über die Erwartungen Ihrer Besucher

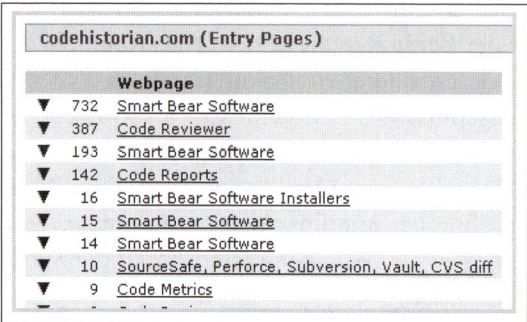

Abbildung 6.15: Übersicht mit Internetadressen: Von hier aus kamen Besucher

Wenn Sie sich die Herkunftswebsites der Besucher in Ihrem Webtracking-Tool ansehen, werden Sie feststellen, dass diese Daten nicht vollständig erfasst werden. Ein erheblicher Anteil kann nicht ermittelt werden. Typischerweise liegt die Zahl der unbekannten Herkunfts-URLs bei rund 50 Prozent. Das ist nicht auf mangelnde Qualität des Tracking-Tools zurückzuführen, sondern hat technische Ursachen. Zum Beispiel:

>> Besucher starten über ein Lesezeichen im Browser.

>> Im verwendeten Browser sind maximale Sicherheitseinstellungen gewählt.

>> Besucher geben die URL Ihrer Website direkt in die Adresszeile des Browsers ein.

Wenn Sie sich genauer ansehen, woher Besucher kommen, sind es regelmäßig die Suchmaschinen, die Besucherströme auf eine Website lenken. Daher sollten Sie sich im Detail ansehen, in welchen Suchmaschinen Ihre Besucher mit welchen Suchbegriffen recherchieren.

Auch hier verhilft Ihnen die Korrelation mit weiteren Daten zu vertieften Einsichten in das Verhalten Ihrer Besucher. Nehmen Sie als Ausgangsbasis die einzelne Suchmaschine und die häufigsten Suchanfragen, die dort eingegeben werden und auf Ihre Site führen. Ihr Webtracking-Tool kann Ihnen dazu folgende Daten liefern:

>> Wie viele Besucher kamen insgesamt über diese Suchmaschine?

>> Welche Kombinationen von Suchbegriffen sind besonders beliebt?

>> Wie viele Besucher hat jede einzelne Suchanfrage gebracht?

>> Wie viele Seiten haben die Besucher in Abhängigkeit von der Suchanfrage aufgerufen?

>> Wie hoch ist die Bounce Rate in Abhängigkeit von der Suchanfrage?

>> Wie hoch ist die Conversion Rate in Ihrem Onlineshop, wiederum in Abhängigkeit von der Suchanfrage?

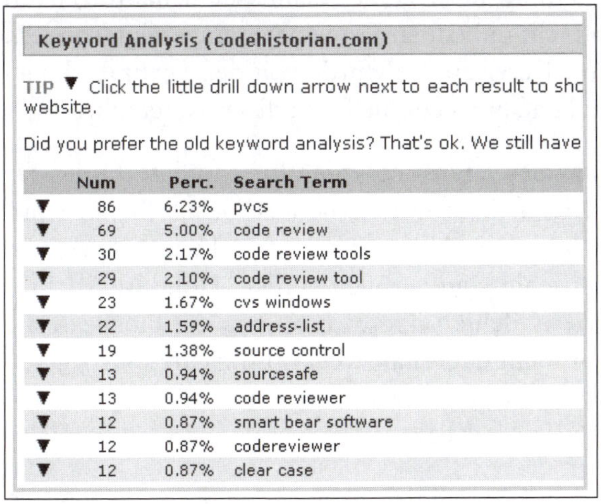

Keyword Analysis (codehistorian.com)

TIP ▼ Click the little drill down arrow next to each result to sho
website.

Did you prefer the old keyword analysis? That's ok. We still have

	Num	Perc.	Search Term
▼	86	6.23%	pvcs
▼	69	5.00%	code review
▼	30	2.17%	code review tools
▼	29	2.10%	code review tool
▼	23	1.67%	cvs windows
▼	22	1.59%	address-list
▼	19	1.38%	source control
▼	13	0.94%	sourcesafe
▼	13	0.94%	code reviewer
▼	12	0.87%	smart bear software
▼	12	0.87%	codereviewer
▼	12	0.87%	clear case

Abbildung 6.16: Keyword-Analyse: Wie viele Besucher waren an welchen Suchbegriffen interessiert?

Was die Besucher am liebsten ansehen

Dieser Messwert beschreibt, welche Seiten Ihres Internetangebots am meisten abgerufen werden, also die meisten Visits verzeichnen.

In jedem Fall gibt Ihnen dieser Wert einen Eindruck davon, warum Ihre Website aufgesucht wird. Decken sich die Ergebnisse dieses Reports mit Ihren eigenen Erwartungen?

Die Hitliste der beliebtesten Seiten verändert sich erfahrungsgemäß in einem relativ statischen Webangebot kaum. Viel aufschlussreicher sind dagegen die Veränderungen in den absoluten Besucherzahlen der beliebtesten Seiten. Sehen Sie sich dazu Vergleiche an, die absolute oder prozentuale Veränderungen in den Besucherzahlen messen.

Wo die meisten Besucher einsteigen

Einstiegspunkte innerhalb Ihrer Website werden daran gemessen, auf welcher Seite wie viele erste Visits erzeugt werden. Auch hier werden – genau wie bei den beliebtesten Seiten – nur Visits gemessen, keine Einzelbesucher.

Einstiegsseiten brauchen so viel Aufmerksamkeit wie die Homepage

Sie werden überrascht sein, wie wenig Besucher über die eigentliche Einstiegsseite, die Homepage, auf Ihr Angebot stoßen. Viele kommen über ganz andere Wege. Der Grund dafür sind Suchmaschinenanfragen. In den Trefferlisten werden nicht unbedingt Homepages angezeigt, sondern auch ganz andere Screens. Deren Inhalt wurde von den Suchmaschinen für relevant befunden und entsprechend in Trefferlisten aufgeführt.

Wie effizient jede Einzelne dieser Einstiegsseiten funktioniert, finden Sie durch Kopplung mit weiteren Messwerten heraus. Sehen Sie sich pro Einstiegsseite an, wie hoch hier die Abbruchrate ist und wie viele weitere Seiten (Page Views) im Anschluss aufgerufen werden. Hohe Abbruchraten und niedrige Page Views deuten darauf hin, dass die Einstiegsseite das Interesse der Besucher nicht dauerhaft weckt. Effiziente Einstiegsseiten dagegen verzeichnen niedrige Abbruchraten und veranlassen den Besucher zu zahlreichen weiteren Klicks.

Schenken Sie den meistgenutzten Einstiegsseiten mindestens genau so viel Aufmerksamkeit wie Ihrer Homepage: Sie sind der erste Eindruck, den Besucher von Ihrem Angebot erhalten. Auf diesen Seiten sollten Sie auch wichtige Inhalte positionieren, die dem Besucher sonst entgehen würden. Stellen Sie beispielsweise ein Sonderangebot nur auf die Homepage, wird es von vergleichsweise wenigen Besuchern wahrgenommen. Platzieren Sie es dagegen auf den meistgenutzten Einstiegsseiten, ist die Aufmerksamkeit für das Sonderangebot viel größer.

Wo die meisten Besucher aussteigen

Als Ausstiegsseiten vermerkt Ihr Webtracking-Tool jeweils die letzte Seite, die ein Besucher aufruft.

Sie finden hier also eine Liste derjenigen Seiten, auf denen sich der Besucher zum Verlassen Ihres Angebots entschlossen hat. Bedeutet das nun, dass diese Seiten unbedingt überarbeitet werden müssen? Nicht unbedingt. Vergleichen Sie die Liste der Absprungseiten mit den meist-besuchten Seiten. Wahrscheinlich sind beide Listen identisch. Die meist-besuchten Seiten sind zugleich diejenigen, die auch am meisten als letzte aufgerufen werden.

Typisch ist etwa, dass die Seite mit Ihrem meistverkauften Produkt zu denjenigen Seiten zählt, die als Ausstieg dienen. Viele Besucher informie-ren sich auf Produktdetailseiten, drucken sich die Informationen aus und verlassen dann die Website, um später im Laden das Produkt zu erwerben. Vielleicht drucken sie sich auch nichts aus und finden in den Produktdetails klare Argumente gegen den Kauf.

Ausstiegs-seiten sagen selten etwas über wahre Motive der Besucher

Die reinen Zahlen über die Besucher, die hier abspringen, sagt also nichts aus über die wirklichen Motive. Diese erfahren Sie nur dann, wenn Sie eine Umfrage durchführen.

Mitunter hilft auch ein Blick auf den Inhalt der Seiten, die häufig verlas-sen werden. Haben Sie dort Links zu anderen Websites untergebracht? Wenn diese angeklickt werden, verlassen die Besucher Ihre Website. Dies ist aber ein gewollter Effekt und sogar positiv zu bewerten. Sie bieten die Links nach extern aus guten Gründen an und wünschen sich, dass sie auch benutzt werden.

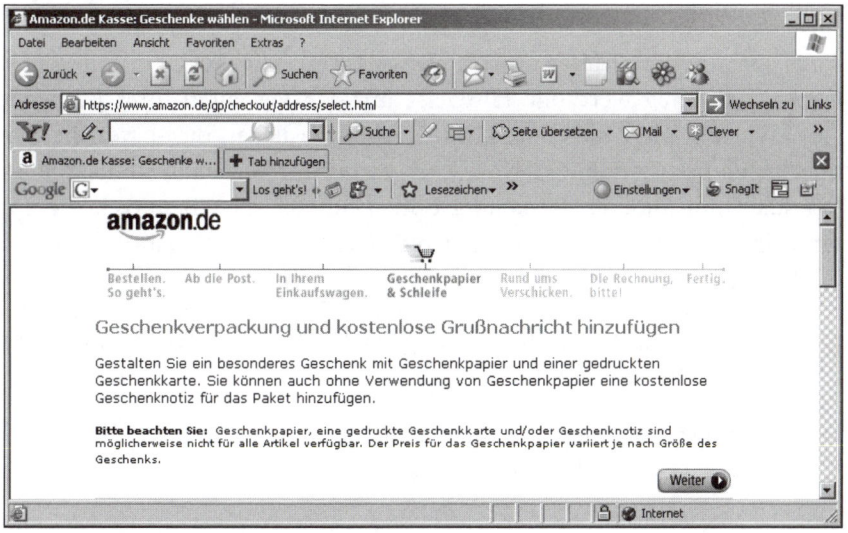

Abbildung 6.17: Kaufprozess mit sieben Schritten: Abbruchraten in fest definierten Pfaden wie diesem zeigen Ergonomieprobleme auf

Eine sinnvolle Interpretation der Daten zu Abbrüchen bieten auch fest strukturierte Prozessschritte, die in einer bestimmten Reihenfolge ausgeführt werden müssen. Denken Sie beispielsweise an einen Kaufprozess, das Bieten in einem Internet-Auktionshaus oder die Benutzung einer Onlincbanking-Anwendung.

Hier geht der Benutzer einen genau definierten Weg und passiert Stationen, die Sie geplant und vorgegeben haben. Anhand der Abbruchraten innerhalb dieser Prozesse sehen Sie genau, wo ergonomische Schwachstellen liegen.

Nutzung weiterführender Links

Bieten Sie auf Ihrer Website Links an, die auf andere Seiten führen? Dann lohnt ein Blick in die Anzahl der Klicks, die diese Links verzeichnen. Nicht alle Anbieter von Webtracking-Tools liefern diese Messungen als Standardwert aus.

Fragen Sie bei Ihrem Anbieter nach, ob Ihnen diese Daten zur Verfügung gestellt werden, und wenn ja, welche technischen Voraussetzungen hierfür auf Ihrer Site geschaffen werden müssen. Mitunter verursacht die Messung von Klicks auf externe Links technische Probleme in Ihrem Code.

Datensegmen- Auch bei diesem Messwert ist es wiederum die Segmentierung der
tierung ist Daten, die Ihnen wertvolle Hinweise auf das Verhalten Ihrer Besucher
wichtig gibt. Wie verhalten sich speziell diejenigen Besucher, die später die Site über einen bestimmten externen Link verlassen? Vielleicht finden Sie im Vergleich mit anderen Besuchergruppen heraus, dass Benutzer, die am Ende ihrer Session per Klick auf einen externen Link zur Website X wechseln,

>> dreimal so lange auf Ihrer Site verweilen als Besucher, die nicht auf diesen externen Link klicken,

>> viermal so viele Seiten besuchen wie der durchschnittliche Benutzer.

Klicks auf einzelne Seitenelemente

Für diese Art von Messung gibt es verschiedene Begriffe: Heatmaps, Overlays, Navigationsreport, Click Density Reports und andere mehr. Sie erhalten vom Webtracking-Tool typischerweise an dieser Stelle keine Tabelle, sondern eine Abbildung einer Seite aus Ihrer Website.

Diese Seite ist mit Markierungen versehen. Entweder werden direkt Daten angezeigt oder es wird ein Farbcode verwendet. Hinter diesem Farbcode verbergen sich prozentuale Anteile an Nutzerzahlen. Sie sehen daraus, welche Elemente auf der Seite wie oft angeklickt werden. Die folgenden beiden Beispiele (Abb. 6.18 und Abb. 6.19) zeigen Ihnen unterschiedliche Darstellungsformen der Klickdichte.

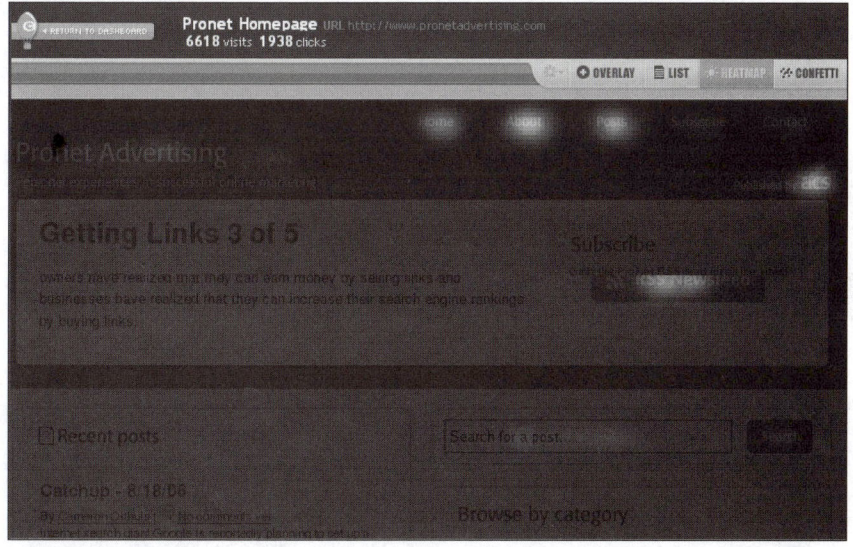

Abbildung 6.18: Beispiel für eine Heatmap: Je heller die Bereiche auf der Seite, desto häufiger werden sie angeklickt

Diese Darstellungsformen sagen Ihnen auf einen Blick viel mehr, als es Daten in Listen je könnten. Hier wird das Verhalten der Benutzer sehr realitätsnah abgebildet. Sie sehen die Seite, wie sie auch der Benutzer sieht, und können sich so besser in die Perspektive des Benutzers hineinversetzen. Wo klicken die Besucher am liebsten hin? Erfüllen sich hier Ihre Erwartungen oder finden Sie Überraschendes vor?

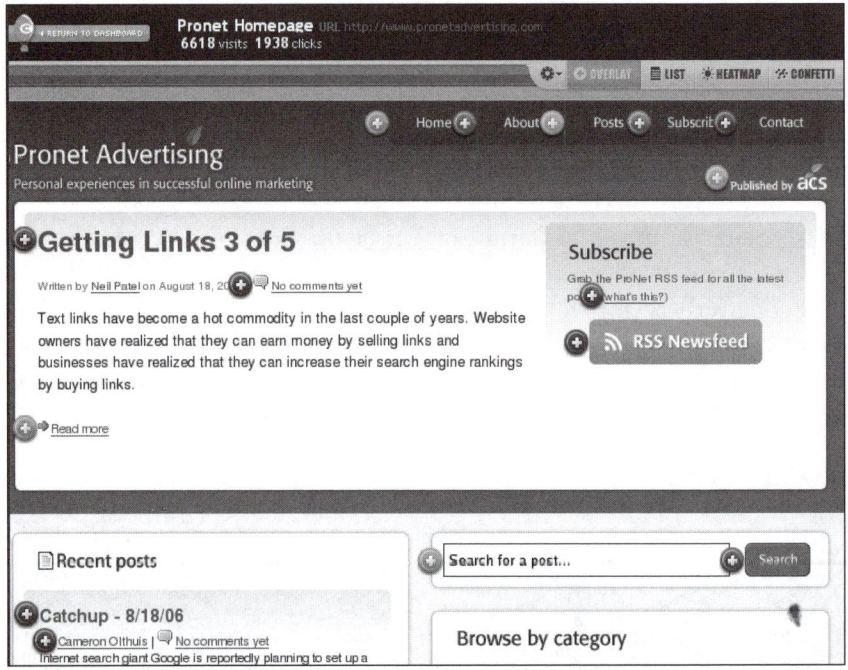

Abbildung 6.19: Zum Vergleich dieselbe Seite noch einmal, diesmal mit Overlay-Darstellung: Die kreisrunden Symbole mit dem Kreuz zeigen per Farbcode, wie beliebt die einzelnen Elemente bei den Besuchern sind

Solche Darstellungen sind auch sehr gut geeignet, um sie in Reports oder für Präsentationen zu verwenden. Sie zeigen selbst statistisch nicht versierten Lesern oder Zuhörern klar und eindeutig, wie sich die Besucher auf der Seite verhalten.

Die scheinbar einfach zu interpretierenden Heatmaps verleiten schnell zu voreiligen Schlüssen. Sie sollten nicht dazu übergehen, allein aus der grafischen Darstellung heraus das Verhalten der Besucher zu deuten. Erst in Kombination mit anderen Zahlen erschließt sich Ihnen der Wert der Daten. Diese Zahlen sollten Sie mit der Heatmap als Gesamtsicht betrachten:

>> Wie viele Besucher – absolut und relativ – diese Seite aufsuchen

>> Die Verweildauer der Besucher auf der Seite

>> Woher kommen die Besucher dieser Seite?

>> Welche Seiten wurden vorher besucht?

>> Welche Seiten werden als Nächstes besucht?

>> Nutzung dieser Seite als Ein- und Ausstiegspunkt

>> Welche Suchbegriffe Besucher auf diese Seite leiten

>> Wie lange benötigt ein Besucher, um während seiner Session diese Seite zu finden?

>> Ist die Seite suchmaschinenoptimiert?

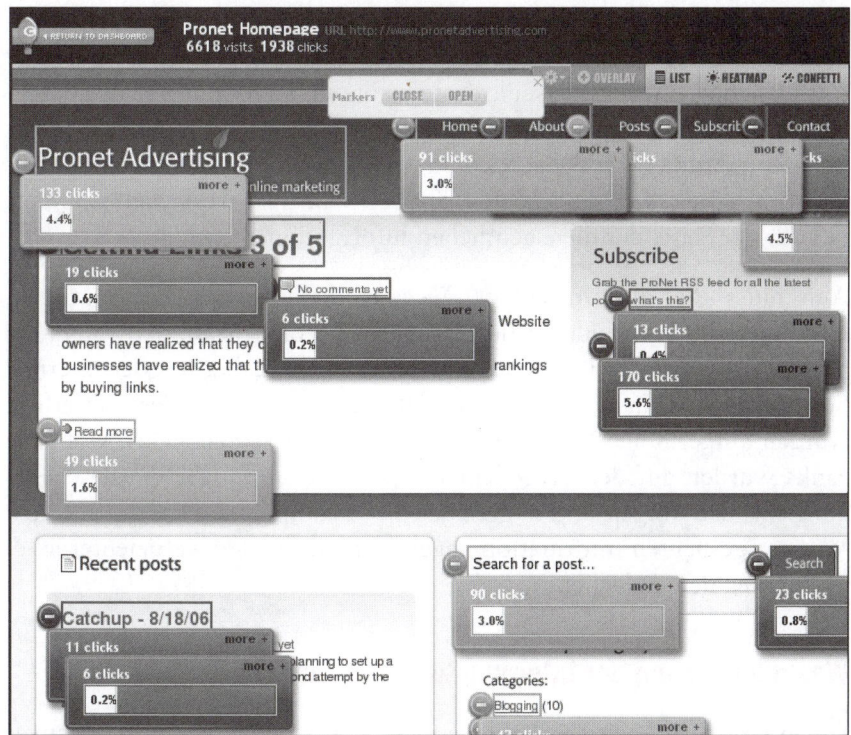

Abbildung 6.20: Absolute Zahlen der Klicks, die sich hinter Heatmaps verbergen: notwendig, um Daten zu segmentieren

Wie Informationen gesucht und gefunden werden

Fast jeder zweite deutsche Internetnutzer besucht Websites, um sich dort vor dem Kauf zu informieren. Wie effizient sind die Wege zu diesen Informationen, die Sie Ihren Besuchern anbieten? Dazu gehören die Navigationsleiste, die interne Suchfunktion, Links in Texten und FAQ-Seite. Vielleicht haben Sie auf Ihrer Site auch noch andere Elemente, wie etwa kleinformatige, optisch besonders herausgehobene Flächen, sogenannte Teaser, die als Cross-Selling-Maßnahme auf bestimmte Produkte aufmerksam machen sollen.

Vergleichen Sie die Effizienz der Wege zu den einzelnen Informationen

Vergleichen Sie: Wie viele Besucher hatten Sie insgesamt? Wie viele davon haben welchen Weg gewählt? So könnten Sie etwa feststellen, dass die Teaserflächen völlig unbeachtet bleiben. Haben Sie nun für diese Flächen eine eigene, senkrechte Spalte im Layout angelegt, können Sie diese Spalte entfernen und die Teaser an einer Stelle platzieren, wo sie mehr Aufmerksamkeit bekommen. Gleichzeitig gewinnen Sie mit dem Entfernen der senkrechten Spalte mehr Platz für den Content-bereich der Seite, der die eigentlichen Informationen enthält.

Aufschluss über die Effizienz der Wege zu den einzelnen Informationen gibt Ihnen die Verweildauer der Besucher und die Anzahl der Seiten, die aufgerufen wurden. Haben sich die Besucher ausgiebig mit der internen Suche oder der Navigation beschäftigt? Wie viele Seiten der Trefferliste wurden aufgerufen? Wie viele Links wurden dort angeklickt? Wie viele Links wurden auf den FAQ-Seiten angeklickt? Je kürzer die Beschäftigung mit den Wegen und je geringer die Anzahl der Links, die auf dem Weg zur gesuchten Information angeklickt wurde, desto effizienter leitet dieser Weg den Besucher.

Was die Nutzung der internen Suche verrät

Die interne Suche wird vielfach vernachlässigt, weil sie als unattraktives Element der scheinbar unwichtigen Metanavigation angesehen wird. Dabei benutzt im Durchschnitt jeder zehnte Besucher diese Funktion, um sich auf der Website zu orientieren. Dies ist ein vergleichsweise hoher Wert. Andere Optionen zur Navigation auf der Seite – etwa die Navigationsleiste – erzielen typische Werte um zwei Prozent.

Suchbegriffe
wöchentlich
auswerten

Interne Suche ist ein wichtiges Maß dafür, wonach Besucher auf Ihrer Website Ausschau halten. Mehr noch: Sie können davon ausgehen, dass gerade diejenigen Besucher die interne Suche nutzen, die anderweitig nicht fündig geworden sind. Vielleicht hat die Suche über die Rubriken im Produktkatalog kein Ergebnis gebracht. Nach zehn erfolglosen Klicks wird der Besucher mit hoher Wahrscheinlichkeit in die Suche überwechseln.

Empfehlenswert ist daher eine wöchentliche Auswertung der Suchbegriffe. Eventuell erfasst Ihr Webtracking-Tool auch noch die Zahl der Besucher, die die interne Suche benutzt haben – ein Messwert, der nicht einfach zu erheben ist und oft nicht angeboten wird.

Sehen Sie sich die Liste der 20 meistgesuchten Begriffe in Ihrem Kaffeeshop an. Wonach halten die Besucher Ausschau? Sie werden erstaunt sein, wie viel Interessantes Sie hier herausfinden können, z. B.:

>> **Gesucht wird nach Dingen, die Sie gar nicht online anbieten. Anscheinend erwarten aber Ihre Besucher, diese Information vorzufinden! Oder sie wünschen Produkte, die Sie nicht anbieten.**

>> **Ihre Besucher benutzen andere Begrifflichkeiten, als auf der Website verwendet wurden. Vielleicht benutzen Sie in der Navigation Fachbegriffe, die nicht verstanden und daher auch nicht angeklickt werden.**

>> **Wichtige Suchbegriffe bringen null Treffer. Haben sich etwa Rechtschreibfehler auf Ihre Website eingeschlichen, die das verursachen?**

Wenn Ihr Webtracking-Tool ermöglicht, Ergebnisse der internen Suche mit einem Overlay anzusehen, dann werfen Sie doch einen Blick darauf. Aufschlussreich sind Overlays für die wichtigsten Suchbegriffe: Wie haben die Besucher die Ergebnisse genutzt? Auf welche Resultate wurde geklickt? Wurde auf der Trefferseite erneut die Suche benutzt?

Ideal ist, wenn die ersten drei bis fünf Suchresultate die höchsten Klickraten aufweisen. Auf eine schlechte Qualität der Treffer deutet dagegen hin, wenn erneut die Suche benutzt wurde – erkennbar an der Klickrate für den Button »Suche starten« – oder wenn Benutzer in der Trefferliste nichts anklicken, sondern auf weitere Seiten blättern.

Ein deutlicher Indikator für die Qualität der Suchresultate ist die Abbruchrate. Wie viele Besucher verlassen nach wenigen Sekunden die Trefferliste, ohne dort etwas anzuklicken? Am besten, Sie beobachten diese Zahl über einen längeren Zeitraum, um zu sehen, wie sich Verbesserungen auf der Seite auswirken.

6.6   Webtracking für E-Commerce-Anwendungen

Die meisten Webtracking-Tools produzieren Reports für typische Größen, die für E-Commerce-Lösungen wichtig sind. Sie können daran sehen, wo auf Ihrer Site wirklich Geld verdient wird und ob sich Besucher auf Ihrer Website so verhalten, wie Sie das geplant haben.

Verkaufszahlen und deren Trends

Beginnen Sie auch hier mit einfachen Statistiken, die Ihnen einen Überblick geben, was und wie viel auf Ihrer Site überhaupt gekauft wird. Tragen Sie beispielsweise in Tabellenform folgende Werte ein:

>> Produktbezeichnung

>> Bestellte Stückzahl dieses Produkts

>> Summe des Gewinns pro Produkt

>> Durchschnittlicher Gewinn pro Produkt

Misst saisonale Effekte und Kampagnenerfolge

Im nächsten Schritt sehen Sie sich die Veränderungen und Trends in diesen Werten an: Sind die bestellten Stückzahlen für Spielwaren im Dezember gegenüber November um 200 Prozent angestiegen? Verkaufen sich Strandtücher im Mai, Juni und Juli besonders gut? Sie werden schnell bemerken, wie sich saisonale Trends hier niederschlagen.

Um wirkungsvolle Marketingmaßnahmen abzuleiten, sollten Sie neben den Saisoneffekten auch nachvollziehen, welche Werbeform bzw. -kampagne welchen Effekt hatte.

Die Messung dieser Daten mit Methoden des Webtrackings ist nicht einfach. Die Webtracking-Elemente, die die Bestätigungsseite der Bestellungen vermessen, müssen besonders sorgfältig angepasst werden. Trotz aller Sorgfalt kann es zu fehlerhaften Messungen kommen. Erlaubt etwa Ihr Shop Bestellungen auch für Käufer, die im Browser JavaScript deaktiviert haben, werden Sie diese Bestellungen nicht erfassen können. Zwingen Sie allerdings keinen Käufer dazu, JavaScript zu erlauben, nur damit Sie genauer messen können.

Es empfiehlt sich daher, diese Daten aus einer anderen Quelle zu entnehmen, etwa aus einer buchhalterischen Aufstellung.

Konversionsrate

Die Konversionsrate gilt nicht nur für Verkäufe. Sie messen damit auch, wie erfolgreich beispielsweise Newsletteranmeldungen waren. Errechnet wird die Konversionsrate, indem der Anteil derjenigen Besucher ermittelt wird, die etwas Erwünschtes ausgeführt haben: einen Werbebanner angeklickt, eine Seite Ihrer Geschäftspartner besucht, vom Newsletter aus die Website besucht, sich für Ihre Community registriert, einen Blog-Eintrag kommentiert oder eine Bestellung aufgegeben haben. Wenn Sie nun diese Besucherzahl mit der Gesamtzahl der Besucher vergleichen, erhalten Sie die Konversionsrate.

Wenn Sie Konversionsraten für Ihre Website noch nie gemessen haben, erschrecken Sie nicht über die niedrigen Werte. Das ist nichts Ungewöhnliches. Ein typischer Wert für die Konversionsrate beim Warenkauf liegt beispielsweise bei 2 Prozent. Das bedeutet zum einen, dass hier jede Menge Spielraum für Verbesserungen bleibt. Zum anderen heißt eine so niedrige Konversionsrate auch, dass 98 Prozent der Besucher nicht das tun, was Sie sich an einer bestimmten Stelle wünschen. Was hat diesen Besuchern gefehlt? Was haben sie nicht gefunden? Endete der Kaufprozess mit einer Fehlermeldung?

Liegt typischerweise bei 2 Prozent

Sehen Sie sich diese Rate nie isoliert an, sondern betrachten Sie sie im zeitlichen Verlauf und setzen Sie sie mit folgenden Werten in Beziehung:

>> Visits und Unique Visitors

>> Anzahl der Bestellungen

>> Erzielter Gewinn

Außerdem ist es aufschlussreich, die Konversionsraten für Ihre Werbestrategien zu segmentieren. Wie erfolgreich waren E-Mail-Marketing, Bannerkampagnen oder Suchmaschinenmarketing?

Erfolgsmessung für E-Mail-Marketing

Erfolgsmessung für Ihre E-Mail-Marketingmaßnahmen soll den Weg abbilden, den Ihre Kunden vom Öffnen der E-Mail bis zum Besuch der Website zurücklegen. Für Ihre Analysen benötigen Sie zunächst folgende Basisdaten:

>> die Anzahl der versendeten E-Mails

>> wie viele hiervon nicht zugestellt werden konnten

>> wie viele E-Mails geöffnet wurden

>> wie viele Empfänger die E-Mails abbestellt haben (z. B. Newsletter)

Technische Fehlerquellen Sowohl die Anzahl der nicht zustellbaren E-Mails als auch die Rate der geöffneten E-Mails kann aus technischen Gründen stark fehlerbehaftet sein. »E-Mail wurde zugestellt« kann beispielsweise heißen, dass eine E-Mail zwar in der Mailbox des Empfängers ankommt, aber sofort in den Ordner »Spam« einsortiert wird. Dort liegt sie ungelesen, ohne jemals den Empfänger zu erreichen.

Ebenso fehlerhaft kann die Zahl der geöffneten E-Mails ausfallen. Unterstützt etwa der E-Mail-Client des Empfängers kein HTML, werden Sie nie erfahren, ob eine E-Mail geöffnet wurde. Outlook lädt erst dann Bilder herunter, wenn der Benutzer dies will. Solange die Bilder nicht heruntergeladen sind, erhalten Sie auch keine Rückmeldung darüber, dass die E-Mail geöffnet wurde. Ein Beispiel für eine solche E-Mail sehen Sie im Bild über diesem Abschnitt.

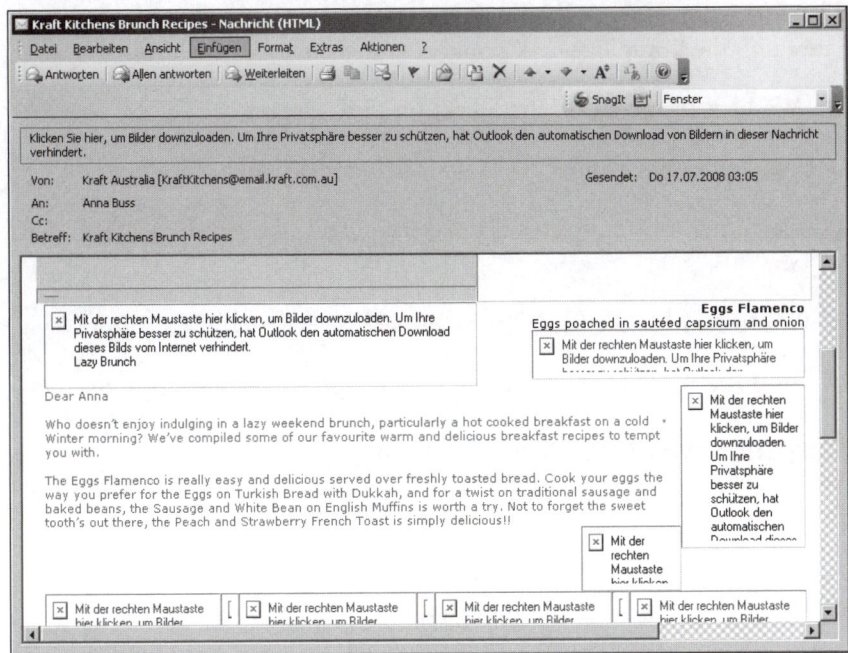

Abbildung 6.21: Outlook-Einstellungen, die zur Verfälschung der Erfolgsmessung führen: Die Bilder müssen vom Empfänger aktiv geladen werden

Aus den vier Basisdaten lassen sich wichtige Kenngrößen ableiten. Je näher die errechneten Werte an die Zahl 1 herankommen, umso besser:

**Aus
4 Basisdaten
wichtige
Kenngrößen
ableiten**

Auslieferungsrate: Ziehen Sie von der Anzahl der versendeten E-Mails diejenigen ab, die nicht zugestellt werden konnten. Diese Differenz teilen Sie durch die Zahl der versendeten E-Mails.

Abbestellungsrate: Teilen Sie die Zahl der Empfänger, die keine E-Mails mehr von Ihnen erhalten wollen, durch die Zahl der ausgelieferten E-Mails.

Öffnungsrate: Teilen Sie die Anzahl der geöffneten E-Mails durch die Anzahl der versendeten E-Mails.

Auch an dieser Stelle erhalten Sie nur dann wirklich aussagekräftige Ergebnisse, wenn Sie die Daten in Bezug zu weiteren Werten setzen und geschickt segmentieren.

Wie würde das konkret für Ihren Kaffeeshop aussehen? Setzen Sie Basis-daten und die komplexeren Kenngrößen beispielsweise in Bezug zu:

>> Wo liegt die geografische Herkunft der Adressaten?

>> Waren die Empfänger Neu- oder Bestandskunden?

>> Zeichnen sich saisonale Effekte wie z.B. das Weihnachtsgeschäft ab?

>> Wann wurden die E-Mails versendet?

>> Sind die Adressaten auf Ihrer Homepage als Käufer im Shop regis-triert?

Nach Analyse der Daten könnten Sie beispielsweise als Erfolgsfaktoren Ihrer E-Mail-Kampagnen herausfinden:

>> Versand an Empfänger in Großstädten erzielt höhere Öffnungsraten als der Versand an Landbewohner.

>> E-Mails, die sonntags versendet werden, erzielen die geringste Öff-nungsrate.

>> Je kürzer der Abstand zwischen zwei versendeten E-Mails, desto weniger E-Mails werden geöffnet.

>> Bestandskunden öffnen dreimal so häufig die E-Mails als Neukun-den.

Daraus lassen sich Strategien zur Verbesserung der Kampagnen-Daten ableiten. Was Sie jetzt noch benötigen, ist ein Maß für die Effizienz der Kampagnen. Sehen Sie sich dazu diese Messgrößen an:

Konversionsrate: Eingegangene Bestellungen geteilt durch die Anzahl der Unique Visitors, die von einem Link in der E-Mail zu Ihrer Website kamen.

Abbruchrate: Wie hoch ist der Anteil dieser Unique User, die weniger als zehn Sekunden auf Ihrer Website blieben?

Weglänge zur Bestellung: Wie viele Einzelseiten hat ein Unique User angeklickt, nachdem er von der E-Mail aus auf Ihrer Website gestartet ist?

Mit diesen Werten messen Sie beispielsweise die Effizienz von verschiedenen Seiten innerhalb Ihrer Anwendung. Wohin leiten Sie die Besucher, die einen Link in der E-Mail angeklickt haben? Sehen diese Besucher zunächst die Homepage? Oder stellen Sie sogenannte Landing Pages bereit, die für einzelne Kampagnen immer wieder neu zusammengestellt werden? Sie werden herausfinden, dass manche Kampagnen auch ohne Landing Page gut funktionieren, wenn auf der Homepage ein Störer mit entsprechenden Informationen bereitsteht.

6.7   Messgrößen ohne Aussagekraft

Jedes Webtracking-Tool liefert Ihnen neben nützlicher Statistik auch Zahlen ohne Aussagekraft oder solche Daten, die leicht zu Fehlschlüssen führen. Diese Zahlen werden gerne in Reports aufgenommen, weil ihre Darstellung so hübsch anzusehen ist – etwa die geografische Herkunft eines Besuchers oder bunte Pfadanalysen. Im Folgenden wird erläutert, warum einzelne Messgrößen ohne Aussagekraft sind, wo Gefahren in der Interpretation der Daten liegen und welche Alternativen Ihnen bessere Werte liefern.

Individuelle Pfade, die Nutzer zurücklegen

Enthält auch Ihr Webtracking-Tool bunte Grafiken, die die Pfade der Nutzer innerhalb Ihrer Website aufzeigen? Auf den ersten Blick scheint diese Darstellung sinnvoll. Schließlich haben Sie sich mit Nutzerszenarien viel Gedanken darüber gemacht, wie Sie Besucher von der einen zur anderen Seite führen möchten. Sie haben klare Vorstellungen davon, auf welchen Wegen etwa ein Besucher in den Shop gelenkt wird, sich aktiv an der Community beteiligt oder einen Newsletter bestellt. Die Pfadanalyse zeigt schließlich auf, ob sich Ihre Erwartungen erfüllen – was soll also an diesen Daten sinnlos sein?

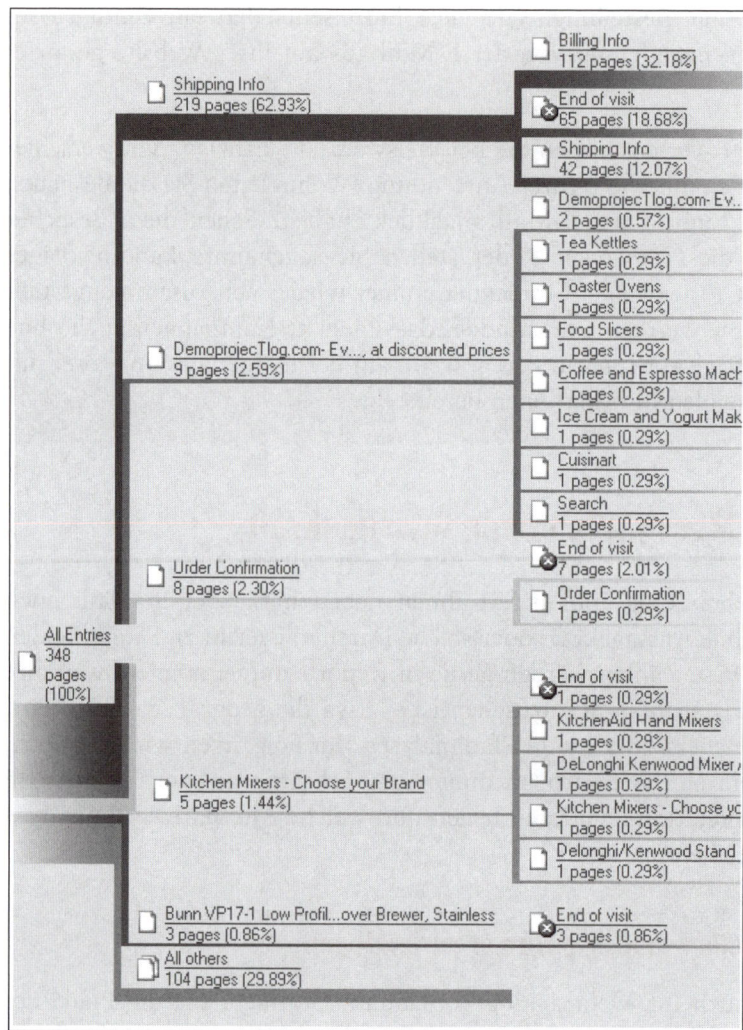

Abbildung 6.22: Darstellung von Pfaden: selten aussagekräftig, weil sich Besucher in den wenigsten Fällen linear durch eine Website bewegen

Besucher bewegen sich nicht linear

In den seltensten Fällen tun Besucher das, was Sie geplant haben. Besucher nutzen die Website auf sehr individuelle Weise. Das erklärt die erfahrungsgemäß niedrigen Prozentzahlen, die bestimmte Pfade erzielen. Normalerweise gibt es auf einer Website kaum einen Pfad, den mehr als fünf Prozent aller Benutzer wählen. Meist wird ein bestimmter Pfad von weniger als einem Prozent der Besucher gewählt.

Woran liegt das? Schon bei einer sehr geringen Anzahl von einzelnen Seiten ergeben sich viele denkbare Pfade. Ganz zu schweigen von Websites, die 100 oder mehr Einzelseiten enthalten. Je mehr Seiten also Ihre Website hat, desto weniger Benutzer werden denselben Pfad nehmen und desto weniger aussagekräftig sind Pfadanalysen.

Ein weiterer Haken ist in der Darstellung der Pfadanalysen verborgen. Die Darstellungsweise, die von Webtracking-Tools gewählt wird, kann nicht die Komplexität der Pfade widerspiegeln, die in Wirklichkeit genommen werden. Die Darstellung im Webtracking-Tool suggeriert eine nahezu lineare Bewegung der Benutzer: von Seite A zu Seite B, von dort aus weiter zu Seite C. In Wirklichkeit sieht die Reise des Benutzers auf Ihrer Website so aus: von Seite A zu Seite B, dann zurück zur Homepage, von dort aus mit dem »Zurück«-Button im Browser wieder auf Seite B, dann zurück zu A und von dort aus über den Umweg der Homepage auf Seite C. Solche »Vor-Zurück«-Interaktionen lassen sich sehr schlecht visualisieren.

Pfade sind in Wirklichkeit komplexer

Aber selbst wenn die Besucher Ihrer Website eindeutige Wege nehmen würden: Was könnten Sie daraus ablesen? Es ist nicht möglich, aus einer Serie von Schritten diejenige Seite zu identifizieren, die beispielsweise so sehr von Ihren Produkten überzeugt, dass Besucher zu Käufern werden. Selbst wenn Sie einen Verdacht haben: Welche Information auf der Seite war es, die letztlich Ihre Kunden erfolgreich in den Shop geführt hat?

Die Pfaddarstellung verschleiert ein weiteres Phänomen. Hier werden verschiedene Besucherströme miteinander in einen statistischen Topf geworfen:

>> Besucher, die von Suchmaschinen kommen

>> Besucher, die auf einen Link in Ihrem Newsletter geklickt haben

>> Besucher, die auf Empfehlung eines Freundes auf die Homepage gestoßen sind

Überlegen Sie, welche unterschiedlichen Vorstellungen und Ziele diese Besucher haben. Einer surft ohne Ziel aus Langeweile, ein anderer sucht gezielt nach der FAQ-Seite, ein Dritter hält Ausschau nach Sonderangeboten, die im Newsletter angekündigt wurden. Wie soll eine Pfadanalyse hier Aufschlüsse liefern, die all diese Ziele als ein großes Ganzes widerspiegelt?

Bei Prozessen ist Pfadanalyse sinnvoll

Die einzige Ausnahme für sinnvolle Pfadanalysen sind Prozesse, die als eindeutige Schrittfolgen festgelegt sind und außer »Vor« und »Zurück« über keine weiteren Navigationselemente verfügen.

Die Anbieter von Webtracking-Tools haben dieses Problem bereits erkannt und bieten deshalb als Alternative zu den Pfaden die Darstellung von Contentgruppen an.

Trick bei der Pfaddarstellung

Bei der Darstellung der Pfade war das größte Hindernis für eine Interpretation der Daten, dass es auf einer Website mit Hunderten Einzelseiten unzählige Möglichkeiten gibt, wie Besucher sich bewegen können.

Fasst man nun die Hunderte Seiten in Gruppen zusammen, wandelt sich das Bild von Pfaddarstellungen.

So kann man etwa auf einer typischen E-Commerce-Website wie Ihrem Kaffeeshop die Seiten wie folgt gruppieren:

>> Produktkatalog

>> Produktdetailseiten

>> Warenkorb

>> Bezahlprozess

>> Homepage und andere Einstiegsseiten

Auf diese Weise werden aus 500 Seiten fünf Seitentypen. Passt man die Pfaddarstellung an diese Gruppierung an, wandelt sich das Bild. Statt kleinteiliger Aufsplittung in Hunderte Pfade erhält man nun einen gröberen, aber zugleich auch aufschlussreicheren Einblick in das Verhalten der Benutzer.

Jede Gruppe erhält in der Pfaddarstellung eine eigene Spalte. Gezeigt wird, wie viel Prozent der Besucher welche Seitengruppe wann aufsuchen. So stellen Sie dann fest, dass 10 Prozent Ihrer Besucher auf der Homepage einsteigen, davon 5 Prozent auf eine Produktdetailseite gehen, dann 50 Prozent in den Warenkorb springen, aber nur 1 Prozent den Bezahlprozess vollständig durchläuft.

Um diese Methode sinnvoll zu nutzen, müssen Sie große Sorgfalt dafür verwenden, Ihren Content zu gruppieren. Sie sehen daraus, wie stark jede Gruppe die Besucher dorthin lenkt, wo Sie sie haben möchten: im Warenkorb, auf der Registrierungsseite oder im Newsletter-Abo.

Manche Reports sind in der Lage, innerhalb der Seitengruppen diejenigen fünf oder sechs zu identifizieren, die am meisten angeklickt werden. So erkennen Sie schnell, dass auf dem Weg zum Warenkorb nicht etwa Produktdetailseiten, sondern die FAQ-Seite am meisten aufgesucht wurde.

Manche Webtracking-Tools zeigen Ihnen zusätzlich an, wie sich verschiedene Besucherströme verhalten. Sie können so feststellen, welche Seiten von Besuchern bevorzugt werden, die von Suchmaschinen aus auf Ihre Website kommen.

Steigerungen der Konversionsrate

Die Konversionsrate misst, wie hoch der Prozentsatz derjenigen Besucher ist, die auf Ihrer Website das tun, was Sie von ihnen wünschen: im Shop einkaufen, einen Newsletter bestellen, die Site weiterempfehlen oder den Link zu einer Partnersite anklicken.

Differenzieren Sie hier genau. In der Praxis wird oft der Fehler begangen, die Konversionsrate als Ganzes zu betrachten. Auf Segmentierung wird verzichtet. Dabei ist der Wert für eine »Konversion« nichtssagend, weil nicht klar ist, welche Art der Konversion hier gemeint war: Produktkäufe, Newsletter-Abos oder die Registrierung für die Community?

Verzichten Sie nicht auf Segmentierung

Konversion ist das magische Element in jedem Report, das neben den Besucherzahlen am meisten interessiert. Typisch sind hier Werte um zwei Prozent. Daher konzentrieren sich alle Bemühungen darauf, die Konversion zu steigern. Koste es, was es wolle. Und genau das ist verhängnisvoll.

Der Wert von zwei Prozent für eine Konversion zieht sich durch viele Internetanwendungen. Selbst professionelle Sites wie eBay oder Amazon, die von Heerscharen cleverer Strategen ständig neu ausgerichtet werden, verzeichnen keine besseren Werte.

Besucher, die sich nur umschauen, sind genauso wertvoll wie Käufer

Hat es Sinn, sich hauptsächlich mit einer Minderheit von Besuchern auseinanderzusetzen? Zwei von 100 Besuchern stehen durch die Fokussierung auf die Konversionsrate im Mittelpunkt des Interesses. Doch was ist mit den restlichen 98? Auch wenn diese Besucher nichts auf Ihrer Website kaufen, tragen sie zum Erfolg Ihres Unternehmens bei.

Sie informieren sich beispielsweise über Produkte, um sie dann in einem Laden zu erwerben. Oder sie suchen eine Bedienungsanleitung online, beheben selbst einen Gerätefehler und entlasten so Ihren Kundenservice. Andere wiederum sehen sich Bilanzen und Pressemitteilungen an, weil sie den Kauf einer Unternehmensaktie planen.

All diese Besucher werden ignoriert, wenn eine Fokussierung auf die Konversionsrate stattfindet. Die Tatsache, dass die Ziele und Absichten der anderen, »nichtkonvertierten« Besucher schwer zu messen und noch schwerer in konkrete Gewinnzahlen zu fassen sind, unterstützt die Hinwendung zur Konversion. Deren Ergebnisse sind einwandfrei auf Heller und Pfennig belegbar.

Trotzdem dürfen Sie die Nichtkäufer auf Ihrer Website nicht aus den Augen verlieren. Schon der wenige Aufwand einer kleinen Umfrage hilft hier weiter. Stellen Sie nur zwei Fragen:

>> Aus welchem Grund besuchen Sie die Website?

>> Haben Sie das erreicht, was Sie mit dem Besuch der Website bezweckt haben?

Wenn Sie diese Umfrage über einen längeren Zeitraum immer wieder schalten, erhalten Sie ein umfassendes Bild darüber, wie hilfreich Ihre Website für die Besucher ist.

Keine Frage: Durch die Umfrageergebnisse entsteht eine Vielzahl von Aufgaben. Der Aufwand, diese zu lösen, liegt scheinbar höher als der, welcher »allein« für die Verbesserung der Konversionsrate anfällt. Hier lohnt es sich, nicht auf kurzfristige Effekte abzuzielen. Sicher können Sie mit Sonderangeboten und massiver Bannerschaltung die Zahl der Käufe in die Höhe treiben. Was bleibt, sind immer noch die 98 von 100 Besuchern, die sich davon wenig beeindrucken lassen.

Arbeiten Sie nicht mit Hochdruck daran, dass die Besucher tun, was Sie geplant haben. Sorgen Sie vielmehr dafür, dass die Besucher das tun können, was ihr Ziel bei der Nutzung der Website ist. Sehen Sie den Begriff der Konversion aus einer anderen Perspektive. Betrachten Sie Konversion nicht als das, was Besucher tun sollen, sondern tun wollen. Wenn es Ihnen gelingt, statt der Anbieter- die Käuferperspektive einzunehmen, binden Sie Besucher auf Dauer.

Sehen Sie Ihre Website aus Käuferperspektive

Bedenken Sie beim Betrachten der Konversionsrate auch, dass Sie mit den Mitteln des Webtrackings nicht alle Effekte erfassen können, die hier Einfluss nehmen.

Anhand der folgenden Beispiele werden drei Einflussgrößen für Ihren Kaffeeshop beschrieben, die Ihnen kein Webtracking-Tool abbilden kann.

Es kann durchaus vorkommen, dass Konversion sich außerhalb Ihres Onlineshops abspielt. Wenn Sie etwa online Gutscheine zum Ausdrucken anbieten, diese aber in Ihrem Laden eingelöst werden müssen. Wie erfolgreich diese Aktion ist, erfahren Sie nicht durch Analyse der Klicks auf den Button »Gutschein drucken«.

Bedenken Sie auch die Stornorate bei den Bestellungen. Recht gut kalkulierbar sind Stornoraten, die weitgehend gleich bleiben. Problematisch wird es, wenn diese Raten schwanken.

Angenommen, Sie haben eine geringe Konversionsrate und gewinnen nur wenige Käufer. Was auf den ersten Blick negativ wirkt, kann sich durchaus positiv entwickeln. Was geschieht beispielsweise, wenn diese wenigen Käufer immer wieder kommen, ganz unabhängig von Ihrer Website zu Stammkunden in Ihrem Laden werden und Ihre Site weiterempfehlen? Solche Effekte finden im Webtracking keine Berücksichtigung.

Echtzeitdaten

Anbieter von Webtracking-Tools unterbieten sich gegenseitig mit der Geschwindigkeit, mit der neue Daten erhoben und versendet werden. Statistiken werden im Stundentakt erneuert, und wer mag, bekommt die brandneuen Werte auch gleich aufs Handy geliefert.

Ein Anbieter befüllt mit den aktuellsten Daten sogar einen Bildschirmschoner, damit die Zahlen auch wirklich ständig vor Augen sind. Ein anderer lässt kleine Hinweisfenster aufgehen, sobald ein definierter Benutzer die Seite ansieht, bestimmte Suchbegriffe eingegeben werden oder ein Besucher mit einer definierten Bildschirmauflösung die Seite betritt.

Abbildung 6.23: Echtzeitdaten: Hinweisfenster öffnen sich, sobald ein definierter Benutzer die Seite betritt

Doch was fangen Sie konkret mit diesen Datenbergen an? Je mehr Daten zu sichten sind, desto weniger Zeit bleibt für Auswertung und Analyse. Die schnelle Datenlieferung sorgt dazu noch für Druck, ebenso schnell passende Auswertungen zu liefern. Und je mehr Daten Sie erhalten, desto mehr Menschen müssen sich mit der Auswertung beschäftigen.

Je mehr Daten, desto weniger Zeit für Auswertung und Analyse

Echtzeitdaten üben trotz allem einen großen Reiz aus: Sie suggerieren, dass noch so kleine Effekte sofort messbar sind und Reaktionszeiten immer stärker schrumpfen. »Fragen Sie nicht, was Sie auf lange Sicht tun können«, schreibt ein Anbieter auf seiner Website. »Fragen Sie lieber, was Sie sofort tun sollten.«

Web Analytics Tools, die keine Echtzeitdaten anbieten, schaffen es immer seltener in die engere Wahl, wenn ein solches Tool im Unternehmen angeschafft werden soll. Andere, viel wichtigere Kriterien – etwa die Fähigkeit zu Datensegmentierung – bleiben dabei unbeachtet.

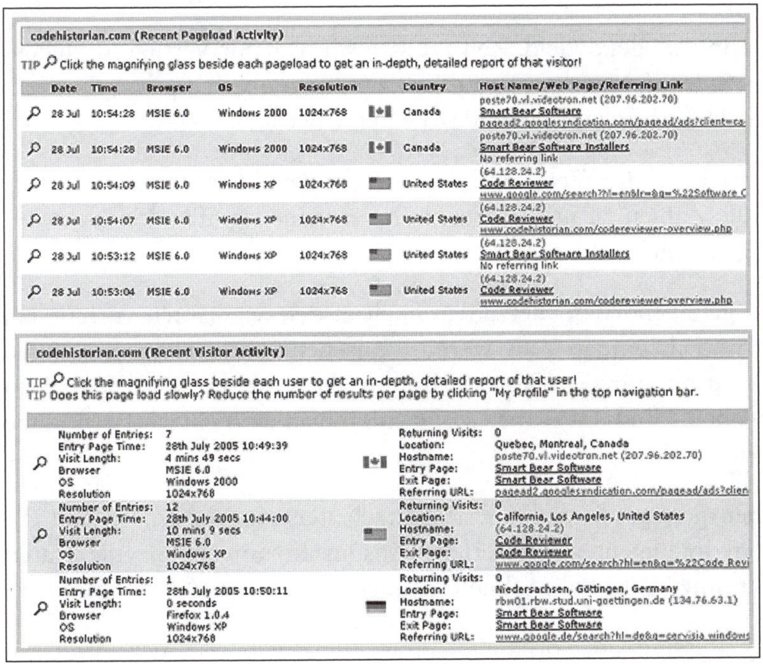

Abbildung 6.24: Realtime-Daten: liefern große Informationsmengen, die oft ungesichtet bleiben

Zudem steigen die Kosten für Webtracking aus folgenden Gründen an:

>> Datenlieferungen im Stundentakt lassen sich viele Anbieter von Webtracking-Tools teuer bezahlen.

>> Für Inhouse-Lösungen muss mehr Speicherplatz geschaffen werden, um die ansteigenden Datenmengen aufzunehmen.

>> Mehr Daten in kürzerer Zeit auszuwerten erfordert mehr Mitarbeiter.

>> Sie benötigen entsprechend schneller Daten von Dritten, etwa von Agenturen, die für Sie E-Mail-Marketing betreiben. Auch das verursacht Zusatzkosten.

Letztlich besteht die Gefahr, dass nicht mehr Ressourcen zur Verfügung stehen, die Datenberge lediglich aufgehäuft und nicht mehr sorgfältig interpretiert, sondern nur in diversen Reports wiedergegeben werden.

Selbst wenn genügend Geld, Zeit und Ressourcen zur Verfügung stehen: Nicht für jedes Unternehmen sind Echtzeitdaten überhaupt von Nutzen. Folgende Checkliste gibt Ihnen dazu einen Überblick:

>> Verzeichnet Ihre Website überhaupt genügend Besucherzahlen? Fallen die Zahlen zu niedrig aus, können keine signifikanten Schwankungen abgeleitet werden.

>> Sind genügend Besucherzahlen auch in den Segmenten vorhanden, wo Sie Echtzeitdaten als wertvoll ansehen? Vielleicht interessieren Sie sich nur für die Käufer in Ihrem Shop, die mehr als 200 Euro ausgeben. Sind dies aber zu wenig, bleiben Echtzeitdaten ohne Wert.

>> Stehen genügend qualifizierte Mitarbeiter zur Verfügung, um die Daten intelligent auszuwerten? Ansonsten können Sie die Daten nicht nutzen, egal wie schnell sie angeliefert werden.

>> Sind Ressourcen vorhanden, um die Ergebnisse der Analysen schnell in Geschäftsprozesse umzusetzen? Falls nicht, bleiben Ihre brillanten Schlussfolgerungen ungenutzt.

6.8   Weiterführende Links

>> Hier informiert die Berufsorganisation der Web-Analytics-Experten:

http://www.webanalyticsassociation.org/

>> In diesem englischsprachigen Forum können Sie Kontakte zu anderen Web-Analytics-Spezialisten knüpfen:

http://www.webanalyticsdemystified.com/discussion_list.asp

>> Studien, Reports und Trendberichte zum Thema Webtracking finden Sie unter:

http://www.e-consultancy.com/topic/web-measurement-analytics/?waa

KAPITEL 7
Web 2.0: Treiber für E-Commerce?

Bestimmt haben Sie Berichte in den Medien verfolgt über Web 2.0, das Trendthema, an dem man kaum vorbeikommt. So machte das von Benutzern zusammengestellte Onlinelexikon Wikipedia Schlagzeilen, als es die ehrwürdigen Brockhaus-Bände verschwinden ließ. Von »Medienrevolution« ist die Rede. Genauso aufgeregt klingen die Zeitungsüberschriften, wenn von Verbraucherportalen die Rede ist, die die neue Macht der Konsumenten bündeln, Marken steuern und auf nie geahnte Weise Kaufentscheidungen beeinflussen.

Die Treiber für die rasante Entwicklung von Web-2.0-Diensten sind die deutlich angestiegene Bandbreite, sinkende Nutzungskosten und die hohe Anzahl von Menschen, die über einen Internetzugang verfügen.

Ohne hohe Bandbreiten wären Anwendungen wie die Videoplattform YouTube nicht nutzbar. Mit einfachen Modem- oder ISDN-Zugängen lassen sich viele Web-2.0-Dienste erst gar nicht nutzen. Netzzugänge, wie sie heute üblich sind, leisten das 40- bis 80-Fache der Ladegeschwindigkeit, wie sie noch vor wenigen Jahren Standard war. Und die Übertragungsgeschwindigkeit steigt durch neue Techniken ständig weiter an. **Hohe Bandbreiten**

Sinkende Nutzungskosten erlauben zudem eine zeitintensive Beschäftigung mit dem Internet. Musste man sich früher ins Netz einwählen und auf den tickenden Gebührenzähler achten, kann man sich in Zeiten von Flatrates entspannt zurücklehnen und lang im Netz surfen. Mit wenigen Mausklicks werden Einträge im Onlinelexikon, die Meinungen anderer Benutzer zu einem Produkt oder ein Blog aufgerufen. **Sinkende Nutzungskosten**

Da viele Web-2.0-Dienste umso reizvoller werden, je mehr Menschen an ihnen teilhaben, trägt die hohe Zahl der Internetnutzer stark zur Attraktivität von ihnen bei. Galt das Internet noch Mitte der 90er-Jahre als Tummelplatz für männliche Maschinenbaustudenten, gehört heute der Internetanschluss in den Industrieländern für beinahe jeden Haushalt zum Standard. Die Bandbreite der Nutzer reicht dabei vom Kindergartenkind bis zum Altenheimbewohner. **Immer mehr Nutzer online**

Doch was ist Web 2.0 überhaupt? Welche Chancen und Risiken stecken dahinter? Welches Element könnten Sie für Ihren Shop oder Ihre Website nutzen?

7.1   Web 2.0 – was ist das?

Hinter dem Begriff Web 2.0 verbirgt sich eine Reihe neuer interaktiver Techniken und Dienste im Internet.

Benutzer werden selbst aktiv

Ihnen ist gemeinsam, dass aus den früher passiven Besuchern einer Website aktive Nutzer werden, die auf neuartige Weise selbst Inhalte veröffentlichen oder sich miteinander vernetzen. Web 2.0 wird deshalb auch oft als Social Web oder Mitmach-Web bezeichnet.

Freilich war es auch schon vor Jahren für jedermann möglich, eigene Inhalte ins Netz zu stellen. Manche Technologien waren einfach bedienbar – etwa Chats und Foren. An anderen Stellen waren aber Hürden zu überwinden: Ohne Fachkenntnisse ging es nicht. Wer online etwas veröffentlichen wollte, musste beispielsweise HTML und entsprechende Editoren beherrschen.

Abbildung 7.1: Blog-Plattform im Internet: Ohne Vorkenntnisse oder spezielle Software ist das eigene Blog in wenigen Minuten fertiggestellt

Web 2.0 hat das längst überflüssig gemacht. Mit einfach zu bedienenden Oberflächen kann heute jeder online im Handumdrehen Fotoalben erstellen, Podcasts, eine Art »Radiosendung auf Abruf«, veröffentlichen,

Kommentare schreiben, ein Produkt bewerten, einen Lexikoneintrag vervollständigen oder ein eigenes Blog anlegen. Die Grenze zwischen Anbieter und Benutzer verschwimmt immer mehr.

Darüber hinaus erleichtert und fördert Web 2.0, dass sich Nutzer miteinander vernetzen. Web-2.0-Techniken lassen den Nutzer auch durch Empfehlungen anderer Benutzer neue Inhalte finden, die auf die eigenen Interessen zugeschnitten sind – etwa Alben von Interpreten, die dem individuellen Musikgeschmack entsprechen.

Benutzer vernetzen sich

Zum Web 2.0 gehören auch neuartige Services und Programmiertechniken wie etwa Ajax oder RSS-Feeds. Ajax vervollständigt wie durch Zauberhand Formulare, wechselt statt der ganzen Site nur noch diejenigen Seitenbestandteile aus, deren Inhalt sich geändert hat, und lässt eine Website ähnlich reagieren wie ein PC-Desktop. RSS-Feeds teilen dem Benutzer mit, was sich auf einer Site getan hat, und zeigen dem Benutzer die neuen Inhalte in einem speziellen Leseprogramm an, das auf dem Desktop liegt.

Neuartige Services und Programmiertechniken

7.2   Umgang mit dem Social Web

Grundlegende Eigenschaft von Web 2.0 ist, dass jeder, der etwas veröffentlichen möchte, dies per Mausklick ohne Aufwand tun kann. Engagierte Web-2.0-Nutzer können mit dieser neuen Form der Publikation großen Einfluss ausüben.

Unterschätzen Sie nicht die Eigendynamik, die die Veröffentlichung einer Information entwickeln kann. Durch den hohen Vernetzungsgrad der Benutzer verbreiten sich Daten wesentlich schneller, als es bisher durch eine klassische Publikation auf einer Website ohnehin möglich war.

Social Web besitzt eine hohe Eigendynamik

Im Kapitel 6 haben Sie Verbraucherportale schon als wichtige Quelle für strategische Überlegungen kennengelernt. Für Ihren Kaffeeshop können Sie aber weit mehr aus dem gewinnen, was Nutzer in Verbraucherportalen über Ihr Unternehmen schreiben. Sie haben hier eine einfache Möglichkeit, mit Ihren Kunden in Dialog zu treten.

Werden Sie selbst Mitglied in einem Verbraucherportal und antworten Sie den Autoren derjenigen Beiträge, die sich mit Ihrem Unternehmen befassen. Beklagt etwa jemand, dass Sie eine bestimmte Kaffeesorte nicht mehr im Sortiment haben, können Sie hier die Gründe dafür erläutern. Oder Sie nehmen die Kritik zum Anlass, diesen Kaffee wieder anzubieten. Wenn Sie hier offen und ehrlich reagieren, werden Ihre Kunden diese Kontaktmöglichkeit rege nutzen.

Unternehmen müssen künftig vermehrt und dauerhaft darauf achten, was über sie und ihre Produkte online verbreitet wird. Es gilt die Bewegungen und Tendenzen in relevanten Blogs, Verbraucherforen, Communitys oder Podcasts genau zu beobachten. Kritik oder Gerüchte müssen genauso schnell aufgespürt werden wie Produkttrends und neue Geschäftsfelder.

Neue Dialogmöglichkeiten mit den Kunden

Umgekehrt erhalten Unternehmen durch Web-2.0-Dienste völlig neue Dialogmöglichkeiten mit ihren Kunden. Die Kundenbindung kann vertieft werden; neue Zielgruppen, die über klassische Maßnahmen wie Plakatwerbung nicht erreicht worden wären, lassen sich etwa als Leserschaft eines Blogs gewinnen. Welche Möglichkeiten sich hier bieten, stellt Ihnen dieses Kapitel vor.

7.3   Die wichtigsten Dienste im Web 2.0

Blogs

Entstanden ist der Begriff aus »World Wide Web« und »Log«, dem englischen Wort für Logbuch. Hier veröffentlichen Autoren Erlebnisberichte, Gedanken, Meinungen oder andere Inhalte. Das Spektrum an Themen ist unüberschaubar: Hier stellt jemand täglich ein Foto seiner Himalajatour ins Netz, dort berichtet ein anderer Nutzer über Bauarbeiten vor seiner Haustür, ein dritter Autor macht sich Gedanken zur Bürgermeisterwahl seiner Stadt, juristischen Fachthemen oder medizinischen Forschungsergebnissen.

Typisch für alle Blogs ist, dass es sich um persönliche Sichtweisen handelt und daher stark aus der Ichperspektive berichtet wird. Dementsprechend spielt die Person des Blog-Autors eine große Rolle. Wichtige Ergänzung zu den Blog-Inhalten sind Zusatzinformationen über den Schreiber wie Bild und Lebenslauf.

Geschrieben in der Ichperspektive

Blogs enthalten eine Vielzahl interaktiver Elemente. So lassen sich vom Blog-Autor Links einfügen, die zu anderen Blogs führen, die der Autor interessant findet. Ein Klick, und schon ist der Blogleser zu einem neuen Blog weitergehüpft. Neue Blog-Einträge können vom Leser des Blogs abonniert werden. Und nicht zuletzt lassen sich Blog-Einträge kommentieren. Durch diese Mechanismen sind Blogs sehr dicht miteinander verwoben.

Wikis

Abbildung 7.2: Wikipedia: eins der populärsten und lebendigsten Wikis im Web

Sammlung von Informationen

WikiWebs, kurz Wiki genannt, umfassen Sammlungen von Internetseiten, die nicht nur gelesen, sondern auch von jedem Leser verändert, ergänzt und bebildert werden können. Der eigenen Gestaltung sind in grafischer Hinsicht allerdings enge Grenzen gesetzt. Die hohe Qualität der Beiträge entsteht dadurch, dass viele Menschen gemeinsam an den Inhalten arbeiten, veränderte oder neue Inhalte prüfen und korrigieren. Das bekannteste Beispiel für ein WikiWeb ist die Onlineenzyklopädie Wikipedia mit mehr als 1,5 Millionen Einträgen.

Communitys

Netzwerke für Benutzer

Communitys dienen dazu, Benutzer miteinander zu vernetzen. Es gibt Communitys, die im Wesentlichen auf die Pflege und das neue Knüpfen von Kontakten angelegt sind, etwa Facebook oder Xing. Bei anderen Communitys steht nicht unbedingt die Kontaktsuche im Vordergrund, sondern der Austausch von Wissen. Hier versammeln sich Benutzer, die an eingegrenzten Themen interessiert sind. So gibt es Communitys für Hundehalter, BMW-M3-Fahrer, Snowboarder, Barbiepuppenbesitzer, Hobbyköche oder Papageienliebhaber.

Foto- und Videoplattformen

Mehr als nur bunte Bilder ansehen

Plattformen wie Flickr und YouTube bieten die Möglichkeit, eigene Bilder und Filme ins Internet zu stellen und anderen Nutzern zugänglich zu machen. Durch zahlreiche Interaktionsmöglichkeiten wie Einladen von Freunden, Bewerten von Bildern, Vergeben von Auszeichnungen sind die Benutzer solcher Plattformen miteinander vernetzt.

Verbraucherportale und Empfehlungswebsites

Produktempfehlungen lesen und schreiben

Für viele Menschen ist das Internet die erste Anlaufstelle, um sich vor dem Kauf eines Produkts zu informieren. Verbraucherportale und Sites, wo Produktempfehlungen ausgesprochen werden, haben entsprechende Beliebtheit erlangt. Hier können Produkte bewertet, beschrieben und kommentiert werden.

Social Bookmarking

Abbildung 7.3: Linkarena, Mister Wong, Netselektor und viele andere: Symbole für verschiedene Social Bookmarks

Bestimmt kennen Sie die Funktion »Zu Favoriten hinzufügen« in Ihrem Internetbrowser. Stellen Sie sich vor, Sie veröffentlichen Ihre Favoritenliste online und machen sie damit anderen Nutzern zugänglich. Nach diesem Prinzip funktionieren Social Bookmarks. Auch hier ist es typisch, dass die Einträge durch Kommentare, Bewertungen und Verschlagwortung – sogenannte Tags – miteinander vernetzt sind.

Social Bookmarks sind bei den Internetnutzern beliebt, weil sie vielfältige Vorteile bieten. Einmal bei einem Social-Bookmark-Dienst gespeichert, können diese von überall her abgerufen werden. Hinzufügen von neuen Bookmarks funktioniert schnell und es ist ebenfalls egal, ob der Rechner zu Hause oder am Arbeitsplatz genutzt wird.

Wie Social Bookmarks funktionieren

Nicht nur als Speicherplatz sind Social-Bookmark-Dienste interessant. Auch ohne angemeldet zu sein, lassen sich die Inhalte dieser Plattformen nutzen. Wer hier herumstöbert, profitiert von der Auswahl, die andere Benutzer getroffen haben. Anders als bei Suchmaschinentreffern, die mithilfe eines Algorithmus ausgewählt wurden, sind die Links der Social Bookmarks schon manuell gesichtet und für interessant befunden worden.

Wer bei seiner Suche unschlüssig ist und noch keine konkreten Suchbegriffe in eine Suchmaschine eingeben mag, ist mit Social Bookmarks ebenfalls gut beraten. Hier kann in Themengebieten wie in einem Katalog herumgestöbert werden, bis das Passende gefunden ist.

Mash-Ups

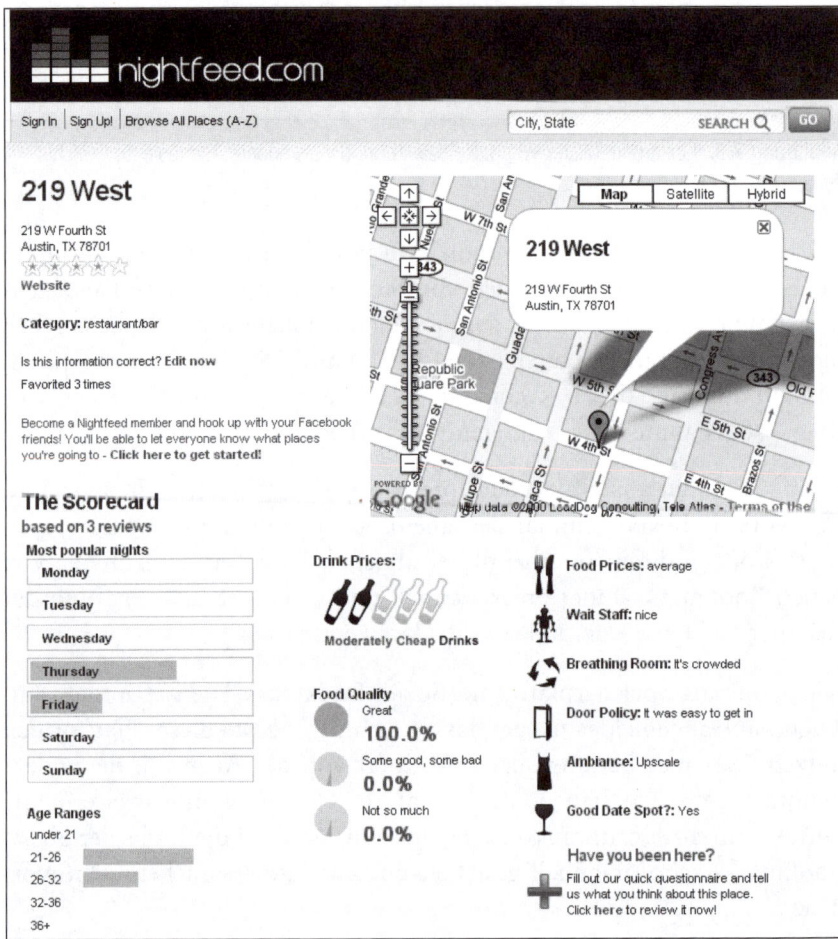

Abbildung 7.4: Wohin heute Abend? Dieses Mash-Up kombiniert Google Maps mit Facebook, um die Planung von Partys und Ausflügen zu erleichtern

Verknüpfen vorhandene Daten und Funktionen auf neuartige Weise

Mash-Ups verknüpfen vorhandene Daten und Funktionen aus mindestens zwei Informationsquellen auf neuartige Weise miteinander und schaffen eigenständige Informationsangebote. So werden geografische Daten, Videos, Verkehrsnachrichten, Wettervorhersagen, Bilder und anderes mehr miteinander verwoben. Es entstehen Landkarten, die Jobangebote regional zuordnen, interaktive Touristenführer oder Straßenkarten, die Staumeldungen abbilden. Die Mehrheit der heute verfügbaren Mash-Ups bezieht sich auf regionale Inhalte und hat einen starken Bezug zu geografischen Daten. In vielen Mash-Ups werden Informationen an Karten wie Google Maps geknüpft.

Feeds

Feeds sorgen dafür, dass automatisch neue Inhalte von Internetseiten extrahiert und auf dem Rechner des Benutzers in einem kleinen Fenster angezeigt werden. Wer Inhalte per Feed sozusagen »abonniert« hat, muss daher die Quelle der Information, also die eigentliche Internetseite, nicht mehr aufsuchen und ist trotzdem stets auf dem neuesten Stand.

Extrahieren neue Inhalte von Internetseiten

Feeds kommen bei Blogs zum Einsatz, aber auch auf Seiten mit Börsenkursen, Wetterdaten, Nachrichtentickern und anderen Inhalten, die häufig aktualisiert werden.

Die Nutzung von Feeds ist einfach: Aktuelle Browserversionen enthalten bereits Module für Feeds. Spezielle Software zum Nutzen von Feeds muss daher nicht mehr installiert werden.

Podcasts

Das exotisch klingende Wort setzt sich aus dem Produktnamen des beliebten MP3-Players iPod und dem englischen Begriff für Sendung, »broadcast«, zusammen.

Ton- und Videodateien

Podcasts kann man als eine Art Radiosendung betrachten, die zum Abruf im Web bereitsteht. Viele Podcast-Produzenten stellen die Inhalte regelmäßig ins Netz. Sie sind daher vergleichbar mit Radio- oder TV-Sendungen, die – anders als eine herkömmliche Radio- oder Fernsehsendung – ohne festen Ausstrahlungstermin online zum Herunterladen bereitstehen.

7.4   Zwei Beispiele für neuartige Geschäftsmodelle

Web-2.0-Elemente lassen sich nicht nur in bereits existierende Geschäftsmodelle integrieren, sondern bringen auch ganz neue Ideen hervor. Zwei davon sollen hier vorgestellt werden. Beiden Modellen ist gemeinsam, dass sie vollständig auf den Aktivitäten der Benutzer beruhen. Würden sich auf beiden Sites die Benutzer wie im klassischen Onlineshop als passive Betrachter verhalten, würde keines der beiden Geschäftsmodelle funktionieren.

Threadless.com: Erfolg mit T-Shirt-Design

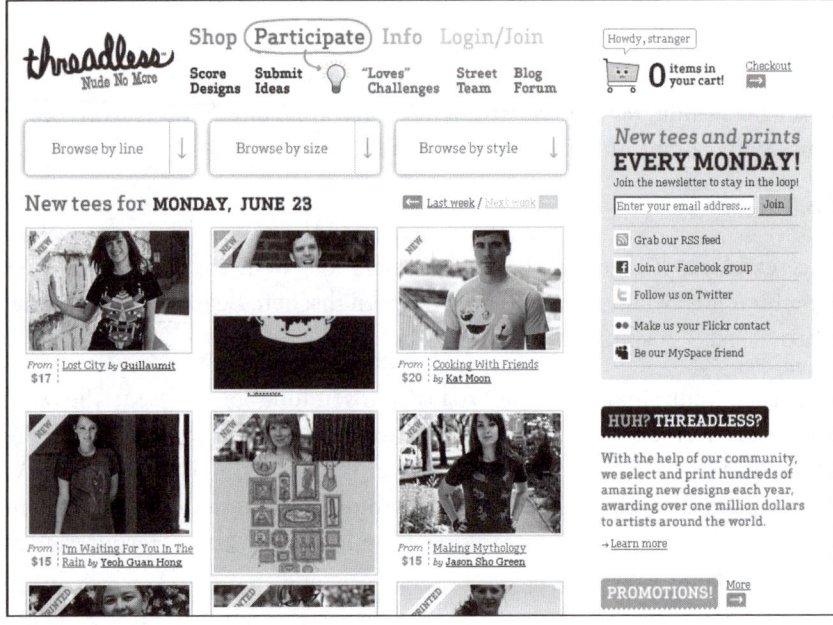

Abbildung 7.5: T-Shirt-Versand Threadless.com: lebt ausschließlich von den kreativen Ideen der Benutzer

Benutzer sind Designer, Produkttester und Käufer in einem

Threadless.com verkauft online nicht einfach nur bunt bedruckte T-Shirts für Erwachsene und Kinder. Das Design eines jeden Kleidungsstücks ist von einem Benutzer der Plattform entworfen worden. Die Ideen für neue T-Shirt-Drucke werden vom Urheber online bei Threadless.com veröffentlicht. Die Besucher der Plattform entscheiden innerhalb von sieben Tagen per Abstimmung und mit ihren Kommentaren, welches Design tatsächlich gedruckt wird.

Der Designer erhält 2000 Dollar für den »Erstdruck« des Shirts und weitere 500 Dollar, falls die Threadless-Community sich eine Neuauflage des Shirts wünscht. Jedes T-Shirt wird innen mit dem Namen des Designers bedruckt – für viele ein zusätzlicher Anreiz, die eigenen Entwürfe einzusenden.

Ist die eine »Auflage« vergriffen, füllen schon die nächsten Designs den Katalog. Dieser wiederum ist auch komplett mit Bildern erstellt, die von Community-Mitgliedern eingesendet wurden. Um die Besucher der Site nicht nur mit Bildern, sondern mit möglichst vielen multimedialen Elementen anzusprechen, hat ein Komponist sogar kleine Songs für einzelne Shirts geschrieben. Die Minimusikstücke lassen sich auch kostenlos herunterladen.

Auch sonst lädt die T-Shirt-Website zum Verweilen ein. Die Threadless-Mitarbeiter betreiben hier eigene Webtagebücher mit vielen persönlichen Informationen, etwa Familienfotos oder Texten zu ihrem Alltag.

Die Seite enthält außerdem zahlreiche Blogs, Diskussionsforen und Podcasts – natürlich alles rund ums T-Shirt-Design. Doch nicht nur hier betätigt sich die rege Community. Threadless schreibt immer wieder Wettbewerbe aus, oft mit namhaften Partnern wie Google oder dem Popstar Moby. Mal sind die besten Fotos gefragt, dann wieder Designs zum Thema »Geschichten erzählen«. So wird Threadless ständig mit neuen Ideen für bedruckte T-Shirts versorgt und erfüllt die Community mit Leben.

edelight: Lieblingsprodukte und Wunschlisten

edelight ist eine Plattform, auf der sich alles um Produktempfehlungen dreht: Registrierte Benutzer legen sich Wunschlisten an, stöbern in den Empfehlungen anderer Mitglieder nach Geschenkideen oder kommentieren diese. Die Mitglieder kommunizieren untereinander auch mit persönlichen Nachrichten, Freundeslisten oder öffentlichen Umfragen. So finden sich schnell Menschen mit ähnlichem Geschmack und denselben Interessen zusammen.

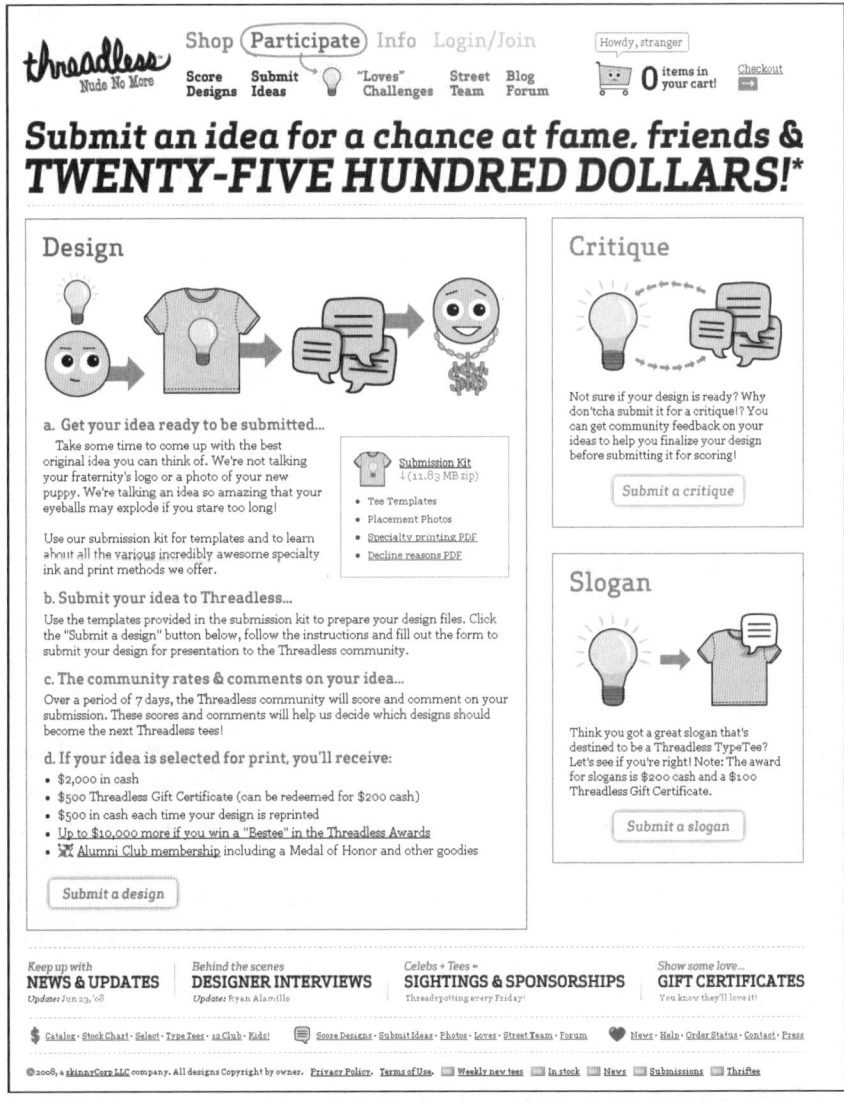

Abbildung 7.6: Social Shopping: Bei Threadless sind die Käufer zugleich Werbetexter, Designer, Produktentwickler und -tester

Abbildung 7.7: edelight: eine Community rund um Wunschlisten, Geschenkempfehlungen und Lieblingsprodukte

Die Produktempfehlungen von edelight werden vom Nutzer direkt aus einem beliebigen Onlineshop in die Plattform importiert. Dort kann diese Information vom Benutzer mit individuellen Kommentaren oder Schlagworten versehen werden. So entstehen individuelle Wunschlisten und Merkzettel.

Aktivitäten der Mitglieder werden mit Bonuspunkten, sogenannten »edelights«, belohnt. Diese Bonuspunkte erhalten Mitglieder etwa dann, wenn sie einen Kommentar verfassen, eine neue Produktempfehlung einfügen oder ein neues Mitglied für die Plattform werben. Erreichen die Bonuspunkte eine bestimmte Summe, erhält das jeweilige Mitglied ein Überraschungspaket.

Als weiterer Anreiz für die Mitglieder hält edelight Provisionen bereit. Diese erhalten Mitglieder, wenn sie selbst oder ein anderer registrierter Benutzer bei einem edelight-Partnershop einkaufen.

7.5   Relevanz für Ihre E-Commerce-Website

Welche dieser Instrumente ist nun empfehlenswert für Ihre Website oder Ihren Onlineshop? Fakt ist, dass Web-2.0-Elemente Ihre Site nur ergänzen, modernisieren und verbessern können. Sie können aber kein Ersatz sein für eine missratene Navigation, für veralteten Content oder ein Webdesign, das dringend überarbeitet werden muss. Erst wenn die Basis stimmt, können Sie mit Elementen wie Verbrauchermeinungen, Blogs oder Social Bookmarks darauf aufsetzen.

Für Ihren Kaffeeshop wäre es etwa fatal, wertvolle Zeit in einen Blog zu investieren, obwohl der Produktkatalog dringend überarbeitet werden müsste. Hauptziel Ihres Shops ist schließlich ein funktionierender Onlineverkauf. Ob zusätzlich Besucher durch einen Blog angelockt werden, ist zunächst zweitrangig.

Noch fataler wird es, wenn wichtige Funktionen wie etwa der Bestellprozess nicht fehlerfrei arbeiten und Sie gleichzeitig mit spannenden Blog-Beiträgen viele Besucher anlocken. Wer interessante Fakten zu neuen Kaffeesorten im Blog liest, möchte diese dann gleich bestellen. Funktioniert nun aber die Bestellung nicht richtig, verlieren Sie diese Kunden, die Sie mit den Blog-Beiträgen auf Ihre Site gelockt haben.

Blogs beobachten

Die regelmäßige Beobachtung von Blogs, die für Ihr Geschäft oder Ihre Branche wichtig sind, ist Pflicht. Tun Sie dort mehr als nur lesen! Beteiligen Sie sich an Diskussionen, die unter den Kommentatoren der Blog-Beiträge entstehen.

Um selbst Kommentare zu schreiben, müssen Sie weder spezielle Software kaufen noch über Spezialkenntnisse verfügen. Wenige Klicks genügen, und schon reden Sie mit.

Blogs selbst produzieren

Blogs gehören zu den aufmerksamkeitsstärksten und gleichzeitig günstigsten Marketinginstrumenten, die Web 2.0 bietet. Ein gut gemachtes Firmenblog ist weitaus wirksamer als eine herkömmliche Mailingaktion. Vielleicht werden Sie sich fragen, was an Ihrem kleinen Unternehmen so interessant ist, dass es die Aufmerksamkeit der Nutzer fesselt. Drei Beispiele für erfolgreiche Blogs, die es mit scheinbar nebensächlichen Themen wie Apfelsaft, Käsefondue oder Einkaufswägelchen in die Hitliste der 100 beliebtesten Business-Blogs Deutschlands geschafft haben.

Beispiele für erfolgreiche Blogs kleiner und mittlerer
Unternehmen

Kelterei Walther: Das Saftblog

Das Unternehmen

Die Kelterei Walther ist ein kleines Familienunternehmen aus Arnsdorf bei Dresden, das seit 1927 Obstsäfte herstellt. Seit dem Jahr
2000 betreibt die Kelterei neben Direktvertrieb, Großhandelsvertrieb
und Lohnaufträgen einen Onlineshop. Versendet wurde erst nur regional, später dann auch bundesweit.

Das Blog

Betrieben wird das Blog seit Januar 2006. Neben der Geschäftsführerin schreiben auch die Mitarbeiter an dem Blog mit. Sogar der Schüler Max aus der 7. Klasse der Ludwig-Richter-Schule in Latzdorf
trägt etwas dazu bei. Max hat in der Kelterei ein Praktikum gemacht
und seine Erlebnisse in Wort und Bild festgehalten.

**Ausschließ-
lich Themen
zur Brauerei**

Die Themen des Blogs drehen sich ausschließlich um die Kelterei.
Rhabarberverarbeitung, eine historische Saftpresse, das unaufgeräumte Büro von der Chefin, zwei herrenlose Katzenbabys auf dem
Werksgelände, umgefallene Flaschenkisten im Lager oder Clara, der
Wachhund, der nachts auf die Saftflaschen aufpasst: Nichts davon ist
unwichtig. Alles wird mit Texten und Bildern im Blog festgehalten.
Hier und da finden sich auch Videobeiträge. Schon allein an der Zahl
der Kommentare lässt sich ablesen, wie viele eifrige Leser und Fans
das Saftblog mit seiner Themenmischung anspricht.

Nutzen und Effekte

**Wirksamstes
Marketingtool**

Die Blog-Beiträge werden sehr stark dazu genutzt, den bundesweiten
Verkauf von Säften zu fördern. »Eines der kostengünstigsten und
wirksamsten Marketingtools, die man haben kann«, resümiert Firmenchefin Kirstin Walther, Mitglied der Geschäftsführung. »Das
Blog hat uns ziemlich schnell viele neue Kunden gebracht, und das
nicht nur im Onlineverkauf.«

Abbildung 7.8: Saftblog der Kelterei Walther: wirksamstes Marketingtool, das in kurzer Zeit viele neue Kunden gebracht hat

Shopblogger

Das Unternehmen

Björn Harste betreibt den Neustädter Frischmarkt in Bremen, einen typischen, ganz unspektakulären Supermarkt um die Ecke, wie ihn jeder aus der eigenen Nachbarschaft kennt.

Das Blog

Rund um den Supermarkt

Als Shopblogger schreibt er »Verrücktes und Bemerkenswertes aus dem Supermarkt«. Fanartikel zur Fußball-EM sind genauso ein Thema wie falsch abgestellte Einkaufswägelchen, die lästige Gewerbesteuernachzahlung für 2006, unwillkommene Faxwerbung oder merkwürdig aussehendes Münzgeld aus dem Ausland.

Nutzen und Effekte

16 000 Besucher täglich

Rund 16 000 Besucher täglich verzeichnet das Shopblog. Kein Eintrag von Björn Harste, der unkommentiert bliebe. Etwa zwei Stunden täglich, so schätzt der Blog-Betreiber, beschäftigt er sich mit dem Verfassen von Blog-Einträgen. Manche Beiträge sind in einer Minute geschrieben, andere benötigen eine halbe bis eine Stunde.

Interessant ist, dass das Blog ursprünglich nicht dazu diente, Besucher auf einen Onlineshop aufmerksam zu machen. Beim Shopblogger verlief die Entwicklung umgekehrt: Aus dem Blog heraus entstand ein kleiner Onlineshop, der Shopbloggershop. »Einzelne Leser hatten nach bestimmten Artikeln gefragt«, berichtet Björn Harste.

Werbung wird für den Shop nicht betrieben. Die Käufer kommen für gewöhnlich von Blog-Beiträgen aus in den Onlineeinkauf. Zu Spitzenzeiten – etwa im Weihnachtsgeschäft – verzeichnet der Shop mehrere Dutzend Bestellungen am Tag. Im Sommer geht die Kauflust erfahrungsgemäß zurück. Pro Woche kommen dann aber immer noch 3 bis 4 Bestellungen herein.

Abbildung 7.9: Shopblogger: Erfolgreich mit Alltagsgeschichten aus dem Supermarkt

Das Gletscherblog

Das Unternehmen

Barbara Schreiner betreibt das Gasthaus Gletscherblick im österreichischen Stubaital. Eispalatschinken, Graukäse, Nudelsuppe, Wie-
ner Schnitzel: Unter den bunten Sonnenschirmen auf der Terrasse
geht es »gutbürgerlich bis regional gehoben« zu – so wirbt die
Homepage des Restaurants.

Das Blog

Rezepte und Reisetipps

Seit April 2007 notiert Barbara Schreiner im Gletscherblog Themen,
die sie beschäftigen. Liebhaber kulinarischer Köstlichkeiten kommen
hier voll auf ihre Kosten. Wirtin Barbara schreibt »aus Leidenschaft
über ihr Leben in der Gastronomie, gibt Einblicke in ihre Küche und
verrät Tipps rund um das Stubaital in Tirol«. Entsprechend bunt fällt
die Themenmischung aus: Brandteigkrapferl mit Erdbeeren, die perfekte Paella und Gedanken zur Fußball-EM 2008. Ein Link im Blog
macht auf das Restaurant aufmerksam.

Nutzen und Effekte

**84 000 Besu-
cher im Jahr
2008 auf der
Homepage**

Das Blog hat zu einer enormen Steigerung der Besucherzahlen auf
der Homepage des Restaurants geführt. Besuchten im Jahr 2006
rund 1500 Interessenten die Homepage, waren es im Startjahr des
Blogs bereits 4300. 2008 schließlich kletterte die Zahl der Besucher
auf über 84 000. Allein im Mai 2008 verzeichnete die Webstatistik
mehr als 22 000 Besucher.

»Im Tagesgeschäft ist es leider praktisch nicht messbar, wie viel Pro-
zent der Gäste sich im Internet informiert haben«, sagt die Wirtin.
Allerdings kommen auch Gäste auf sie zu und bedanken sich für ein
Rezept oder einen Küchentipp aus dem Gletscherblog.

Barbara Schreiner arbeitet pro Woche 7 bis 10 Stunden an ihrem
Blog. In dieser Zeit verfasst sie nicht nur Beiträge, sondern recherchiert für Rezepte und kommentiert die Einträge anderer Blogs.

Startseite　Impressum　Kontakt & Anfahrt　📶 RSS Abo

Tipps & Kulinarisches aus dem Tiroler Stubaital

Einladung zum Käsefondue....
Geschrieben von Barbara, am 15. Juni 2008

Hier erzählt eine selbständige Wirtin aus Leidenschaft über ihr Leben in der Gastronomie, gibt Einblicke in ihre Küche und verrät rund um das Stubaital in Tirol.

eMail Newsletter abonnieren

Ihre Mailadresse | absenden

Auf dieser Seite Suchen

SUCHBEGRIFF EINGEBEN...

Neue Artikel

Einladung zum Käsefondue....

Paella eines von ca. 100.000.000 Rezepten...

Fußball EM 08, Eröffnung der Innsbrucker Fan Meile

Fußballeuphorie, Fajitas, Fanmeile und für mich ein riesengroßes Fragezeichen!!!

Brandteigkrapferl mit Erdbeeren

Griechenland ade - und Danke für tolles neues Rezept

Kos ein kulinarisches Erlebnis, end Urlaub!!!

Tipps (Werbepause)

Lasik Hohe Bleichen

umstandsmode

Stromrechner

Vermietung

Finca Mallorca

Letzten Dienstag waren wir, mein Hase und ich, eingeladen bei einem befreundeten Ehepaar. Silvia und Alfred. Silvia hatte mir schon im Vorfeld erzählt, dass sie Käsefondue kochen würde, da ich dieses Gericht noch nie gegessen habe, hab ich ihr bei der Zubereitung in der Küche ein wenig über die Schulter geschaut und gesehen, dass auch ein Käsefondue keine Hexerei ist.

Hier das Rezept:

200g Vacherin,200g Greyerzer, 200g,Appenzeller, 200g Emmentaler, 1 Zehe Knoblauch, 5cl Kirschwasser, 1 Priese Pfeffer, 6El Maisstärke, 1/2 Tl. Zitronensaft, 3/8l trockener Weißwein, 1Priese Salz, 1Priese Muskatnuß. Weißbrot und gekochte, geschälte Kartoffel.

Fonduetopf mit der Knoblauchzehe gut ausreiben, allen Käse hobeln und mit dem Wein bei mittlerer Hitze auf dem Herd schmelzen lassen. Das muß eine glatte leicht köchelnde Masse werden. Die Speisestärke und das Kirschwasser miteinander verrühren und in die Käsecreme einkochen. Dabei immer umrühren. Mit Salz, Pfeffer und Muskat würzen und servieren.

Am Tisch steht schon ein kleiner Kocher, darauf kommt jetzt das Käsafondue. So jetzt wird das Brot eingetaucht und auch die Kartoffel.

Abbildung 7.10: Gletscherblog aus dem Stubaital: Lockt tausende Besucher an

Denken Sie an den Kaffeeshop, der immer wieder als praktisches Beispiel dient. Auch hier ergeben sich vielfältige Möglichkeiten, ein Blog mit spannenden Inhalten zu füllen. Zeigen Sie den Benutzern, wo Sie Ihren Kaffee einkaufen. Die Lagerhäuser in der Hamburger Speicherstadt sind allemal Fotos oder sogar ein Videofilmchen wert, mit dem Sie Ihren Rundgang dort dokumentieren. Schreiben Sie etwas zum Anbau von Kaffee. Kaffeepflanzen werden auch als Ziergewächse im Blumenfachhandel angeboten. Bestimmt freuen sich Ihre Leser über eine kleine Pflegeanleitung.

Wichtig für Ihr Blog

Authentizität: Bleiben Sie glaubwürdig. Plumpe Werbebotschaften, Marketingphrasen oder Pressemitteilungen stoßen auf Desinteresse beim Leser.

Engagement Engagement: Wer Blog-Beiträge schreibt, sollte Spaß daran haben und das auch nach außen vermitteln. Werden Blog-Beiträge lieblos zusammengestellt und von Autoren verfasst, die nicht aus eigener Motivation dort schreiben, wirken die Beiträge schnell blass und austauschbar.

Die Autoren Autor: Blogs sind aus der Ichperspektive heraus geschrieben. Daher ist es wesentlich, wer das Blog schreibt. Blog-Leser reagieren sensibel und finden in der Regel schnell heraus, ob die Texte authentisch sind oder ob statt des angekündigten Geschäftsführers in Wahrheit eine PR-Agentur die Blog-Beiträge verfasst.

Aktuelles Aktualität: Füllen Sie Ihr Blog immer wieder mit neuen Inhalten. Das müssen Sie nicht allein tun. Ermuntern Sie Mitarbeiter, sich zu beteiligen. Gerade das macht ein Blog bunt und interessant.

Themenwahl Themenwahl: Konzentrieren Sie sich bei der Wahl der Themen auf Ihr Unternehmen. So wichtig Ihnen auch Ihr neugeborenes Baby oder die schönen Ferien erscheinen mögen, die Sie auf Kreta verbracht haben: Dies interessiert die Benutzer, wenn überhaupt, nur am Rande.

Geduld Geduld: Blogs sind Langzeitprojekte mit einer hohen Eigendynamik. Viele Blogs starten mit großem Schwung und verstummen dann allmählich. Stellen Sie deshalb schon vor dem Start sicher, dass genügend personelle und zeitliche Ressourcen zum Blog-Betrieb vorhanden sind.

Toleranz: Ihr Blog lebt erst dann wirklich, wenn sich die Leser mit eigenen Kommentaren beteiligen. Nicht jeder Kommentar wird positiv ausfallen. Dulden Sie kritische Stimmen und verzichten Sie auf Zensur. Erst
dann erhält Ihr Blog das wichtigste Gütesiegel: Glaubwürdigkeit.

Vorteile eines Blogs

>> Blogs sind kostengünstig. Selbst Blogs, die eine individuelle Gestal-
tung erlauben und auf Werbeeinblendungen verzichten, kosten pro
Monat etwa 10 bis 20 Euro.

>> Sie binden auf spielerische Weise Kunden. Denn die Leser können
aktiv mitmachen: Mit wenigen Klicks sind Kommentare zu den
Blog-Einträgen verfasst. Damit treten Sie in direkten Dialog mit
Ihren Kunden.

>> Gut gemachte Blogs werden nicht nur gerne gelesen, sondern auch
weiterempfohlen oder – ganz wichtig – verlinkt. Dies steigert die
Beliebtheit Ihres Blogs, ohne dass Sie selbst Maßnahmen dafür
ergreifen müssen.

>> Blogs benötigen weder spezielle Hard- noch Software. Sie sind ein-
fach einzurichten und zu bedienen.

>> Sie sprechen eine ganz neue Zielgruppe an: Ihre Blog-Leser. Diese
hätten Sie vielleicht niemals mit einem Werbebanner oder einer
klassischen Mailingaktion erreicht.

>> Blogs werden auch von Journalisten gelesen und tragen ganz von
selbst so zur Pressearbeit bei. Durch interessante Blog-Beiträge können Sie Journalisten auf sich aufmerksam machen und sich in der
Öffentlichkeit als Experte zu einem bestimmten Thema positionieren.

Nachteile von Blogs

>> Blogs müssen permanent befüllt werden. Ansonsten verlieren die User schnell das Interesse daran. Kalkulieren Sie daher eine feste Zeit für das Schreiben der Beiträge ein.

>> Blogs müssen gepflegt werden. Achten Sie auf die Kommentare der Benutzer. Das Blog wird umso attraktiver, je mehr Sie auf die Kommentare eingehen. Aber auch das kostet Zeit.

>> Blogs müssen kontrolliert werden. Es kann durchaus vorkommen, dass sich in den Kommentaren Äußerungen finden, die Sie nicht tolerieren wollen. Etwa wenn sich zwei Kommentarschreiber zu streiten beginnen und darüber die übliche Netiquette vergessen. Schnell kann es passieren, dass Sie als Blog-Betreiber zwischen allen Stühlen sitzen und auf Anfrage sogar Texteinträge löschen müssen. Stellen Sie deshalb sicher, dass Ihr Blog regelmäßig auf Kommentare geprüft wird.

Checkliste: Lohnt sich ein Blog für Ihr Unternehmen?

>> Kann ein Blog nicht nur kurz-, sondern auch langfristig ein genügend breites Spektrum an interessanten Themen rund ums Unternehmen abdecken?

>> Wird ein Unternehmensblog von den Mitarbeitern positiv aufgenommen? Finden sich unter den Mitarbeitern Blog-Autoren, die Beiträge gerne und freiwillig verfassen würden?

>> Wer könnte Ihr Leser sein? Ist die Zielgruppe groß genug, damit sich der Aufwand lohnt? Wie wahrscheinlich ist es, dass sich eine genügend große Leserschaft für das Blog findet?

>> Wie viel Zeit muss täglich in die Wartung und Aktualisierung des Blogs investiert werden? Ist sichergestellt, dass diese personellen Ressourcen regelmäßig vorhanden sind?

>> Ist sichergestellt, dass auch genügend Ressourcen vorhanden sind, um Leser des Blogs zu betreuen? Erfolgreiche Blogs erzielen beachtliche Resonanz, sei es durch Journalistenanfragen oder Kommentare.

>> Wie lässt sich das Blog nutzen, damit Ihr Unternehmen davon profitiert? Können etwa Besucher des Blogs zum Onlineshop geleitet werden?

Was gegen ein Unternehmensblog spricht

Nicht nur die Frage nach kontinuierlich verfügbaren Ressourcen spielt eine Rolle bei der Entscheidung für oder gegen ein Unternehmensblog. Wesentlich ist auch:

>> In welcher Branche sich Ihr Unternehmen bewegt: Blogs eignen sich für Privatkunden wesentlich besser als für Geschäftskunden.

>> Wie lang die Produktzyklen dauern: Lange Produktzyklen sprechen klar gegen ein Blog.

>> Der Preis Ihrer Produkte: Je teurer Ihre Produkte, desto weniger ist ein Blog empfehlenswert.

>> Wie lange Ihre Kunden für eine Kaufentscheidung benötigen: Je länger die Entscheidung dauert, desto weniger spricht für ein Blog.

An den Beispielen Gletscherblog, Shopblogger und Saftblog wird deutlich, wie hoch der Aufwand für das eigene Blog ausfallen kann. Wie investieren Sie am besten Ihre Zeit? In zehn Blog-Beiträge zu je einer Stunde, die je nach Ihrer Tagesform mal gut, mal durchschnittlich ausfallen, oder in ein umfangreiches, qualitativ hochwertiges Dokument, welches Sie ebenfalls in zehn Stunden verfassen und dann als PDF zum Download anbieten?

Blogs kosten Zeit

Geschäftskunden müssen von einer Kaufentscheidung wesentlich stärker überzeugt sein als Privatkunden. Überzeugen lassen sich Geschäftskunden mit Blog-Beiträgen nicht. Blog-Beiträge werden in kurzer Zeit verfasst, streifen ihre Themen nur oberflächlich und wollen eher Denk-

Für Geschäftskunden weniger gut geeignet

anstöße geben, als Themen erschöpfend zu erörtern. Doch genau solche hochwertigen Inhalte suchen Geschäftskunden, die eine teure Investition tätigen wollen.

Je teurer Ihr Produkt, desto unrentabler ein Blog
Je teurer das Produkt, desto länger dauert es, bis der Kauf entschieden wird. Hier sind Sie besser beraten, statt kurzweiliger Blog-Beiträge lieber Inhalte zu verfassen, die sich eingehend mit Ihren Produkten befassen und die Produktvorteile umfassend darstellen. Vielleicht lohnt es sich sogar, Inhalte online zu veröffentlichen, die sich nur damit befassen, wie der Vorgesetzte von einer Kaufentscheidung zu überzeugen ist. Die Besucher Ihrer Website werden solche nützlichen Inhalte dankbar aufgreifen.

So schreibt etwa der Usability-Experte Jakob Nielsen, Mitgründer der Norman Nielsen Group, auf seiner Website, er hätte sich gegen ein Blog entschieden. Die Norman Nielsen Group bietet Dienstleistungen rund um das Thema Benutzerfreundlichkeit an, etwa Produkttests oder Schulungen für Mitarbeiter. Damit erfüllt das Unternehmen wichtige Kriterien, die gegen ein Blog sprechen: Die Dienstleistungen kosten mehrere zehntausend Euro, sind erklärungsbedürftig und ausschließlich für Geschäftskunden gedacht.

Aus Erfahrung weiß Nielsen, dass es mehrere Jahre dauert, bis sich seine Kunden entschließen, eine Dienstleistung bei ihm einzukaufen. Um diese Zeit zu überbrücken, schreibt er kurze, aber qualitativ hochwertige Fachaufsätze, die er kostenlos auf seiner Website zur Verfügung stellt. Außerdem bietet er Analysen und Reports an, die sich online kostenpflichtig herunterladen lassen.

Das eigene Blog starten

Sie sind zu dem Schluss gekommen, dass sich ein Blog für Ihr Unternehmen lohnen wird? Um ein eigenes Blog zu starten, sollten Sie von Anfang an auf eine professionelle Lösung setzen. Das Design des Blogs sollte Ihre Firmenfarben und -grafik (»Corporate Identity«) widerspiegeln und auf einem eigenen Server angesiedelt sein. Verzichten Sie daher auf kostengünstige Minimallösungen. Eigene Blog-Systeme erlauben es beispielsweise, das Blog in ein vorhandenes Websitelayout einzubinden.

Worauf Sie bei der Auswahl des Providers achten sollten:

>> Vergleichen Sie die Gestaltungsmöglichkeiten. Zumindest einige Optionen für ein individuelles Erscheinungsbild sollte Ihr Blog schon haben.

>> Achten Sie bei der Auswahl des Angebots auch darauf, dass keine Werbung eingeblendet wird. Solche Angebote sind zwar kostenfrei, eignen sich aber eher für Privatpersonen als für Unternehmen.

>> Erkundigen Sie sich, ob der Export von Daten zu einem späteren Zeitpunkt möglich ist. Möchten Sie nämlich von einem Blog-Provider zu einer eigenen Blog-Software wechseln, sollte kein Extraaufwand durch manuelles Umstellen der Blog-Inhalte anfallen.

Im deutschen Telemediengesetz hat der Bundestag 2007 beschlossen, dass auch Blogs als Telemedien anzusehen sind. Dies führt dazu, dass Blog-Betreiber dieselbe Sorgfalt walten lassen müssen wie Journalisten. Achten Sie also genau darauf, was Sie veröffentlichen, und recherchieren Sie sorgfältig.

Tipp . . . . . .

Foren

Der Betrieb von Foren ist für kleinere Unternehmen und Onlineshops wenig empfehlenswert.

Zwar ist das Einrichten und Andocken von Foren an eine bestehende Website technisch nicht aufwendig. Es gibt mittlerweile Dienstleister, die Foren in bestehende Websites integrieren. Das Betreiben ist umso zeitraubender. Denn das alleinige Bereitstellen einer technischen Infrastruktur reicht nicht aus, um Benutzer zum Mitmachen zu bewegen. Sie müssen ständig nach neuen Themen suchen, auf Forenbeiträge reagieren und die Benutzer motivieren, selbst Beiträge zu verfassen.

Zeitaufwendig im Betrieb

Für den Betrieb von Foren benötigen Sie eine kritische Masse an Benutzern. Bedenken Sie, dass Sie bei null starten und die gesamte Nutzerschaft erst rekrutieren müssen. Das erfordert eine gewisse Zeit. In dieser Zeit verlieren erfahrungsgemäß andere Benutzer den Spaß an dem Forum. Wer möchte schon ein Internetforum aufsuchen, das weitgehend leer und inaktiv ist?

Auch der administrative Aufwand ist nicht zu unterschätzen. Für die Teilnahme an Foren ist eine Registrierung der Benutzer notwendig. Sie müssen sich deshalb auch um Benutzer kümmern, die ihr Passwort oder ihren Benutzernamen vergessen haben.

Ebenso wichtig ist die Moderation der Foren. Wie bei den Kommentaren der Blogs können auch in Foren Streitigkeiten ausbrechen, die von Moderatoren geschlichtet werden müssen. Ein Moderator sollte daher immer zur Verfügung stehen. Reagieren Sie als Forenbetreiber nicht oder nicht schnell genug auf Anfragen oder Beschwerden, verliert das Forum in den Augen der Nutzer an Attraktivität. Mehr noch: Als Forenbetreiber sind Sie verpflichtet, ehrverletzende oder verleumderische Einträge auf Verlangen von Benutzern oder Lesern umgehend zu löschen. Kommen Sie dieser Aufforderung nicht schnell genug nach, drohen juristische Streitigkeiten.

Social Bookmarks

Gerade wenn Sie die Empfehlungen aus dem Kapitel 2 berücksichtigen und Ihre Website mit vielen interessanten und vor allem nützlichen Inhalten füllen, werden Bookmarks für die Benutzer zu einem interessanten Werkzeug.

Auf diesem Weg lassen sich Internetseiten einfach per Mausklick weiterempfehlen. Dies ist vor allem auch im Hinblick auf Suchmaschinenoptimierung interessant. Allerdings wird übertrieben häufiges Eintragen der eigenen Site in Social-Bookmark-Dienste nicht gerne gesehen und als unerwünschter Spam bestraft.

Die Einbindung der kleinen Symbole, mit deren Hilfe ein Besucher eine Site zu seinen Favoriten bei einem Social-Bookmark-Dienst hinzufügen kann, ist simpel. Entweder besuchen Sie direkt die Site der Social-Bookmark-Netzwerke oder Sie kaufen sich eine entsprechende Software, die in einem Arbeitsschritt Buttons von mehreren Social-Bookmark-Netzwerken einfügt und die zugehörigen Scripte automatisch aktualisiert.

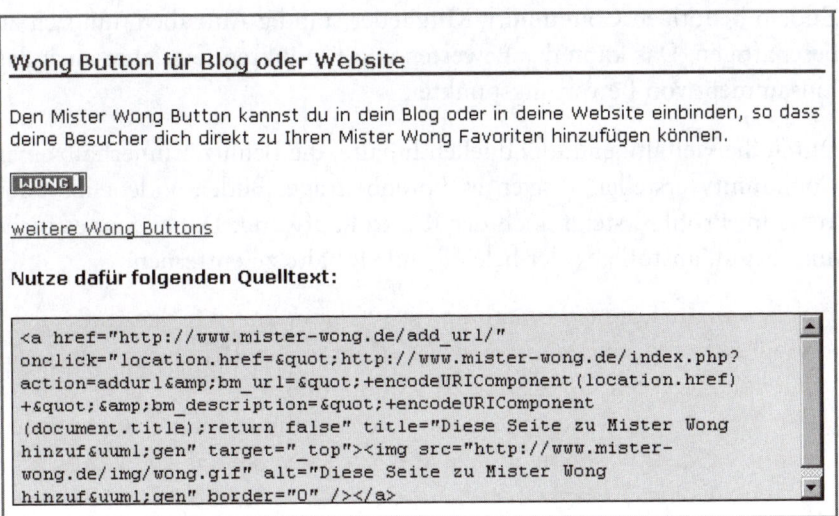

Abbildung 7.11: Social-Bookmark-Netzwerk Mister Wong: Wenn Sie diesen Quelltext in den HTML-Code Ihrer Seite einfügen, integrieren Sie das »Mister Wong«-Symbol in Ihre Homepage

Communitys

Für Communitys gilt noch stärker als für Foren: Der Aufwand übersteigt für kleine Unternehmen und Onlineshops bei weitem den Nutzen.

Bei Communitys haben Sie noch stärker das Problem, dass Sie die Community durch die erste Phase mit wenigen Mitgliedern bringen müssen. Das ist erfahrungsgemäß kritisch und kaum steuerbar: Gelingt es Ihnen nicht, schnell genug Mitglieder zu rekrutieren, wenden sich die bereits vorhandenen Benutzer von der inaktiven Community enttäuscht ab. Die Motivation der Mitglieder gestaltet sich noch aufwendiger als bei Foren. Denn Foren sind nur ein Bestandteil einer Community von vielen.

Beispielsweise müssen Sie die Community-Mitglieder dazu bewegen, ihre Profilseite auszufüllen. Je mehr Eintragungen hier vorhanden sind, desto attraktiver erscheint das Profil bei anderen Mitgliedern. Unterschätzen Sie den Aufwand nicht, der allein hier entsteht. Beispielsweise sollten Sie die Community-Mitglieder dabei unterstützen, ihr Profil mit einem Bild zu versehen. Ein unerfahrener Benutzer benötigt dabei online Hilfe. Geht nämlich der Upload des Bildes einmal oder gar mehrmals schief, wird der Benutzer nicht weiter versuchen, ein Bild hochzuladen.

Kosten- und personalintensiv

Zudem benötigen Community-Mitglieder ständig Aufgaben, um sich zu beschäftigen. Das kann das Bewerten von Produkten sein, aber auch das Einsammeln von Bewertungspunkten.

Durch die vielfältigen individuellen Inhalte, die Benutzer innerhalb einer Community erstellen – seien es Forenbeiträge, Bilder, Videoclips oder Texte im Profil –, steigt auch der Kontrollaufwand. Dabei geht es nicht nur darum, anstößige oder beleidigende Inhalte zu entfernen.

Welche Inhalte könnten innerhalb einer Community für den Kaffeeshop unerwünscht sein? Angenommen, Sie erlauben den Benutzern das Hochladen von Rezepten, die Kaffee als Zutat enthalten. Würden Sie es tolerieren, dass in den Rezepten ausdrücklich Produkte Ihrer Konkurrenten genannt werden? Wenn nein: Wie und wo sagen Sie das den Benutzern? Löschen Sie diese Rezepte oder bearbeiten Sie sie nachträglich? Kontrollieren Sie die Rezepttexte vor der Veröffentlichung? All dies verursacht großen administrativen Aufwand.

Wikis

Unternehmens-interner Einsatz kann lohnen

Wikis sind interessant, wenn Sie innerhalb Ihres Unternehmens allgemeine oder projektbezogene Informationen zentral sammeln und für jeden Mitarbeiter zugänglich halten wollen. Im Gegensatz zu den Blogs, die sich um die Person des Autors herum gruppieren, können für Wikis individuelle Benutzerrechte vergeben werden. Jeder kann eigene Beiträge veröffentlichen oder die von anderen Benutzern editieren.

Damit ein unternehmensinternes Wiki erfolgreich mit Leben erfüllt wird, müssen die Mitarbeiter die Vorteile erkennen und selbst bereit sein, Inhalte hineinzustellen. Achten Sie darauf, Berührungsängste mit dieser Kommunikationsform abzubauen. Ermuntern Sie die Mitarbeiter, selbst als Autor tätig zu werden.

Verbrauchermeinungen

Wenn Sie einen Onlineshop betreiben, sind Meinungen von Bestandskunden für solche Benutzer wichtig, die zum ersten Mal bei Ihnen einkaufen. Eine Bewertungsfunktion sollten Sie deshalb unbedingt mit in Ihren Shop einbinden. Gute Bewertungen steigern das Vertrauen der Neukunden deutlich.

Haben Sie dazu keine Möglichkeit oder verkaufen Sie Produkte ausschließlich außerhalb des Internets, können Sie Verbrauchermeinungen aus Portalen wie Dooyou oder Ciao in Ihre Site integrieren.

RSS-Feeds

Über RSS-Feeds können Ihre Kunden neue Informationen aus Ihrer Website, zu einzelnen Produktlisten oder die eigenen Lieblingsrubriken aus einem Produktkatalog abonnieren. Diese Texte werden manchmal in Blogs, meist aber in einem sogenannten Feedreader angezeigt. Benutzer müssen die Quelle der Information – z. B. Ihre Unternehmenswebsite – nicht mehr aufsuchen.

Wenn Sie befürchten, dass das Abonnieren von Feeds dazu führen könnte, dass Ihre Website weniger besucht wird, gestalten Sie einfach Ihre Feeds anders. Es gibt die Möglichkeit, statt der kompletten Information nur wenige Worte anzuzeigen. Ist der Leser dadurch neugierig geworden, muss zum vollständigen Abruf Ihre Website aufgerufen werden.

Wenig Aufwand

Feeds zu erstellen erfordert nur wenig Aufwand. Viele moderne Contentmanagement-Systeme enthalten bereits eine Funktion zum Erstellen von Feeds. Als Alternative können Sie Spezialanwendungen für die Erstellung von Feeds benutzen.

Podcasts

Podcasts sind einfach herzustellen und erfordern keine Spezialausrüstung, Know-how oder teure Technik. Viele Firmen veröffentlichen daher zunehmend neben klassischer Unternehmenskommunikation wie Pressemitteilungen auch Podcasts.

Bedeutung nimmt mehr zu Durch die ständig weiterwachsende Zahl von Breitbandanschlüssen haben immer mehr Menschen Zugang zu schnellen Übertragungsraten bei der Internetnutzung. Multimediale Inhalte abzurufen gehört für viele Ihrer Besucher schon zum Alltag. Mehr noch: Multimediale Inhalte werden zunehmend erwartet. Das macht Podcasts selbst für kleine Unternehmen zu einem interessanten Inhalt, der die klassischen Websites mehr als nur bereichert.

Abbildung 7.12: Web2.0 in der Politik: Podcast der Bundeskanzlerin Angela Merkel

Für Podcasts gilt dasselbe wie für Blogs: Nicht Marketingaussagen sind interessant, sondern authentische, interessante Informationen rund um Ihr Unternehmen. Ein Nachteil ist allerdings, dass es im Gegensatz zum Blog oder Forum keine Möglichkeit für den Zuhörer gibt, einen Kommentar anzubringen.

Auch ohne Vorwissen gelingt die Produktion Oft ist die Software zum Nachbearbeiten von Audio- oder Videodateien schon im Lieferumfang von PCs enthalten. Achten Sie dabei aber genau auf die Qualität der Beiträge, die Sie so erstellen können. Zum Ausschmücken von Blogs eignen sich qualitativ mittlere Audio- und Videobeiträge durchaus. Bei der Herstellung eines Podcasts ist zu beachten, dass Textpassagen von einer angenehmen, möglichst professionellen Sprecherstimme vorgetragen werden. Heruntergeleierte Inhalte langweilen beim Zuhören und lassen den Benutzer schnell auf »Stopp« drücken.

Anders ist die Situation, wenn Sie solche multimedialen Elemente in eine Unternehmenspräsentation einbinden möchten, die sich an potenzielle Geschäftspartner richtet. Hier sollten Sie auf die Dienste eines professionellen Anbieters zurückgreifen.

Für die Veröffentlichung von Podcasts gilt Ähnliches wie für Blogs: Sie können die Lösung eines Providers nutzen oder einen eigenen Server aufstellen. Wenn Sie einen Podcast anbieten möchten, sollten Sie bedenken, dass dieser eine beachtliche Datenmenge erzeugt. Je häufiger der Podcast heruntergeladen wird, desto größer auch die Datenströme, die bewältigt werden müssen. Pro Monat können bei erfolgreichen Podcasts mehrere hundert Gigabyte zusammenkommen.

Bevor Sie sich für einen Anbieter entscheiden, sollten Sie also die Kostenberechnung genau prüfen. Bei manchen Anbietern spielt es keine Rolle, welches Datenvolumen übertragen wird. Andere dagegen verlangen für gemietete Webserver Kosten, die umso höher ausfallen, je häufiger ein Podcast abgerufen wird.

Das Potenzial anderer Web-2.0-Plattformen nutzen

Um sich das Potenzial des Social Web zunutze zu machen, müssen Sie keineswegs anfangen, auf Ihren Seiten Blogs, eine Community und 200 Videoclips mit Bewertungsoption aufzulisten.

Web-2.0-Dienste bieten Ihnen die Möglichkeit, über Ihre eigene Website hinaus aktiv zu werden, indem Sie das nutzen, was andere aufgebaut haben. Der Vorteil ist, dass Sie auf bestehende Infrastrukturen zurückgreifen.

Ein Video, das Sie auf YouTube veröffentlichen, wird mehr Beachtung finden, als wenn Sie es auf Ihre Homepage stellen. Dass Ihre Produkte von Kunden bewertet werden, ist in einem Verbraucherportal wesentlich wahrscheinlicher, als wenn Sie denselben Service auf Ihrer eigenen Site anbieten. So können Sie von der großen Masse an Benutzern profitieren, welche die Web-2.0-Anwendungen populärer Seiten im Web besucht.

Potenzial anderer Sites unbedingt nutzen

>> Videos: Videos lassen sich im Handumdrehen auf die Plattform YouTube hochladen. Sie brauchen dann nur noch von Ihrer Website darauf zu verlinken.

>> Blogs: Nutzen Sie aktiv die wichtigen Blogs Ihrer Branche. Lesen Sie aufmerksam mit und verfassen Sie eigene Kommentare.

>> Verbraucherportale: Sehen Sie sich an, was hier zu Ihren Produkten und Services von Nutzern geschrieben wird. Melden Sie sich selbst als Mitglied in solchen Portalen an und kommentieren Sie die Einträge zu den Produkten. Geben Sie sich dabei in jedem Fall als Mitarbeiter des Herstellers zu erkennen.

>> Communitys: Wenn es zu Ihrem Geschäft passt, legen Sie sich ein Profil auf Plattformen wie MySpace an.

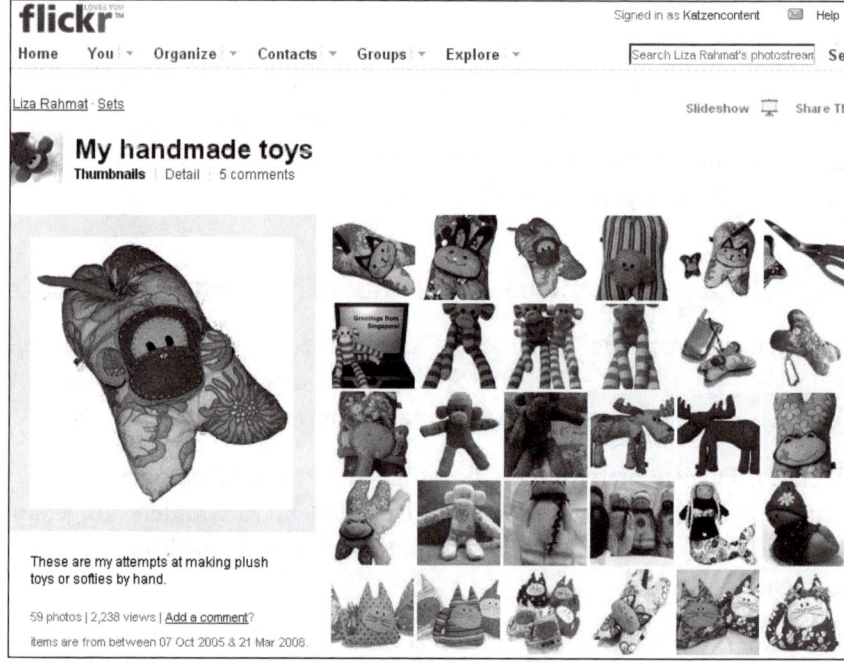

Abbildung 7.13: Fotocommunity Flickr: Hier nutzt eine Schneiderin ihre Flickr-Seite als Schaufenster, um handgearbeitete Produkte zu präsentieren. Eine eigene Homepage würde vergleichsweise wenig Besucher anlocken

Geben Sie nicht der Versuchung nach, auf Web-2.0-Plattformen Inhalte zu manipulieren. Immer wieder versuchen Unternehmen durch eigene Mitarbeiter, in Blogs, Communitys oder Foren positive Äußerungen zu den eigenen Produkten zu veröffentlichen. Nutzer von Social-Web-Anwendungen beobachten sehr genau, wer welche Beiträge schreibt. Manipulierte Beiträge werden schnell erkannt, und der Schaden für Ihr Unternehmensimage ist unter Umständen enorm.

Das bedeutet natürlich nicht, dass Sie zu Kritik schweigen sollten. Es empfiehlt sich sogar, hier aktiv zu werden. Unbedingte Voraussetzung ist, dass Sie sich nicht hinter einer anonymen Benutzerkennung verstecken, sondern zu erkennen geben, wer Sie sind.

7.6 Weiterführende Links

>> Neuigkeiten, Trends und Skurriles aus der Welt des Internets, und hier speziell zu Web 2.0, finden Sie unter:

`http://netzlogbuch.de/`

>> Ein Blog, das rund um das Thema Webbusiness 2.0 Interessantes von Twitter bis Digital Lifestyle diskutiert:

`http://www.webbusiness20.de/category/web20/`

KAPITEL 8
Mit Newslettern Kunden binden

8.1   Die Anforderungen sind hoch

Vor wenigen Jahren herrschte unter Marketingfachleuten noch die Meinung vor, dass Newsletter in der stark ansteigenden Spam-Flut immer mehr untergehen und letztlich keine Chance hätten, beachtet zu werden. Dies hat sich allerdings nicht bewahrheitet.

Der klassische Newsletter zählt nach wie vor zu den wirksamsten Instrumenten, um Kunden zu binden. Dadurch nämlich, dass dem Empfänger interessante Informationen ins Haus geliefert werden, minimiert dies Zeit und Aufwand für Ihre Kunden. Niemand muss mehr Shops auf Sonderangebote durchkämmen oder regelmäßig Lieblingswebsites aufsuchen, um dort nach neuen Produkten, Services oder Veranstaltungstipps Ausschau zu halten.

Wirksames Kundenbindungsinstrument

Der Komfort des Newsletters besteht also darin, dass der Empfänger rechtzeitig auf Neuigkeiten aufmerksam gemacht wird und daraus einen echten Nutzen ziehen kann. Zudem lassen sich Newsletter einfach an Freunde, Kollegen oder Verwandte weiterleiten. Und ist der Newsletter einmal nicht so spannend, wird er mit einem Mausklick gelöscht, ohne dass der Altpapierberg anwächst.

Doch das Ganze hat auch eine Kehrseite. Kunden mögen zwar Newsletter, hegen aber gleichzeitig hohe Erwartungen. Was in ihrer Mailbox landet, muss nützlich und interessant sein. Ist es das nicht – und hierzu reicht schon der erste Eindruck –, wandert es unverzüglich in den »Gelöscht«-Ordner.

Newsletterleser sind anspruchsvoll

Aussortiert wird hier schneller denn je. Elektronische Post gehört heute in Beruf und Privatleben zum Alltag und wird von Jahr zu Jahr stärker genutzt. Unter den eingehenden E-Mails können sich täglich bis zu 2000 Spam-Mails befinden. Kunden haben es daher längst gelernt, die eigenen E-Mails effizient zu managen, indem sie Wichtiges blitzschnell von Unwichtigem trennen. Sie reagieren ungehalten auf alles, was nicht schon in der Betreffzeile seinen Platz in der Mailbox rechtfertigt.

Wird Ihr Newsletter für interessant befunden und geöffnet, stellt der Leser heute hohe Ansprüche an die Form und den Inhalt. Die Zahl derjenigen Empfänger, die einen Newsletter bis zu Ende lesen, sinkt immer weiter ab. Selbst von den einfachen Prozessen für das Abonnement und das Abbestellen erwarten die Kunden ein Höchstmaß an Benutzerfreundlichkeit.

Details entscheiden über Erfolg oder Misserfolg

Es ist daher unverzichtbar, sich eingehend mit der Gestaltung von Newslettern zu beschäftigen. Gerade kleine Details entscheiden über Erfolg oder Misserfolg.

Wer hier nachlässig oder unüberlegt ans Werk geht, vertut eine wichtige Chance. Ist nämlich erst einmal das Interesse am Newsletter verloren, lässt es sich kaum mehr herstellen. Viele Kunden fügen uninteressante Newsletter umgehend zu Spam-Listen hinzu oder tauschen einfach einen Newsletter gegen einen anderen aus, der thematisch ähnliche Inhalte versendet.

Bieten Sie deshalb Ihren Kunden einen Newsletter an, der nicht nur echten Nutzwert hat, sondern auch angenehm zu lesen und zu handhaben ist. Wie Sie Schritt für Schritt einen perfekten Newsletter erstellen, zeigt Ihnen dieses Kapitel.

8.2   In elf Schritten zum perfekten Newsletter

Den Link zum Abo geschickt platzieren

Machen Sie es Ihren Kunden so leicht wie möglich, den Newsletter zu abonnieren.

Links über die ganze Website verteilen

Das fängt bei der Platzierung des Links an, der zur Seite mit dem Abonnementformular führt. Verteilen Sie den Link über die gesamte Website. So bieten Sie dem Benutzer viele Wege zum Newsletter-Abo an. Empfehlenswert sind kleine Flächen, die mit aufmerksamkeitsstarker Grafik gestaltet sind und auf den Newsletter hinweisen. Platzieren Sie sie überall dort, wo es Ihnen sinnvoll erscheint.

Nicht geeignet ist die Platzierung des »Newsletter bestellen«-Links am unteren Ende der Website, zwischen Kontakt, Impressum und anderen sogenannten Metanavigationselementen, die selten jemand beachtet. Dort erwartet ihn der Benutzer nicht, und der Link wird leicht übersehen.

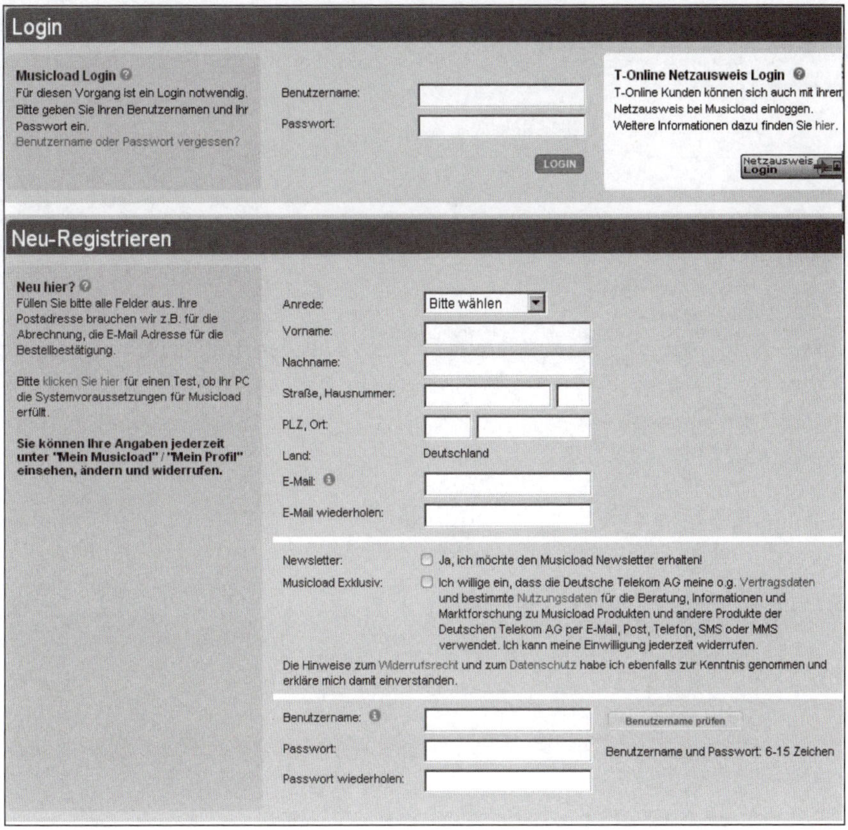

Abbildung 8.1: Sehen Sie das Newsletter-Abo? Hier versteckt es sich im Registrierungsformular

Ebenso wenig sollten Sie die Option zum Newsletter-Bestellen in einem Registrierungsformular verstecken. Dort kann sie zusätzlich als Checkbox vorhanden sein: »Ja, ich möchte den Newsletter erhalten.« Verzichten Sie darauf, die Checkbox zu aktivieren. Dies hinterlässt beim Benutzer einen unseriösen Eindruck.

Den Bestellprozess einfach gestalten

Der Bestellvorgang selbst sollte genau zwei Elemente enthalten: ein Eingabefeld für die E-Mail-Adresse des Abonnenten und eine Schaltfläche mit der Aufschrift »Bestellen«.

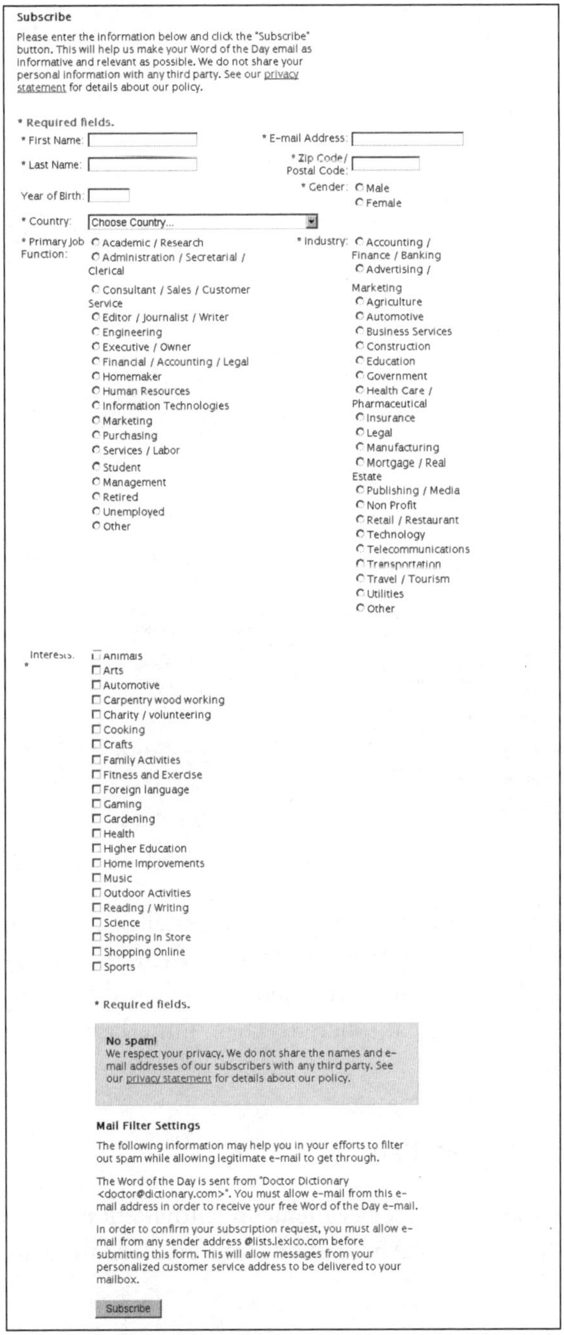

Subscribe

Please enter the information below and click the "Subscribe" button. This will help us make your Word of the Day email as informative and relevant as possible. We do not share your personal information with any third party. See our privacy statement for details about our policy.

* Required fields.

* First Name: [_____]   * E-mail Address: [_____]

* Last Name: [_____]   * Zip Code/ Postal Code: [_____]

Year of Birth: [_____]   * Gender: ○ Male ○ Female

* Country: [Choose Country... ▼]

* Primary Job Function:
○ Academic / Research
○ Administration / Secretarial / Clerical
○ Consultant / Sales / Customer Service
○ Editor / Journalist / Writer
○ Engineering
○ Executive / Owner
○ Financial / Accounting / Legal
○ Homemaker
○ Human Resources
○ Information Technologies
○ Marketing
○ Purchasing
○ Services / Labor
○ Student
○ Management
○ Retired
○ Unemployed
○ Other

* Industry:
○ Accounting / Finance / Banking
○ Advertising / Marketing
○ Agriculture
○ Automotive
○ Business Services
○ Construction
○ Education
○ Government
○ Health Care / Pharmaceutical
○ Insurance
○ Legal
○ Manufacturing
○ Mortgage / Real Estate
○ Publishing / Media
○ Non Profit
○ Retail / Restaurant
○ Technology
○ Telecommunications
○ Transportation
○ Travel / Tourism
○ Utilities
○ Other

Interests:
☐ Animals
☐ Arts
☐ Automotive
☐ Carpentry wood working
☐ Charity / volunteering
☐ Cooking
☐ Crafts
☐ Family Activities
☐ Fitness and Exercise
☐ Foreign language
☐ Gaming
☐ Gardening
☐ Health
☐ Higher Education
☐ Home Improvements
☐ Music
☐ Outdoor Activities
☐ Reading / Writing
☐ Science
☐ Shopping in Store
☐ Shopping Online
☐ Sports

* Required fields.

No spam!
We respect your privacy. We do not share the names and e-mail addresses of our subscribers with any third party. See our privacy statement for details about our policy.

Mail Filter Settings

The following information may help you in your efforts to filter out spam while allowing legitimate e-mail to get through.

The Word of the Day is sent from "Doctor Dictionary <doctor@dictionary.com>". You must allow e-mail from this e-mail address in order to receive your free Word of the Day e-mail.

In order to confirm your subscription request, you must allow e-mail from any sender address @lists.lexico.com before submitting this form. This will allow messages from your personalized customer service address to be delivered to your mailbox.

[Subscribe]

Abbildung 8.2: Newsletter-Abo, das Kunden verschreckt: Durch die ausufernde Fülle von Zusatzfeldern leidet hier die Benutzerfreundlichkeit besonders stark

Verzichten Sie darauf, zusätzlich nach Namen, Alter, Beruf, Wohnort, Telefonnummer, Familienstand oder anderen Daten zu fragen. Daten, die nicht unmittelbar zum Versenden des Newsletters nötig sind, dürfen ohnehin nicht gespeichert werden. So sieht es das Datenminimierungsgebot im deutschen Bundesdatenschutzgesetz vor.

Die Wahrscheinlichkeit, dass Ihr Kunde den Bestellvorgang angesichts der vielen Eingabefelder abbricht, ist hoch. Jedes zusätzliche Feld bedeutet eine weitere Hürde. Denken Sie daran: Ziel des Kunden ist es, den Newsletter zu abonnieren – sonst nichts!

Jedes Eingabefeld ist eine Hürde mehr

Erwartet wird hier vom Kunden ein Höchstmaß an Benutzerfreundlichkeit. Benutzerfreundlichkeit misst sich vor allem auch daran, wie viel Zeit ein Vorgang in Anspruch nimmt. Einen Newsletter zu abonnieren sollte nicht länger als eine Minute dauern. Wird die Marke von zwei Minuten überschritten, steigt die Wahrscheinlichkeit deutlich an, dass der Benutzer aus Unzufriedenheit den Prozess abbricht.

---

useit.com → Alertbox → Subscribing to update notifications | Search

Sign Up for the Alertbox E-Mail Newsletter

You will receive **one brief message every two weeks**. Notification messages contain a short summary of the new column with a pointer to its URL.

Your email address: [   ] [Sign Up]

Privacy policy: Email addresses are never sold or given out to *anybody*.

The mailing list is password-protected and is only used for one-way announcements from Jakob Nielsen. No spam, no discussions.

Abbildung 8.3: Kürzer geht es nicht: Die Angabe der E-Mail-Adresse reicht aus, um das Abo zu starten

Mit dem Eintragen und Absenden der E-Mail-Adresse ist es aber noch nicht getan. Das Zusenden von werblichen E-Mails ohne die ausdrückliche Erlaubnis des Empfängers ist in Deutschland nicht gestattet. Aus rechtlichen Gründen benötigen Sie daher einen Nachweis darüber, dass der Leser den Newsletter auch wirklich bestellt hat.

Das erreichen Sie, indem Sie nach dem Bestellen automatisch eine E-Mail an die angegebene Adresse versenden. Diese E-Mail enthält einen Bestätigungslink. Sobald der Leser der Mail diesen Link anklickt, wird dies bei Ihnen in einer Datenbank registriert. Diese Registrierung ist für Sie der Beweis, dass der Leser tatsächlich das Abo starten möchte.

Double-Opt-In-Verfahren

Über dieses sogenannte Double-Opt-In-Verfahren können Sie den Abonnenten auf der Bestätigungsseite informieren, die sich nach dem Ausfüllen des Abo-Formulars öffnet. Dort schreiben Sie sinngemäß: »Vielen Dank, dass Sie sich für unseren Newsletter interessieren! Um das Abo zu starten, schauen Sie bitte in die Mailbox der E-Mail-Adresse, die Sie eben angegeben haben. Wir haben Ihnen dorthin eine Nachricht zugestellt. Bitte klicken Sie den Link in dieser Nachricht an, um uns das Abonnement des Newsletters zu bestätigen. Mit freundlichen Grüßen …«

Lassen Sie bei der Abo-Bestellung dem Leser nicht die Wahl zwischen HTML- und Text-Format. Die meisten Benutzer wissen ohnehin nichts mit den Optionen anzufangen. Eine Ausnahme bilden Angebote, die sich etwa an Computerexperten oder andere versierte Fachbenutzer richten. Ansonsten versenden Sie den Newsletter besser im sogenannten Multipart-Format. Dieses Format enthält sowohl die Text- als auch die HTML-Variante. Welche von beiden letztlich angezeigt wird, entscheidet nicht der Leser, sondern sein E-Mail-Programm.

Tipp . . . . . .

Wenn Sie die beiden Optionen aus irgendwelchen Gründen trotzdem anbieten möchten, setzen Sie die Optionen nicht nebeneinander, sondern untereinander. Untersuchungen zur Nutzerergonomie haben gezeigt, dass Benutzer hier ohne Nachzudenken in Sekundenschnelle eine Option wählen. Dabei wird oft der Radiobutton falsch zur Option geordnet, und schon ist genau die Form des Newsletters abonniert, die man nicht haben wollte.

Dienstags, mittwochs oder donnerstags versenden

Die besten Wochentage, um einen Newsletter zu versenden, sind Dienstag, Mittwoch und Donnerstag. Sonntag und Sonnabend eignen sich zum Versand nicht. Viele Empfänger haben den Newsletter so abonniert, dass er an eine geschäftliche E-Mail-Adresse versendet wird.

Was am Wochenende dort aufläuft, wird erst am Montagmorgen abgerufen. Ihr Newsletter kann in der Menge dieser E-Mails schnell untergehen. Dazu kommt, dass der Montag in vielen Büros besonders arbeitsreich ist. Unwichtige Dinge wie das Lesen eines Newsletters werden dann zurückgestellt und geraten leicht völlig in Vergessenheit.

Versanddatum ist erfolgskritisch

Der Freitag ist ebenso wenig geeignet. Viele Arbeitnehmer verlassen ihren Schreibtisch schon am frühen Nachmittag und sind dann per E-Mail nicht mehr erreichbar. Wer noch im Büro ist, aber schon auf dem Sprung ins Wochenende, wird nicht noch Zeit investieren, um einen Newsletter zu lesen.

Achten Sie auch darauf, wann die Konkurrenz ihre Newsletter versendet. Ihr Newsletter sollte immer ein wenig früher versendet werden.

Die häufigste Beschwerde von Abonnenten ist, dass Newsletter zu oft versendet werden. Eine zweiwöchige oder monatliche Erscheinungsweise wird als angenehm empfunden.

Wenn Sie den Newsletter immer zum selben Datum senden, etwa immer zum Monatsersten, gewöhnen sich die Empfänger daran und warten schon auf die kommende Ausgabe. Damit reduziert sich die Gefahr, dass Ihr Newsletter als unerwünschte Werbemail aussortiert wird.

Nutzwertige Themen finden

Newsletter müssen sich die Aufmerksamkeit des Empfängers im Posteingang immer wieder neu erkämpfen. Daher reicht es nicht, hin und wieder etwas Nützliches zu versenden, um die nächste Ausgabe mit platter Werbung zu füllen. Es reicht nicht, nützlich *gewesen* zu sein. Jede Ausgabe Ihres Newsletters wird vom Empfänger kritisch unter die Lupe genommen.

Wichtig ist, dass Sie keine Erwartung enttäuschen und zuverlässig für diesen individuellen Leser immer wieder etwas nützliche, aktuelle Informationen im Newsletter anbieten. Sollte einmal etwas weniger Interessantes dabei sein, kann der Empfänger diese Ausgabe ignorieren. Mitunter haben Sie auch gar keine Chance, mit den Inhalten ihres Newsletters auf das Interesse des Empfängers zu treffen.

Ausgabe für Ausgabe überzeugen

Abbildung 8.4: Rezepte, Warenkunde und Küchentricks: ein Newsletter mit hohem Nutzwert

Wenn etwa bei einem Ihrer Geschäftskunden nur zum Quartalsbeginn Budget für Bestellungen vorhanden ist, werden Ihre Newsletter mit Angeboten in den Zwischenzeiten ignoriert – aber nur so lange, bis wieder Geld zum Einkauf zur Verfügung steht. Abbestellen wird dieser Geschäftskunde den Newsletter deshalb noch lange nicht. Die Gewissheit, dass auch beim nächsten Mal der Newsletter interessante Angebote bereithält, motiviert den Geschäftskunden, weiterhin Ihren Newsletter zu lesen.

Die Norman Nielsen Group ist in einer Studie der Frage nachgegangen, welche Newsletterthemen von den Lesern als besonders attraktiv eingestuft werden. Die Hitliste der Befragten sieht wie folgt aus:

1. Neuigkeiten, die etwas mit dem eigenen Beruf zu tun haben, mit dem eigenen Unternehmen oder mit den Mitbewerbern

2. Preise und Sonderangebote

3. Persönliche Interessen und Hobbys

4. Veranstaltungen, Erinnerung an wichtige Termine

Was Leser lieben

Die Leser stufen zwar Preise und Sonderangebote als besonders interessant ein. Doch Sie sehen in der Liste viele andere Ansatzpunkte, um spannende Newsletterthemen zu finden. Vielleicht haben Sie in Ihrem Shop Kunden, die die Ware für ihr Hobby erwerben. Und schon findet sich eine Vielzahl von Themen, die mit Interesse gelesen wird:

>> Praktisches Zubehör zu Produkten

>> Tipps zur Bedienung

>> Tipps zum Einsatz der Produkte

Newsletterthemen für Shops

Monothematische Newsletter sind erfahrungsgemäß attraktiver als allgemein gehaltene. Achten Sie auch darauf, dass die Information – etwa zu Sonderangeboten – noch stimmt bzw. rechtzeitig ausgeliefert wurde.

Text und Grafik: wie gestalten?

Schnelligkeit und Oberflächlichkeit sind die beiden wesentlichen Kennzeichen in der Nutzung von Newslettern.

Fast jeder vierte Newsletter wird gar nicht gelesen, 10 % aller Newsletter werden vom Empfänger erst einmal abgespeichert, um sie später zu lesen. Nur eine Minderheit von 11 % aller Empfänger liest den ganzen Newsletter. Jeder zweite Leser überfliegt ihn nur. Das Auge hangelt sich an Zwischenüberschriften entlang, sucht nach bestimmten Wörtern, betrachtet hier ein Bild oder dort einen Kasten, um sofort weiterzuwandern.

Leser sind flüchtig und oberflächlich

Die meisten Leser konzentrieren sich auf einige wenige Informationen: In 35 % der gesamten Zeit, in der der Newsletter betrachtet wird, wird nur ein kleiner Ausschnitt angesehen. Zumeist wird dies derjenige Teil sein, der im sichtbaren Bereich des Posteingangs zu sehen ist. Und das geschieht in hohem Tempo. Im Schnitt beschäftigen sich Leser rund 50 Sekunden mit einem Newsletter.

Das alles hat große Folgen für Text und Gestaltung.

Auch beim Newsletter gilt die grundsätzliche Regel, die wir schon beim Webcontent genannt haben: Der Text muss leicht zu überfliegen sein. Die Gestaltung des Layouts muss dem Leseverhalten der Empfänger entgegenkommen. Alle Elemente, die zur Gliederung und Gewichtung von Informationen dienen, sind besonders wichtig. Dazu zählen:

Gliedernde Elemente verwenden

>> farblich unterlegte Balken

>> Aufzählungen

>> Überschriften

>> Zwischenüberschriften

>> Störer

>> Trennelemente wie Linien

Mit diesen Bausteinen sollten Sie Ihren Newsletter gestalten, um das sprunghafte Leseverhalten der Betrachter zu unterstützen. Es empfiehlt sich, ein Raster für einen Newsletter anzulegen. So haben Sie ein Muster für den grundsätzlichen Aufbau, welches Sie von Ausgabe zu Ausgabe neu füllen können.

Auf den Websites www.campaignmonitor.com *und* www.email-standards.org *finden Sie zahlreiche weitere Tipps und Tricks.*

Tipp . . . . . .

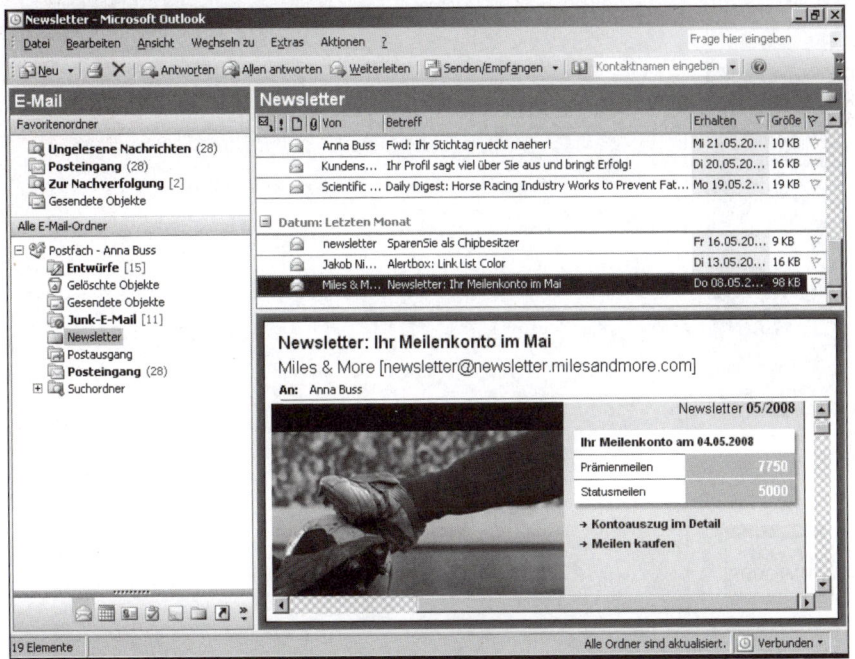

Abbildung 8.5: Newsletter einer Fluggesellschaft: Der Stand der Meilen findet sich immer an derselben Stelle und ist selbst bei geringer Bildschirmauflösung im sichtbaren Bereich platziert

Beginnen Sie mit der wichtigsten Nachricht, die Sie in einem kurzen Satz zusammenfassen. Je kürzer, desto besser! Mehr als 100 Zeichen sollte dieser Satz nicht haben. Dann fügen Sie grafisch gut gegliedert drei bis vier weitere Themen an. Die Themen müssen sich voneinander deutlich abheben. Pro Thema sind rund 200 Zeichen empfehlenswert. Je kompakter Sie formulieren, desto besser. Das gilt auch für Zwischenüberschriften. Diese sollten zwei bis drei Wörter lang sein.

Kurze Texte schreiben

Wenn Sie ein Informationselement haben, das in jedem Newsletter wiederkehrt, dann zeigen Sie es immer an derselben Stelle an. Fluggesellschaften etwa versenden Newsletter an ihre Vielfliegerkunden. In diesen Newslettern wird immer der aktuelle Stand der Prämienmeilen angezeigt – stets an derselben Stelle. Das macht es für den Betrachter leichter, diese wichtige Information schnell zu finden.

Abbildung 8.6: Newsletter eines Versenders für Kinderspielzeug: keinerlei Information im sichtbaren Bereich des Screens

Einsatz von Störern

Möchten Sie auf etwas besonders deutlich hinweisen, verwenden Sie den Störer. Darunter versteht man ein grafisches Element, das sich deutlich vom restlichen Layout unterscheidet und stark ins Auge fällt. Störer sollten nur mit wenigen plakativen Informationen gefüllt werden. Ausformulierte Texte eignen sich hier nicht. Ideal sind Störer für Hinweise wie »Ab sofort«, »Noch bis 31.12.08«, »Jetzt buchen« oder »4,6 % Zinsen«. Setzen Sie pro Newsletter nicht mehr als einen Störer ein.

Auch wenn es verführerisch ist: Verzichten Sie bei der grafischen Gestaltung auf ein großes Bild am Newsletteranfang. So nett es auch aussieht, wenn dem Betrachter beim Öffnen des Newsletters Schmetterlinge, Meereswellen oder Blumen entgegenleuchten – dieses Bild hat keinen Informationsgehalt und füllt vermutlich den strategisch wichtigen Bereich aus, der sich im sichtbaren Bereich des Posteingangs befindet.

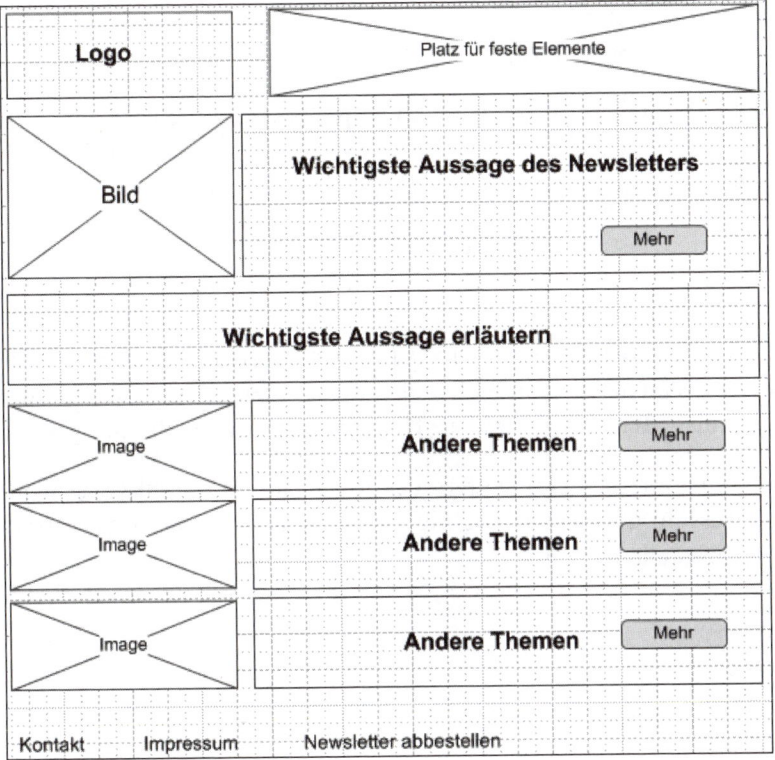

Abbildung 8.7: Hauptaussage, Bilder, nachgeordnete Themen: Skizze für eine Newslettergliederung

Wie könnte der ideale Newsletter nun aussehen? Anhand der einfachen Skizze sehen Sie, welche Elemente Sie an welcher Stelle anordnen. Beginnen Sie am besten mit Ihrem Logo in der linken oberen Ecke, weil von links nach rechts gelesen wird. Damit ist der Absender des Newsletters eindeutig sichtbar. Auf gleicher Höhe sollten Sie feste Elemente platzieren. Vielleicht gibt es Themen, die Sie in jedem Newsletter verwenden und die für den Leser sehr wichtig sind – etwa den aktuellen Meilenstand für Vielflieger oder die Zahl der erreichten Bonuspunkte in Ihrem Shop. Wenn Sie solche wiederkehrenden Informationen immer an derselben Stelle platzieren, ist das komfortabel für Ihre Kunden: Die Informationen werden sofort gefunden.

Direkt darunter sollten Sie die wichtigste Aussage des Newsletters großformatig anordnen. Geizen Sie mit Text und lassen Sie das Bild nicht zu aufdringlich wirken. Es lenkt sonst zu sehr von der Textaussage ab. In räumlicher Nähe zum Text bringen Sie einen Link an, der vom Newsletter auf Ihre Website führt.

Unterhalb der plakativ formulierten Hauptaussage sollten Sie ein Textfeld vorsehen, in welchem Sie die Aussage mit einem kurzen Fließtext erläutern. Dieser Text sollte nicht mehr als 300 Zeichen umfassen.

Alle Elemente, die tiefer angeordnet sind, fallen mit großer Wahrscheinlichkeit aus dem sichtbaren Bereich heraus. Der Leser des Newsletters wird scrollen müssen, um diese Informationen anzusehen. Deshalb dürfen hier nur untergeordnete Themen platziert werden. Versehen Sie die Themen mit einem kleinen Bild und jeweils einem Link, der auf Ihre Website führt. Mehr als vier kleine Themen sollten Sie nicht anfügen.

Am unteren Ende des Newsletters benötigen Sie noch Links wie Kontakt, Impressum und – ganz wichtig – den sogar gesetzlich vorgeschriebenen »Abbestellen«-Link.

Und so könnte der Text für Ihren Kaffeeshop-Newsletter aussehen:

Element	Text
Hauptaussage	Neue Kaffeesorte aus Jemen – exklusiv bei uns erhältlich!
Erläuterung der Hauptaussage	Ab sofort bieten wir Ihnen ein jemenitisches Kaffee-Highlight an: einen urtümlichen Hochland-Arabica von bester Qualität mit fruchtig-würzigem Geschmack. Jetzt probieren
Untergeordnetes Thema I	Crema d'Oro jetzt auch als Bioware verfügbar. Mehr dazu
Untergeordnetes Thema II	Superior Melange ist beliebteste Sorte. Mehr dazu
Untergeordnetes Thema III	Nachhaltigkeit ist uns wichtig. Mehr dazu

Genauso so wichtig wie die grafische Gestaltung ist der Schreibstil. Ideale Newslettertexte sind klar, informativ, unmissverständlich und ohne Schnörkel formuliert. Bringen Sie so schlicht wie möglich auf den Punkt, worüber Sie den Leser informieren möchten. Machen Sie es wie dieses Unternehmen:

Schreibstil trägt wesentlich zum Erfolg bei

```
:: xxx Cosmetics ::
FREE SHIPPING with any $65 purchase. Enter promo code FRESHP65 at checkout.
```

Wer im Shop Waren bestellt, die mehr als 65 Dollar kosten, braucht kein Porto zu zahlen. Dazu erhält der Leser einen Code, der bei der Bestellung eingegeben werden muss. Dieser Text ist kurz und präzise. So soll es sein.

Beginnt der Newsletter dagegen mit einem nichtssagenden Text, brechen viele Empfänger sofort mit dem Lesen ab. Eine Studie hat gezeigt, dass selbst bei einem dreizeiligen Text, der langweilte, schon 67 % aller Leser aufhörten zu lesen. Wenn Sie Ihren Kunden Texte wie diesen zumuten, wird kaum jemand die eigentlichen Informationen des Newsletters lesen, die dieser Einleitung folgen:

```
Liebe Frau Buss,

Lassen Sie sich begeistern! Denn xxx hat Qualität für Leute mit dem Blick für
den Unterschied. Eben einfach xxx!
```

Null Informationsgehalt, kein Bezug zum Betreff: Für den Leser bleibt das Gefühl, mit diesem Newsletter seine Zeit zu verschwenden. Doch es geht noch schlimmer. Sehen Sie sich diesen Originaltext an, der von einer Kosmetikfirma versendet wurde. Wie weit lesen Sie hier?

Liebe Leser,

die Produkte, welche wir Euch heute vorstellen sind für alle diejenigen, die sich jetzt schon auf den Urlaub freuen und es kaum noch erwarten können bis es endlich los geht.
Oder all diejenigen, die es leider nicht schaffen in die weite Ferne zu reisen und zuhause bleiben müssen. Wir haben diese Probleme abgeschafft und dafür gesorgt dass sich jeder seine eigene Pinacolada, seinen eigenen Strand und sein eigenes Meer in die Badewanne nach Hause holen kann. Wieder eine geniale Idee und ein weiterer Grund uns zu lieben.

Erst hier folgen die eigentlichen Neuigkeiten, die dieser Newsletter ins Haus bringen soll. Wie hoch ist wohl die Wahrscheinlichkeit, dass die Empfänger bis zu dieser Stelle gelangen?

Absender und Betreff

Ein weiterer wichtiger Aspekt ist das Zusammenspiel aus Absender, Betreff und dem eigentlichen Text. Das alles muss eine stimmige Einheit ergeben. Was Sie in der Betreffzeile ankündigen, sollte genau so im News letter wiederzufinden sein. Und zwar ohne großes Rätselraten.

Wie wichtig es ist, Betreff und Newslettertext aufeinander abzustimmen, zeigt Ihnen folgendes Beispiel. Dieser Newsletter hat Monat für Monat denselben merkwürdigen Betreff »Sparen Sie als Chipsbesitzer«. Weil zu allem Überfluss auch noch der Absender »Newsletter« heißt, fällt es dem Empfänger ohnehin schwer, den Inhalt des Newsletters richtig ein-zuordnen.

Was spart man als Chipsbesitzer? Welche Art von Chips ist da gemeint? Kartoffelchips? Bluechips? Wer nun den Newsletter öffnet, wird auch nicht viel schlauer. Da heißt es:

Sehr geehrte Frau Buss,

wie im letzten Jahr heißt es bei einer Reihe attraktiver Veranstaltungen: Startgeld - Fehlanzeige!

Damit ist immer noch nicht klar geworden, was der Absender mitteilen möchte. Ob der folgende Textabschnitt weiterhilft?

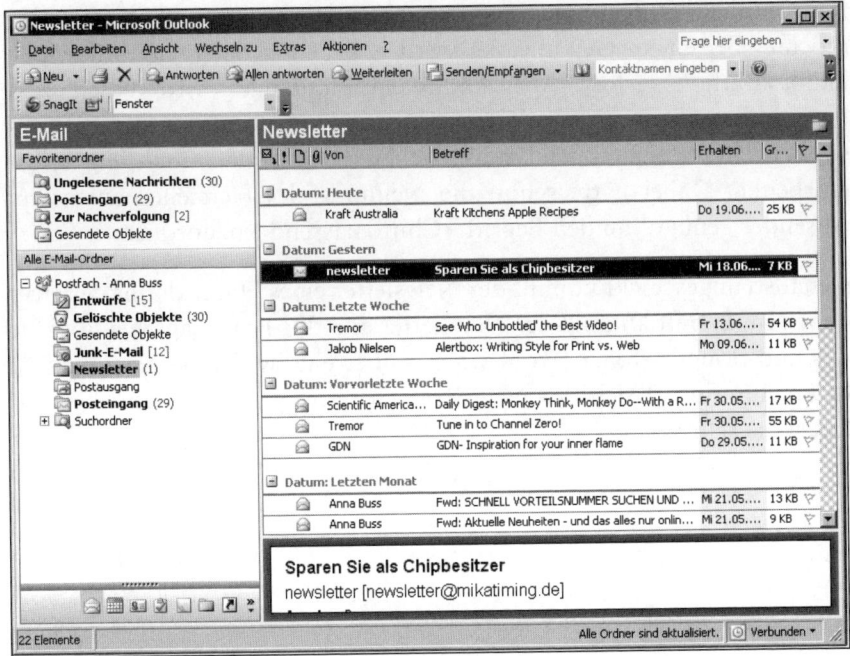

Abbildung 8.8: Newsletter für Chipbesitzer: Was man hier sparen kann, bleibt lange rätselhaft

Jetzt verlost XXX in Kooperation mit XXX fünf kostenfreie Startplätze für ein ganz besonderes Event: Am 22. Juni 2008 werden leistungssportlich orientierte Läufer, Hobbyläufer, Inline-Skater, Rennrolli- oder Handbike-Fahrer und Walker aller Altersklassen im Rahmen des 15. Stuttgarter Zeitung-Laufs an den Start gehen.

Immer noch keine konkrete Information darüber, wie der Empfänger als Chipbesitzer sparen könnte. Dafür kann sich der Leser an einem schönen Schachtelsatz erfreuen. Etwas mehr Licht ins Dunkel bringt immerhin der letzte Textabsatz:

Wer mitmachen will sollte sich bis zum 31. Mai 2008 auf www.xxx.de unter der Rubrik »My MaxFun Standard« kostenlos registrieren und für das Gewinnspiel anmelden. Für die Halbmarathondistanz waren in den letzten Jahren oftmals alle Startplätze bereits im Vorfeld vergeben, jetzt können Sie über das Gewinnspiel auf www.xxx.de unter »Run for Free« einen der begehrten Startplätze kostenfrei ergattern.

Hier endlich finden wir, was der Absender uns eigentlich mitteilen möchte: Bei einem Gewinnspiel werden begehrte Startplätze für einen Halbmarathon verlost. Aber kaum ein Empfänger wird diesen Text bis zum Ende lesen. Dass mit dem Chip ein Zeitmessungsgerät für Langstreckenläufe gemeint war, muss sich der Empfänger mühselig selbst erarbeiten. Dabei hätte schon die Nennung des Herstellernamens im Absender genügt, um den Begriff »Chip« passend einzuordnen.

Genauso ungeschickt kommt der Newsletter eines Onlinedating-Services daher. Im Betreff kündigt der Newsletter an: »Ihr Profil sagt viel über Sie aus und bringt Erfolg«. Wohl wahr – aber eine wirkliche Neuigkeit ist das nicht. Zumal sich der Newsletter auf etwas ganz anderes bezieht. Lesen Sie selbst:

Liebe Landshuterin,

um mehr über den anderen zu erfahren, lesen unsere Mitglieder das Profil. Je vollständiger es ist, desto besser sind die Chancen, auch wirklich vom Richtigen kontaktiert zu werden.

Schauen Sie doch nochmals in Ihr Profil und ergänzen bzw. aktualisieren Sie es. Es lohnt sich, denn mit einem vollständig ausgefüllten Profil erhalten Sie bis zu 50 % mehr Nachrichten.

Als Extra wartet eine kostenlose Premium-Mitgliedschaft für 2 Tage auf Sie – damit Sie xxx noch besser nutzen können.

Worauf warten Sie?

Die wichtigste Nachricht zuletzt: Wer jetzt sein Profil auf der Dating-Plattform ausfüllt, wird mit zwei Tagen kostenloser Premium-Mitgliedschaft belohnt. Wesentlich geschickter wäre es gewesen, den Empfänger schon im Betreff darüber aufzuklären: »Jetzt Profil ausfüllen und 2 Tage gratis Premium-Mitgliedschaft nutzen«. Den Text selbst hätte man beispielsweise so optimal gestalten können:

Liebe Landshuterin,

wussten Sie, dass Sie mit einem vollständig ausgefüllten Profil bis zu 50 % mehr Nachrichten bekommen? Je vollständiger es ist, desto besser sind die Chancen, auch wirklich vom Richtigen kontaktiert zu werden.

Das Profil ergänzen bzw. aktualisieren lohnt sich übrigens doppelt: Als Belohnung wartet eine kostenlose Premium-Mitgliedschaft für 2 Tage auf Sie.

Worauf warten Sie? Gleich lossurfen und das Profil ergänzen!

Den Newsletter testen

Schauen Sie sich vor dem Versand unbedingt an, wie Ihr Newsletter in verschiedenen E-Mail-Programmen und auf verschiedenen Monitorgrößen darstellt wird. Das ist sehr wichtig, weil die Darstellungsform von Programm zu Programm stark variiert. Sie werden bei den ersten Tests überrascht oder vielleicht sogar entsetzt sein, wie unterschiedlich Ihr Newsletter sich dem Empfänger präsentiert. Nehmen Sie sich mit Innovationen beim Layout lieber zurück, als dass Sie eine hässliche Darstellung riskieren, die vielleicht den Newsletter komplett unbrauchbar macht.

Möchten Sie keine Abstriche beim Layout machen? Dann bieten Sie einfach den Newsletter als reine Onlineversion an. Der eigentliche Newslettertext enthält nur einen Link. Klickt der Leser diesen an, öffnet sich der Newsletter im Browser als eigene Seite.

Tipp . . . . . .

Das Testen von Newslettern ist nicht vergleichbar mit dem Testen von Websites! Das Testen von Websites ist längst nicht so aufwendig. Die meisten Anwender haben auf ihren Rechnern das Betriebssystem Windows und als Browsersoftware den Microsoft Internet Explorer. Einige verwenden statt des Internet Explorers den Browser Firefox, andere haben statt Windows ein Betriebssystem von Apple oder eine Linux-Version. Mit diesen wenigen Kombinationen haben Sie schon den Großteil aller Fälle abgedeckt, für die Sie Ihre Websites testen sollten.

Testen von Newslettern ist aufwendig

Bei E-Mails stellt sich die Situation komplizierter dar: Sie haben grundsätzlich die Wahl zwischen normaler Software und Mailprogrammen, die nur im Browser laufen. Dazu zählen GoogleMail, GMX, Web.de, Hotmail oder Yahoo! Mail. Bei der Software haben Sie es vor allem mit Outlook, Eudora, Lotus Notes, Pegasus, Outlook Express, Thunderbird oder dem Mailprogramm von Opera zu tun. Diese Software liegt zudem noch in unterschiedlichen Versionen vor. Vor allem bei Outlook sind die Differenzen zwischen den Versionen gravierend.

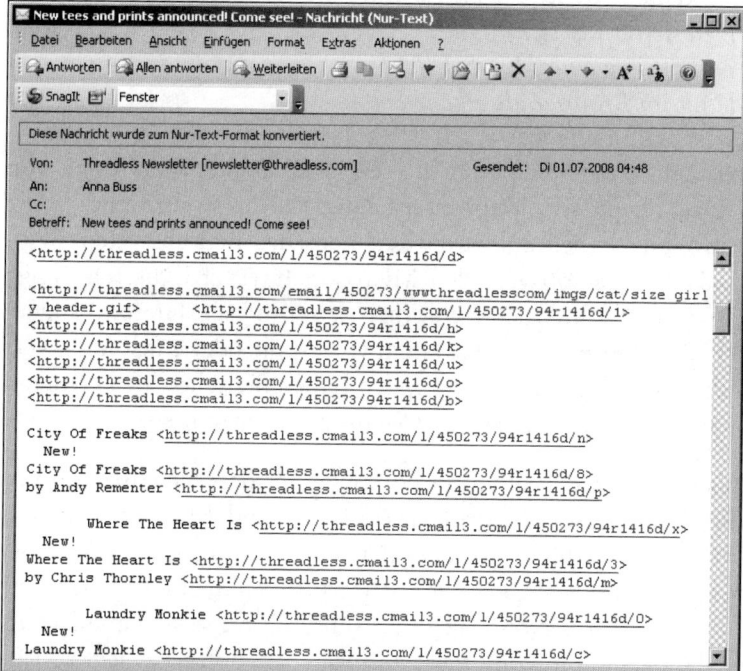

Abbildung 8.9: Zwei Ansichten desselben Newsletters: unterschiedliche Anzeige aufgrund verschiedener Outlook-Einstellungen

Jedes dieser E-Mail-Programme hat eine eigene Art, den Absender, den eigentlichen Inhalt und den Betreff darzustellen. Testen Sie deshalb nicht nur den aktuellen Newsletter, sondern auch den Double-Opt-In-Vorgang und das Abbestellen.

Themen langfristig planen

Planen Sie die Themen Ihres Newsletters langfristig. Wenn Sie sich eine Planung für rund ein halbes oder ein ganzes Jahr im Voraus machen, wird Ihnen das Erstellen der Texte viel leichter von der Hand gehen.

Vieles lässt sich gut vorbereiten – etwa Oster-, Muttertags- oder Weihnachtsaktionen. Sie können Messen einplanen, auf denen Sie Produktneuheiten sehen, die Sie dann Ihren Kunden präsentieren können. Oder Sie wissen jetzt schon, dass Sie in drei Monaten mit einer überarbeiteten Katalogstruktur Ihres Shops und einer verbesserten Suchfunktion online gehen werden. Vermerken Sie das schon heute in Ihrem Plan, denn das ist ein ideales Thema für einen Newsletter.

Vieles lässt sich gut vorbereiten

Eine langfristige Planung hat auch den Vorteil, dass Sie von Anfang an auf eine ausgewogene Mischung von Themen achten können. In Ihre Planung sollten Sie auch einbeziehen, wer den Newsletter schreibt oder Informationen zu den einzelnen Themen liefert.

So könnte die Themenplanung für Ihren Kaffeeshop aussehen:

Monat	Thema	Verantwortlich
Januar	Rezept für Latte macchiato mit Zimt und Karamellcreme	Birgit
Februar	Neue Inhalte auf unserer Website: Bericht über die Ökobilanz unserer Kaffeeproduzenten. Woher kommt eigentlich der Kaffee, den wir online verkaufen?	Klaus
März	Sonderpreise für die Sorten Kenia Deluxe und Ecuador Green Forest	Peter
April	Tipps für die festliche Ostertafel	Peter
Mai	Gewinnspiel, Hauptpreis: eigene Kaffeeplantage	Fiona
Juni	Neue Kaffeesorte in unserem Shop! Kenia Blend Superior	Klaus
Juli	Sonderpreise für die Sorten Beluga Black und Robusta Negra Red Label	Peter
August	Rezept für Eiskaffee	Birgit
September	Einweihung der neuen Filiale in Düsseldorf	Marion

Monat	Thema	Verantwortlich
Oktober	Neugestaltung unseres Onlineshops. Wir bieten 12 zusätzliche Produkte und endlich auch die Zahlungsoption Kreditkarte	Peter
November	Adventskalender im Onlineshop ankündigen	Klaus
Dezember	Unsere Weihnachtspakete, Geschenkversand zu Sonderkonditionen	Fiona

Von einer eigenen IP-Adresse versenden

Versenden Sie die Newsletter möglichst nicht über einen Internetzugang, den Sie bei einem Telekommunikationsanbieter per DSL nutzen. Wählen Sie sich nämlich per DSL ins Internet ein, wird Ihnen jedes Mal eine andere sogenannte IP-Adresse zugeteilt.

Es könnte sein, dass diese IP-Adresse in der Vergangenheit schon einmal von einem anderen Kunden des Telekommunikationsunternehmens benutzt wurde. Hat dieser Kunde von der IP-Adresse aus Spam versendet oder E-Mails verschickt, die Trojaner- oder Virenmails enthalten haben, wird Ihr Newsletter je nach eingesetzter Technik von den Filtern einiger Empfänger als Spam einsortiert.

Es empfiehlt sich daher, den Newsletter nur von solchen IP-Adressen aus zu versenden, die ausschließlich von Ihrem Unternehmen genutzt werden.

Professionellen Dienstleister mit dem Versand beauftragen

Sie sollten nie versuchen, Newsletter mit Ihrem E-Mail-Programm zu versenden. Womöglich noch an diejenigen Adressaten, deren E-Mail-Adressen Sie sorgfältig in Outlook gesammelt haben.

Zum Versand von Newslettern benötigen Sie eine Applikation, die für professionelle Zwecke geeignet ist. Übertragen Sie deshalb den Versand an einen Dienstleister, der sich einschlägig spezialisiert hat.

Erfolg kontrollieren

Ob ein Leser einen Newsletter öffnet oder nicht, lässt sich technisch messen. Aussagekräftig ist diese Zahl jedoch nicht unbedingt. Man kann nämlich nicht unterscheiden, ob der Newsletter vom Empfänger absichtlich geöffnet und gelesen wurde oder ob lediglich dessen E-Mail-Programm über eine entsprechende Voreinstellung verfügt und die eingetroffene Mail automatisch öffnet.

Haben Sie nun in den Newsletter Links eingebaut, die angeklickt werden können, wissen Sie schon viel detaillierter Bescheid. Denn Sie können messen, wie viele Besucher die Seite hatte, die sich hinter dem Link verbirgt.

Kontrolle durch Webtracking

Bauen Sie für jeden Newsletter eine eigene Seite innerhalb Ihres Webauftritts, wo Sie die Inhalte des Newsletters noch einmal aufgreifen und vertiefen. Technisch ist es sogar möglich, das Verhalten eines jeden einzelnen Besuchers zu dokumentieren. Wer hat sich auf dieser Seite wofür interessiert?

Technisch ebenso machbar ist es, den Weg eines Newsletterempfängers vom Lesen des Newsletters über die Website, hinein in den Shop bis zur Warenauswahl und Kasse nachzuvollziehen. Setzen Sie die Menge der versendeten Newsletter in Relation zu den Käufern, ersehen Sie eine wichtige Kenngröße: die sogenannte Konversionsrate. Sie gibt Ihnen einen Eindruck von der Wirksamkeit Ihres Newsletters. Mehr dazu erfahren Sie im Kapitel 6.

Dazu ein wichtiger Hinweis: Wenn Sie Links in den Newslettern unterbringen und anfangen, das Klickverhalten der Empfänger zu messen, werden Sie von einigen Spam-Filtern mit Strafpunkten belegt.

Tipp . . . . . .

Betreffzeile und Absender

Warum sollten Sie sich über solche kleinen Elemente Gedanken machen? Es sind in der Tat nur wenige Zeichen, und doch entscheiden sie über den Erfolg oder Misserfolg Ihres Newsletters.

Der Grund dafür ist, dass Betreff und Absender das Erste sind, das der Leser von Ihrem Newsletter wahrnimmt. Betreff und Absender erscheinen im Eingangsordner der Mailbox. Sind beide nicht aussagekräftig genug, wird der Empfänger den Newsletter ignorieren oder gar ungelesen löschen. Daher lohnt es sich, Betreffzeile und Absender sorgfältig auszuwählen.

Absender = Firmenname

Als Absender sollten Sie Ihren Firmennamen verwenden. Der Empfänger erkennt dann auf den ersten Blick, von wem die Nachricht stammt, und kann den Betreff eindeutig zuordnen. Weniger gut geeignet sind E-Mail-Adressen oder Personennamen. Nicht empfehlenswert ist es, den Absender »Newsletter« zu nennen.

Beschränken Sie die Zahl der Zeichen in der Absenderangabe auf 25 bis 30. Ansonsten laufen Sie Gefahr, dass der Absender in der Mailbox nicht vollständig angezeigt wird. Der Empfänger kann sich dann nicht so schnell orientieren. Wird der Absender nicht sofort klar, neigen Benutzer dazu, die Mail zu ignorieren oder gar sofort zu löschen.

Kurze Formulierungen wählen

Auch für den Betreff ist es ratsam, eine Maximalanzahl von Zeichen zu definieren. Wenn Sie sich auf rund 80 Zeichen beschränken, haben Sie ein gutes Maß gefunden: genug, um den Inhalt Ihres Newsletters kompakt zu formulieren, aber nicht zu viel. Denn genau wie beim Absender besteht auch hier die Gefahr, dass die letzten Zeichen nicht mehr vollständig angezeigt werden. Der Empfänger muss erst die E-Mail öffnen, um den Text vollständig lesen zu können. Wozu die Mühe machen? Und wieder gilt: Was uninteressant erscheint, wird gelöscht oder nie gelesen.

Keine Ausrufezeichen oder Großbuchstaben

Verzichten Sie beim Schreiben des Betreffs auf Großbuchstaben und Ausrufezeichen. Spam-Filter reagieren hierauf umgehend und lassen Ihren Newsletter erst gar nicht in den Posteingang passieren. Sollte die Nachricht trotzdem diese Hürde überwinden, machen Großbuchstaben und Ausrufezeichen in der Betreffzeile auf den Empfänger keinen guten Eindruck. Allzu schnell wird Ihr Newsletter für wertlose Werbemail gehalten, wenn Sie Betrefftexte wie diese versenden: JETZT ZUGREIFEN – nur noch 2 Wochen SONDERANGEBOTE!

Ebenso marktschreierisch wirken Betreffe, die den Namen des Empfängers enthalten: Sonderangebote für Sie, Frau Maier. Nutzen Sie die verfügbare Zeichenzahl auf intelligentere Weise.

Doppeln Sie nichts zwischen Absender und Betreff. Haben Sie als Absender schon Ihr Unternehmen angekündigt, so braucht dessen Name kein zweites Mal in der Betreffzeile aufzutauchen.

Formulieren Sie den Zweck des Newsletters klar und unmissverständlich. Kündigen Sie schon in der Betreffzeile den Nutzwert des Newsletters an. Der Empfänger muss an genau dieser Stelle dazu motiviert werden, den Newsletter anzusehen. Eine andere Möglichkeit, den Empfänger anzusprechen, haben Sie nicht.

Formulieren Sie daher den Betreff so, dass der Nutzwert zuerst genannt wird. Schreiben Sie statt »Sommerliche Vorfreude im Juni – Wir versenden ab 100 Euro Bestellwert portofrei« besser »Im Juni ab 100 Euro Bestellwert portofrei«.

Nutzwert nennen

Weniger wirksam sind Formulierungen wie »Newsletter Mai 2008«. Warum man diesen lesen sollte, muss der Empfänger selbst herausfinden.

Nicht empfehlenswert sind Betrefftexte, die von Newsletter zu Newsletter identisch übernommen werden, wie beispielsweise »Jetzt sparen« oder gar nur das Wort »Newsletter«.

Newsletter abbestellen muss einfach sein

Warum soll die Kündigung eines Newsletters einfach zu handhaben sein? Wäre es nicht vielmehr sinnvoller, die Option zum Abbestellen zu verstecken oder im Newsletter erst gar nicht anzubieten?

Sie können natürlich den Link zum Abbestellen im Newsletter selbst weglassen und den Empfänger darauf verweisen, zum Abbestellen die Website zu besuchen. Damit erschweren Sie das Abbestellen – in der Hoffnung, dass den Empfängern das Prozedere zu mühselig ist und sie den Newsletter weiterhin abonnieren.

Verzichten Sie nicht auf den »Abbestellen«-Link

Wenn Sie so denken, rechnen Sie nicht mit der Pfiffigkeit der Empfänger. Da E-Mail alltäglich geworden ist, verfügen immer mehr Benutzer über detaillierte Kenntnisse dieser Programme. Kein Link zum Abbestellen des Newsletters vorhanden? Mit einem Klick lässt sich dies auch per Outlook erledigen.

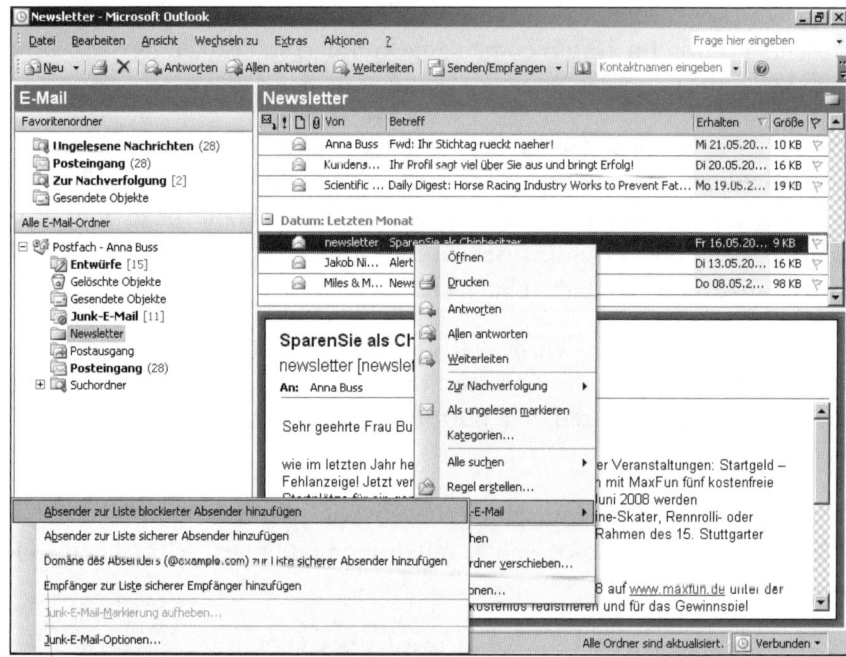

Abbildung 8.10: Posteingang bei Outlook: Eine kurze Mausbewegung reicht aus, und schon ist diese E-Mail als Spam markiert

Freilich erledigt Outlook nicht das eigentliche Abbestellen des Newsletters. Aber hat nicht das Hinzufügen des Newsletterabsenders zur Spam-Liste denselben Effekt? Künftig ausgesperrt, wird der Newsletter in Zukunft nicht mehr in der Mailbox auftauchen.

Was für den Empfänger nur eine bequeme Alternative zum Abbestellen ist, hat für Sie als Versender fatale Folgen. Setzt der Nutzer Sie bei einem Onlinedienst wie etwa GMX auf eine schwarze Liste, werden Sie künftig als Spam-Versender angesehen. Das bedeutet, dass neben dem Empfänger auch weitere Benutzer keinen Newsletter mehr von Ihnen erhalten.

Gestalten Sie also den Abmeldeprozess so einfach wie möglich. Besser, Sie verlieren einen Leser, als dass Sie fälschlich als Spam-Versender eingeordnet werden.

Abbildung 8.11: Ein Klick auf »Abmelden« am Ende des zugehörigen Newsletters ruft diese Bestätigungsseite auf: »Okay, alles klar. Schade, dass Sie sich verabschieden.«

Einen Newsletter abzubestellen sollte nicht länger als eine Minute dauern. Die Benutzer erwarten wie bei der Anmeldung bei diesem einfachen Prozess eine hohe Ergonomie. Bieten Sie also einen Link am Ende des Newsletters an. Ein Klick sollte ausreichen, um den Versand zu deaktivieren. Verzichten Sie genau wie beim Abonnieren auf die Erhebung von Daten und das Ausfüllen von Fragebogen, die den Grund für das Abbestellen herausfinden wollen.

Darf maximal 1 Minute dauern

Gestalten Sie den Abbestellprozess benutzerunfreundlich, leidet darunter der Gesamteindruck, den der Benutzer von Ihrer Website hat. Ein schwer zu handhabender Abbestellprozess verärgert den Benutzer übrigens doppelt so stark wie ein schwieriger Bestellvorgang.

8.3   Checkliste Newsletter

Vom Abo bis zum Abbestellen: Mit dieser Checkliste prüfen Sie Ihren Newsletter.

>> Sind die Links zum Abo aufmerksamkeitsstark und an mehreren Stellen platziert?

>> Dauert die Bestellung maximal eine Minute?

>> Ist ein Double-Opt-In verwendet worden?

>> Wird der Newsletter im Multipart-Format versendet?

>> Wird dienstags, mittwochs oder donnerstags versendet?

>> Versenden Sie den Newsletter nicht häufiger als alle zwei Wochen?

>> Orientieren sich die Themen an Nutzwert?

>> Stimmen Preisangaben und andere Daten noch, wenn der Newsletter versendet wird?

>> Findet sich im Kopfbereich des Newsletters sofort etwas Interessantes?

>> Erleichtert der Text das Überfliegen?

>> Ist der Newsletter grafisch gut gegliedert?

>> Ist wenig Text verwendet worden?

>> Wird das Wichtige zuerst genannt?

>> Findet sich im Newsletter maximal ein Störer?

>> Bilden Absender, Betreff und Inhalt eine sinnvolle Einheit?

>> Wurde der Newsletter vor dem Versand getestet?

>> Beträgt die Länge des Absenders 25 bis 30 Zeichen?

>> Beträgt die Länge des Betreffs rund 80 Zeichen?

>> Enthält der Betreff weder Ausrufezeichen noch Großbuchstaben?

>> Wird im Betreff schon der Nutzwert angekündigt?

>> Dauert das Abbestellen nicht länger als eine Minute?

8.4   Weiterführende Links

>> Die Zeitschrift »Computerwoche« gibt Ihnen weitere Tipps für E-Mail-Marketing und Newsletter:

   `http://www.computerwoche.de/knowledge_center/crm/1847860/`

>> Welche Fehler bei E-Mail-Marketingkampagnen oft gemacht werden und wie man sie vermeidet, finden Sie hier:

   `http://www.crmmanager.de/magazin/artikel_1456_standalone_e-mail_`
   `kampagne.html`

>> Jede Menge praktischer Hilfen – etwa Vorlagen für Newsletter – hält dieses Blog bereit:

   `http://www.emailmarketingblog.de/`

KAPITEL 9
Neue Kunden mit Google AdWords gewinnen

9.1   Was ist Google AdWords und wie funktioniert es?

Vielleicht haben Sie noch nie von Google AdWords gehört. Aber gesehen oder sogar benutzt haben Sie diese Werbeform bestimmt schon einmal. Sie können sich ganz leicht selbst einen Eindruck davon verschaffen. Öffnen Sie die Google-Suchseite und geben Sie eine beliebige Suchanfrage ein, etwa nach »Kaffeebohnen«. Was Ihnen Google anzeigt, sieht so aus:

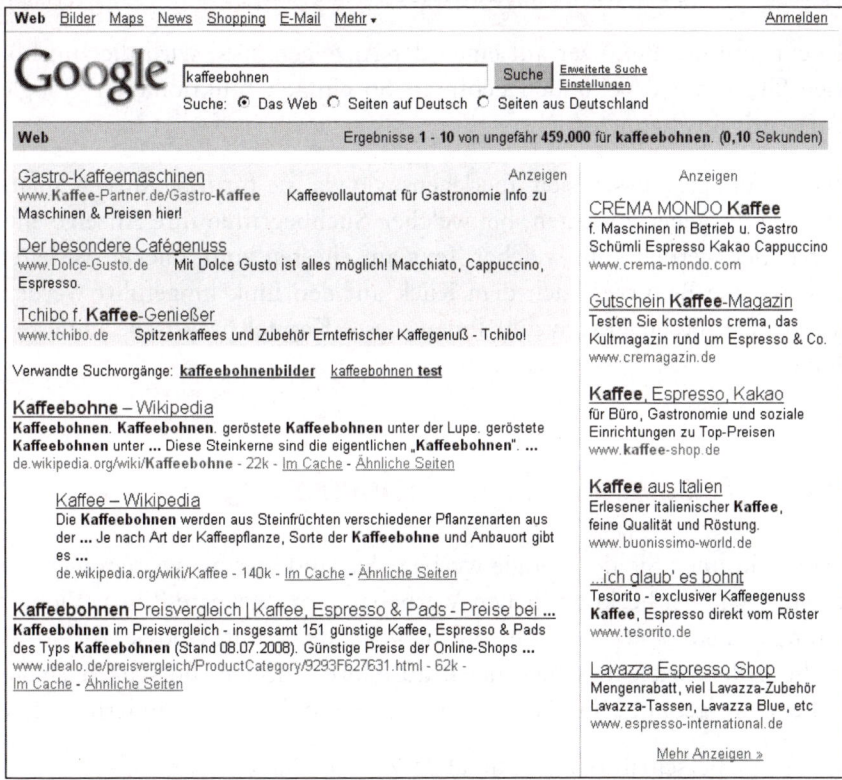

Abbildung 9.1: Google-Trefferliste: bezahlte Anzeigen und Treffer für einen Suchbegriff

Drei Google AdWords finden Sie in dem Kasten am Anfang der Treffer-liste. Wenn Sie genau hinsehen, entdecken Sie in der oberen rechten Ecke des Kastens die Aufschrift »Anzeigen«. Dieselbe Aufschrift finden Sie über der Spalte, die am rechten Bildschirmrand erscheint. Auch dies sind Anzeigen, die aus Google AdWords zusammengesetzt werden.

Werbung passt zum Suchbegriff

Sehen Sie sich nun die Google AdWords und den Suchbegriff an. Sie werden feststellen, dass Anzeigen wie »Kaffee aus Italien« zum Such-begriff »Kaffeebohnen« passen. Damit haben Sie schon die Funktions-weise von Google AdWords kennengelernt: Werbung wird thematisch passend zum Suchbegriff eingeblendet.

Klickt nun der Benutzer auf einen der Anzeigenlinks, wird die zugehö-rige Site des Werbekunden geöffnet. So einfach funktionieren Google AdWords aus Benutzersicht.

Werbekunden müssen sich überlegen, wie viel sie für ihre Anzeigenplat-zierung ausgeben möchten, bei welchen Suchbegriffen ihre Anzeige ein-geblendet werden soll, welcher Text am ehesten zum Klicken verleitet und wo die Benutzer nach dem Klick auf den Link hingeführt werden sollen. Zu diesen Fragen gibt Ihnen dieses Kapitel praktische Hilfestel-lung.

9.2   Anzeigen und ihre Positionierung

Womit können Sie bei Google werben? Sie sind hier bei weitem nicht so flexibel wie bei herkömmlichen Werbebannern. Bewegte Bilder, Videos, Animationen oder unterschiedliche Formate kennt Google AdWords nicht. Alle Anzeigen sehen gleich aus. Ihre Anzeige muss nach einem Schema aufgebaut sein, das fest vorgegeben und nicht veränderbar ist:

Festes Anzeigen-format

>> Die Überschrift darf maximal 25 Zeichen haben.

>> Der Text darf maximal zwei Zeilen mit jeweils 35 Zeichen umfas-sen.

>> Die unter dem Text eingeblendete Internetadresse darf maximal 35 Zeichen lang sein.

Allerdings ist die eingeblendete Internetadresse nicht mit der URL identisch, auf die Sie mit der Anzeige verlinken. Die eingeblendete Internetadresse ist nur ein Platzhalter ohne technische Bedeutung. Sie hat mehr generell werbenden Charakter.

Wie wird die Anzeige positioniert? Welche Anzeigen werden ganz oben und welche ganz hinten platziert? Eine gute Platzierung zu ergattern ist unverzichtbar. Ansonsten wird Ihre Anzeige von weit weniger Benutzern wahrgenommen als gehofft. Die Platzierung setzt sich aus zwei Parametern zusammen: dem Budget, das Sie pro Klick auf Ihre Anzeige investieren wollen, und der Klickrate, die Ihre Anzeige tatsächlich für sich verbucht.

Anzeigenpositionierung nach Budget und Qualität

Das Budget für einen Klick heißt bei Google schlicht »Cost per Click«. Je mehr Sie für einen Klick ausgeben möchten, desto höher wird Ihre Anzeige positioniert.

Denken Sie zurück an den Kaffeeshop aus Kapitel 1. Angenommen, Sie wählen das Keyword »Kaffeebohne« und zahlen für einen Klick 20 Cent. Ihr Mitbewerber zahlt nur maximal 10 Cent. Dann haben Sie ihn überboten und Ihre Anzeige wird über der des Mitbewerbers platziert. Erst wenn der Mitbewerber sein Budget auf 21 Cent erhöht, verdrängt seine Anzeige Ihre. Sie müssen dann entsprechend schnell reagieren, um wieder Ihren alten Platz einzunehmen.

Google führt hier also eine Art von »Klickpreis-Auktion« durch. Doch noch eine weitere Größe zählt: Wie viele Klicks erhält Ihre Anzeige von den Benutzern? Google hat ein großes Interesse daran, nicht nur relevante Treffer anzuzeigen. Auch die Werbeeinblendungen sollen so beschaffen sein, dass sie auf die Benutzer attraktiv wirken. Je mehr Nutzer also auf Ihre Anzeige klicken, desto besser. Google belohnt Relevanz.

Google belohnt Relevanz

Das bedeutet umgekehrt, dass auch ein hohes Budget keine Garantie für eine Position auf den oberen Rängen ist. Doch wie kalkulieren sich genau Klickpreise und andere wichtige Größen?

9.3   Wichtige Kenngrößen

Google AdWords bedient sich eines ganz eigenen Kenngrößen-Vokabulars. Manche werden Ihnen aus anderen Zusammenhängen bekannt vorkommen. Etwa die »Impressions«, welche auf den ersten Blick an das Maß für Besucherzahlen, die »Page Impressions«, erinnern. Aber damit haben sie nichts gemein.

Wenn Sie Google AdWords sicher benutzen möchten, ist es deshalb unverzichtbar, sich etwas näher mit einigen Fachbegriffen und deren kaufmännischer Bedeutung zu beschäftigen.

Impressions

Impressions ist ein Maß dafür, wie oft Ihre Anzeige eingeblendet wurde. Wenn eine Kampagne also 500 Impressions verzeichnet, ist sie auf den Bildschirmen von 500 Google-Benutzern angezeigt worden, die in einem definierten Zeitraum nach »Ihrem« Keyword gesucht haben. Deshalb werden Impressions auch Sichtkontakte genannt.

Klicks

Die Klicks bezeichnen die Anzahl der Google-Nutzer, die Ihre Anzeige angeklickt haben. Diese Kenngröße ist nicht identisch mit Impressions! Sie ist vielmehr eine Teilmenge der Impressions. Denn schließlich muss ein Nutzer die Anzeige erst sehen, bevor er sie anklicken kann.

Cost-per-Click (CPC)

Mit dem Klickpreis legen Sie fest, was Sie für einen Klick auf Ihre Anzeige maximal bezahlen wollen. Deshalb heißt diese Größe auch »Maximaler CPC« oder »Bietpreis«. Der Bietpreis ist immer an ein Keyword gekoppelt. Letztlich bestimmen Sie also, was Ihnen ein Klick auf eine Anzeige wert ist, die neben den Treffern für ein bestimmtes Keyword angezeigt wird. Diesen Betrag wird Google nicht übersteigen.

Click-Through-Rate (CTR)

Aus Impressions und Klicks errechnen Sie die Click-Through-Rate. Teilen Sie dazu die Zahl der Klicks durch die Zahl der Impressions. Je höher die Klickrate, desto erfolgreicher ist Ihre Anzeige.

Doch nicht nur Sie selbst freuen sich über eine hohe CTR. Auch für Google ist diese Größe ein wichtiger Parameter. Je mehr Google-Benutzer die Anzeige anklicken, desto relevanter scheint die Anzeige für die Betrachter zu sein. Google folgt seinem internen Qualitätsmodell und platziert daraufhin Ihre Anzeige auf einer besseren Position.

Sie profitieren davon gleich in zweifacher Hinsicht: Ihre Anzeige wird durch die bessere Positionierung noch stärker beachtet. Und dafür müssen Sie nicht einmal Ihr Budget erhöhen. Wie Sie aus dem vorhergehenden Abschnitt wissen, positioniert Google auch nach Relevanz, nicht nur nach investiertem Geld.

Konversionsrate, Conversion Rate

Der Begriff Konversion beschreibt jede Handlung, die Sie sich von Ihren Websitebesuchern erwarten: einen Kauf, eine Registrierung oder das Bestellen eines Newsletters. Konversion ist letztlich genau das, was Sie erreichen möchten.

Die Conversion Rate zeigt Ihnen an, wie hoch der Anteil derjenigen Besucher ist, die das tun, was Sie sich wünschen. Berechnen können Sie die Conversion Rate, indem Sie die Anzahl der Conversions durch die Anzahl der Klicks teilen und das Ergebnis mit 100 multiplizieren. Die Einheit der Conversion Rate ist Prozent. Die Zahl bezieht sich nur auf den Anteil derjenigen Benutzer, die von Google AdWords zu Ihrer Site kommen.

Wenn Sie also in Ihrem Kaffeeshop 1000 Besucher zählen, die über Google zu Ihnen kommen, von denen 50 etwas kaufen, liegt Ihre Conversion Rate bei 5 Prozent. Erhöht sich die Besucherzahl auf 10 000, die Zahl der Käufe aber nur auf 70, liegt die Conversion Rate bei 0,7 Prozent.

An der Veränderung der Conversion Rate sehen Sie, wie sich die »Qualität« Ihrer Besucher verhält: Je höher die Conversion Rate, desto kauffreudiger sind Ihre Besucher. Gleichzeitig ist aber auch die Landing Page für die Conversion Rate mit verantwortlich. Unter einer Landing Page versteht man diejenige Seite, auf der die Benutzer nach einem Klick auf Google AdWords landen. Landing Pages können vorhandene Seiten sein oder solche, die Sie passend zu einer Kampagne gestalten. Sinkt die Conversion Rate, kann dies auch bedeuten, dass kauflustige Besucher durch die Inhalte der Landing Page enttäuscht werden und sich anderen Webseiten zuwenden.

Cost-per-Conversion

Um die Kosten pro Conversion zu berechnen, multiplizieren Sie zunächst die Klicks mit dem durchschnittlichen CPC. Das berechnet Ihnen die Gesamtkosten bzw. Ihr Kampagnenbudget. Teilen Sie nun diesen Wert durch die Anzahl der Conversions, erhalten Sie den Betrag, den Sie für eine Conversion gezahlt haben.

Wenn Sie durch Klicks auf Ihre Google AdWords-Anzeige 10 000 Besucher in Ihrem Kaffeeshop verzeichnen und ein Klick 0,1 Cent gekostet hat, betragen die Kosten für diese Kampagne 1000 Euro. Haben nun von den 10 000 Besuchern 100 Kaffeebohnen und anderes mehr in Ihrem Shop gekauft, errechnen sich die Kosten pro Conversion aus den 1000 Euro Gesamtbudget geteilt durch 100, die Zahl der Conversions. Sie zahlen also pro Bestellung in Ihrem Kaffeeshop ganze 10 Euro an Google! Bestellen während des Weihnachtsgeschäfts bei gleichbleibender Klickanzahl doppelt so viele Besucher etwas, halbiert sich die Cost-per-Conversion auf 5 Euro.

Cost-per-Conversion sagt dabei nichts darüber aus, wie lohnend die Investition war. Die 100 Besteller können jeweils nur kleine Bestellungen von 20 Euro getätigt haben. Dann haben Sie 10 Euro ausgegeben, damit jemand für 20 Euro einkauft. Je höher also die Ausgaben in Ihrem Shop sind, desto eher hat sich die Investition gelohnt.

Return on Investment (ROI)

Sie wissen nun, wie sich Cost-per-Conversion und die Kosten für Kampagnenbudgets berechnen. Damit sind Sie in der Lage, Ihre Ausgaben gegen die erzielten Einnahmen zu verrechnen. Ihre Einzelinvestition kalkulieren Sie aus dem Gewinnanteil, geteilt durch Ihren durchschnittlichen Kapitaleinsatz. Multiplizieren Sie abschließend diesen Quotienten mit 100.

Diese Rechnung verschafft Ihnen eine erste Orientierung: Sie setzen die Kosten einer Marketingkampagne in Relation zu den erzielten Gewinnen. In der Praxis ist die Berechnung des ROI viel komplizierter, da mehr Größen einberechnet werden. Denken Sie nur an Miete, Transportkosten und anderes mehr. Ausgaben für Google AdWords sind ja nur ein Teil dessen, was Sie ausgeben.

Trotzdem ist diese neue Kennzahl eine wichtige betriebswirtschaftliche Größe, wenn Sie mit Google AdWords arbeiten und speziell die Verwendung dieser Werbeform auf den ROI optimieren möchten. Sie könnten auch versuchen, lediglich den Klickpreis möglichst gering zu halten. Wenn Sie so verfahren, lassen Sie aber außer Acht, dass gerade die teuren Keywords viele Conversions generieren. Dies sind Größen, die im ROI gemessen werden. Wenn Sie auf den ROI hin optimieren, handeln Sie wesentlich sinnvoller, denn Ihre Werbung soll sich im Wortsinn »rentieren«.

9.4 Vor- und Nachteile von Google AdWords

Der große Vorteil von Google AdWords liegt darin, dass sie dem Benutzer von Google in einer besonderen Situation angezeigt werden. Nämlich in dem Moment, wo der Benutzer durch die Eingabe des Suchbegriffs ein echtes Interesse an einem Thema signalisiert, welches relevant ist in Bezug auf Ihren Service, Ihren Shop oder Ihre Produkte.

Vergleichen Sie mit Werbebannern: Hier können Sie nicht vorhersehen, in welcher Stimmung sich der Benutzer befindet, wenn der Banner eingeblendet wird. Es gibt zwar Anbieter, die Banner »passend« zum Nutzer einblenden. Loggt sich bei einem Portal beispielsweise ein weiblicher

Suchwortbezogene Einblendung

Besucher ein, werden Banner für Damenmoden angezeigt. Ob die Besucherin tatsächlich ein Interesse an neuer Kleidung hat, lässt sich allerdings nicht absehen. Mit einer Suchanfrage bei Google dagegen signalisiert der Benutzer ein konkretes Interesse.

Umso wichtiger ist es, diesen Vorteil auch wirklich zu nutzen. Sie haben es in der Hand, bei welchen Keywords Ihre Anzeigen eingeblendet werden. Wählen Sie unpassende Keywords, treffen Sie nicht genau die Bedürfnisse des Benutzers und verschenken so die wichtige Chance, die Ihnen Google AdWords bietet. Natürlich können Sie umgekehrt Ihre AdWords auch so strukturieren, dass die falschen Benutzer sich angesprochen fühlen. Dann zahlen Sie zwar für einen Klick auf Ihre Anzeige, erzielen aber keine Ergebnisse. Der Benutzer wendet sich von Ihrer Landing Page ab und ist als Kunde verloren.

Hohe Reichweite

Ein weiterer Vorteil der Google AdWords liegt darin, dass Sie eine riesige Menge potenzieller Kunden ansprechen: jeden, der Google benutzt. Eine solche Reichweite kann Ihnen kaum ein anderer Werbeträger bieten. Aufgrund der großen Benutzerzahl lohnt es sich dann auch, genauer einzuschränken, wem Ihre AdWords gezeigt werden sollen: Sie können segmentieren nach Herkunftsland, Uhrzeit oder Sprache.

Dabei ermöglicht Ihnen Google, alle Vorgaben zur Schaltung der Anzeigen zu ändern, so oft Sie wollen. Die Änderungen verursachen keine Zusatzkosten und werden sofort wirksam. Es spielt auch keine Rolle, ob Sie Parameter für eine Anzeige ändern, die gerade aktiv ist, oder ob Sie eine neue Kampagne starten.

Aufwand für Optimierungen

Änderungen sind bei weitem keine Spielerei. Sie sind im Gegenteil notwendig, denn die Rahmenbedingungen ändern sich ständig. Ihre Mitbewerber schalten ebenso Google AdWords, Suchanfragen verändern sich, saisonale Effekte treten auf. Deshalb müssen Sie einkalkulieren, dass das Testen, Prüfen und Ändern bei Google AdWords zu einer Daueraufgabe wird. Der Weg von einer unbeachteten Kampagne zum Erfolg kann sehr viel Geduld erfordern. In vielen Unternehmen sind einschlägig spezialisierte Mitarbeiter beschäftigt, die sich tagtäglich um nichts anderes kümmern als um die Optimierung von Kampagnenparametern.

Genauso flexibel wie die Parameter zu Ihren Anzeigen sind die finanziellen Aspekte einer Google AdWords-Schaltung. Sie haben durch diverse Voreinstellungen immer eine Kostenkontrolle über Ihr Tagesbudget. Google wird dieses Budget nicht überschreiten.

Kosten-kontrolle

Einerseits ist dies für Sie eine Sicherheit, andererseits bleibt das nicht ohne Folgen: Sind Ihre AdWords ungewöhnlich erfolgreich und erzielen weit mehr Klicks als gedacht, ist das Budget freilich schneller aufgebraucht als ursprünglich geplant. Dann wird Google die Schaltung einstellen, bis Sie Ihr Budget erneuern.

Aber auch mit sehr kleinen Budgets erzielen Sie bei Google AdWords Erfolge. Nicht der wird auf den besten Plätzen eingeblendet, der nur das meiste Geld in hohe Bietpreise investiert. Google ist daran interessiert, den Benutzern neben relevanten Treffern auch Werbung einzublenden, die für den jeweiligen Nutzer interessant ist. Daher entscheidet auch die Klickrate über die Positionierung. Wenn Sie Ihr Geschäft in Produktnischen oder eingegrenzten Regionen betreiben, haben Sie sehr gute Chancen, Ihre AdWords auch mit geringem Budget gewinnbringend zu positionieren.

Kleine Budgets, große Wirkung

Mehr noch: Google AdWords vermeidet Medienbrüche. Vergleichen Sie mit Radio-, Fernseh- oder Printwerbung. Sprechen Sie dort einen potenziellen Kunden an, muss dieser erst einmal seinen Rechner einschalten und Ihre Website aufsuchen – wenn nicht die URL bis dahin wieder vergessen wurde. Google AdWords dagegen verlinkt genau dorthin, wo Sie den Benutzer haben möchten.

Kein Medienbruch

Dementsprechend müssen Sie genau überlegen, was Sie auf den Landing Pages abbilden wollen. Wenn die Inhalte den Benutzer nicht ansprechen, wird die Seite sofort wieder verlassen. Ein herber Verlust, denn Sie haben nicht nur für den Klick dieses Besuchers auf Ihre Anzeige bares Geld bezahlt, sondern auch für das Verwalten der Kampagne, Finden der Ideen und Erstellen der Landing Page.

Das Fazit lautet daher: Die Vorteile, die Google AdWords bietet, lassen sich nur dann voll ausschöpfen, wenn die richtigen Keywords und die passenden Anzeigentexte auf wirklich attraktive Landing Pages führen. Für alle drei Themen finden Sie in den folgenden Abschnitten bewährte Tipps aus der Praxis.

9.5 Praxistipps: Keywords, Anzeigentexte, Landing Pages

Relevante Keywords wählen

Google AdWords versetzt Sie in die günstige Ausgangslage, dass Ihre potenziellen Kunden gerade im Begriff sind, nach Ihnen und Ihren Produkten zu suchen. Die unsichtbaren Keywords haben hinter den Kulissen die wichtige Aufgabe, in diesem Moment für die Platzierung Ihrer Anzeige zu sorgen.

Mit der cleveren Auswahl der Keywords steht und fällt der Erfolg Ihrer Kampagne. Sie haben es also in der Hand, ob Sie mit den gewählten Keywords die richtigen Nutzer im passenden Moment ansprechen oder nicht.

Wie Nutzer suchen

Versetzen Sie sich in die Lage des Nutzers

Um erfolgreiche Keywords zu finden, müssen Sie sich in die Situation des Nutzers hineinversetzen. Betrachten Sie aus seiner Sicht, wie Sie eine Suchanfrage bei Google formulieren würden. Welches Problem hat der Benutzer, das mit der Suchanfrage bei Google behoben werden soll? Welche Begriffe würden Sie eingeben, um Ihre Produkte zu finden? Je präziser die Keywords auf die Bedürfnisse des Nutzers eingehen, desto erfolgreicher ist Ihre Kampagne.

Hier bewährt sich das, was für sämtliche Texte auf der Website gilt: Sprechen Sie die Sprache des Benutzers.

Wonach könnten potenzielle Kunden Ihres Kaffeeshops suchen? Nach den Namen Ihrer Produkte: Topping, Weißer, Schäumling, Gloria-Bona, Crema Mondo oder Robusta? Dieser Gedanke ist naheliegend – aus Ihrer Sicht. Wenn Sie nun diese Wörter als Keywords benutzen, werden Ihre Kampagnen erfolglos bleiben. Denn keiner dieser Begriffe spiegelt die Sprache des Nutzers wider. Kein Nutzer wird nach Gloria-Bona suchen. Nur Sie als Kaffeekenner wissen, dass sich hinter diesem Begriff eine seltene Kaffeesorte aus dem Hochland von Peru verbirgt. Eine seltene Kaffeesorte aus dem Hochland von Peru – hier haben Sie einen wichtigen Anhaltspunkt dafür, was der Benutzer suchen könnte. Vielleicht nach »Kaffeebohne+selten«, »Kaffee+Südamerika« oder »Kaffee-sorte+außergewöhnlich«, weil der Nutzer ein Geburtstagsgeschenk für einen Kaffeegenießer sucht? Genau diese scheinbar langweiligen Suchbegriffe sind die erfolgreichen.

Suchanfragen mit genau einem Suchbegriff werden im Übrigen immer seltener verwendet. Die meisten Google-Benutzer verwenden zwei oder sogar drei Suchbegriffe. Umso mehr lohnt es sich, auf die Auswahl passender Keywords viel Sorgfalt zu verwenden.

Sprechen Sie die Sprache Ihrer Benutzer: Das gilt für den Bereich der Privatkunden übrigens genauso wie für Geschäftskunden. Geschäftskunden sprechen eine andere Sprache, verwenden Fachbegriffe oder bestimmte Schreibweisen, wie sie der Privatkunde für denselben Begriff nicht verwenden würde. Der Laie sucht nach »Tierarzt«, der Fachmann nach »Veterinärmediziner«. In Bayern wird nach »Semmel« gesucht, in Berlin nach »Schrippe«.

Sprechen Sie die Sprache Ihrer Benutzer

Mediziner geben als Suchbegriff »Cortison« ein, Patienten »Kortison«. Schon kleine Unterschiede in der Schreibweise bringen andere Suchergebnisse. Denn Google unterscheidet schon kleine Abweichungen in der Schreibweise, aber auch Singular und Plural, alte oder neue Rechtschreibung. Das sollten Sie bei der Erstellung von Keywords unbedingt beachten.

Suchanfragen wandeln sich

Suchanfragen wandeln sich: Je nachdem, in welcher Situation der Benutzer sich aktuell befindet, werden ganz unterschiedliche Suchbegriffe benutzt.

Stellen Sie sich vor, der Benutzer möchte sich »eine von diesen richtig guten Kaffeemaschinen« kaufen. »Wie sie in Restaurants verwendet werden, mit Dampfdruck, Milchaufschäumer und allem Drum und Dran«, umschreibt der Interessent seinen Kaufwunsch. Am Beginn seiner Suche werden daher ganz unspezifische Suchbegriffe stehen: Kaffeevollautomat, Kaffeemaschine+Luxus, Espressomaschine+Profi.

Das Bild wandelt sich, sobald der Nutzer genügend Informationen gesammelt hat. Die Kaufabsicht wird nun schon konkreter. Gesucht wird jetzt nach bestimmten Produktmerkmalen und Fachbegriffen, später nach einzelnen Marken.

Unmittelbar vor dem Kauf werden die Suchbegriffe noch spezifischer. Jetzt steht fest, welches Gerät erworben werden soll, eventuell sogar schon die Produktfarbe oder sonstige Details. Der Benutzer tippt dementsprechend konkrete Produktnamen und -eigenschaften ein, etwa »Jura Impressa 500 sofort lieferbar« oder »Tassimo neu Bosch orange«.

Benutzer in den verschiedenen Stadien des Kaufzyklus drücken also ihre Interessen in unterschiedlichen Suchanfragen aus. Das bedeutet, dass umgekehrt von der Suchanfrage auf die Situation des Benutzers rückgeschlossen werden kann.

Anzeigentexte müssen zum Kaufzyklus passen Wenn Sie erkennen, in welchem Abschnitt des Kaufzyklus Ihr potenzieller Kunde sich befindet, können Sie gezielt die passenden Anzeigentexte schalten. Mehr noch: Sie können den Benutzer genau dorthin auf Ihre Website führen, wo sich die passenden Informationen befinden. Ist der Benutzer etwa noch unsicher, welche Kaffeemaschine die richtige ist, erläutert ihm die Produktübersichtsseite alle Kaufoptionen. Sucht der Interessent dagegen nach einem konkreten Modell, helfen Zahlen und Texte auf der Produktdetailseite weiter.

Von der Produktdetailseite ist es nur noch ein kleiner Schritt zur Bestellung, dem Kauf, der Conversion. Bedeutet dies, dass nur die spezifischen Keywords Conversion-relevant sind? Die Vermutung liegt nahe, ist aber falsch.

Wie spezifisch müssen Keywords sein?

Allgemein gehaltene Keywords sind nicht für den unmittelbaren Kauf relevant, sehr wohl aber für die ebenso wichtige Phase der Orientierung. Wenn Sie einen Interessenten mit einem allgemeinen Keyword auf die Seiten Ihres Shops bringen, lernt dieser den Shop schon sehr früh kennen, findet dort nützliche Informationen, kommt wieder, legt die URL in seinen Favoriten ab, abonniert den Newsletter und setzt sich schließlich drei Produkte auf seinen Wunschzettel, bevor eins davon bestellt wird.

An diesem Beispiel wird deutlich, dass allgemeine Keywords durchaus Sinn ergeben, wenn sie in Kombination mit Techniken eingesetzt werden, die den sogenannten Sale Cycle Delay überbrücken. Gerade bei hochpreisigen Produkten dauert es erfahrungsgemäß sehr lange, bis eine Kaufentscheidung getroffen wird. Mit online verfügbaren Wunschzetteln, Newslettern oder anderen Möglichkeiten überbrücken Sie diese Zeit zwischen Information und Kauf.

Allgemeine Keywords haben Vorteile

Allgemeine Keywords haben einen weiteren Vorteil. Wie viele Google-Benutzer werden nach »Kaffeebohnen« suchen? Und wie viele nach »Gloria Bona Hochland Peru Gourmet«? Allgemeine Keywords werden viel häufiger eingegeben als spezifische Mehrwortsuchanfragen. Viel mehr Google-Benutzer sehen Ihre Anzeige, wenn Ihr Keyword »Kaffeebohne« lautet. Darunter sind freilich auch viele, die keine Kaffeebohnen kaufen möchten, sondern nach anderen Dingen Ausschau halten, etwa der Entwicklung von Rohstoffpreisen oder biochemischen Bestandteilen von Kaffeebohnen.

Das bringt Sie als Google AdWords-Nutzer in ein Dilemma: Sind Ihre Keywords allgemein, sprechen Sie nicht immer die richtigen Interessenten an, sorgen aber dafür, dass Ihre Anzeige sehr oft geschaltet wird. Sind dagegen die Keywords spezifisch, treffen Sie zwar genau die Bedürfnisse der Google-Nutzer, aber Ihre Anzeige wird zu selten geschaltet.

Allgemeine vs. spezifische Keywords

Wie sieht nun die ideale Suchanfrage aus? Um diese Frage zu klären, helfen Ihnen rechnerische Überlegungen. Je spezifischer die Keywords, desto niedriger die Cost-per-Conversion und desto geringer die Impressions. Werden die Keywords allgemeiner, steigen die Impressions, aber die Click-Trough-Rate sinkt ab: Die Qualität der Benutzer fällt. Das gilt auch für die Google-Benutzer, die schließlich auf Ihrer Homepage landen. Darunter werden viele sein, die sich doch nicht für Ihren Service interessieren und die Website wieder verlassen. Gezahlt haben Sie aber trotzdem für diese wertlose Aktion, nämlich für den Klick des Benutzers auf Ihre Anzeige.

Bei allgemeinen Keywords ist außerdem die Konkurrenz größer, die Anzeigenposition verschlechtert sich und der Preis für das Keyword steigt.

Sehen Sie sich deshalb genau an, welche finanziellen Auswirkungen die Änderung der Keywords hat. Vergleichen Sie, was Sie an einer Conversion (etwa einem Download) verdienen, und stellen Sie diese Summe dem CPC-Wert gegenüber.

Drei Beispiele, wie sich Keyword-Änderungen in Ihrem Kaffeeshop auswirken könnten.

Angenommen, Sie lassen sich die Keyword-Kombination »Kaffeebohnen+Gourmet« durchschnittlich 5 Cent pro Klick kosten. Von 1000 Besuchern, die auf Ihre Anzeige klicken, bestellt nur einer etwas. Im Durchschnitt liegt der Bestellwert bei 20 Euro. Dann hat Sie dieser Kauf durch die Ausgaben für Google AdWords 50 Euro gekostet, Sie machen also letztlich 30 Euro Verlust pro Kunde.

Sie reagieren darauf, indem Sie auf ein allgemeineres Keyword wechseln, etwa »Kaffee«. Ihre Strategie ist, die Impressions zu erhöhen und so letztlich auch die Käufe im Shop zu steigern. Die Wahl Ihres neuen Keywords hat Ihnen allerdings bei Google AdWords eine Vielzahl neuer Mitbewerber beschert. Ihre Anzeige wird viel zu niedrig positioniert und selten angeklickt.

Deshalb heben Sie nun den CPC an, der jetzt bei 1 Euro liegt. Wie viele Besucher müssen nun für welchen Mindestbestellwert bei Ihnen online einkaufen, damit sich diese Keyword-Schaltung lohnt? Der Klick von 1000 Besuchern auf Ihre Anzeige kostet Sie 1000 Euro. Wenn nun jeder 100. Besucher in Ihrem Shop etwas kauft, muss der Wert des Warenkorbs durchschnittlich mindestens 100 Euro ausmachen, damit Sie keine Verluste erleiden.

Welche Keyword-Optionen Ihnen Google bietet

Google bietet Ihnen die Möglichkeit, über Keyword-Optionen die Impressions zu beeinflussen. Mit diesen Optionen steuern Sie, wie genau eine Suchanfrage mit Ihrem Keyword übereinstimmen muss, um eine Anzeigenschaltung auszulösen. Folgende Optionen werden angeboten:

>> Exact Match: Das Keyword muss genau passen

>> Phrase Match: Das Keyword muss passen

>> Broad Match: Das Keyword muss ungefähr passen

>> Negative Match: Das Keyword verhindert, dass Ihre Anzeige geschaltet wird

Exact Match bedeutet, dass nur die Suchanfragen, die genau zu Ihrem Keyword passen, eine Anzeigenschaltung veranlassen. Die Suchbegriffe müssen nicht nur buchstabengenau mit Ihrem Keyword übereinstimmen, sondern dürfen auch keine weiteren Keywords enthalten oder welche weglassen. Rechtschreibfehler, grammatikalische Abwandlungen oder Buchstabendreher werden ebenso nicht toleriert. Wenn Sie also Exact Match für den Suchbegriff »weiße Jeans« einstellen, erscheint Ihre Anzeige nur, wenn der Suchbegriff »weiße Jeans« lautete. Tippt der Benutzer »weiße Levis Jeans«, »Damen Jeans weiß« oder »weise Jeans« ein, erscheint Ihre Anzeige nicht. Mit Exact Match sorgen Sie also dafür, dass die Anzeigenqualität so hoch wie möglich ist, reduzieren dabei aber die Impressions, also die Häufigkeit der Schaltung.

Exact Match

Phrase Match bewirkt, dass Ihre Anzeige nur geschaltet wird, wenn die zugehörige Keyword-Kombination in genau dieser Reihenfolge gesucht wird. Toleriert werden von Google Zusätze aller Art, ganz egal, ob sie vor oder hinter der Keyword-Kombination eingegeben werden. Ihre Anzeige wird also geschaltet, wenn bei festgelegter Keyword-Kombination »weiße Jeans« »günstig weiße Jeans« oder »weiße Jeans reinigen« eingegeben wird. Nicht geschaltet wird dagegen Ihre Anzeige, wenn ein Benutzer »weiß Jeans« eingibt. Die Option Phrase Match schränkt die Häufigkeit der Anzeigenschaltung nicht so stark ein wie das Exact Match. Trotzdem müssen Sie aufpassen, dass Ihnen keine Suchanfragen entgehen. Wie bei Exact Match werden auch hier keine Synonyme, alte/neue Rechtschreibung oder Rechtschreibfehler toleriert.

Phrase Match

Broad Match bewirkt, dass das Keyword ungefähr passen muss. Google geht daraufhin sehr flexibel mit Ihrem Keyword um. Eine Schaltung Ihrer Anzeige erfolgt auch dann, wenn Synonyme, Pluralformen oder Variationen verwendet werden. Ergänzungen zu Ihrer Keyword-Kombination können in jeder Art und an beliebiger Stelle angebracht werden. Ihre Keyword-Kombination »weiße Jeans« kann also zu Anzeigenschaltungen auf folgende Suchanfragen führen: »Weiß Jeansjacke«, »weißer Jeans Stoff«, »weiße Hosen« oder »schwarze Jeans«.

Broad Match

Vor- und Nachteile von Broad Match

Die Vorteile der Option Broad Match liegen auf der Hand. Es werden Synonyme und Varianten berücksichtigt, an die Sie selbst gar nicht gedacht haben. Dadurch sparen Sie sich Zeit für das Finden und Eingeben neuer passender Keywords. Die Impressions steigen und generieren mehr Klicks. Zudem werden leicht abweichende Eingaben der Benutzer toleriert, etwa Pluralformen oder grammatikalische Abweichungen wie »weiß«, »weiße« und »weißer«.

Doch die Medaille hat eine Kehrseite. Wenn die Impressions steigen und die Anzeige auch bei nicht exakt passenden Anfragen geschaltet wird, ist die Übereinstimmung mit den Suchanfragen des Benutzers gering. Ihre Anzeige wird weniger stark beachtet. Wer klickt, findet vielleicht doch nicht das Passende auf Ihrer Homepage und wendet sich nach wenigen Sekunden ab: ein nutzloser Klick, für den Sie bares Geld bezahlt haben.

Außerdem ist kein Verlass darauf, dass Google Ihre Anzeige auch tatsächlich bei den Varianten und Synonymen der Keywords schaltet. Hat einer Ihrer Mitbewerber für seine Keyword-Kombination die Option Exact Match gewählt, werden dessen Anzeigen zuerst eingeblendet. Ihre Keyword-Kombination »weiße Jeans« ist demgegenüber im Nachteil und Ihre Anzeige erscheint nicht. Synonyme und Varianten, die kaum von Nutzern angeklickt werden, verwendet Google nicht länger. Es kann also durchaus passieren, dass Ihre Anzeige mit den Keywords »weiße Jeans« nicht mehr bei der Sucheingabe »weiße Hose« geschaltet wird, wenn hier zu wenig Klicks generiert werden.

Tipp . . . . . .

Verwenden Sie die Einstellung Broad Match nur für Keyword-Kombinationen, nicht aber für einzelne Wörter. Hier ist die Gefahr zu groß, dass Synonyme oder Varianten letztlich nicht mehr zu Ihrer Website passen. Ihre Besucher bleiben enttäuscht zurück, und Sie zahlen unnötig für nutzlose Klicks.

Negative Match

Negative Match schließlich verhindert, dass Ihre Anzeigen bei bestimmten Keywords geschaltet werden. Das ist sinnvoll, wenn Sie bestimmte Produkte oder Services nicht anbieten und keine wertvollen Klicks ins Leere laufen lassen wollen. Haben Sie etwa nur Neuware in Ihrem Shop, so können Sie das Keyword »gebraucht« ausschließen. Sucht jemand nach »weiße Jeans gebraucht«, wird die Anzeige, die für Ihren Onlineshop wirbt, nicht eingeblendet.

Typische negative Keywords sind:

>> Markennamen, wenn Sie in Ihren Shop bestimmte Marken nicht führen

>> Mieten, leasen, kaufen, wenn Sie etwa Autos nur verkaufen, aber keinesfalls vermieten oder Leasingverträge anbieten

>> Billig, günstig, Sonderangebot, wenn Sie keine Angebote für Schnäppchenjäger haben

Negative Match kann nur in Verbindung mit den anderen Einstellungen Exact, Phrase und Broad Match gewählt werden. Negative Matches haben allerdings nur dann Sinn, wenn Sie als Grundeinstellung Phrase Match oder Broad Match gewählt haben. Bei der Option Exact Match sind ohnehin alle Keywords kategorisch ausgeschlossen, die nicht genau mit den hinterlegten Keywords übereinstimmen. Bei der Suchanfrage »weiße Jeans gebraucht« hätte die Voreinstellung Exact Match verhindert, dass Ihre Anzeige mit der Keyword-Kombination »weiße Jeans« erschienen wäre.

Wann hat Negative Match Sinn?

Von der Option Negative Match sollten Sie Gebrauch machen, wo immer es geht. Sie vermeiden damit Anzeigenschaltungen, die von vornherein nutzlos gewesen wären. Sie senken die Impressions und sorgen dafür, dass die Klickraten steigen. Denn Ihre Anzeige wird nur dann eingeblendet, wenn sie wirklich zu den Bedürfnissen des Nutzers passt. Das erhöht auch die Klickraten und dadurch letztlich den Qualitätsfaktor. Diesen beobachtet Google sehr genau und wertet gute Klickraten als Qualitätsindiz für Anzeigen. Wer gut geklickt wird, findet sich schließlich auf den vorderen Plätzen bei der Anzeigeneinblendung wieder.

Sind Sie unsicher, welche Einstellung für die Keywords die beste ist? Dann verwenden Sie alle drei Einstellungen – Exact, Phrase und Broad – für jedes Keyword. Sehen Sie sich anschließend an, wie jede der Kampagnen abschneidet. Welche hat die meisten Klicks? Welche hat zu den meisten Käufen geführt?

Tipp . . . . . .

Keywords zusammenstellen

Wie lassen sich Keywords finden und zusammenstellen? Dafür existiert eine ganze Reihe von unterschiedlichen Möglichkeiten. Wichtig ist bei jeder Methode, dass Sie immer die Sprache des Benutzers sprechen und sich in dessen momentane Situation hineinversetzen können. Keywords müssen zu den Suchanfragen des Benutzers passen und sollen nicht die Vorstellungen widerspiegeln, die Sie selbst von Ihren Produkten haben.

Schlagworte suchen

Eine erste Liste mit Keywords erstellen Sie, wenn Sie sich Ihre Website Screen für Screen durchsehen. Welche Schlagworte finden Sie in Überschriften, Katalogteilen, Produktbeschreibungen oder auf den Hilfeseiten? Keywords, die Sie hieraus generieren, sind besonders wirksam: Führen Sie nämlich den Benutzer nach einem Klick auf Ihre Anzeige zu einer Seite, die genau seine Suchbegriffe abbildet, stuft der Benutzer den Treffer als besonders relevant ein.

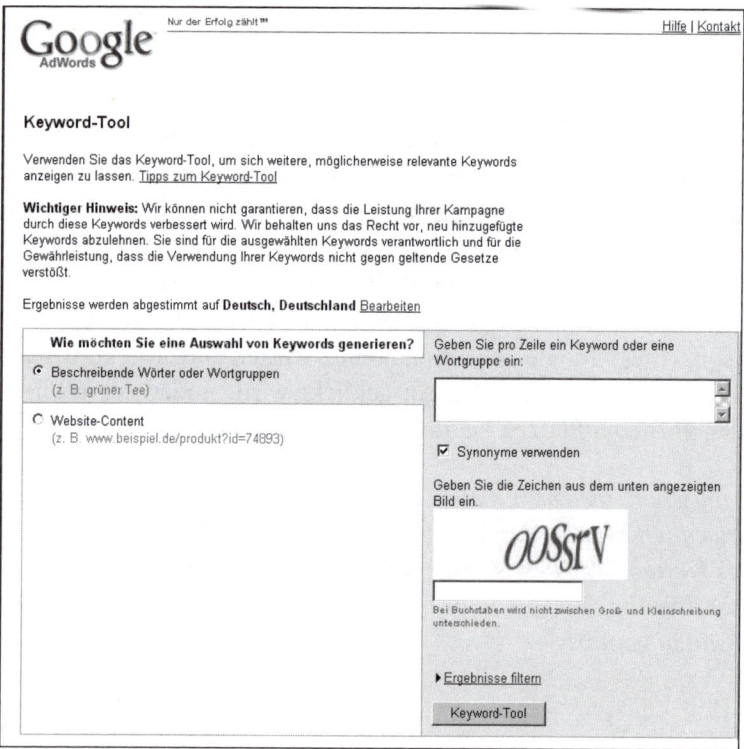

Abbildung 9.2: Google Keyword-Tool

Keywords, die Sie hier finden, lassen sich nun ganz einfach zu Keyword-Gruppen erweitern. Kombinieren Sie beispielsweise zu den Begriffen Farben, Größen, Typenbezeichnungen, geografische Zusätze, Marken-namen, Firmenbezeichnungen oder typische Geschäftszwecke wie Kau-fen, Leasing oder Mieten.

Keyword-Kombinationen

Auch Google selbst bietet Ihnen ein Tool im Internet an, welches Sie kostenlos zur Erstellung von Keywords nutzen können.

Google Keyword-Tool

Mit dem Keyword-Tool finden Sie im Handumdrehen alternative Such-begriffe. Das hilft Ihnen, aktuelle Keywords zu verbessern bzw. die Leis-tung eines erfolgreichen Keywords weiter zu steigern, indem Sie es durch ähnliche Keywords ergänzen.

Meta-Tags

Die Bedienung des Tools ist sehr einfach: Geben Sie maximal zwei Wörter ein und übertragen Sie den Sicherheitscode in das dafür vorgesehene Feld. Schon können Sie Ihre Suche starten. Und so sehen die Ergebnisse aus:

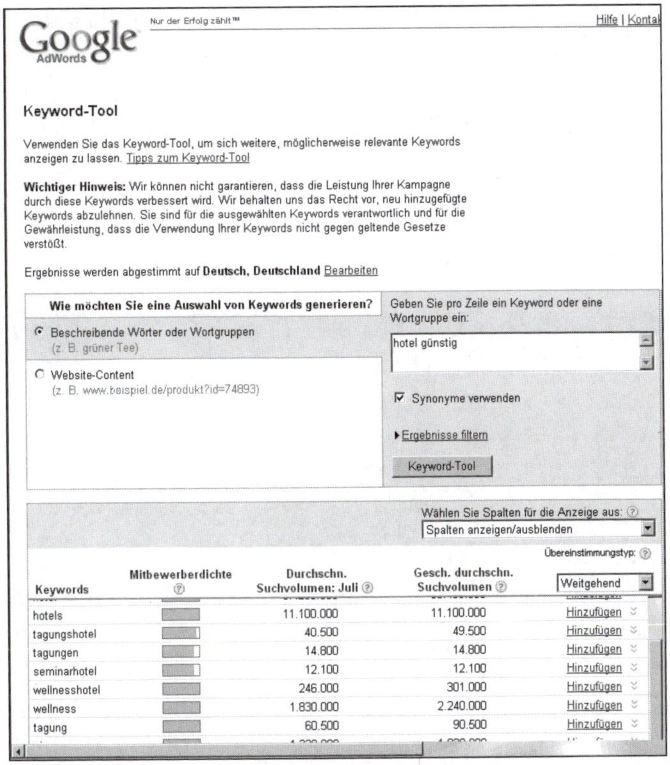

Abbildung 9.3: Google Keyword-Tool: Anzeige der Keywords, die für die Suchanfrage »Hotel günstig« gefunden wurden

Sie sehen in der Trefferauflistung nicht nur Ideen für Keywords, sondern auch, wie beliebt diese Keywords bei Mitbewerbern sind und wie häufig sie in Suchanfragen vorkommen. Aus der Trefferliste können Sie diejenigen Keywords wählen, die gut zu Ihrer Kampagne passen. Vielleicht finden Sie aber auch solche Begriffe, die Ihnen nutzlos erscheinen. Solche Begriffe verwenden Sie als »negative Keywords«. Damit schließen Sie sicher aus, dass Ihre Google AdWords-Anzeige bei einer Suchanfrage eingeblendet wird, die nicht zu Ihrem Unternehmen passt. So können Sie Begriffe wie »leasing« ausschließen, wenn Sie ein Produkt nur vermieten.

Eine weitere Quelle für Keywords sind die Meta-Tags Ihrer Website. Haben Sie diese schon geprüft und gepflegt? Was haben Sie hier schon definiert? Sie finden beide Tags, wenn Sie den Quelltext Ihrer Seite aufrufen. Im Internet Explorer wählen Sie dazu die Option *Quelltext anzeigen*, im Firefox *Seitenquelltext anzeigen*. Sehen Sie sich nun das Fenster an, das Sie mit diesem Pfad geöffnet haben. Im oberen Bereich werden Sie die Zeichenkombination `<head>` finden. Gleich darunter beginnen zahlreiche Zeilen mit »meta«. Suchen Sie in den Meta-Zeilen nach dem Begriff `description`. Was in dieser Zeile hinter `content=` notiert wurde, ist das Description-Tag. Auf dieselbe Weise finden Sie die Inhalte des Title-Tags.

Natürlich können Sie auch den Quelltext Ihrer Mitbewerber ansehen und vergleichen, welche Keywords hier gewählt wurden.

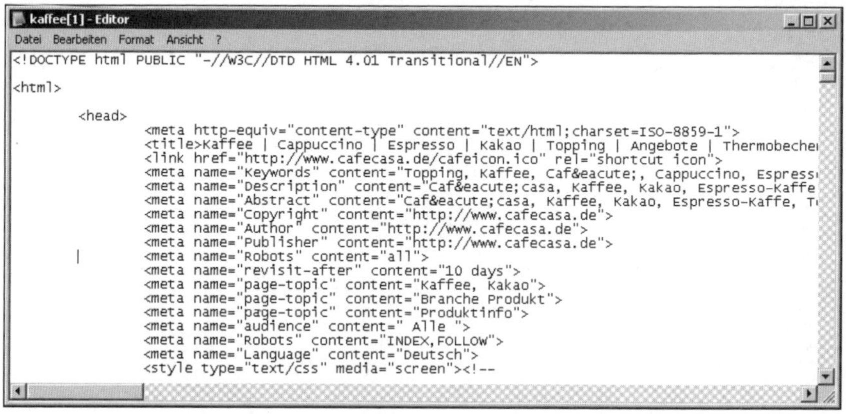


```
<!DOCTYPE html PUBLIC "-//W3C//DTD HTML 4.01 Transitional//EN">

<html>

        <head>
                <meta http-equiv="content-type" content="text/html;charset=ISO-8859-1">
                <title>Kaffee | Cappuccino | Espresso | Kakao | Topping | Angebote | Thermobeche
                <link href="http://www.cafecasa.de/cafeicon.ico" rel="shortcut icon">
                <meta name="Keywords" content="Topping, Kaffee, Caf&eacute;, Cappuccino, Espress
                <meta name="Description" content="Caf&eacute;casa, Kaffee, Kakao, Espresso-Kaffe
                <meta name="Abstract" content="Caf&eacute;casa, Kaffee, Kakao, Espresso-Kaffe, T
                <meta name="Copyright" content="http://www.cafecasa.de">
                <meta name="Author" content="http://www.cafecasa.de">
                <meta name="Publisher" content="http://www.cafecasa.de">
                <meta name="Robots" content="all">
                <meta name="revisit-after" content="10 days">
                <meta name="page-topic" content="Kaffee, Kakao">
                <meta name="page-topic" content="Branche Produkt">
                <meta name="page-topic" content="Produktinfo">
                <meta name="audience" content=" Alle ">
                <meta name="Robots" content="INDEX,FOLLOW">
                <meta name="Language" content="Deutsch">
                <style type="text/css" media="screen"><!--
```

Abbildung 9.4: Quelltext einer Webseite: In den Zeilen für Title- und Description-Tag finden Sie viele Begriffe hinterlegt, die auch als Keywords dienen können

Eine weitere Inspirationsquelle sind andere Onlineressourcen. Neben den Seiten Ihrer direkten Mitbewerber gibt es eine Vielzahl von Blogs, Communitys, Foren oder Wikis, wie etwa das bekannte Onlinelexikon Wikipedia. Dort lassen sich aus den Texten, Querverweisen und Beiträgen der Nutzer viele interessante Synonyme und Beschreibungen herausfiltern. Das Spannende an diesen Texten ist, dass sie aus einer Außensicht heraus geschrieben wurden. Sie selbst sind in Ihrem Business verwurzelt und betrachten Service und Produkte aus einer Innensicht. Dadurch fällt es mitunter schwer, sich in einen Benutzer hineinzuversetzen und zu erraten, mit welchen Begriffen gesucht wird.

Themenverwandte Onlinequellen

Falls Sie bereits ein Webtracking-Tool verwenden, sind interne Suchanfragen auch sehr hilfreich, um Keywords zu generieren. Wenn Sie sich die Worte ansehen, die die Benutzer auf ihrer Suche verwendet haben, erhalten Sie einen authentischen Einblick in das Suchverhalten Ihrer Kunden.

Interne Suchanfragen

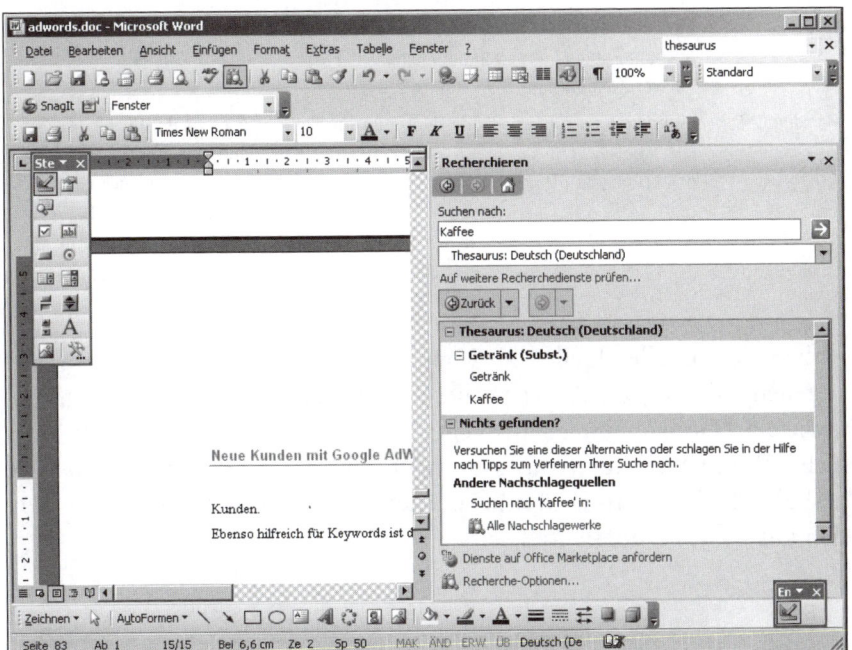

Abbildung 9.5: Thesaurus aus Microsoft Word: eine hilfreiche Alternativmethode, um passende Keywords zu entdecken

**Synonym-
wörterbücher**

Ebenso hilfreich für Keywords sind Synonymwörterbücher oder der Thesaurus auf Ihrem PC. Markieren Sie dazu den entsprechenden Begriff im Programm Word und gehen Sie dann über den Menüpunkt »Extras« in den Unterpunkt »Recherchieren«.

Natürlich existieren im Internet auch längst passende Tools, die Ihnen Keywords generieren. Die Benutzung kostet meist etwas, manche sind aber auch kostenlos. Im Folgenden sehen Sie dazu einen Überblick:

Betreiber	Internetadresse	Vorteil	Nachteil
Google	https://adwords. google.de/select/ KeywordToolExternal	Liefert Zusatzinformationen wie Mitbewerberzahl etc.	Etwas umständlich zu benutzen
Regionales Rechenzentrum Niedersachsen	http://metager.de/ asso.html	Mindere Trefferqualität. »Hotel günstig« findet auch Nokia, Internet und Rundbriefe als Keywords	Auswahl, wie viele Treffer man haben möchte
Vermarkter MIVA	https://account.de. miva.com/advertiser/ Account/Popups/ KeywordGenBox.asp	Findet keine Synonyme, sondern arbeitet mit Wortverknüpfungen	
Ranking Check	http://www.ranking-check.de/keyword-datenbank.php	Begrenzte Anzahl von Treffern	Zeigt die Beliebtheit des Keywords bei Google-Suchanfragen an, sucht auch nach Wortbestandteilen. Hat noch weitere Statistik an Bord, etwa Topsuchbegriffe der aktuellen Kalenderwoche

**Keyword-
Varianten**

Haben Sie nun alle Quellen für Keywords ausgeschöpft, können Sie darangehen, die Keywords zu variieren. Aus dem Kapitel 4 wissen Sie, inwieweit Google unterschiedliche Schreibweisen berücksichtigt oder nicht. Damit Ihre Keyword-Liste möglichst umfassend wird, sollten Sie deshalb als Erweiterung sämtliche Alternativen erfassen, die Google von sich aus nicht berücksichtigt.

Dazu zählen folgende Keyword-Variationen:

Variante	Keyword, von dem Sie ausgehen	Notwendige Varianten
Plural/Singular	Katze	Katzen
Zusammen- und Getrenntschreibung	Katzenfutter	Katzen-Futter
Reihenfolge	Katzen Futter	Futter Katzen
Alte Rechtschreibung	Fassgurken	Faßgurken
Akzente	Á la Carte	A la Carte

Nicht unterscheiden brauchen Sie zwischen Groß- und Kleinschreibung. Für Google macht es keinen Unterschied, ob Sie nach Katzen oder katzen suchen. Satzzeichen werden von Google ebenfalls ignoriert. Ob Sie also nach einem Bahn-Fahrplan oder Bahnfahrplan suchen, ist Google egal. Ebenso wird ignoriert, ob Sie München oder Muenchen eingeben. Angezeigt werden in allen Fällen dieselben Ergebnisse.

Abbildung 9.6: Google-Suche nach »Kaffeemaschiene«: Fast 6 Millionen Treffer werden für die falsche Schreibweise gefunden. Die Anzeigen in der rechten Spalte profitieren von den mangelnden Rechtschreibkenntnissen

Rechtschreibfehler nutzen

Einen besonderen Blick wert sind Rechtschreibfehler. Nach der Rechtschreibreform in Deutschland sind viele Benutzer unsicher geworden: Wie schreibt sich ein bestimmtes Wort? Insbesondere bei der Verwendung des ß ist große Verwirrung entstanden. Viele Benutzer meinen gar, dieser Buchstabe wäre ganz abgeschafft. Die wenigsten kennen die Rechtschreibregel für die Verwendung von ß und ss. Es ist deshalb ratsam, bei jedem Keyword, welches ein ß enthält, als Variante auch die

Schreibweise mit ss zu hinterlegen. Ansonsten empfiehlt sich generell die Verwendung alternativer Keywords in der Form der alten Rechtschreibung.

Falschschreibungen spielen in der Masse aller Suchanfragen eine nicht zu unterschätzende Rolle. Der Anteil der falsch geschriebenen Suchbegriffe liegt bei rund 7 Prozent. Tippfehler, Buchstabendreher, »eingedeutschte« englische Begriffe: Alles kommt hier vor. Wenn Sie hier etwas Fantasie einsetzen, sich häufige Tippfehler überlegen und daraus verschroben klingende Suchbegriffe ableiten, profitieren Sie vom niedrigen CPC solcher Keywords.

Erfolgreiche Anzeigentexte verfassen

Dem Text Ihrer Anzeige können Sie gar nicht genug Aufmerksamkeit widmen, muss er sich doch in einem extrem »feindlichen« Umfeld behaupten.

Warum gute Texte so wichtig sind   Das beginnt damit, dass Benutzer nur wenige Sekunden lang einzelnen Textbausteinen einer Trefferliste ihre Aufmerksamkeit schenken. Ein Treffer wird in der Regel nur eine Sekunde lang betrachtet. Das Anklicken eines Links erfolgt meist unbedacht, emotional und spontan. Die Mehrheit der Benutzer klickt ohnehin nur den Treffer an, der zuoberst angezeigt wird. Warum auch lange überlegen? Das Ergebnis ist sofort am Bildschirm sichtbar und der Benutzer weiß genau, dass sich jederzeit der »Zurück«-Button im Browser betätigen lässt, um einen Klick rückgängig zu machen.

Sie müssen also mit der Anzeige schnell klarmachen, dass Sie eine konkrete Lösung für die Probleme des Benutzers anbieten. Den Aufbau einer AdWords-Anzeige haben Sie schon zu Beginn des Kapitels kennengelernt. Die Überschrift beträgt maximal 25 Zeichen. Für den Anzeigentext stehen Ihnen zwei Zeilen zu je maximal 35 Zeichen zur Verfügung. Außerdem enthält die Anzeige eine Internetadresse, die ebenfalls höchstens 35 Zeichen umfassen darf.

Überschrift

Die Überschrift ist der einzige Teil der Google AdWords-Anzeige, den der Betrachter anklicken kann. Hervorgehoben wird die Überschrift durch die blau formatierte Schrift. Daher ist die Überschrift derjenige Teil der Anzeige, der sofort ins Auge springt.

Keywords in die Überschrift

Was würde Ihnen als Benutzer in der Überschrift gleich auffallen? Wahrscheinlich das, was Sie selbst gerade als Suchbegriff bei Google eingegeben haben. Verwenden Sie daher am besten eins der Keywords, und zwar gleich am Beginn der Überschrift. Erfahrungsgemäß lesen Benutzer im Internet keine ganzen Zeilen, sondern nur die ersten beiden Worte. Google unterstützt Sie dabei. Taucht nämlich ein Keyword in der Überschrift auf, wird es automatisch in gefetteter Schrift dargestellt.

Sie sehen also: Nicht nur die Benutzer, sondern auch Google freut sich über Keywords in der Überschrift. Solche Anzeigen werden als besonders relevant eingestuft und erhalten einen Extrabonus bei der Berechnung des Qualitätsfaktors, über den Sie zu Beginn des Kapitels schon etwas erfahren haben. Und dieser Qualitätsfaktor wiederum entscheidet unabhängig vom investierten Budget darüber, wie prominent die Anzeige letztlich platziert wird.

Haben Sie als Einstellung für die Schaltung Ihrer Anzeigen Broad Match gewählt, wissen Sie nicht in allen Fällen, welches das eingegebene Suchwort war. Schließlich können auch Synonyme oder Varianten für Ihr Keyword zum Einblenden der Anzeige führen. Dasselbe Problem taucht auf, wenn Sie mehrere Keywords hinterlegt haben. Nicht alle davon können Sie in der Überschrift unterbringen. In solchen Fällen haben Sie noch andere wirksame Möglichkeiten, um schon in der Überschrift die Aufmerksamkeit des Benutzers zu gewinnen:

>> Fassen Sie die Anzeige zusammen. Formulieren Sie dabei so klar wie möglich. Verzichten Sie auf Wortspielereien oder Füllwörter.

Andere Möglichkeiten, Aufmerksamkeit zu gewinnen

>> Stellen Sie eine Frage. Neuer Job gesucht? Noch kein Weihnachtsgeschenk? Tauchausrüstung defekt?

>> Machen Sie den Benutzer neugierig, indem Sie scheinbar Unsinniges schreiben: Auto ohne Räder, Tokio Moskau in 2h.

>> Sprechen Sie Ängste an. BSE auf dem Vormarsch, Immer mehr Schulweg-Unfälle.

>> Nennen Sie die Alleinstellungsmerkmale oder Leistungen Ihres Produkts: 67 Flugverbindungen in ganz Asien, Katzenfutter auf Ökobasis.

>> Greifen Sie Wünsche des Benutzers auf: 175 coole Sommer-Accessoires, Nichtraucher in 14 Tagen.

Textzeilen

Die Überschrift hat dazu gedient, die Benutzer neugierig zu machen. Nun haben Sie ganze 70 Zeichen Platz, um Ihre Botschaft unterzubringen.

Keywords aufgreifen Spätestens jetzt sollten Sie ein oder mehrere Keywords unterbringen. Erfahrungsgemäß wird dies vom Benutzer honoriert. Texte, die Suchbegriffe oder deren Varianten aufgreifen, werden häufiger angeklickt als Texte, die darauf verzichten. Teilen Sie die Inhalte der zwei Zeilen auf: In der ersten Zeile nennen Sie den Produktvorteil oder ein Nutzwertversprechen, in der zweiten dann den Produktnamen.

In ganzen Sätzen schreiben Die Kürze des Anzeigentextes sollte Sie nicht dazu verleiten, lediglich Stichworte zu notieren. Googles Richtlinien verlangen flüssige Formulierungen und ganze Sätze. Auch für den Benutzer sind die Formulierung und eine korrekte Verwendung von Satzzeichen wichtig. Wenn zusammengestückelte Textbausteine der erste Eindruck sind, den der Benutzer von Ihrem Unternehmen gewinnt, hinterlässt dies kaum einen professionellen Eindruck.

An die Platzierung in Topposition denken Vor allem sollten Sie vermeiden, die Worte aus der Überschrift in den Textzeilen weiterzuführen. Das wird dann problematisch, wenn Ihre Anzeige nicht in der rechten Spalte eingeblendet wird, sondern oberhalb der sogenannten »organischen«, also unbezahlten Treffer. Damit wird Ihre Anzeige nicht mehr vierzeilig, sondern zweizeilig dargestellt. Dasselbe Format wird verwendet, wenn Sie auf der Seite der Google-Treffer auf den Link unter den Google AdWords-Anzeigen »Mehr Anzeigen« klicken.

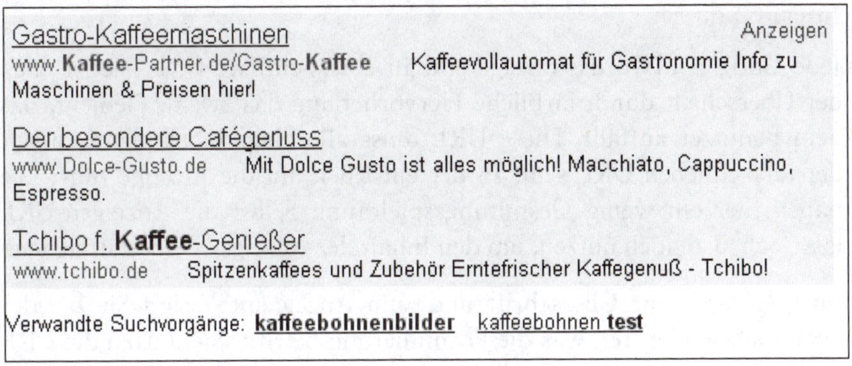

```
Gastro-Kaffeemaschinen                                          Anzeigen
www.Kaffee-Partner.de/Gastro-Kaffee    Kaffeevollautomat für Gastronomie Info zu
Maschinen & Preisen hier!

Der besondere Cafégenuss
www.Dolce-Gusto.de     Mit Dolce Gusto ist alles möglich! Macchiato, Cappuccino,
Espresso.

Tchibo f. Kaffee-Genießer
www.tchibo.de     Spitzenkaffees und Zubehör Erntefrischer Kaffegenuß - Tchibo!

Verwandte Suchvorgänge: kaffeebohnenbilder    kaffeebohnen test
```

Abbildung 9.7: Einblendung einer Anzeige in Topposition: Überschrift und Anzeigentext sind nun durch die URL getrennt

Die zweizeilige Darstellung verwendet die Elemente der Anzeige anders als die gewohnte Einblendung rechts neben den Suchergebnissen. Überschrift und Anzeigentext sind jetzt weit voneinander entfernt. Wenn Sie nun die Überschrift im eigentlichen Text weitergeführt haben, wird der Benutzer in der Gestaltung der Anzeige keinen Sinn erkennen können. Überschrift und Anzeigentext sind nämlich durch die Internetadresse getrennt. Vermeiden Sie es also unbedingt, Formulierungen aus der Überschrift im Anzeigentext weiterzuführen.

Beim Einblenden Ihrer Anzeige in der Topposition zahlt es sich aus, dass Sie in ganzen Sätzen formuliert und Satzzeichen verwendet haben. Der Text ist jetzt auf den ersten Blick lesbar.

Wenn Sie sich vor Augen halten, welche kurze Aufmerksamkeitsspanne der Benutzer beim Betrachten von Texten im Web hat, dann wird klar, wie schnell in der Topposition Chancen durch eine unbedacht gewählte Textlösung verschenkt werden können.

Vergessen Sie nicht ein weiteres wichtiges Element für den Anzeigentext: die Handlungsaufforderung. Diese bereitet den Benutzer auf die Inhalte des Screens vor, auf den der Anzeigenklick leitet. Formulieren Sie also die Aufforderung so, dass sie die Erwartung des Benutzers nicht enttäuscht. »Kostenlos downloaden« verspricht etwas anderes als »30-Tage-Testversion«.

Handlungsaufforderung nicht vergessen

Internetadresse

Jede Google AdWords-Anzeige enthält eine sichtbare URL. Sie ist nach der Überschrift durch farbliche Hervorhebung das zweite Element, das dem Benutzer auffällt. Diese URL muss allerdings nicht identisch mit der tatsächlichen URL sein, zu der ein Klick auf die Anzeige führt. Sie haben hier ein wenig Gestaltungsspielraum. Selbst die Anzeigen-URL lässt sich also noch nutzen, um den Inhalt der Anzeige zu unterstreichen.

URL muss tatsächlich existieren

Im Gegensatz zur Überschrift und zum Anzeigentext sind Sie bei der URL nicht völlig frei, was die Formulierung betrifft. Sie dürfen die URL zwar kürzen, aber nicht frei erfinden. Außerdem muss die URL tatsächlich Teil Ihrer Website sein.

Was Sie verändern dürfen, ist die Gestaltung der Buchstaben. So können Sie zwecks besserer Lesbarkeit längere URLs mit Großbuchstaben versehen, damit der Wortsinn schneller erfasst wird: Schreiben Sie dann beispielsweise statt meinekaffeebohnenbestellung.de MeineKaffeebohnen Bestellung.de. Sehen Sie sich das Bild an, das die Buchstaben erzeugen, und entscheiden Sie sich für das besser lesbare.

Ein wenig Gestaltungsspielraum haben Sie bei der URL, indem Sie nach der Domain-Endung den verbleibenden Raum mit beliebigen Zeichen auffüllen können. So wäre es möglich, folgende URLs zu verwenden:

>> www.meinkaffeeshop.de/sonderangebote

>> www.meinkaffeeshop.de/weihnachten

>> www.meinkaffeeshop.de/jura_impressa

Erfahrungsgemäß verzeichnen Anzeigen mehr Klicks, wenn Sie hinter der Domain-Endung nochmals ein Keyword aufgreifen. Seien Sie aber nicht zu fantasievoll mit den URLs. Es gibt Benutzer, die die URLs aus der Anzeige kopieren und in die Adresszeile des Browsers eingeben. Wird dann keine Seite gefunden, ist die Enttäuschung groß.

Und so könnten drei aufmerksamkeitsstarke Anzeigen für Ihren Kaffee-shop aussehen:

	Überschrift	Textzeilen	URL
Kampagne 1: Sonder-konditionen Kaffeema-schinen-Reparatur	Kaffeema-schine defekt?	Wir reparieren alle Modelle in 48 h. Mit Funktionsgarantie.	www.meinkaffeeshop.de
Kampagne 2: Neue Kaf-feesorten im Angebot	Neue exklusive Kaffees	Aus Peru, Panama und Kenia. Schon ab 5,88 Euro /kg.	www.meinkaffeeshop.de/exklusiv
Kampagne 3: Kostenlo-ser Versand während des Weihnachts-geschäfts	Null Versand-kosten	Geschenkideen rund um Kaffee. Jetzt aussuchen & Freude bereiten.	www.meinkaffeeshop.de/xmas

Attraktive Landing Pages gestalten

Was macht eine erfolgreiche Kampagne bei Google AdWords aus? Bis-her haben Sie sich in diesem Kapitel mit der Gestaltung der Anzeigen beschäftigt. Aber es gibt ein weiteres Element, das über den Erfolg oder Misserfolg Ihrer Kampagnen entscheidet: die Wahl und Gestaltung der Seite, auf die der Benutzer nach seinem Anzeigenklick gelangt.

War schon die Aufmerksamkeitsspanne des Benutzers beim Betrachten der Google-Trefferliste sehr kurz, so ist sie es erst recht auf der Landing Page. Der Benutzer möchte umgehend erfahren, dass er hier einen Tref-fer gefunden hat und genau die Informationen vorfindet, nach denen er bei Google gesucht hat. Wie Sie die Landing Page gestalten, verraten Ihnen die eingegebenen Keywords.

Wurde bei Google nach »Kaffeebohnen« gesucht, leiten Sie den Benut-zer auf die Kategorienseite, die eine Übersicht über alle Kaffeebohnen-sorten gibt, die Sie anbieten. Lautete die Suchanfrage »Kaffeebohnen selten«, ist der Besucher am besten auf der Produktdetailseite einer raren Kaffeesorte aufgehoben. Werben Sie auf Google mit einer Weih-nachtsaktion, sollten Sie unbedingt eine spezielle Seite dafür anlegen. Es nützt wenig, den Benutzer auf die Homepage zu leiten und dort allein zu lassen. Kein Besucher wird jetzt auf der Seite herumklicken wollen. Zei-gen Sie ihm sofort, dass er bei Ihnen richtig ist: Wirbt Ihre Anzeige mit

Weihnachtsschnäppchen, muss es dem Benutzer schon in der Überschrift der Landing Page entgegenleuchten: Weihnachtsschnäppchen für
Kaffeegenießer.

Ein Ziel für die Seite definieren

Damit Sie den Erfolg Ihrer Landing Page messen können, müssen Sie als
Erstes ein Ziel festlegen. Was genau verfolgen Sie mit der Seite? Was
wünschen Sie sich vom Benutzer? Wohin soll geklickt werden?

Abbildung 9.8: Conversion-Ziel Probeheft bestellen: Warum das sinnvoll ist, wird dem Benutzer
auf dieser Landing Page allerdings nicht vermittelt

**Suchbegriffe
geben wich-
tige Hinweise**

In diesem Kapitel haben Sie schon gelernt, dass aus Suchanfragen
geschlossen werden kann, in welchem Stadium des Kaufprozesses sich
der Benutzer befindet. Sucht jemand mit sehr allgemeinen Begriffen?
Dann benötigt dieser Nutzer mehr Informationen, die im Vorfeld eines

Kaufs wichtig sind. Das Ziel der Landing Page könnte sein, dass sich dieser Benutzer einen Prospekt bestellt oder sich für Ihren Newsletter anmeldet.

Werden dagegen konkrete Produktnamen als Suchbegriffe eingegeben, steht dieser Nutzer unmittelbar vor dem Kauf. Jetzt werden keine Prospekte mehr benötigt, sondern konkrete Preisangaben, Lieferfristen und Versandkosten. Dementsprechend sollten Sie Ihre Landing Pages gestalten.

Das richtige Ziel zu definieren ist entscheidend für den Erfolg Ihrer Landing Page. Nur wenn Sie eine genaue Vorstellung haben, was der Nutzer hier sucht, hat die Landing Page Erfolg. Legen Sie das Ziel falsch fest, dann drängen Sie den Benutzer beispielsweise zu einem Kauf, für den er noch nicht bereit ist. Umgekehrt werden Benutzer, die ein Produkt erwerben möchten, wenig Interesse an PDF-Dateien haben, die im Vorfeld einer Kaufentscheidung gute Dienste geleistet hätten.

Seitenstruktur festlegen

Warum sollte man sich mit der Seitenstruktur einer Landing Page beschäftigen? Schließlich könnten Sie auch einfach das Layout der bestehenden Site verwenden. Oder gleich auf eine bestehende Site verlinken.

Es gibt gute Gründe, warum es sich lohnt, zumindest für die wichtigsten Keywords eigene Landing Pages zu erstellen:

>> Versammeln Sie dort kompakte Informationen, die zum Keyword und zum Anzeigentext passen. Wenn Sie die Struktur der bestehenden Website nutzen, muss der Besucher diese Information Schritt für Schritt selbst sammeln.

Gestaltung einer separaten Landing Page ist Pflicht

>> Entfernen Sie alles, was ablenken könnte: Popups, Links zu Ihren Werbepartnern, Banner, Querverweise auf andere Produkte, Services oder Sonderangebote. Das mag auf einer herkömmlichen Seite Ihres Webauftritts Sinn ergeben, nicht aber auf einer Landing Page, die der Besucher mit konkreten Erwartungen betritt.

>> Sogar die Navigationsleiste sollten Sie minimieren, damit sie nicht zu viele Ablenkungsmöglichkeiten bietet.

>> Texte müssen weitaus kompakter formuliert werden, als das normalerweise der Fall ist. Denken Sie immer daran, wie kurz die Aufmerksamkeitsspanne des Besuchers ist. Entscheidend ist nicht, mit den Texten alle Inhalte abzudecken. Vielmehr will der Besucher zunächst nur eins wissen: Bin ich hier richtig?

>> Inhalte sollten weit stärker gegliedert sein als an anderen Stellen Ihrer Website. Wenn Sie durch ein klares Layout mithelfen, den Blickverlauf zu steuern, erleichtert das dem Benutzer eine erste Orientierung.

>> Nicht zuletzt hat auch Google bestimmte Richtlinien für Landing Pages. Dazu erfahren Sie am Ende dieses Kapitels mehr Details. Die Richtlinien beziehen sich dabei auf jegliche Form der Landing Page – ganz egal, ob Sie diese für eine Kampagne eingerichtet haben oder ob die Seite schon vorhanden war.

Welche Elemente brauchen Sie unbedingt auf der Landing Page? Auf jeden Fall benötigen Sie diese drei Elemente:

Drei Basiselemente genügen

>> eine aufmerksamkeitsstarke Headline, die sofort die Verbindung zwischen Anzeige und Landing Page herstellt

>> einen kompakten Infotext, der auf die Headline im Detail eingeht

>> eine – und nur eine einzige – Handlungsaufforderung, auch »Call to Action« genannt, die dem Benutzer eindeutig sagt, was der nächste Schritt für ihn ist

Diese Basiselemente lassen sich mit Bildern ergänzen. Beachten Sie dabei, dass diese Bilder nicht dekorieren, sondern informieren sollen. Es sind also keineswegs schmückende Elemente, die der Seite mit ein paar Farbtupfern Lebendigkeit verleihen. Sie erfüllen vielmehr eine wichtige Funktion auf der Seite. So bilden sie beispielsweise das gesuchte Produkt ab oder werben für Vertrauen, indem sie einen Kundenberater neben einem Zitat zeigen.

Manche Landing Pages enthalten auch ein Formular, welches Sie aber keinesfalls ungeprüft von einer anderen Stelle Ihrer Website übernehmen sollten. Achten Sie darauf, dass nur diejenigen Felder angezeigt werden, die unverzichtbar sind. Google sieht die Verwendung von Formularen auf Landing Pages kritisch. Erheben Sie hier Daten von Nutzern, obwohl das nicht notwendig gewesen wäre, gibt das Punktabzug bei Google und Ihr Qualitätsfaktor leidet.

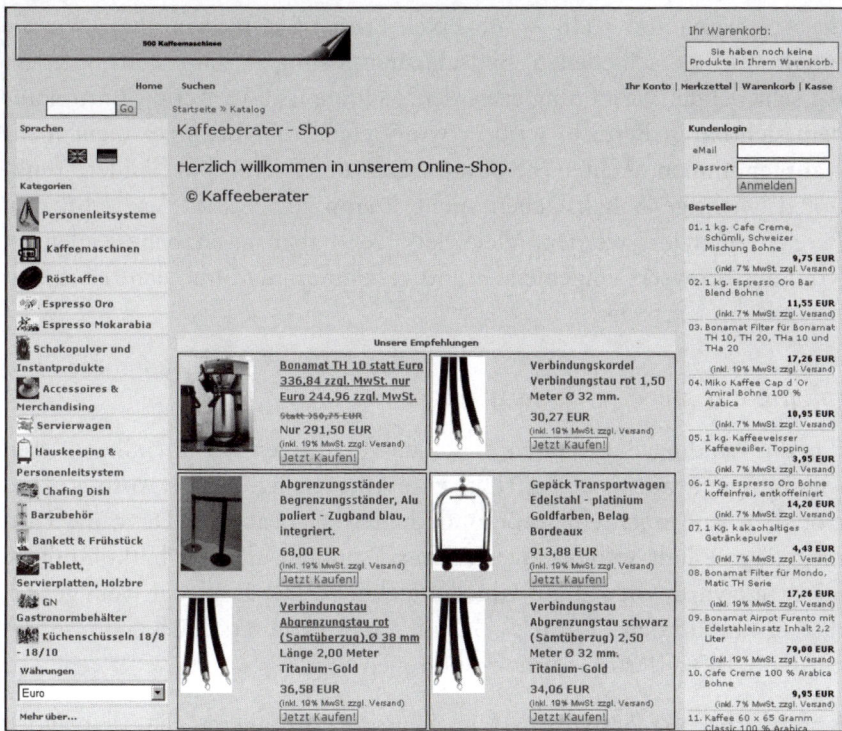

Abbildung 9.9: Landing Page eines Onlineshops, die alles falsch macht: keine Headline mit Bezug zur Anzeige, kein Infotext, keine Handlungsaufforderung. Selbst das Produktsortiment scheint wenig mit dem Suchbegriff »Kaffee« zu tun zu haben

Ansonsten sollte das Layout in der »Corporate Identity« (CI), also in Ihren Firmenfarben und dem Design, gehalten sein, das Sie auch sonst auf der Website verwenden. Führen Sie nämlich den Benutzer von der Landing Page weiter in Inhalte der Seite, darf der optische Bruch zwischen den beiden Seiten nicht zu groß sein.

> **Layoutgestaltung orientiert sich an der CI**

Lassen Sie wenn möglich das gesamte Layout (im Übrigen auch das Ihrer Site) von einem professionellen Webdesigner erstellen. Das Layout entscheidet wesentlich darüber mit, ob Ihre Site – und damit Ihre Services und Produkte – als seriös und professionell empfunden wird.

Wichtig bei der Layoutgestaltung ist, dass Sie möglichst alle Inhalte im sichtbaren Bereich abbilden. Vielleicht liefert Ihnen Ihr Webtracking-Tool Zahlen darüber, welche Bildschirmauflösungen unter Ihren Benutzern am häufigsten verwendet werden. Weit verbreitet ist beispielsweise die Auflösung von 1028 × 768 Pixel. Prüfen Sie in jedem Fall, wie die Inhalte bei verschiedenen Bildschirmauflösungen dargestellt werden. Rutscht bei der Gestaltung etwa der wichtige Call-to-Action-Button aus dem sichtbaren Bereich, wird er womöglich vom Benutzer nicht mehr wahrgenommen. Achten Sie darauf, dass der Button oder andere funktional wichtige Schaltflächen nicht knapp am Rand des sichtbaren Bereichs platziert werden. Viele Benutzer haben zusätzliche Zeilen im Kopf des Browsers eingeblendet und verkleinern dadurch den sichtbaren Bereich ihres Screens.

Inhalte internetgerecht aufbereiten

Für die Landing Page gelten dieselben Richtlinien wie für alle anderen Internetseiten auch: wenig Text, gute Gliederung, klarer Aufbau. Und trotzdem sind noch einige Besonderheiten zu beachten. Denn die Landing Page erhält weit weniger Aufmerksamkeit als eine herkömmliche Seite. Sie wurde oft auf gut Glück angeklickt. Der Besucher weiß genau, dass er nur auf den »Zurück«-Button seines Browsers drücken muss, um zur Google-Trefferliste zurückzukommen.

Kompaktheit ist deshalb extrem wichtig. Formulieren Sie Texte noch knapper, als Sie es ohnehin von Ihrer Website gewöhnt sind. Arbeiten Sie mit Hervorhebungen und Aufzählungen.

Nur wenige Formularfelder verwenden

Reduzieren Sie insbesondere die Zahl von Formularfeldern. Gehört es beispielsweise zu Ihrem Conversion-Ziel, dass sich der Benutzer für einen Newsletter anmeldet, dann darf dieses Formular nicht zu lang sein. Verzichten Sie darauf, weitere Informationen wie Adresse oder Interessensgebiete abzufragen. Untersuchungen zur Conversion Rate haben ergeben, dass jedes zusätzliche Formularfeld die Conversion absenkt. Fragen nach sensiblen Informationen – etwa der Telefonnummer – verschrecken besonders viele Besucher. Verzichten Sie lieber darauf. Auf Folgeseiten können Sie immer noch Informationen erfragen, nicht jedoch auf der Landing Page.

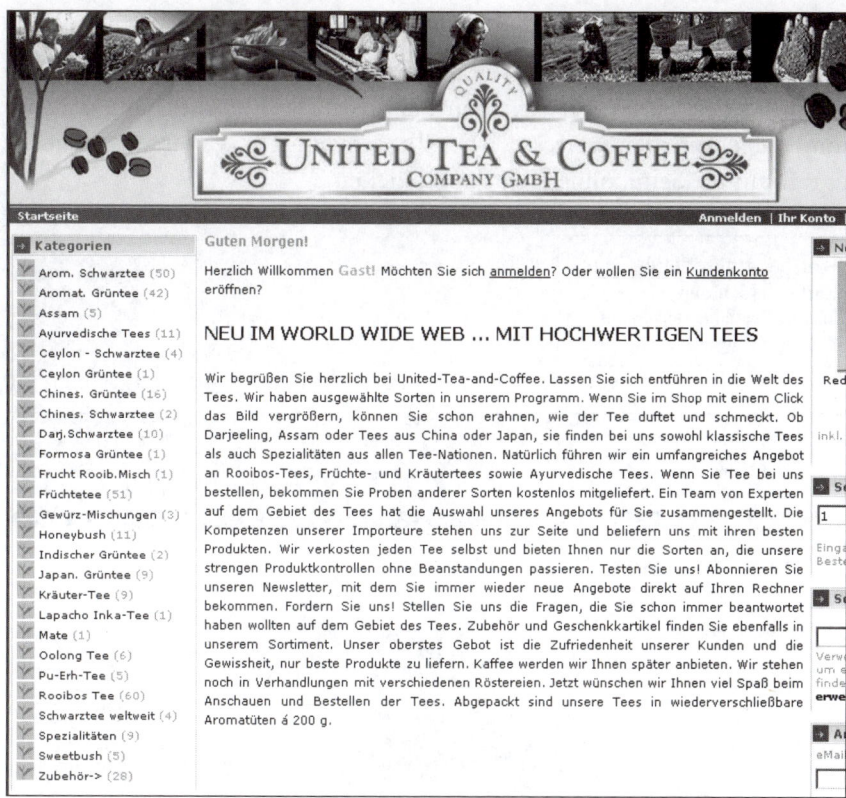

Abbildung 9.10: Landing Page eines Teeversands: Der Text ist viel zu lang, nicht internetgerecht aufbereitet und liefert kaum Informationen

Achten Sie insgesamt auf eine Reduzierung der Elemente, die sich auf der Landing Page befinden. Je weniger Elemente, desto einfacher wird es, den Blickverlauf des Benutzers zu führen. Niemand muss mehr zwischen einzelnen Elementen hin- und herspringen. Überschrift – Fließtext – Handlungsaufforderung: Hier sollte der Benutzer ganz von allein von einem zum anderen Element gelangen. Sorgen Sie dafür, dass dieser Fluss nicht unterbrochen wird. Verzichten Sie auf blinkende Grafiken, verstecken Sie keinen Button in einem Bild.

Elemente reduzieren

Handlungsaufforderung deutlich herausstellen

Eine perfekte Landing Page enthält genau eine einzige Handlungsaufforderung. Alles andere verwirrt den Benutzer. Die Entscheidung, welches nun die empfehlenswerteste ist, fällt schwer. Oft verlassen Besucher daraufhin die Seite, ohne etwas anzuklicken.

Abbildung 9.11: Gelungenes Beispiel für eine Landing Page: Inhalt passt zur Anzeige (Abb. oben), Headline ist aufmerksamkeitsstark, der Text internetgerecht und gut gegliedert, die Handlungsaufforderung eindeutig

Eindeutig und klar formulieren

Welche Handlungsaufforderungen erweisen sich als besonders erfolgreich? Obwohl jede Landing Page individuell auf den Conversion-Zweck und die Zielgruppe zugeschnitten sein muss, gelten einige Faktoren erfahrungsgemäß als erfolgssteigernd für den »Call-to-Action«-Button.

Sie sollten eindeutig formulieren: Was soll getan werden und was erwartet den Benutzer nach dem Klick? Der Text muss eine klare Handlungsaufforderung beinhalten. »Hier bestellen« ist weniger auffordernd als »Jetzt bestellen und gleich konfigurieren«.

Vermeiden Sie, wann immer möglich, statt eines Call-to-Action-Buttons den Einsatz eines Buttons mit der Aufschrift »Weiter«. Auch wenn dieser direkt in einen Bestellvorgang verlinkt, so ist die Gefahr groß, dass die Benutzer nicht wissen, was sie nach dem Klick erwartet.

Benutzer klicken eher, wenn die Handlungsaufforderung als Button gestaltet wurde. Schlichte Textlinks erscheinen weniger attraktiv.   **Tipp** . . . . . .

Vertrauen stärken, Ängste abbauen

Vertrauen ist ein wichtiger Faktor auf der Landing Page. Schließlich haben Sie mit einer Google AdWords-Anzeige keinen Bestandskunden angesprochen, der Ihren Service kennt und Ihnen vertraut. Der typische Besucher Ihrer Landing Page ist ein Neukunde, der noch nie etwas von Ihnen gehört hat. Bis jetzt haben Sie ihm mit dem Anzeigentext lediglich Versprechungen gemacht. Die Landing Page hat deshalb auch die wichtige Aufgabe, Ängste zu reduzieren und Vertrauen in Ihr Unternehmen zu wecken. Mit folgenden Elementen sammeln Sie Pluspunkte beim Benutzer:

Gütesiegel von bekannten Anbietern wie etwa dem TÜV sind etwas, was   **Gütesiegel**
der Benutzer bereits kennt: Hier ist schon Vertrauen vorhanden, das Sie auf Ihr Angebot übertragen können.

Kundenmeinungen wirken Wunder. Bleiben Sie dabei aber authentisch   **Meinungen**
und verfassen Sie keine Marketingtexte. Nutzen Sie das Feedback, das Sie von Kunden bekommen. Sie können auch Meinungen aus Verbraucherportalen in Ihre Website einbauen.

Meinungen Dritter sind ebenfalls bestens geeignet, um Vertrauen zu stärken. Zeitungsartikel, Ergebnisse der Stiftung Warentest und anderes mehr bestärken den potenziellen Käufer darin, die richtige Wahl getroffen zu haben.

Meta-navigation

Blenden Sie auf Landing Pages nie Ihre sogenannte »Metanavigation« aus. Impressum, Kontakt, AGB, Über uns, Datenschutzerklärungen sind wichtige Informationen. Sie werden zwar selten angeklickt, aber als Standard vom Benutzer erwartet. Fehlen sie, werden Neukunden misstrauisch.

Bilder

Gezielt eingesetzte Bilder können ebenfalls dazu beitragen, Vertrauen aufzubauen. Wenn Sie etwa den Geschäftsführer oder einen Kundenberater abbilden und das Bild mit entsprechenden Kontaktdaten ergänzen, schaffen Sie einen persönlichen Bezug zum Benutzer. Sehr gut geeignet sind auch Fotos, die zufriedene Kunden zeigen. Wenn Sie beispielsweise eine Landschaftsgärtnerei oder ein Malerbetrieb sind, punkten Sie besonders mit Vorher-nachher-Bildern.

Tipp . . . . . .

Setzen Sie die Gütesiegel gut sichtbar in unmittelbare Nähe von allen Buttons und Links, die tiefer in Ihr Angebot führen. Optimal ist, wenn Sie über die Gütesiegel einen kleinen erläuternden Text setzen, etwa »Unser Angebot ist von unabhängigen Experten geprüft«.

Eine Überschrift formulieren

Die Überschrift wird das Erste sein, was der Benutzer auf der Landing Page wahrnimmt. Ein idealer Platz also, um Ihre Botschaft klar herauszustellen. Damit zwischen Anzeige und Landing Page kein inhaltlicher Bruch entsteht, sollte in der Überschrift Bezug genommen werden auf die Suchanfrage des Benutzers und auf den Anzeigentext.

Bleiben Sie dicht an diesen beiden Inhalten. Versuchen Sie nicht, andere Produkte oder Services anzubieten. Cross-Selling können Sie später immer noch betreiben.

Suchbegriffe und Anzeigentext aufgreifen

Beachten Sie genau, welche Suchbegriffe der Benutzer verwendet hat. In welchem Stadium des Kaufprozesses befindet er sich? Was interessiert den Benutzer? Produktinformationen oder konkrete Lieferfristen? Welchen Nutzen verspricht sich der Besucher von Ihrem Produkt? Welche Ängste plagen ihn? Formulieren Sie entsprechend die Headline.

Wirkungsvolle Headlines erzielen Sie etwa dadurch, dass Sie die Eingabe der Suchbegriffe in eine rhetorische Frage umwandeln und sofort eine Antwort parat haben. Hat jemand nach »Reparatur Waschmaschine« gesucht, wird eine Überschrift besonders wirksam sein, die lautet: »Waschmaschine defekt? Wir helfen 24h am Tag«.

Eine andere Methode, um aufmerksamkeitsstarke Überschriften zu texten, ist das Aufgreifen des Versprechens, das Sie in der Anzeige gemacht haben. Genau deshalb wurde ja die Anzeige angeklickt! Greifen Sie das Versprechen auf und erfüllen Sie es umgehend. Haben Sie etwa im Anzeigentext mit »Waschmaschinenreparatur sofort« geworben, würde die passende Headline lauten: »Waschmaschinenreparatur innerhalb von einer Stunde – bei uns ohne Wartezeit, jedes Modell«.

Anforderungen für die Landing Page aus Google-Richtlinien

Google hat nicht nur Richtlinien für Anzeigeninhalte und -texte aufgestellt, sondern beobachtet auch die Landing Pages. Entscheidet sich doch hier, ob die Anzeige letztlich das halten kann, was sie versprochen hat. Folgende Checkliste hilft Ihnen zu prüfen, ob Ihre Landing Page die formalen Anforderungen erfüllt, die Google sich wünscht:

>> Lässt sich ein klarer Bezug zwischen Anzeige und Keywords erkennen?

>> Kann der Benutzer die Seite mit dem »Zurück«-Button seines Browsers wieder verlassen?

>> Bieten Sie auf der Seite interessante und relevante Inhalte an? Wichtig ist für Google, dass Sie die Texte selbst verfasst haben.

>> Sind die beworbenen Produkte für den Benutzer schnell auffindbar? Achten Sie hier besonders auf eine ergonomische Navigation. Vermeiden Sie Popups.

>> Geben Sie auf der Seite klare Informationen zu den Produkten, zu Ihrem Unternehmen, zur Preisgestaltung und Services?

Checkliste zu Google-Richtlinien

Die Landing Page genau zu prüfen und in ihre Gestaltung große Sorgfalt zu investieren lohnt sich. Denn Google lässt die Qualität der Landing Page in den Qualitätsfaktor Ihrer Anzeige einfließen. Diesen Faktor haben Sie zu Beginn des Kapitels schon kennengelernt. Er entscheidet – unabhängig von Ihrem Budget, das Sie bei Google investieren – über die Platzierung Ihrer Anzeige mit.

Wenn Sie die Richtlinien missachten, sammeln Sie nicht nur Minuspunkte, sondern riskieren in schweren Fällen, dass Ihre Anzeige nicht mehr geschaltet wird. Stellen Sie daher sicher, dass auf Ihre Site keiner der folgenden Punkte zutrifft:

Was Google negativ anrechnet

>> Ist die Site noch inaktiv? Seiten, auf denen »Diese Webpräsenz befindet sich noch im Aufbau« steht, sind nicht zugelassen.

>> Ist die Landing Page eine PDF-Datei?

>> Installiert die Landing Page auf der Festplatte des Benutzers ein Programm? Diese sogenannten Malware-Seiten müssen mit einer sofortigen Sperre bei Google rechnen.

>> Fordert die Landing Page persönliche Daten von einem Benutzer an, obwohl diese nicht benötigt werden?

>> Enthält Ihre Site sehr viele Werbe- und Affiliate-Links?

>> Nimmt die Site Manipulationen an den Browsereinstellungen des Benutzers vor? Öffnet sich etwa das Browserfenster plötzlich bildschirmfüllend? Wird der »Zurück«-Button inaktiv?

9.6 Webtracking für AdWords-Kampagnen

Wenn Sie Google AdWords nutzen, liegt es nahe, die Erfolge der Kampagnen mit dem Webtracking-Tool von Google – Google Analytics – zu messen.

Die Verknüpfung von Google AdWords und Google Analytics lässt sich ganz einfach bewerkstelligen. Zudem ist Google Analytics kostenlos zu haben und bietet dabei einen beachtlichen Funktionsumfang.

Allerdings bringt die Verwendung von Google Analytics auch Nachteile. Beispielsweise erfährt Google viele Details zu Ihrer Website, die Sie eventuell vertraulich behandeln und nicht in die Hände von Dritten geben möchten – etwa die Daten zu Ihrem Return on Investment.

Nachteile von Google Analytics

Weitaus bedenklicher ist eine andere Tatsache. Google Analytics gibt Ihnen keine Garantie auf Service und Support. Das bedeutet, dass Sie keinen Anspruch auf ein stets funktionsfähiges Webtracking-Tool haben. Sollten Messdaten aus technischen Gründen nicht erhoben werden können, haben Sie das Nachsehen. Genauso wenig wird Ihnen Google Analytics die fehlerfreie Speicherung bereits erhobener Daten zusichern. Können Sie auf Daten aus der Vergangenheit nicht mehr zugreifen, trägt Google dafür keine Verantwortung.

Das ist besonders deswegen kritisch, weil Google Analytics keine Schnittstellen zu Drittsystemen anbietet. Sie können also nicht die Daten aus Google Analytics entnehmen, weitergeben und anderweitig speichern oder verarbeiten.

Die Frage ist also, wie wichtig Ihnen Ihre Daten sind. Je wichtiger Google AdWords-Kampagnen in Ihrem Geschäftsmodell, desto kritischer sollten Sie die Verwendung von Google Analytics hinterfragen. Kommen beispielsweise weite Teile Ihrer Besucherströme von Google AdWords-Kampagnen, dann ist genaues und ständig verfügbares Webtracking unverzichtbar. Sie werden Ihre Kampagnen ständig beobachten, um sie zu optimieren.

Wie wichtig sind Ihnen Ihre Daten?

Genau dort kommt ein weiterer Nachteil von Google Analytics zum Tragen. Sie erhalten die Daten immer um einen Tag zeitverzögert. Was sich zunächst harmlos anhört, kann Sie aber bares Geld kosten. Wenn sich etwa während dieses Tages die Zahlen einer Kampagne verschlechtern, können Sie nur zeitverzögert reagieren. Die Auswirkung Ihrer Korrekturen sehen Sie aber wiederum nur zeitverzögert.

Je tiefer Sie in Webtracking-Analysen einsteigen, desto mehr werden Sie an die Grenzen von Google Analytics stoßen. Das beginnt schon damit, dass Sie nur von denjenigen Benutzern Daten erfassen können, die Java-Script eingeschaltet haben und in ihren Browsereinstellungen Cookies erlauben.

Besucher-segmentierung nur in Ansätzen möglich

Im Kapitel 6 haben Sie gelernt, wie wichtig die Segmentierung von Besuchern ist, um Daten richtig zu interpretieren. Das ist bei Google Analytics nur in Ansätzen möglich. Genauso wenig können Sie komplexe Tracking-Situationen erfassen. Es lassen sich zum Beispiel nur maximal vier Conversions festlegen. Findet eine Conversion statt, sehen Sie immer nur die zuletzt aufgesuchte Visitor-Quelle. Mit welcher Kampagne Ihr Kunde zum ersten Mal auf das Angebot aufmerksam wurde, lässt sich nicht feststellen.

Auch die Handhabung des Webtracking-Tools ist nicht komfortabel. Anlegen von Zugriffsrechten ist ebenso wenig möglich wie eine automatische Nachricht, falls wichtige Werte über- oder unterschritten werden. Haben Sie einmal einen Conversion-Trichter – also eine feste Abfolge von Schritten etwa für den Kauf eines Produkts – definiert, so können Sie ihn nachträglich nicht mehr abändern.

Wägen Sie also genau ab, ob Sie Google Analytics zum Tracking Ihrer Kampagnen verwenden möchten. Google AdWords durch Google Analytics zu kontrollieren bedeutet im Übrigen: Derjenige, der Ihr Geld bekommt, sagt Ihnen gleichzeitig, wie sinnvoll diese Investition war.

9.7   Weiterführende Links

>> Diskussionsforen zum Thema Google AdWords:

http://www.abakus-internet-marketing.de/foren/viewforum/f-55.html

>> Ein empfehlenswertes Blog zum Thema AdWords, dessen Autor früher selbst bei Google gearbeitet hat:

http://www.inside-sem.com/

>> Oder lesen Sie direkt bei Google weitere Details nach:

http://adwords.google.de/select/Login

Für Onlinewerbung wird jedes Jahr mehr Geld ausgegeben. Lag im Jahr 2005 das Onlinewerbebudget deutscher Unternehmen erstmals über 500 Millionen Euro, kletterte es 2007 auf über 1 Milliarde Euro. Für das Jahr 2010 werden 2,5 Milliarden Euro vorhergesagt.

Onlinewerbung wird also immer beliebter. Und das, obwohl die Anzahl der Benutzer, die auf einen Banner klicken, verschwindend gering ist. Einer von einhundert Besuchern klickt auf ein buntes Werbebildchen.

Der Grund dafür ist einfach. Onlinewerbung existiert seit Jahren. Die Nutzer haben gelernt, in ihrer Wahrnehmung Werbung regelrecht auszublenden. Sie wird schlicht ignoriert. Dieses Phänomen ist unter dem Namen »Banner-Blindheit« bekannt.

Benutzer ignorieren Onlinewerbung

Das Ignorieren von Werbeflächen geht mittlerweile so weit, dass Benutzer schlichtweg alles übersehen, was auch nur den Eindruck erweckt, Werbung zu sein. Auch dann, wenn es keine ist. Studien, die Augenbewegungen von Internetnutzern untersuchen, kommen regelmäßig zu dem Schluss, dass kein Benutzer je eine Werbefläche aufmerksam ansieht. Designelemente, die auch nur ungefähr so aussehen wie Werbung, werden ebenso sorgfältig von den Benutzern gemieden.

Zudem gibt es Browser-Plug-Ins, die von entnervten Benutzern dazu eingesetzt werden, Werbung auszublenden – etwa den AdBlocker von Firefox.

Hierauf haben Anbieter von Onlinewerbung reagiert. Die Aufmerksamkeit des Betrachters soll mit sogenannten Rich-Media-Elementen gefesselt werden. Mal fliegt ein Schmetterling über die Seite, mal lockt ein Video zum Abspielen. Gemeinsam ist den Rich-Media-Werbeformen, dass sie den Betrachter nicht stören und ablenken sollen. Flächen, die plötzlich seitenfüllend eingeblendet werden und erst nach einigen Sekunden verschwinden, gehören zu den meistgehassten Onlinewerbeformen. Ebenso unbeliebt sind Werbeflächen, die in zahllosen Wiederholungen bunt flackern und blinken.

Rich Media soll Abhilfe schaffen

Rich Media ist hier dezenter. Der Grundgedanke ist, den Benutzer nicht mit aufdringlichen Effekten zu stören, sondern aktiv werden zu lassen. Wer schon seine Aufmerksamkeit auf die Werbefläche gerichtet hat, wird auch den Rest der Anzeige beachten. So wird etwa ein Video, das man selbst gestartet hat, aktiver beachtet als ein Banner, in dem automatisch Animationen ablaufen.

Bei den klassischen, Nicht-Rich-Media-Formaten gibt es nur wenige Ausnahmen für Onlinewerbung, die beachtet werden:

>> Werbeeinblendungen in Trefferlisten von Suchmaschinenresultaten

>> Werbung, die in Videos den eigentlichen Inhalten vorgeschaltet ist

>> Werbung, die aussieht, als wäre sie keine

Die dritte Variante soll nicht zur Nachahmung anregen. Hiermit wird viel Missbrauch betrieben. So werden etwa Banner geschaltet, die einer Windows-Systemmeldung täuschend ähnlich sehen, die dem Benutzer vorgaukeln, eine Funktion zu enthalten, oder sich als redaktioneller Beitrag tarnen. Versuchen Sie nicht, Benutzer mit solchen Finten aufs Glatteis zu führen. Vielfach sind solche Werbeschaltungen auch unerwünscht oder schlichtweg vom Werbeträger verboten.

Dieses Kapitel gibt Ihnen Tipps zur Bannergestaltung und zeigt einen Überblick, welche Werbeformate derzeit gebucht werden können.

10.1   Standardformate

Standardformate von Onlinewerbeflächen werden vom Bundesverband Digitale Wirtschaft (BVDW) und dem Interactive Advertising Bureau (IAB) definiert. Dieser Verein wurde 1996 gegründet, ist in den USA ansässig und vereint fast 400 Unternehmen, deren Geschäftsmodell mit Onlinewerbung zu tun hat. Standardisierung ist wichtig, damit Preise vergleichbar bleiben und Werbungtreibende wissen, was sie für Geld erwarten können.

Wenn etwa ein hochformatiger »Skyscraper« gebucht wird, legt der Standard fest, welche Länge und Breite dieses Werbemittel besitzen muss. Hier die Maße von häufig verwendeten Werbeflächen, jeweils in Pixel:

Tipp . . . . . .

- *Banner: 468 × 60 (Fullsize) und 728 × 90 (Supersize, Super Banner)*

Typische Maße von Werbemitteln

- *Button: 25 × 25 und 120 × 60*

- *Rectangle: 300 × 250 (Large), 425 × 600 (Monster) und 180 × 150 (Standard)*

- *Skyscraper: 120 × 600 (normal) und 160 × 600 (Wide Skyscraper)*

Es gibt auch Kombinationen mit Rich-Media-Elementen: Wenn der Nutzer den Zeiger der Maus über den Banner bewegt, erweitert sich die Fläche. Oder ein sogenanntes Floating Element erscheint, das sich aus dem Banner heraus und wieder hineinbewegt. Floating-Elemente sind wesentlich großflächiger als Banner, beispielsweise 300 × 300 Pixel.

10.2   Rich Media

Rich Media setzt auf Überraschungseffekte und darauf, dass der Benutzer mit der Werbefläche in Interaktion tritt. Mit störendem Geblinke und plötzlich aufgehenden Werbeflächen hat Rich Media nichts gemeinsam. Drei Beispiele schildern anschaulich, wie dieses Prinzip funktioniert.

Floating

Eine Floating-Anzeige enthält ein Objekt, das aus einer Werbefläche heraus- und wieder hineinfliegt. Der Vorteil liegt darin, dass diese Art der Werbeeinblendung kurz die Aufmerksamkeit des Nutzers auf sich zieht. Viele Nutzer empfinden dies weniger störend als herkömmliche Banner. Das Objekt erscheint wenige Sekunden, um dann wieder von selbst zu verschwinden. Für diese Werbeform lassen sich dezente Objekte entwickeln, etwa Schmetterlinge, Seifenblasen oder Blätter.

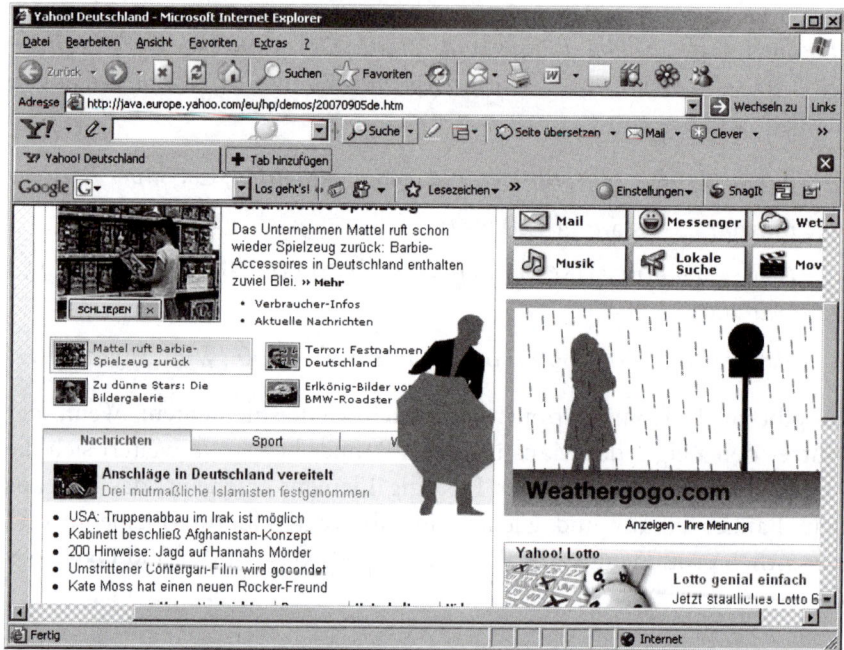

Abbildung 10.1: Typische Floating-Anzeige: Der Mann mit dem Regenschirm wird in wenigen Augenblicken der Dame in der Werbefläche zu Hilfe eilen

Streaming-Banner

Mit dieser Werbeform bauen Sie einen Minifilm in eine Webseite ein. Im Format eines Banners – beispielsweise 300×250 Pixel – startet per Mausklick des Nutzers beispielsweise ein Ausschnitt aus einem TV-Spot oder eine Animation, die für dieses Werbemittel hergestellt wurde. Meist ist dieser eine halbe Minute lang. Da der Nutzer das Video selbst startet, haben Sie gute Chancen, dass dieser Inhalt auch mit Interesse betrachtet wird.

Sie können die gezeigte Animation auch an anderen Stellen verwenden, etwa auf der Videoplattform YouTube.

Abbildung 10.2: Großformatige Videoeinbindung in eine Webseite: idealer Einsatzort für Kinowerbung

Peel back

Peel back (oder auch Tear back genannt) heißt auf Deutsch so viel wie »abziehen« oder »zurückziehen«. Damit ist dieses Werbemittel ganz treffend beschrieben. In der rechten oberen Ecke des Bildschirms befindet sich ein Element, das wie eine leicht aufgerollte Buchseite aussieht. Was mag sich dahinter verbergen? Sobald der neugierige Nutzer darauf klickt, rollt sich die Seite auf. Dahinter wird die eigentliche Werbefläche sichtbar. Dort können Sie statische Informationen unterbringen, aber auch weitere Rich-Media-Elemente wie etwa ein Video.

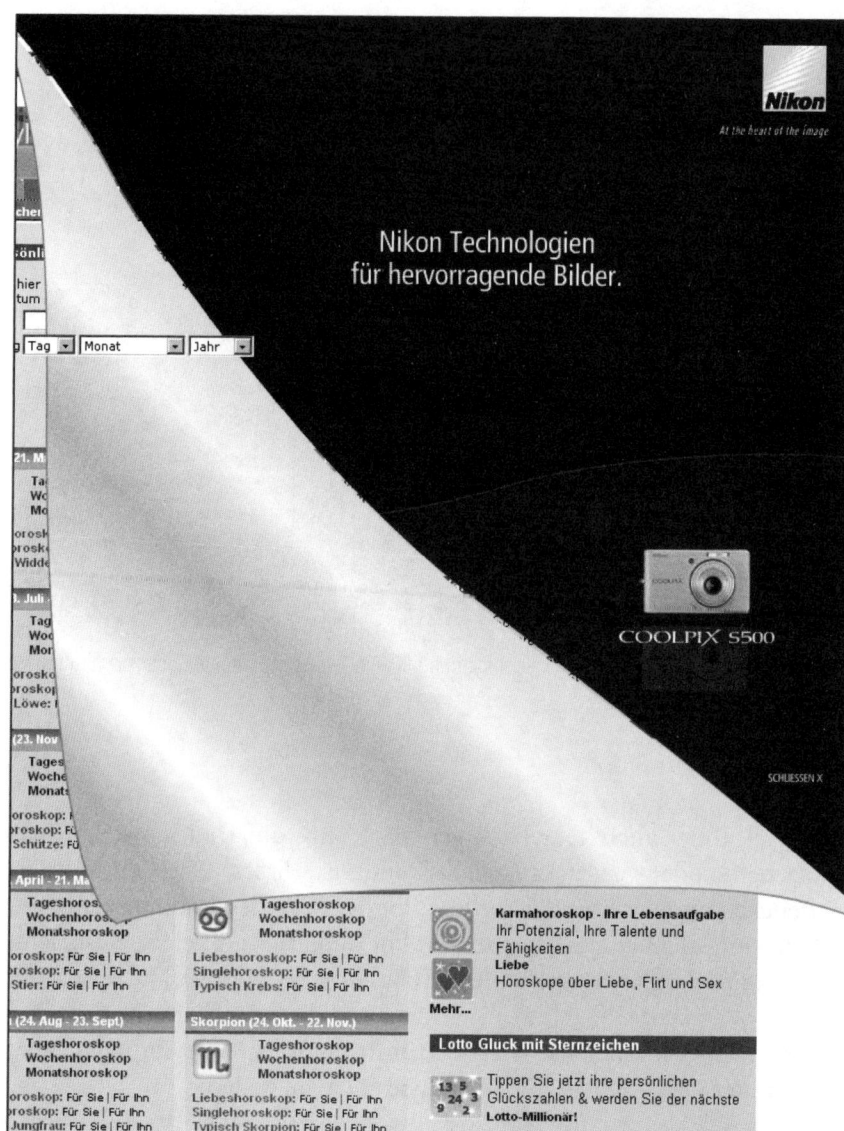

Abbildung 10.3: Aufmerksamkeitsstarke Werbeform: Bei Klick auf die rechte obere Ecke erscheint die bis dahin versteckte Werbefläche

10.3   Microsites

Microsites sind genau genommen etwas mehr als ein Werbemittel. Wie der Name schon vermuten lässt, sind Microsites kleine, eigenständige Webseiten mit wenigen Unterseiten und entsprechend geringer Navigationstiefe. Anders als herkömmliche Werbemittel existieren Microsites eigenständig und unabhängig von der Website, zu der sie gehören.

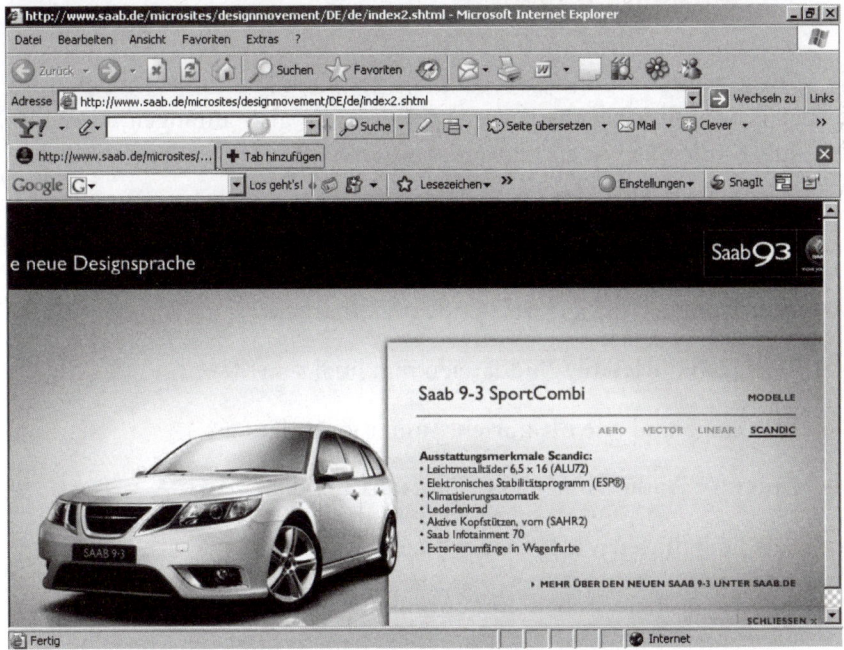

Abbildung 10.4: Typische Microsite mit nur vier Unterseiten: Beworben wird ein neues Automodell

Gestalterisch und thematisch sind Microsites allerdings mit dem übergeordneten Internetangebot eng verknüpft. Der Wiedererkennungseffekt muss mithilfe eines durchgängigen Designs gegeben sein. Ansonsten ist dem Betrachter nicht klar, wer der Absender dieser Werbeform ist. So kann auf einer Microsite beispielsweise ein Autohersteller für ein neues Modell werben, und ein Kosmetikunternehmen preist auf einer Microsite seinen neuen Duft an. Meist enthalten TV-Spots oder Printanzeigen Internetadressen, die auf diese Microsites führen.

Microsites werden meistens nur temporär geschaltet und dienen einem klaren Zweck. Gewinnspiele, Anmeldung zum Probefahren, saisonale Anlässe wie Weihnachten oder Ostern, aber auch die Einladung zu einer Veranstaltung sind typische Verwendungszwecke.

10.4   Fragen, die mit dem Sitebetreiber geklärt werden müssen

Je aufwendiger ein Onlinewerbemittel gestaltet wird, umso mehr muss in der Produktion beachtet werden. Bevor Sie also anfangen, eine Idee für Ihre Kampagne zu entwickeln, sollten Sie folgende Punkte mit dem Werbeträger klären:

>> Welche Flash-Richtlinien und -Spezifikationen existieren?

>> Wie groß darf der HTML-Code maximal sein?

>> Wie groß dürfen die Bilddateien maximal sein?

>> Wie lange und wie oft dürfen Animationen laufen?

Prüfen Sie diese Punkte, bevor Sie loslegen

>> Muss für Audiodateien eine Lautstärke codiert sein?

>> Wie lang dürfen Videostreams sein?

>> Welche gestalterischen Einschränkungen gibt es bei Rich-Media-Elementen? Manche Werbeträger haben hier Einschränkungen, etwa, dass sie das Logo des Werbeträgers oder andere Anzeigen nicht verdecken dürfen.

>> Gibt es sonstige gestalterische Grenzen? Manche Werbeträger verbieten Werbemittel, die vorgeben, eine Funktion zu enthalten, oder einer Systemmeldung täuschend ähnlich sehen.

>> Gibt es Häufigkeitsbegrenzungen für Loops oder Abläufe von Videos?

>> Was sind die Anforderungen an den Sound – etwa, dass er nur auf Userklick startet?

>> Wie lang sollen die Alt-Attribute sein?

>> Sind bei Rich-Media-Elementen – etwa eingebundenen Videos – Steuerungselemente wie »Play«, »Pause« oder »Stopp« vorgeschrieben?

10.5   Tipps zur Bannergestaltung

Onlinekampagnen haben ganz verschiedene Ziele und Hintergründe. Es gibt aber einige Dinge, die Sie bei allen Kampagnen beachten sollten. Die folgende Checkliste hilft Ihnen dabei:

>> Verpacken Sie nicht mehr als drei Aussagen im Werbemittel. Mehr werden vom Betrachter nicht aufgenommen. Wird online wenig gelesen, so gilt das erst recht für Werbemittel. Hier bleiben nur plakative Aussagen im Gedächtnis.

>> Texte müssen so kurz wie irgend möglich sein. Formulieren Sie ruhig plakativ und in Stichpunkten. Ganze Sätze sind selten empfehlenswert. Ein gutes Beispiel: »Sonnenstrand statt Sonnenbank – Herbstspecials, jetzt buchen«. Heben Sie im Text Schlüsselwörter optisch hervor.

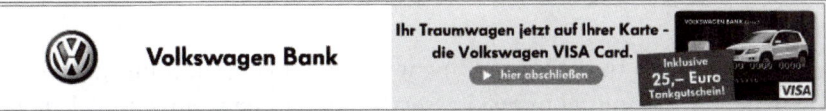

Abbildung 10.5: Bei diesem Banner passt alles: eindeutiger Absender, zwei kurze Botschaften, eine klare Klickaufforderung

>> Lassen Sie die Animation nur ein Mal ablaufen und blenden Sie dann die Klickaufforderung ein.

>> Arbeiten Sie mit Satzzeichen. Fragen oder Ausrufezeichen ziehen die Blicke auf sich.

>> Verwenden Sie eine Schriftgröße zwischen 11 und 14 Punkt. Diese Maße sind ideal für Banner. Versuchen Sie nicht, wegen Platzmangels auf kleinere Schriftgrade auszuweichen. Absolute Untergrenze ist die kleinste, online vertretbare Schriftgröße von 10 Punkt.

>> Setzen Sie Störer sparsam ein. Ansonsten wird das Werbemittel grafisch überfrachtet.

>> Es muss klar sein, wer der Absender ist. Vergessen Sie nicht, Ihr Logo oder Ihren Claim zu verwenden.

>> Auch wenn es albern klingt: Jedes Werbemittel braucht eine eindeutige Klickaufforderung. Scheuen Sie sich nicht, die Aufforderung zum Klicken ganz banal mithilfe eines animierten Mauszeigers anzudeuten, der auf den jeweiligen Button »klickt«.

>> Animationen mit langsamer Bewegung werden vom Betrachter nicht als störend empfunden. Durch sanfte Übergänge halten Sie die Animation gleichmäßig und flüssig.

Abbildung 10.6: Interaktion, die keine ist: Dieser Banner gaukelt dem Betrachter Dropdown-Menüs unter den Bildern vor

>> Werden Sie beim Design nicht zu kleinteilig. Details gehen auf einem Werbemittel unter. Lassen Sie am besten wenige Bildelemente dominieren. Solche Werbemittel werden häufiger angeklickt als textlastige. Bilder sprechen den Betrachter unmittelbar an, sind schnell zu erfassen und haben eine emotionale Wirkung, die die Klickaufforderung wirksam unterstützt.

>> Zurückhaltende Farbigkeit schafft keinen Wiedererkennungseffekt. Mit Ausnahme von redaktionell eingebundenen Werbemitteln sollte die Gestaltung kontrastreich ausfallen und mit starken Farben arbeiten. »Stark« heißt dabei aber nicht, dass Sie die Farbe völlig sättigen sollten. Die Intensität gesättigter Töne wirkt online zu knallig und ist unangenehm anzusehen. Am problematischsten sind Ban-

ner, die mehrere Knallfarben kombinieren. Vermeiden Sie in jedem Fall, auf stark farbigen Hintergründen Schrift darzustellen. Betrachter können diese Texte kaum lesen, weil sie zu flimmern scheinen.

>> Verwenden Sie eine unverwechselbare Bildsprache. Ihr Werbemittel wird dann sofort Ihrem Unternehmen zugeordnet. Denken Sie etwa an die Luftblasen, die vom Telekommunikationsanbieter O2 eingesetzt werden. Diese finden sich in jedem Werbemittel wieder.

Abbildung 10.7: Entdecken Sie das Werbemittel eines Baufinanzierers? Es passt sich optisch genau dem redaktionellen Umfeld an

>> Die Klickaufforderung darf nicht untergehen, sondern muss gut sichtbar platziert werden.

>> Sorgen Sie für Abwechslung. Selbst gut gestaltete Werbemittel haben nur ein begrenztes Haltbarkeitsdatum. Nach einer Weile sinkt die Aufmerksamkeit der Betrachter ab. Bei intensiver Schaltung eines Werbemittels sollten Sie es nach zwei Wochen durch ein anderes ersetzen.

>> Versuchen Sie nicht, dem Nutzer Funktionen vorzugaukeln, die keine sind. Ein Werbemittel sollte keine Elemente enthalten, die eine Interaktion versprechen, aber letztlich nur auf irgendeine Webseite führen. Sie können sicher sein, dass der enttäuschte Benutzer diese sofort verlassen wird.

Und so könnten beispielsweise Texte für verschiedene Kampagnen des Kaffeeshops aussehen, den Sie in Kapitel 1 kennengelernt haben:

Kampagne: Weihnachtsaktion. Format: Skyscraper

	Animation	Texteinblendung	Klickaufforderung
1	Schneeflocken rieseln von oben nach unten ins Bild, Logo des Shops wird auf der weißen Fläche eingeblendet	Tolle Geschenkideen gibt's bei (Logo) »Kaffeeshop.de«	
2	Schneegeriesel hört auf	Versandkostenfrei bestellen	
3	Störer wird eingeblendet	Bis 31.12.08	
			Gleich ansehen

Kampagne: Neue Sorte. Format: Fullsize-Banner

	Animation	Texteinblendung	Klickaufforderung
1	Braune Kaffeebohnen füllen nach und nach das Werbemittel komplett aus	Exklusive Kaffeesorten gibt es viele.	
2	Eine goldene Bohne wird eingeblendet, blitzt kurz auf	Die Prima Bona nur einmal.	
3	Texteinblendung (Text kommt und geht)	Würzig	
4	Texteinblendung (Text kommt und geht)	Aromatisch	
5	Texteinblendung (Text kommt und geht)	Einmalig gut	
6	Logo wird eingeblendet	Jetzt bei Kaffeeshop.de erhältlich	
7	Störer wird eingeblendet	Ab 1. Mai 2008	
			Jetzt probieren

Kampagne: Europaweite Lieferung. Format: Floating-Anzeige

	Animation	Texteinblendung	Klickaufforderung
1	Lieferauto fährt aus Werbemittel heraus, verschwindet	Wir liefern jetzt europaweit	
2	Text wird eingeblendet	Bis zu 10 kg, innerhalb von 24 h	
3	Logo wird eingeblendet	Kaffeeshop.de	
			Gleich bestellen

10.6   Einfluss des Werbeträgers

Wie aufmerksamkeitsstark Sie eine Onlinekampagne gestalten, ist eine solide Basis, aber nur ein Kriterium für den Erfolg Ihres Werbemittels. Inwieweit Ihr Werbemittel beachtet wird, hängt auch davon ab, wo Sie die Werbefläche platzieren. Je häufiger und intensiver sich die Nutzer mit einem Onlineangebot beschäftigen, desto größer ist die Chance, dass Ihr dort platziertes Werbemittel auch beachtet wird. Der Grund ist, dass Ihr Werbemittel länger und häufiger wahrgenommen wird, je länger sich ein Benutzer auf einer Website aufhält.

Erfolgs-kriterium: Verweildauer

Dadurch steigt auch die sogenannte Kommunikationsleistung der Werbefläche: Benutzer erinnern sich besser an die Werbeinhalte und die Botschaften, die Ihr Werbemittel sendet, werden besser wahrgenommen. Damit steigt das Interesse an weiterführenden Informationen.

Abbildung 10.8: Platzierung neben einem Logo: Nur empfehlenswert, wenn (wie hier) mit dem Werbemittel ein genügender Kontrast erzeugt werden kann

Wichtig ist dabei, wie die Seiten des Werbeträgers gestaltet sind, wo Ihr Werbemittel platziert wurde und wie viele andere Werbemittel versuchen, die Aufmerksamkeit des Benutzers zu erwecken. Je mehr Werbe-

Gestaltung des Werbeträgers ist wichtig

mittel sich die begrenzte Aufmerksamkeit des Nutzers teilen müssen, desto schwieriger wird es für Ihren Skyscraper oder Full-Size-Banner, sich in diesem »feindlichen« Umfeld zu behaupten.

Format des Werbemittels ist egal

Interessanterweise hat das Format des Werbemittels keinen Einfluss darauf, wie stark es beachtet wird. Unterschiedliche Werbemittelformate haben prinzipiell die gleichen Kontaktchancen. Wesentlicher scheint die Aufteilung des Screens zu sein, auf dem sich das Werbemittel befindet. Vorteilhaft wirkt sich hier aus:

>> Der Screen hat eine klare Blickführung.

>> Es werden wiederkehrende Gestaltungselemente genutzt.

>> Die Seite ist nicht mit Text oder Grafik überfrachtet.

>> Die Seiten enthalten keine großformatigen Bilder.

>> Farbe wird zurückhaltend eingesetzt.

Platzieren Sie Ihr Werbemittel nicht in unmittelbarer Nähe zu Logos, Grafiken oder Bildern. Hier entsteht eine zu große Konkurrenz um die Aufmerksamkeit des Benutzers. Besser ist eine Platzierung zwischen redaktionellen Texten.

Werbemittel muss mit Werbeträger kontrastieren

Gestalten Sie Ihr Werbemittel in einer Farbe, die sich gut von der des Werbeträgers abhebt. Ausnahme: redaktionell eingebettete Werbemittel. Diese sollten sich farblich und in Typografie an den Rest der Seite anpassen. Am stärksten werden Elemente im Gedächtnis des Betrachters verankert, die sofort ins Auge springen. Am wirksamsten sind hier Farben, gefolgt von Motiven und Produktarten.

Was der Werbeträger aber nicht leisten kann, ist, die inhaltliche Botschaft zu transportieren. Der Werbeträger kann die Wirksamkeit Ihres Werbemittels erhöhen, aber der Transport von Inhalten muss von der Kampagne selbst geleistet werden. Der Werbeträger schafft lediglich die Voraussetzung für eine Kommunikationsleistung, weil diese eng mit der Aufmerksamkeitsleistung verbunden ist.

10.7   Weiterführende Links

>> Einen umfassenden Überblick über gängige Formate und Rich-Media-Optionen zeigt Ihnen diese Website:

`http://www.werbeformen.de/`

>> Onlinenutzungsdaten von Werbeträgern finden Sie bei der IVW:

`http://www.ivw.de/`

>> Mit Tipps und Tricks rund um Werbung und Marketing befasst sich dieses Blog:

`http://www.online-werbetrommel.de/`

KAPITEL 11
So stärken Sie Ihren Onlineshop

Onlineshops benötigen besonders viel Aufmerksamkeit bei der Erstellung und Pflege. Schon Fehler in kleinen Details können zu spürbaren Umsatzeinbußen führen.

Denn online fehlen die freundlichen Verkäuferinnen und Verkäufer, die den Kunden weiterhelfen, wenn Fragen auftauchen. Es gibt keine Möglichkeit, Waren selbst in Augenschein zu nehmen, anzuprobieren oder in die Hand zu nehmen. Das alles muss beim Onlineshop eine durchdachte Produktpräsentation leisten. Doch damit nicht genug: Wenn der Bezahlvorgang im Web zu kompliziert ist, bleibt der gefüllte Warenkorb unbeachtet stehen. Noch fataler wirkt es sich aus, wenn bei einer Lieferverzögerung niemand auf die E-Mail des besorgten Kunden reagiert.

Wenn Sie also per Internet Waren verkaufen möchten, sind viele verschiedene Facetten zu beachten. In diesem Kapitel finden Sie eine Vielzahl praxiserprobter Tipps zur Stärkung Ihres Onlineshops.

11.1   Kaufszenarien mit Personas entwickeln

Weiter vorne haben wir Personas entwickelt, damit es leichter fällt, sich in die Benutzer hineinzuversetzen: Wie würden sie den Kaufprozess gestalten? Wird sofort gekauft oder sich erst einmal ausführlich informiert? Wie sind einzelne Schritte miteinander verkettet, die letztlich in den Kauf münden? Um solche Szenarien möglichst realitätsnah zu entwickeln, helfen die Personas.

Die Frage, die zunächst beantwortet werden muss, lautet: Welche Stationen umfasst eigentlich ein Kaufprozess? Das lässt sich wie folgt gliedern:

Vorfeld: Wo beginnt die Beschäftigung des Nutzers mit Ihrem Unternehmen? Wann richtet er zum ersten Mal seine Aufmerksamkeit auf Ihre Produkte und Dienstleistungen? Das kann ein TV-Spot sein, an dessen Ende eine Internetadresse genannt wird, die sich der Nutzer notiert. Genauso denkbar sind Klicks auf ein Werbebanner, auf ein Suchmaschinenresultat oder das Betrachten eines Werbeplakats.

Erster Kontakt des Benutzers mit Ihrem Unternehmen

Erste Anhaltspunkte, welche Einstiege relevant sind, liefern Ihnen die Zahlen aus dem Webtracking. Hier sehen Sie beispielsweise, wie viele Besucher Ihrer Homepage von einer Google-Anzeige kommen (und von welcher genau), wie viele über eine andere Suchmaschine auf Ihren Shop geleitet werden und wie viele die URL direkt eingeben. Wichtig ist, sich für jeden Einstiegspunkt zu überlegen, mit welchen konkreten Erwartungen der Benutzer auf Ihr Angebot trifft: Ist es die Suche nach Schnäppchen, machen Sie in dem TV-Spot oder in einer Zeitungswerbung ein konkretes Versprechen?

Den Nutzer lenken

Ausgangspunkt: Das ist typischerweise die Homepage, eine Microsite oder eine Seite, die sich nach einem Log-in öffnet. An jedem Ausgangspunkt stehen dem Benutzer zahlreiche Optionen offen. Durch entsprechende Gestaltung lenken Sie den Benutzer hier bereits in bestimmte Richtungen. So lassen sich nach einem Log-in Teile der Navigation ausblenden, die nicht mehr notwendig sind, etwa »So funktioniert der Log-in«. Es lassen sich auch einzelne Inhalte optisch hervorheben – beispielsweise der Hinweis, dass eine kostenpflichtige Mitgliedschaft bald ausläuft.

Fragen des Nutzers beantworten

Fragepunkt: Das sind alle Stellen, an denen der Benutzer die Antwort auf eine Frage zum Thema Kaufprozess erhält. Wichtig daran: Diese Frage stellt sich dem Käufer, und er sucht selbst aktiv nach der Antwort. Wie viel kostet der Service? Welche Leistungen sind inbegriffen, welche nicht? Wie hoch sind die Versandkosten? Werden im Shop Kreditkarten akzeptiert und wenn ja, welche? Über welchen Dienstleister wird der Versand abgewickelt? Idealerweise sind Fragepunkte mit dem Kaufprozess verknüpft, sodass der Benutzer den Einkauf fortsetzen kann, sobald die Frage beantwortet ist.

Zusatzinfos geben

Antwortpunkte: Antwortpunkte sind Informationen, die den Kaufprozess unterstützen, ohne dass dies der Käufer aktiv nachgefragt hat. Sie geben nützliche Zusatzinformationen und unterstützen damit die Entscheidung zu kaufen. Hier erklären Sie etwa dem Benutzer, warum durch besonders aufwendige Verpackung die Versandkosten höher ausfallen als gewohnt oder wie man durch den Kauf von 10 statt 2 Hemden einen Rabatt bekommt. Nicht jeder Nutzer wird jeden Antwortpunkt passieren. Antwortpunkte sind dazu da, die Bedürfnisse der Mehrheit eines bestimmten Käufersegments abzudecken.

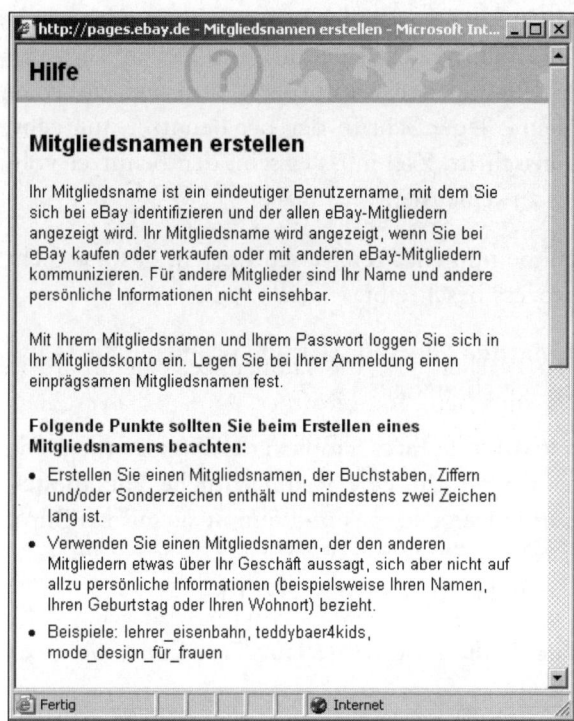

Abbildung 11.1: Informationsseite zum Thema Mitgliedsnamen: Der Fragepunkt bietet umfangreiche Details. Die Textmenge darf hier so hoch ausfallen, weil der Benutzer die Seite aktiv aufgerufen hat und damit einen großen Informationsbedarf signalisiert

Abbildung 11.2: Versandinformationen während des Kaufprozesses: An diesem Anwortpunkt erfährt der Benutzer in kompakter Form, welche Optionen zur Verfügung stehen

Konversionsschritt: Seiten, auf denen sich der Benutzer aktiv oder passiv informiert hat, haben ihn an einen Punkt geführt, der in den Kaufprozess hinüberleitet. Der Einstieg in den Kaufprozess kann ein einfacher Button sein: »Jetzt bestellen«. Jeder Schritt, den der Benutzer nun geht, ist ein weiterer Konversionsschritt. Ziel muss es sein, den Benutzer vollständig durch den Prozess zu schleusen.

Aus diesen Teilen können Sie nun ein Szenario entwerfen, das aus Sicht einer Persona den Kaufprozess beschreibt.

Nehmen Sie die Persona Martina aus Kapitel 1 und probieren Sie es mit Ihrem Kaffeeshop doch gleich einmal aus:

Vorfeld: Martina sieht eine Anzeige Ihres Shops in der Tageszeitung. Die Anzeige verspricht einen Rabatt für eine weihnachtliche Paketbestellung. Martina reißt sich die Anzeige heraus und nimmt sie mit ins Büro. In der Mittagspause holt sie das Stückchen Papier aus ihrer Handtasche und tippt die URL ein, die in der Anzeige vermerkt ist.

Ausgangspunkt: Martina ruft die Homepage auf. Dort findet sie einen Hinweis auf die Rabattaktion.

Fragepunkt: Martina klickt auf diesen Link und informiert sich genau, was in dem Paket enthalten ist. Dann sucht sie gezielt nach der Information, ob man sich das Bestellte auch in einer weihnachtlichen Geschenkverpackung liefern lassen kann und wie viel dieser Service extra kostet.

Konversionsschritt: Martina ist von dem Angebot überzeugt und klickt auf »Jetzt bestellen«.

Antwortpunkt: Die Bestellseite enthält wichtige Informationen über Versandkosten, Versanddauer, Verpackung und Ähnliches. Martina wählt die Optionen, die sie für passend hält.

Danach trägt sie persönliche Daten wie Adresse und Name ein.

Konversionsschritt: Martina klickt auf »Bestellung senden«.

Antwortpunkt: Martina erhält auf einer Bestätigungsseite eine Auftragsnummer für eventuelle Rückfragen und die Rückmeldung, dass ihre Bestellung erfolgreich aufgegeben wurde. Gleichzeitig wird eine Bestätigungs-E-Mail versendet.

Solche Szenarien helfen Ihnen, den Kaufprozess an den entscheidenden Stellen zu verbessern.

Plötzlich wird klar, mit welcher Erwartung ein Benutzer die Homepage oder einen anderen Ausgangspunkt aufsucht. Wird dieser Erwartung nirgends Rechnung getragen, sinkt der Anteil der Käufer an der Gesamtnutzerschaft.

Nutzen von Frage- und Antwortpunkten

Weiterhin wird deutlich, wie wichtig es für die nahtlose Führung des Benutzers von einem Konversionspunkt zum nächsten ist, an den richtigen Stellen die richtige Zusatzinformation in der richtigen Form und Tiefe bereitzuhalten.

Fallen Informationen an Fragepunkten zu dürftig aus, springt der Benutzer verärgert ab. Haben Sie beispielsweise die FAQ-Liste unüberlegt zusammengestellt, kann Vertrauen in Ihren Shop verloren gehen oder der Kaufprozess wird abgebrochen.

Das kann auch passieren, wenn Sie Informationen an den Antwortpunkten zu spät geben: Verraten Sie erst im letzten Schritt der Bestellung exorbitante Versandkosten, wird der Benutzer hier abbrechen. Die sorgfältige Auswahl und Betextung der Frage- und Antwortpunkte fällt mit einem konkreten Userszenario wesentlich leichter, als wenn Sie sich lediglich ein technisches Ablaufdiagramm vom Kaufvorgang ansehen.

11.2   Kaufverzögerung abfangen

Suchen – Finden – Bestellen: Ist online einkaufen wirklich so einfach? Besonders schnell entschlossen sind Käufer, die über Suchmaschinenresultate zu Shops gelangen. Hier liegt schon im Vorfeld eine klare Kaufentscheidung vor. Diese Käufer entscheiden sich für gewöhnlich innerhalb von 30 Minuten für ein Produkt.

Andere Kunden sind da weit zögerlicher. Es ist keine Seltenheit, dass Benutzer erst viele Tage und Wochen später zum Käufer werden. Dieses Phänomen ist als sogenannter »Sale Cycle Delay«, Kaufverzögerung, bekannt.

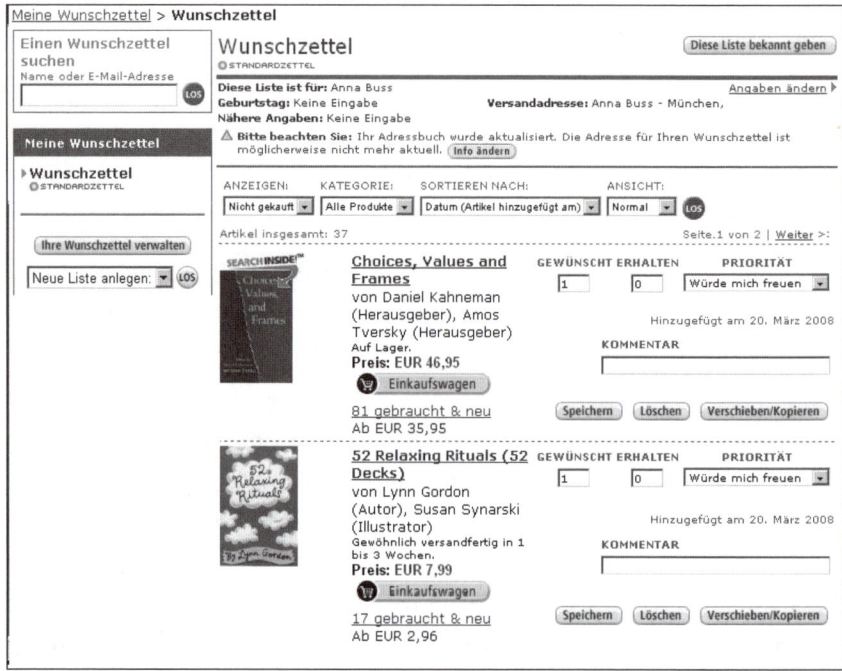

Abbildung 11.3: Wunschzettel eines Buchversands: eine wirksame Möglichkeit, den Interessenten so lange zum Wiederkehren zu bewegen, bis schließlich gekauft wird

Drei von vier Kunden treffen die Kaufentscheidung während der ersten 24 Stunden nach dem Websitebesuch, während das letzte Viertel wesentlich länger benötigt, bis es kauft. Noch 12 Tage später ordern immerhin 10 % der Käufer, vier Wochen später erst bestellen die zögerlichsten 5 %.

Je teurer ein Produkt, desto zögerlicher der Kauf

Zusammengefasst lässt sich sagen, dass vier Fünftel aller Bestellungen in den ersten drei Tagen nach dem ersten Besuch auf der Website stattfinden.

Dürfen Sie daher das restliche Fünftel vernachlässigen? Dies wäre ein Trugschluss. Das Bild ändert sich, wenn man den Preis der Ware mit einbezieht. Je teurer eine Bestellung, desto mehr wird über den Kauf nachgedacht. Eine Untersuchung hat ergeben, dass bei einer Bestellung, die weniger als 100 Dollar kostet, es elf Tage dauert, bis 90 % der Bestellungen eingetroffen sind. Kostet die Ware dagegen 300 Dollar, dauert es 18 Tage, bis 90 % der Käufer ihre Bestellung getätigt haben.

Die Betrachtung des Sale Cycle Delays ist daher aus zwei Perspektiven interessant: Zum einen sind es gerade die Käufer umfangreicher Gesamtbestellwerte, die eine Überbrückung vom Shopbesuch bis zum Kauf brauchen. Zum anderen ist der Sale Cycle Delay für all diejenigen Shopbesitzer relevant, die teure Waren anbieten. Der Anbieter einer teuren Dienstleistung etwa berichtete von Kunden, die mehrere Jahre lang die Inhalte seiner Website gelesen hätten, bevor sie sich für ein Investment in Höhe von 38 000 Dollar entschlossen hätten.

Daher ist es lohnenswert, über Unterstützung nachzudenken, die Sie diesen spät entschlossenen Usern angedeihen lassen können. Lassen Sie diese scheinbare Minderheit nicht aus den Augen! Denn je wirkungsvoller Sie die Zeit zwischen Informieren und Kaufen überbrücken können, desto erfolgreicher werden Sie im Shop verkaufen.

Unterstützen Sie unentschlossene Interessenten

Geben Sie Ihren Kunden Merkhilfen an die Hand. Das könnte die Option auf der Artikeldetailseite sein, den Artikel auf die Wunsch- oder Merkliste oder eine »Lieblingsliste meiner Produkte« zu setzen. Damit hat der Benutzer die Ware schnell wieder im Blick, wenn er zu einem späteren Zeitpunkt Ihren Shop erneut betritt.

In Studien, die den Gebrauch von Wunschzetteln untersucht haben, wurde herausgefunden, dass sich manche Benutzer scheuen, einen Wunschzettel zu befüllen, den später auch andere betrachten können – etwa um ein passendes Geschenk auf dem Wunschzettel zu finden. Die Ersteller des Wunschzettels befürchten, mit einem üppig gefüllten Zettel als gierig, egoistisch oder fordernd zu erscheinen. Daher ist es empfehlenswert, den Wunschzettel eher als eine Art Merkzettel oder Erinnerungshilfe zu positionieren.

Tipp . . . . . .

Ebenso lohnt es, zuletzt angesehene Produkte aufzulisten. Zeigen Sie diese Artikel an prominenter Stelle, damit sie sich dem unentschlossenen Betrachter ins Gedächtnis bringen.

Vielleicht lohnt es sich sogar, »Trainingsseiten« für unsichere Benutzer anzubieten, wo man etwa eine Reisebuchung ausprobiert oder einen gefüllten Warenkorb bezahlt, ohne einen tatsächlichen Kauf auszuführen.

Wie könnten Sie das in Ihrem Kaffeeshop konkret umsetzen? Hier einige Ideen:

>> Ist eine Bohnensorte vergriffen, bieten Sie die Option an, diese vorzubestellen oder sich per E-Mail benachrichtigen zu lassen, sobald der Artikel wieder verfügbar ist.

>> Ebenso komfortabel wäre, eine Benachrichtigung zu versenden, wenn ein neues Zubehör oder eine neue Geschmacksrichtung der Lieblingssorte des Benutzers im Angebot wäre.

>> Newsletter sind hier ideal, um mit dem Benutzer in Kontakt zu bleiben. Mehr dazu erfahren Sie im Kapitel »Newsletter«.

Wichtig ist es immer, einen Anlass zu schaffen, dass der User wiederkehrt und sich Ihre Waren erneut ansieht.

Tipp...... *Worauf Sie achten müssen, wenn Sie zum Thema Sale Cycle Delay Webtracking-Daten auswerten: Schauen Sie sich nicht nur an, was am ersten Tag auf Ihrer Website gemacht wird. Viel wichtiger ist das Verhalten der Wiederkehrer. Umso eher, je größer der durchschnittliche Bestellwert in Ihrem Shop ausfällt oder je teurer Ihre Produkte oder Dienstleistungen sind.*

11.3   Auffindbarkeit erhöhen

Gerade in Shops bewegt sich der größte Teil der Benutzer nicht entlang der Navigation. Vielmehr benutzen die Kunden die Suchfunktion. Funktioniert diese schlecht, ist die Gefahr groß, dass die Benutzer den Shop schnell wieder verlassen und sich anderweitig nach den gesuchten Produkten umsehen.

Typischerweise wird mit einer Kombination aus zwei bis drei Wörtern gesucht. Auf folgende Dinge sollten Sie achten, wenn Sie für Ihren Shop Produktbeschreibungen texten.

Worauf Sie beim Texten achten müssen   **Vermeiden Sie exotische Wörter.** Verwenden Sie in den Texten für Ihre Produkte keine Wörter, die Sie sich ausgedacht haben oder die Fachbegriffe sind, sondern solche, die dem Benutzer bekannt sind.

Sprechen Sie die Sprache des Benutzers. Vermeiden Sie Marketing-deutsch. Ein Eimer ist ein Eimer, kein Küchenzubehör oder gar eine Flüssigkeitstransportlösung. Marketingtexte neigen vielfach zu weitschweifigen Formulierungen oder stellen Produkte übertrieben dar. Das führt dazu, dass die Formulierung, die dann im Shop als Produktbeschreibung verwendet wird, sich sprachlich stark von einer Beschreibung unterscheidet, die ein Kunde verfassen würde. Aber genau nach solchen einfachen Wörtern suchen Kunden. Sie suchen nach dem Eimer, nicht nach der Flüssigkeitstransportlösung. Langweilige Suchbegriffe sind gute Suchbegriffe! Der Benutzer sucht nach »billig Flugticket Singapur«, nicht mit Formulierungen wie »Brücke nach Asien mit ausgewogenem Preis-Leistungs-Verhältnis«.

Erläutern Sie Produkt- und Markennamen. Freilich werden Fachleute, Ihre Stammkunden oder Fans Ihrer Marke etwas anzufangen wissen mit den Namen, die die Produkte Ihres Shops tragen. Doch 95 % aller Benutzer suchen nach Begriffen, die mit ihrem eigenen Problem zu tun haben, nicht nach dem Produktnamen, den Ihre Lösung trägt. Gerade zu Beginn einer Kaufentscheidung tendieren Kunden dazu, nicht nach Produktnamen zu suchen. Sie haben sich nämlich noch nicht für einen Anbieter entschieden. Genau hier sollten Sie Ihre Chance nutzen und mit guten Erläuterungen zu Ihren Produkten punkten.

Wenn Sie Ihre Texte dahingehend anpassen, schaffen Sie nicht nur Auffindbarkeit innerhalb Ihres Shops. Sie sorgen auch dafür, dass Sie mit Suchmaschinen besser gefunden werden. Landen Sie dort nämlich auf den hinteren Plätzen, werden Sie in den Weiten des Internets gar nicht wahrgenommen. Eine fatale Sache, wie Sie im Kapitel 4 gesehen haben. Es sind gerade die Benutzer, die von einer Suchmaschine aus auf Ihre Website kommen, die sich schnell zum Kauf entschließen und innerhalb von 24 Stunden bestellen.

11.4   Beschwerden ernst nehmen

Nehmen Sie den Benutzer mit seinen Problemen ernst. Dazu gehört auch, im Shop einen Link für Beschwerden anzubringen. Warum ist das so wichtig?

Hinter einem unzufriedenen Benutzer verbergen sich weitere Kunden, die auch unzufrieden sind, dies Ihnen aber nicht mitteilen. Es ist ihnen zu umständlich. Nichtsdestotrotz existieren diese stummen Kunden. Wenn Sie nicht auf Beschwerden reagieren, riskieren Sie eine große Zahl verärgerter Konsumenten. Denn diese werden sich weiterhin mit den Problemen herumschlagen müssen, über die sich der eine Benutzer beschwert hat.

Wer nicht auf die Beschwerden seiner Kunden reagiert, riskiert einen angeschlagenen Ruf und letztlich Umsatzeinbußen. Verärgerte Kunden werden andere Kunden warnen, indem sie beispielsweise in Verbraucherportalen ihren Unmut äußern. Von dort aus verbreiten sich Warnungen vor Herstellern oder Produkten schnell und unkontrollierbar.

Wie kann man es besser machen?

Bieten Sie einen Link für Verbesserungen, Anregungen und Kritik an. Achten Sie darauf, dass dieser auf jeder einzelnen Seite gut sichtbar angebracht wird.

Das Formular, das Sie hinter diesem Link öffnen, muss einfach aufgebaut sein. Name und E-Mail sollten als Felder ausreichen, und schon kann der Benutzer Ihnen etwas mitteilen.

Fragen Sie den Benutzer, ob es um einen Vorschlag geht oder um eine Kritik. Oft werden Vorschläge vom Kundenservice nicht als solche wahrgenommen und der Absender erhält als Antwort einen Ratschlag, wie er mit genau dem Problem umgehen soll, für das er einen Vorschlag eingereicht hat. Eine Checkbox kann helfen, hier schon vorzusortieren.

Legen Sie das Feld für den Freitext groß genug an, nicht briefmarkenklein. Zu kleine Eingabefelder sind schnell unhandlich, wenn größere Textmengen eingegeben werden sollen.

Lassen Sie den Benutzer beliebig viel Text eingeben. Sobald Sie die Textmenge begrenzen, fühlen sich Benutzer gegängelt und reagieren noch verärgerter, als sie ohnehin schon sind.

Beantworten Sie die Nachricht – auch Vorschläge –, damit die Benutzer wissen, dass sie gehört werden. Sagen Sie konkret, was Sie tun werden. »Wir geben das an die Entwickler weiter« statt »Wir haben es mal notiert«.

Geben Sie es dann auch tatsächlich weiter.

11.5   Suchergebnisse gut aufbereiten

Im Abschnitt über Auffindbarkeit haben Sie schon gelernt, dass viele Nutzer nicht über die Navigationsleiste ein Produkt suchen, sondern ihre Suchbegriffe direkt in das Suchfeld eingeben. Mit durchdachten Texten haben Sie dafür gesorgt, dass die richtigen Treffer gefunden werden. Doch finden allein reicht nicht. Nun wollen wir uns damit beschäftigen, wie diese Treffer auch optimal dargestellt werden. Denn wo der Überblick verloren geht, verabschiedet sich der Nutzer.

Wird die Qualität der Suchergebnisse schlecht beurteilt, ist das genauso fatal für den Shop wie eine Suchfunktion, die den Käufer nicht bei den Eingaben unterstützt.

Zunächst sollte technisch sichergestellt werden, dass alle Teile des Contents durchsucht werden: Texte der Katalogstruktur, etwa Kategorien und Unterkategorien, Produktnamen, Marken, aber auch – falls vorhanden – Nutzerkommentare, FAQ und natürlich die Produktbeschreibungen.

Alle Inhalte durchsuchbar machen

Die Suchergebnisse sollten nicht als lange Liste angezeigt werden. Gruppieren Sie die Treffer. Wurden die Treffer in den FAQ, in Nutzerkommentaren oder direkt im Shop gefunden? Zeigen Sie entsprechende Zwischenüberschriften an. Welche Shopkategorien erzielen wie viele Treffer? Dies hilft dem User bei unklaren Suchbegriffen, aus den Treffern die passenden auszuwählen. Hat etwa ein Käufer nach »Hase« gesucht, können Sie ihm die Suche erleichtern, wenn Sie die Treffer nach Bücher (»Der kleine Hase«) bzw. Spielwaren sortieren (»Plüschhase«).

Abbildung 11.4: Suche nach dem Begriff »Bär«: Hier werden die über 1000 Treffer benutzer-freundlich nach Kategorien sortiert

Ist der Suchbegriff identisch mit einem Produktnamen, dann ersparen Sie dem Benutzer einen Klick: Statt eine Trefferliste anzuzeigen, verlinken Sie direkt in die Produktdetailseite. Diese sollte einen Link »Nicht das, was Sie suchen?« enthalten. Hinter diesem Link verbirgt sich die normale Trefferliste.

Wie Sie Treffer geschickt verlinken Ist der Suchbegriff dagegen identisch mit einem Kategoriennamen des Shops, verlinken Sie direkt in die Kategorie.

Ist Ihr Produktkatalog umfangreich, zeigen Sie die Suchergebnisse am besten in einer klaren tabellenförmigen Übersicht an. Die Tabelle erleichtert dem Käufer die schnelle, flüchtige Durchsicht der Treffer. Der Tabellenkopf bietet Ihnen die Möglichkeit, intuitiv benutzbare Sortierfunktionen unterzubringen. In der Tabelle sollten Sie anzeigen: eine Vorschau des Produktbilds, eine Kurzbeschreibung des Produkts, die Marke, den Preis und andere wichtige Merkmale. Wird die Tabelle zum ersten Mal angezeigt, muss für den Käufer klar ersichtlich sein, wie die Sortierreihenfolge erzeugt wurde.

11.6   Navigationsbezeichnungen sorgfältig wählen

Auch für die Navigation gilt: Was über die Navigationsleiste nicht gefunden wird, wird auch nicht gekauft.

Achten Sie schon beim Erstellen der Navigation darauf, dass Begriffe verwendet werden, die Ihre Käufer verstehen. Markenabhängige Produktnamen eignen sich oft nicht! Der Benutzer kennt diese nicht, sondern sucht vielmehr nach gängigen Begriffen. Ein besonders drastisches Beispiel sehen Sie hier:

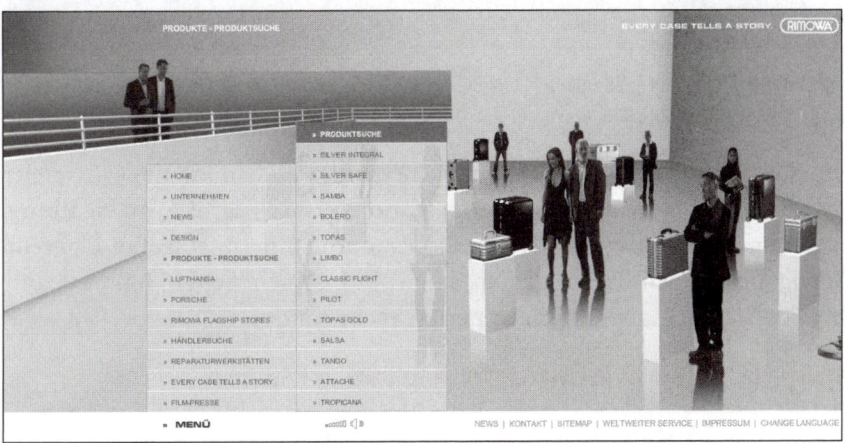

Abbildung 11.5: Homepage eines Kofferherstellers: Um sich in der Produktpalette zurechtzufinden, muss der Betrachter Begriffe wie »Topas«, »Limbo« und »Salsa« richtig zuordnen können

Wer sucht schon nach »Tango« oder »Bolero«? Gefragt sind hier Rucksäcke, Koffer, Aktentaschen oder Boardcases.

Die richtigen Wörter zu finden ist schon deshalb wichtig, weil die Suchfunktion auch die Navigation durchkämmen wird – etwa Produktkategorien. Werden in der Navigation seltsame Begriffe verwendet, findet der Benutzer nicht das passende.

Abbildung 11.6: Hier geht es um Haushaltsgeräte: Dass sich hinter »Wasserkraft« Geschirrspüler und keine Waschmaschinen verbergen, muss der Benutzer selbst herausfinden

Inhalts- vs. Struktur-navigation

Im Shop sollte die Navigation über Texte und andere Inhalte (»Content-navigation«) gegenüber der Navigationsleiste (»Strukturnavigation«) deutlich höher gewichtet werden. Wer durch eine intelligente Content-navigation einen Interessenten lange auf seinen Seiten halten kann, weckt Aufmerksamkeit und generiert mehr Käufe.

Beispiele, die Sie in Ihrem Kaffeeshop nutzen könnten:

>> **Zu dieser Kaffeemaschine passt auch das Zubehör X.**

>> **Mehr von diesem Hersteller, mehr aus dieser Kategorie**

>> **Kennen Sie schon die neue Farbvariante dieser Kaffeemaschine?**

>> **Wussten Sie, dass wir Kaffeebohnen jetzt auch in die Schweiz liefern?**

Schauen Sie sich daraufhin alle Seiten an: Sind an jeder Stelle genügend Links eingebaut, um dem Benutzer eine Motivation zum Weiterklicken zu geben? Bestätigungsseiten etwa eignen sich hervorragend dazu, dem Benutzer weitere Möglichkeiten anzubieten: Was möchten Sie jetzt tun?

Den eigentlichen Kaufvorgang (»Zur Kasse gehen« und nachfolgende Screens wie beispielsweise die Registrierung) sollten Sie allerdings niemals mit Optionen unterbrechen, die von dort aus wegführen. Auch wenn es hier sehr leer wirkt: Viel Weißraum ist auf solchen Seiten genau das Richtige.

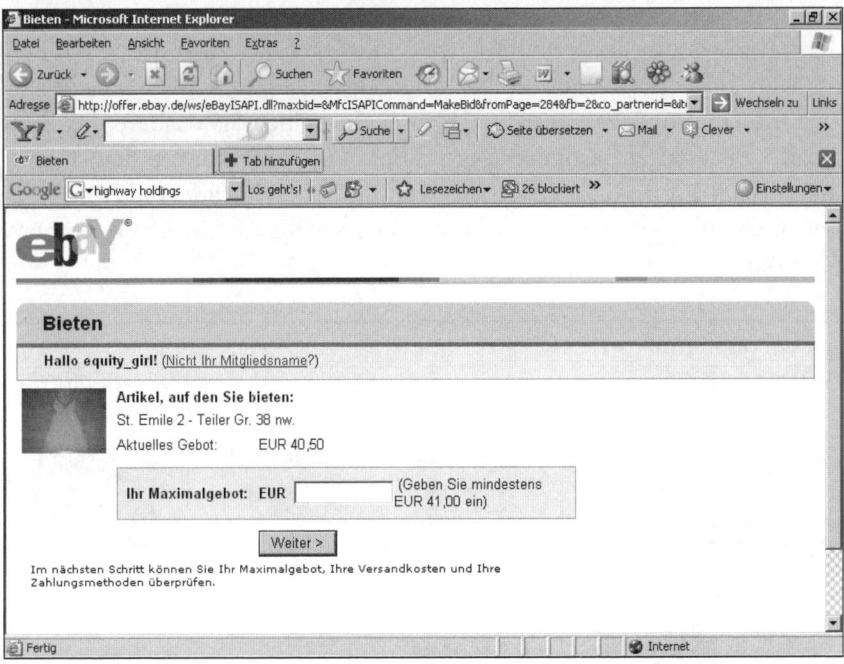

Abbildung 11.7: Der Bietprozess bei eBay: Keine Option führt nun mehr aus dem Vorgang heraus. Bewusst ist hier der leere Raum nicht genutzt und die Navigationsleiste entfernt worden

Wenn Sie die Tiefe der Navigation planen, setzen Sie Kategorien sparsam ein. Ein Zuviel an Ober- und Unterkategorien macht das Navigieren anstrengend für den Benutzer. Zum einen sind viele Klicks notwendig, zum anderen steigt die Gefahr, dass die falsche Kategorie gewählt wird. Denn je mehr Kategorien verwendet werden, desto schwerer sind sie voneinander abzugrenzen.

11.7   Nicht mit Produktabbildungen und Texten geizen

Findet ein Benutzer in Ihrem Shop ein interessantes Produkt, wird jede Information auf der Produktdetailseite kaufentscheidend. Auch der Gesetzgeber sieht im BGB vor, dass Kunden ein Anrecht auf Produktinformationen besitzen.

Produkt-beschreibung ist kaufent-scheidend

Text, der das Produkt erläutert, wird im Gegensatz zu sonstigen Texten im Web aufmerksam und vollständig gelesen. Es ist schließlich die einzige Informationsquelle für Ihre Käufer. Schreiben Sie deshalb die Texte zu den Produkten besonders sorgfältig. Wer sonst könnte dem Käufer die nötigen Informationen geben, wenn nicht Sie? Anders als im realen Leben ist an dieser Stelle kein Verkäufer zu Stelle, der den Kunden beraten könnte.

Abbildung 11.8: Produktdetailseite, die zu wenig konkrete Infos und zu viel Marketingtext bietet. Wer auf den Link »Ausführliche Informationen« klickt, erhält lediglich eine vergrößerte Produktansicht

Texte, die mehr verwirren, als dass sie helfen, oder Texte, die zu wenig Information bieten, hinterlassen einen negativen Eindruck. Fühlt sich der Käufer zu wenig informiert, ist es sehr wahrscheinlich, dass der Kauf nicht zustande kommt. Besonders kritisch sind Texte, die einzig das Produkt loben, anstatt es sachlich zu beschreiben. Alleingelassen mit blumigem, aber leider wenig informativem Marketing-Kauderwelsch verlässt der Käufer die Site – und Sie haben eine Chance vertan, einen neuen Kunden zu gewinnen.

Abbildung 11.9: Produktdetailseite eines Modeshops: Die Produktbeschreibung wird mit wichtigen Empfehlungen ergänzt

Geizen Sie deshalb nicht mit Fakten zu den Produkten. Bieten Sie mehr, als der Nutzer erwartet, z. B. Pflegetipps für Textilien, Standortempfehlungen für Pflanzen, Verarbeitungshinweise für Wandfarben oder Tapeten. Sagen Sie Ihren Käufern, zu welcher Figur dieser Rock besonders vorteilhaft aussieht und für welches Alter sich das Kinderbuch eignet, das der Käufer gerade ansieht.

**Nicht mit
Fakten geizen**

Der Text muss neben den Fakten auch vermitteln, welche Vorteile das Produkt bietet, warum es interessant ist und wie es sich von gleichartigen Produkten im Shop unterscheidet.

Produktabbildungen sind nur in Ausnahmefällen entbehrlich – etwa wenn Sie eine Versicherung anbieten oder Bahnfahrkarten verkaufen. Sie helfen, das Produkt optimal darzustellen. Detailansichten, »Lupe«-Funktion, Vorder- und Rückansicht sowie Abbildungen von Farbvarian-

**Hochwertige
Produktabbil-
dungen zeigen**

ten sollten Standard sein. Achten Sie darauf, dass die Lupenfunktion auch wirklich das Produkt nennenswert vergrößert! Ärgerlich ist für den Nutzer, wenn er die vergrößerte Ansicht aufruft und nicht viel mehr erfährt als vorher.

Abbildung 11.10: Produktdetailseite für Damenkonfektion: Käufer können hier Materialdetails, Vorder-, Rück- und Seitenansichten von Produkten betrachten

Bildschirm-aufteilung bedenken

Doch Vorsicht: Überfrachten Sie die Produktdetailseite nicht mit Bildern. Achten Sie vielmehr darauf, dass das Text-Bild-Verhältnis ausgewogen ist. Der Text darf nicht von den Abbildungen zu stark zurückgedrängt werden. Er ist für die Produktbeschreibung mindestens genauso wichtig.

Müssen Sie umfangreiche Produktinformationen auf der Produktdetailseite unterbringen, empfiehlt sich die Gliederung in eine Produktübersicht und eine Langfassung bzw. ausführliche Produktinformation.

Weiterhin sollte auf einer Produktdetailseite die Warenverfügbarkeit angegeben werden. Bieten Sie einen Service für das Produkt an? Dann fügen Sie dazu einen entsprechenden Hinweis ein.

11.8   Produktvergleich erleichtern

Im Onlineshop hat der User keine Beratung und benötigt deshalb spezielle Unterstützung, wenn der Shop zahlreiche ähnliche Produkte verkauft. Welches ist das passende? Gute Produktvergleiche erleichtern die Auswahl und reduzieren die Angst, das Falsche bestellt zu haben.

Findet nämlich der Benutzer nicht genügend Informationen, wird gar nichts bestellt – oder vorsichtshalber zu viel mit dem Vorsatz, Nichtpassendes wieder zurückzusenden. Letztlich haben Sie Aufwand mit Retoursendungen, der eigentlich vermeidbar gewesen wäre.

11.9   Nachbestellen vereinfachen

Haben Sie zahlreiche Käufer in Ihrem Shop, die öfter dasselbe bestellen? Dann erleichtern Sie dieser Kundengruppe das Einkaufen, indem Sie den Bestellprozess vereinfachen.

Sie können Produkt-»Abos« anbieten, indem Sie in den Bestellprozess eine Option zur regelmäßigen Lieferung einbinden.

Produkt-»Abos« anbieten

Eine andere Möglichkeit ist, einen Warenkorb wieder aufzurufen, der schon einmal bestellt wurde. Damit wiederholt Ihr Kunde einen Einkaufsprozess. Bieten Sie ihm hier Unterstützung an, indem Sie alle Felder schon ausfüllen. Voraussetzung dafür ist, dass sich Ihr Kunde vor dem Einstieg in den Bestellvorgang auf der Shopseite einloggt.

Damit können Sie diesen Käufer sofort identifizieren und die Bestellformulare mit allen notwendigen Daten befüllen.

11.10   Registrierung sorgfältig planen

In den meisten Shops ist eine Registrierung erforderlich. Viele Kunden empfinden die Registrierung als lästig, denn der eigentliche Kaufvorgang wird unterbrochen und kann erst nach der Registrierung abgeschlossen werden.

Registrierung steht noch vor dem Kauf

Bedenken Sie auch, dass nur Neukunden eine Registrierung durchlaufen. Und zwar auf dem Weg zum Kauf! Im Hintergrund steht der bereits gefüllte Warenkorb. Wenn die Registrierung für den Neukunden zu schwierig wird, verlässt er die Site – und der gefüllte Warenkorb bleibt stehen. Der Neukunde bleibt dann ein **potenzieller** Neukunde.

Daher sollten Sie besondere Sorgfalt auf die Gestaltung des Registrierungsprozesses legen. Je weniger Stolpersteine eine Registrierung enthält, desto eher wird aus einem Interessenten tatsächlich ein Neukunde.

Folgende Punkte sollten Sie beachten und umsetzen:

Wenig Erläuterungstext: Verwenden Sie so wenig Erklärungstext wie möglich. Käufer lesen online nicht! Versuchen Sie nie, komplexe Funktionen in Texten zu erläutern oder dem Käufer im »Kleingedruckten« Wichtiges mitzuteilen. Bedienungsanleitungen sollten Sie als PDF zum Herunterladen anbieten.

Passwort/Username selbst wählen lassen: Selbst gewählte Passwörter und Benutzernamen sind für den Käufer besser zu handhaben als solche, die Ihr Shopsystem automatisch vergibt. Automatisch vergebene Passwörter werden per E-Mail zugesendet und sollten vom Käufer beim nächsten Log-in in den Shop selbst nach Belieben abgeändert werden. Das alles macht den Prozess umständlich.

Formatunterstützung ist unverzichtbar

Unterstützung geben bei der Wahl des Passworts: Kann sich der Käufer sein Passwort selbst wählen, besteht die Gefahr, dass das Passwort leicht zu erraten ist. Viele Nutzer wählen ihren Vornamen oder ihr Geburtsdatum, Namen ihrer Kinder oder Haustiere. Ein ebenso beliebtes Passwort ist »Passwort«. Geben Sie hier Ihren Käufern konkrete Unterstützung, indem Sie je nach Eingabe in das Feld »Passwort« direkt neben dem Feld anzeigen, wie sicher das Passwort ist. Damit verhindern Sie nicht, dass der Käufer ein unsicheres Passwort wählt, Sie weisen aber deutlich auf die Gefahr hin.

Unterstützung geben bei belegtem Usernamen: Erfahrungsgemäß steigt die Abbruchrate bei Registrierungen stark an, wenn der Benutzer nach dem zweiten Versuch wiederum erfährt: Dieser Nutzername ist bereits vergeben. Lassen Sie Ihren Kunden an dieser Stelle nicht allein, sondern geben Sie konkrete Hilfestellung. Lassen Sie vom System anzeigen, welche Benutzernamen noch frei sind. Dazu können bisherige Eingaben des Käufers verwendet werden. Ist etwa der Benutzername »Fliegenpilz« vergeben, zeigen Sie an, dass »Fliegenpilz55« oder »Fliegen-Pilz« noch zu haben sind.

Klare Beschriftung der Eingabefelder: Verwenden Sie eine eindeutige Beschriftung der Feldtitel. Der Käufer soll nicht lange rätseln müssen, welche Eingaben an welchem Feld nötig sind. Kennzeichnen Sie deutlich Pflichtfelder und optionale Felder.

So kompakt wie möglich: Beschränken Sie die Registrierung auf die notwendigen Felder: Passwort, Benutzername, Adressinformationen, Zustimmung zu den AGB. Es mag verlockend erscheinen, hier weitere Daten abzufragen. Damit machen Sie die Registrierung nur komplizierter und langwieriger. Genau das ist kritisch, denn die Registrierung unterbricht den Kaufprozess. Ziel des Benutzers ist es, diesen Prozess erfolgreich abzuschließen. Je umfangreicher Sie die Registrierung gestalten, umso mehr hindern Sie ihn daran. Auch die Wahrscheinlichkeit von fehlerhaften Eingaben steigt an. Nicht zuletzt untergraben zusätzliche Fragen das Vertrauen des Benutzers in Ihren Shop. Bedenken Sie, dass es sich bei der Registrierung um Neukunden handelt, die noch keine Erfahrung mit Ihrem Shop gemacht haben. Finden diese Neukunden schon in der Registrierung Fragen etwa nach Kinderzahl, Konsumgewohnheiten oder Familienstand vor, löst das Misstrauen aus. Auch das kann dazu führen, dass die Registrierung – und somit der gesamte Kaufprozess – abgebrochen wird. Wiederkehren werden solche enttäuschten Interessenten nicht mehr.

So wenig Felder wie möglich verwenden

Formatunterstützung anbieten: Sagen Sie dem Benutzer konkret, wie Sie Eingaben erwarten. Das machen Sie mit kurzen Hinweisen an den jeweiligen Feldern deutlich. Am Feld für die Telefonnummer schreiben Sie etwa: »Nur Ziffern ohne Leerzeichen eingeben«, wenn Eingaben wie +49 89 456 678 zu Fehlermeldungen führen würden.

Belohnung für Anmeldung an sich in Aussicht stellen: Keine Frage, die Registrierung macht Mühe und kostet Zeit. Belohnen Sie Ihre Neukunden dafür! Etwa in Form eines Gutscheins, den sie im Shop einlösen können.

Abbildung 11.11: Ungünstig gestaltete Registrierungsseite: Keine Formatunterstützung bei Username und Passwort, in der rechten Spalte türmt sich zu viel Ablenkung, das Layout ist insgesamt zu unruhig. Die Leiste unter dem Warenkorbsymbol sieht aus wie eine Fortschrittsanzeige, ist aber keine

Einschrän-
kungen früh
mitteilen

Restriktionen so früh wie möglich nennen: Sollte es Restriktionen für die Anmeldung geben, sagen Sie das dem Benutzer möglichst früh. Eine Altersgrenze ab 18, ein bestimmtes Mindesteinkommen oder der Besitz einer Kreditkarte – weisen Sie vorab darauf hin, nicht am Ende der Registrierung. Machen Sie es besser als eine Partnervermittlung, die online Kunden wirbt: Die Registrierung startet mit einigen Basisangaben, die auch den Familienstand umfassen. Anschließend muss der Interessent einen umfangreichen Fragebogen ausfüllen, was rund eine halbe Stunde Zeit kostet. Am Ende schließlich wird mitgeteilt, dass dieser Service nur Ledigen oder Geschiedenen offen steht, nicht aber Menschen, die getrennt leben.

Klare Fehlermeldungen: Falls Fehler auftreten sollten, schlagen Sie eine konkrete Hilfe vor. Schreiben Sie nicht: »Passwort ändern«, sondern: »Bitte geben Sie für ein Passwort mindestens 8 Zeichen ein.«

Registrierung nur für den Kauf: Gerade im Zuge von Web 2.0 haben Benutzer heute auch in Shops vielfältige Interaktionsmöglichkeiten, wie beispielsweise Kommentare schreiben oder einen Artikel bewerten. Manche Betreiber machen eine Registrierung zur Voraussetzung für jegliche Benutzeraktivität auf ihren Seiten. Lassen Sie zumindest einige Interaktionen ohne Registrierung zu und sehen Sie die Registrierung nur für den Kaufprozess vor.

Registrierung nur dort, wo nötig

Auf werbliche Texte verzichten: Eine kompakte Registrierung darf keine werblichen Texte enthalten. Verzichten Sie darauf, innerhalb der Registrierung Ihren Shop, dessen Produkte oder Services zu loben. Der Benutzer hat sich längst für Ihr Angebot entschieden, denn der Warenkorb wartet gefüllt im Hintergrund. Jeder überflüssige Text erweitert die Registrierung nur unnötig und kostet den Benutzer Zeit.

Keine Links anbieten: Lassen Sie den Benutzer die Registrierung durchlaufen, ohne dass Optionen zum Absprung angeboten werden. Gerade eine schlanke Registrierungsseite wird viel Raum übrig haben. Und genau dieser Platz verführt dazu, ihn mit Optionen zu füllen. Verzichten Sie darauf, Ihren Benutzern Möglichkeiten zum Verlassen der Registrierung anzubieten.

Registrierung nur, wo notwendig: Verlangen Sie keine Registrierung für kostenlose Angebote, etwa Downloads für Freeware.

11.11   Gutscheine anbieten

Gutscheine sind ein wirksames Mittel, um Neukunden zu gewinnen. Sie können Gutscheine innerhalb einer Verkaufsaktion verschenken. Gutscheine sind aber auch beliebt bei Bestandskunden: Zufriedene Bestandskunden kaufen Gutscheine und verwenden diese als Geschenk. Damit wird der Gutschein zum viralen Marketinginstrument. Sie als Shopbetreiber profitieren davon, dass Ihr Shop weiterempfohlen wird.

Wunschzettel und Gutscheine kombinieren

Das Verschenken von Gutscheinen können Sie gezielt fördern, indem Sie in Ihrem Shop Wunschzettel anbieten. Diese überbrücken nicht nur die Zeit, welche zwischen Ansehen und Bestellen der Ware vergeht, sondern können vom Besitzer des Wunschzettels auch anderen zugänglich gemacht werden. Damit wird es recht einfach, jemanden nach seinen Wünschen entsprechend zu beschenken.

So werden Gutscheine zu persönlichen Geschenken. Es ist sehr unwahrscheinlich, dass der Beschenkte diesen Gutschein nicht einlöst. Das bedeutet für Sie, einen neuen Kunden gewonnen zu haben.

Solche Geschenkgutscheine werden sofort nach dem Bestellen per E-Mail ausgeliefert. Das macht sie zu idealen Last-Minute-Geschenkideen. Zudem verursachen sie keine Versandkosten, da sie digital an den Beschenkten geschickt werden.

Nicht nur die Kunden haben Vorteile durch Geschenkgutscheine. Auch Sie als Shopbetreiber profitieren davon. Erfahrungsgemäß bestellen die Beschenkten im Shop mehr Ware, als der Gutschein wert ist.

E-Mails mit Gutscheinen sorgfältig texten

Da Gutscheine als E-Mail versendet werden, müssen Sie größte Sorgfalt darauf verwenden, dass der Beschenkte die Nachricht nicht für Spam oder unseriöse Mitteilungen hält. Studien in den USA haben gezeigt, dass 30 % aller getesteten Geschenkgutscheine vom Empfänger für Werbemail gehalten wurden. Weitere 20 % wanderten in den »Gelöscht«-Ordner, weil die Empfänger dem Inhalt der E-Mails nicht vertrauten. Jeder zweite Geschenkgutschein wies große Mängel in der Benutzerfreundlichkeit auf.

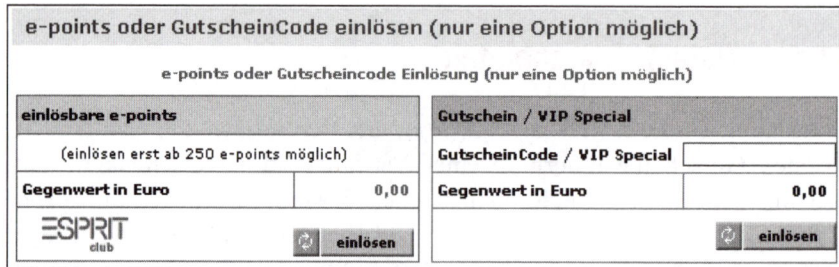

Abbildung 11.12: Gutschein und Bonuspunkte einlösen im Warenkorbprozess: Klare Eingabemaske erleichtert die Handhabung

Achten Sie deshalb genau darauf, wie Sie Ihre Gutscheine gestalten. For-mulieren Sie Betreff und Absender der E-Mail so, dass gleich deutlich wird, worum es sich handelt. Prinzipiell können Sie hier alle Tipps ver-wenden, die Sie im Kapitel 8 finden.

Bieten Sie Gutscheine an, so müssen Sie hier noch mehr als gewöhnlich auf Benutzerfreundlichkeit achten. Zum einen für den Bestellprozess eines Gutscheins. Der Gutschein wird eventuell von jemandem gekauft, der nicht zu Ihrer Zielgruppe gehört, noch nie online etwas bestellt hat oder sich wenig im Internet auskennt. Umgekehrt kann der Empfänger des Gutscheins eine Person sein, die noch nie in Ihrem Shop eingekauft hat. Der Beschenkte sucht Ihren Shop vielleicht nur deshalb auf, weil jemand anders den Gutschein verschenkt hat.

Im Shop selbst muss beim Bezahlprozess eindeutig klar werden, wo die Gutscheine eingelöst werden können. Verwenden Sie dort die gleichen Begriffe wie in der E-Mail, mit der Sie ursprünglich den Gutschein ver-sendet haben.

11.12 Verschiedene Bezahloptionen akzeptieren

Standards sind heute Lastschrift, Kreditkarte, Rechnung und Nach-nahme.

Viele User zögern immer noch, ihre Kreditkartendaten online zu über-mitteln. Bieten Sie daher nicht nur die Kreditkartenzahlung an.

Die Nachnahme verursacht Zusatzkosten und ist daher wenig beliebt bei den Käufern. Verzichten Sie wenn möglich auf Mindestbestellwerte. Sie halten erfahrungsgemäß die Benutzer vom Kauf ab.

11.13 Kategorienübersichtsseiten sorgfältig strukturieren

Kategorienseiten dienen vor allem den stöbernden Kunden zur Orientie-rung: Was erwartet den Käufer hier? Welche Produkte befinden sich in der gewählten Kategorie? Existieren weitere Unterkategorien?

Kurzbeschreibungen von ausgewählten Produkten zeigen

Zeigen Sie dem Käufer Kurzbeschreibungen von ausgewählten Produkten dieser Kategorie. Seien Sie hier wählerisch! Überfrachtete Kategorienstartseiten werden von Käufern als negativ empfunden. Vielmehr sollen sie eine klare Orientierungshilfe bieten.

Der Betrachter muss sich ein schnelles Urteil bilden, ob sich das Weiterklicken lohnt oder lieber in eine andere Kategorie gewechselt werden soll.

Achten Sie außerdem darauf, dass Kategorienübersichtsseiten immer gleich aufgebaut sind. Kennt der Käufer schon eine solche Seite, fällt die Orientierung viel leichter, wenn die nächste Kategorienseite aufgerufen wird.

11.14   Einladende Homepage entwerfen

Die Homepage ist oft das Erste, was Ihr Kunde von Ihrem Shop zu sehen bekommt. In wenigen Augenblicken entscheidet der Betrachter: Bleiben oder gehen? Deshalb muss Ihre Shop-Homepage die Frage des Betrachters beantworten: Warum bin ich hier und nicht woanders?

Je mehr Orientierung Sie bieten, desto besser

Die Homepage sollte einen Überblick über die angebotenen Produkte geben, der schnell zu erfassen ist. Je mehr Orientierung Sie Ihren Kunden geben, desto schneller finden sie sich im Shop zurecht. Wichtig ist, dass Sie für verschiedene Kundentypen die passenden Einstiege vorbereitet haben.

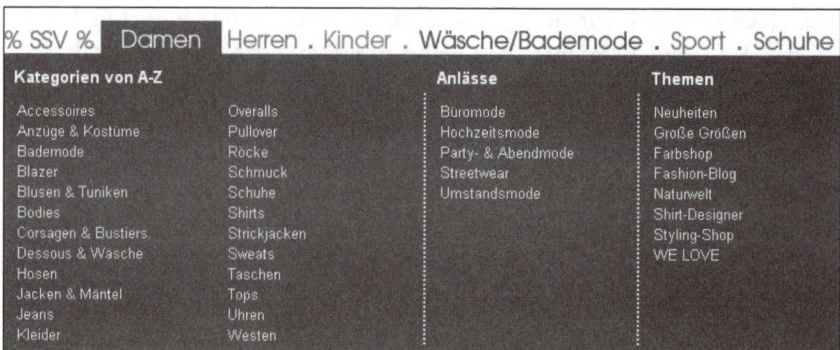

Abbildung 11.13: Homepage-Navigation, die sich an Benutzerbedürfnissen orientiert: Produktkategorien, Anlässe und Themen stehen zur Wahl

Deutlich abgesetzte, übersichtlich aufgebaute Navigationsleisten werden von denjenigen Kunden benutzt, die schon genau wissen, was sie kaufen möchten. Sie finden hier einen direkten Einstieg in die gesuchte Kategorie. Zielgerichtete Käufer werden auch auf der Homepage nach einer Suchfunktion Ausschau halten. Deshalb darf die Suche dort nicht fehlen.

Kunden, die sich erst einmal umsehen wollen, können Sie über großflächige, emotional gestaltete Produktabbildungen, sogenannte Teaser, in den Shop leiten. Diese Teaser sollen neugierig machen und zum Stöbern einladen.

Überladen Sie die Homepage nicht mit zu vielen Elementen. Achten Sie darauf, dass die Struktur der Navigation nicht untergeht, sondern deutlich vom Rest abgesetzt ist.

Nicht zu viele Elemente und Farben

Vorsicht ist auch vor zu starker Farbigkeit geboten. Dies überfordert den Benutzer und wird deshalb vom Betrachter schnell als unangenehm empfunden. Wählen Sie am besten zwei Farben, die nicht Ton in Ton gehen, sondern kontrastreich sind: Die eine setzen Sie großflächig ein, die andere nur sparsam. So erreichen Sie durch ein einfaches Stilmittel eine ruhige, klare Gestaltung.

11.15   Durchdachte Suchfunktion anbieten

Die Suchfunktion ist eins der wichtigsten Elemente im Onlineshop. Käufer, die zielgerichtet vorgehen, werden die Suche in jedem Fall benutzen. Platzieren Sie deshalb auf jeder Seite die Suchfunktion so, dass sie immer im Blickfeld des Benutzers sichtbar bleibt.

Damit die Suche ein Maximum an Unterstützung auf dem Weg zum Produkt bietet, sollte neben einer Texteingabe auch ein einfach zu bedienender Filter vorhanden sein, etwa die Auswahl einer Produktkategorie.

Extras sind beliebt bei den Benutzern

Bieten Sie eine Suchfunktion an, die auf Tipp- und Rechtschreibfehler reagiert und Treffervorschläge mit der korrekten Schreibweise anzeigt: »Meinten Sie …?«

Weiterhin können Sie die Käufer bei der Eingabe der Suchbegriffe unterstützen, indem Sie schon während der laufenden Suche die Trefferanzahl anzeigen. So erneuert beispielsweise die Suche in dem oben gezeigten

Automobilportal die Trefferanzahl jedes Mal, wenn ein neues oder anderes Suchkriterium gewählt wurde. Der Benutzer sieht so direkt die Auswirkungen seiner Eingaben und kann die Suche so weit verfeinern, bis eine Trefferanzahl erreicht ist, die zufriedenstellend erscheint.

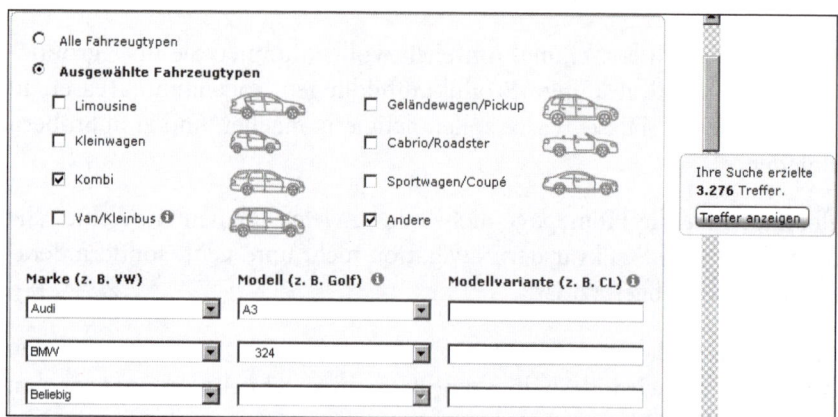

Abbildung 11.14: Suchfunktion einer Autobörse: Jede Veränderung in den Suchkriterien aktualisiert automatisch am rechten Bildrand die Zahl der erzielten Treffer

Je größer Ihr Shop, desto wichtiger die Suche

Die Suche ist umso wichtiger, je größer Ihr Produktangebot ist. Statt sich langwierig durch einen Produktkatalog mit zwei Millionen Einträgen zu klicken, werden Ihre Kunden die Suchfunktion benutzen. Dieses Verhalten setzt sich online mehr und mehr durch. Neue Browserversionen wie Firefox 2.0 weisen schon entsprechende Funktionen auf. Benutzer suchen nicht mehr die Homepage von Shops auf, sondern nutzen schon im Browserrahmen eine Suche. Die Navigation wird gar nicht mehr benutzt. Die zugehörige Seite wird nur aufgerufen, um die Suchergebnisse anzuzeigen.

Das bedeutet, dass die Suchfunktion künftig eine noch größere Rolle gegenüber der Navigation spielen wird. Auch wenn Ihr Shop weder Amazon noch eBay heißt: Verhalten, das die Benutzer anderweitig erlernt haben, wird auf anderen Internetseiten wiederholt. Tragen Sie der Entwicklung Rechnung und gestalten Sie diese Funktion besonders nutzerfreundlich.

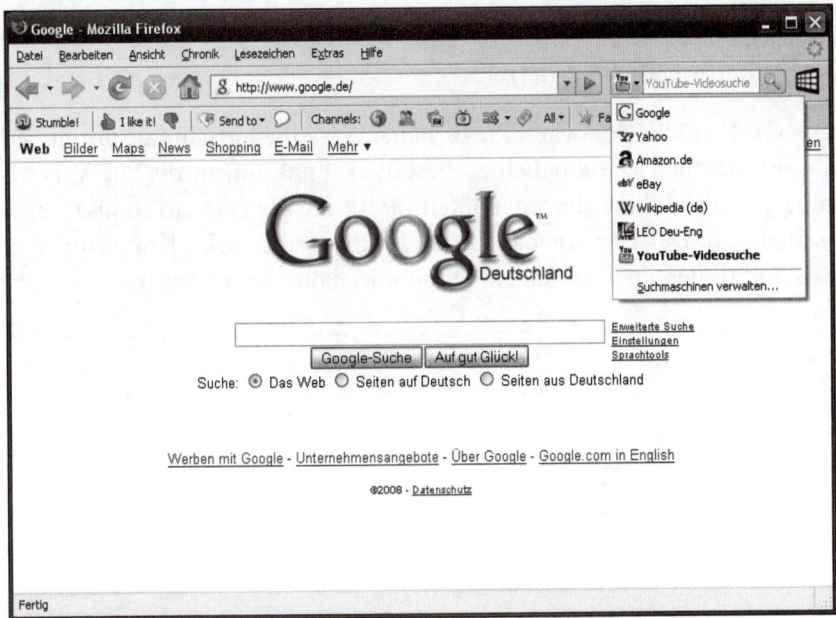

Abbildung 11.15: Suchfunktion gleich im Browser nutzen: Suchbegriffe lassen sich direkt eingeben, die eigentliche Seite wird nur noch aufgerufen, um Trefferlisten anzuzeigen

11.16   Warenkorb übersichtlich darstellen

Der Warenkorb verbindet die Produktsuche mit dem Bezahlvorgang. Für den Käufer ist hier essentiell, einen Überblick zu behalten. Und zwar nicht nur über die eingesammelten Waren, sondern auch über die entstandenen Kosten.

Bieten Sie einen kompakt aufgebauten Warenkorb an, der stets im Blickfeld des Käufers mitgeführt wird. Dort zeigen Sie an:

>> Gesamtzahl aller Artikel im Warenkorb

>> Gesamtsumme des Warenwerts

>> Versandkosten

>> Weitere Kosten, z. B. Geschenkverpackung

>> Gesamtsumme

Unverzichtbare Bestandteile

>> Lieferunternehmen

>> Voraussichtliche Lieferzeit

Die Großansicht des Warenkorbs bauen Sie tabellarisch auf, um diesen so übersichtlich wie möglich zu gestalten. Funktionen, die zur Verwaltung von Produkten dienen, sollten direkt am jeweiligen Produkt angeordnet sein. Der Gesetzgeber fordert im übrigen Druck-, Korrektur- und Löschoptionen im Warenkorb. Diese sind daher unverzichtbar.

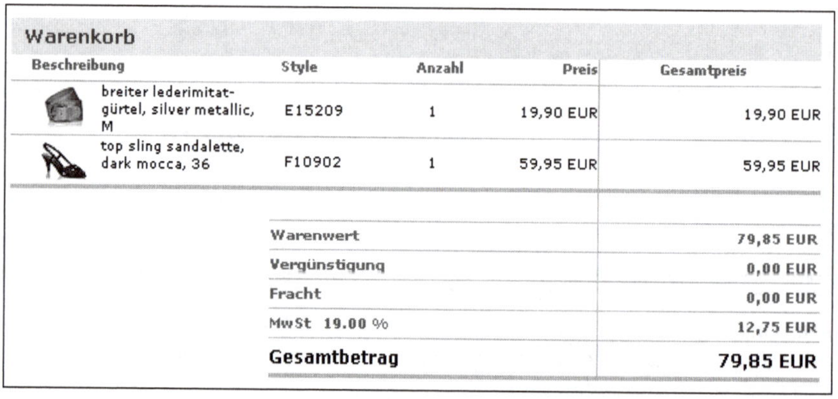

Warenkorb				
Beschreibung	**Style**	**Anzahl**	**Preis**	**Gesamtpreis**
breiter lederimitat-gürtel, silver metallic, M	E15209	1	19,90 EUR	19,90 EUR
top sling sandalette, dark mocca, 36	F10902	1	59,95 EUR	59,95 EUR
		Warenwert		79,85 EUR
		Vergünstigung		0,00 EUR
		Fracht		0,00 EUR
		MwSt 19.00 %		12,75 EUR
		Gesamtbetrag		**79,85 EUR**

Abbildung 11.16: Warenkorb mit zwei Produkten: Hier fehlen Druck-, Korrektur- und Löschoption

Diejenige Schaltfläche, die vom Warenkorb in den Bezahlvorgang führt, gestalten Sie optisch hervorgehoben. Vergessen Sie keinesfalls, den Käufer darauf hinzuweisen, wann der Klick zu einem verbindlichen Kauf führt! Dies ist gesetzlich vorgeschrieben.

Gesetzliche Vorschriften Sie müssen also vor dem Kauf vom Warenkorb in eine Sicherheitsabfrage wechseln. Der Gesetzgeber verlangt, dass diese sich gestalterisch deutlich vom Warenkorb abheben muss. Diese Sicherheitsabfrage vor dem Kauf muss druckbar sein und alle bestellten Waren, den Endpreis und die voraussichtliche Lieferzeit enthalten.

Navigationsleisten, Störer und andere Elemente sollten auf den Seiten des Warenkorbs nicht vorhanden sein. Bieten Sie dem Käufer nichts an, was ihn aus dem Bezahlprozess allzu leicht herausführen könnte.

Allerdings sollten Sie an dieser Stelle auch eine Schaltfläche anbieten, die zurück zum Shop führt. Benutzer reagieren erfahrungsgemäß verärgert darüber, wenn sie sich zwischen Warenkorb-Großansicht und Bezahlprozess gefangen sehen.

11.17   Anbieter korrekt kennzeichnen

Ihre Kunden möchten genau wissen, bei wem sie einkaufen. Informieren Sie Ihre Kunden in der Anbieterkennzeichnung detaillierter, als es gesetzlich vorgeschrieben ist. Der deutsche Gesetzgeber sieht laut § 5 des Telemediengesetzes vor, dass folgende Angaben von Anbietern »leicht erkennbar, unmittelbar erreichbar und ständig verfügbar« gehalten werden müssen:

1. der Name und die Anschrift, unter der sie niedergelassen sind, bei juristischen Personen zusätzlich die Rechtsform, der Vertretungsberechtigte und, sofern Angaben über das Kapital der Gesellschaft gemacht werden, das Stamm- oder Grundkapital sowie, wenn nicht alle in Geld zu leistenden Einlagen eingezahlt sind, der Gesamtbetrag der ausstehenden Einlagen,

2. Angaben, die eine schnelle elektronische Kontaktaufnahme und unmittelbare Kommunikation mit ihnen ermöglichen, einschließlich der Adresse der elektronischen Post,

   § 5 Telemediengesetz

3. soweit der Dienst im Rahmen einer Tätigkeit angeboten oder erbracht wird, die der behördlichen Zulassung bedarf, Angaben zur zuständigen Aufsichtsbehörde,

4. das Handelsregister, Vereinsregister, Partnerschaftsregister oder Genossenschaftsregister, in das sie eingetragen sind, und die entsprechende Registernummer,

5. soweit der Dienst in Ausübung eines Berufs im Sinne von Artikel 1 Buchstabe d der Richtlinie 89/48/EWG des Rates vom 21. Dezember 1988 über eine allgemeine Regelung zur Anerkennung der Hochschuldiplome, die eine mindestens dreijährige Berufsausbildung abschließen (ABl. EG Nr. L 19 S. 16), oder im Sinne von Artikel 1 Buchstabe f der Richtlinie 92/51/EWG des Rates vom 18. Juni

1992 über eine zweite allgemeine Regelung zur Anerkennung beruflicher Befähigungsnachweise in Ergänzung zur Richtlinie 89/48/EWG (ABl. EG Nr. L 209 S. 25, 1995 Nr. L 17 S. 20), zuletzt geändert durch die Richtlinie 97/38/EG der Kommission vom 20. Juni 1997 (ABl. EG Nr. L 184 S. 31), angeboten oder erbracht wird, Angaben über

a.   die Kammer, welcher die Diensteanbieter angehören,

b.   die gesetzliche Berufsbezeichnung und der Staat, in dem die Berufsbezeichnung verliehen worden ist,

c.   die Bezeichnung der berufsrechtlichen Regelungen und dazu, wie diese zugänglich sind,

4.   in Fällen, in denen sie eine Umsatzsteueridentifikationsnummer nach § 27a des Umsatzsteuergesetzes oder eine Wirtschafts-Identifikationsnummer nach § 139c der Abgabenordnung besitzen, die Angabe dieser Nummer,

5.   bei Aktiengesellschaften, Kommanditgesellschaften auf Aktien und Gesellschaften mit beschränkter Haftung, die sich in Abwicklung oder Liquidation befinden, die Angabe hierüber ...

In einer Grundsatzentscheidung hat der Bundesgerichtshof im Juli 2006 festgestellt, dass die gesetzlich geforderte »leichte Erreichbarkeit« und »ständige Verfügbarkeit« schon gegeben sind, wenn die Anbieterkennzeichnung über zwei Klicks – etwa zuerst auf »Kontakt« und dort wiederum auf »Impressum« – für den Benutzer verfügbar ist. Hinterlegen Sie die Anbieterkennzeichnung lieber direkt im Impressum.

Sorgen Sie unbedingt dafür, dass unter den angegebenen Nummern oder Adressen tatsächlich jemand erreichbar ist. Ruft etwa ein Kunde wegen einer Lieferverzögerung an, riskieren Sie einen herben Vertrauensverlust, wenn am anderen Ende der Leitung niemand abnimmt.

Da schon Fälle bekannt geworden sind, in denen Unternehmen wegen eines abgekürzten Vornamens im Impressum abgemahnt wurden, empfiehlt es sich, die Anbieterkennzeichnung von einem qualifizierten Rechtsanwalt prüfen zu lassen.

```
Impressum/Betreiber des Online-Shops

Esprit Retail B.V. & Co. KG
Esprit Allee
40882 Ratingen
Deutschland

Amtsgericht Düsseldorf: HRA 15764
Umsatzsteueridentifikationsnummern:
Deutschland: DE126045055 & Österreich: ATU61399025
Pers. Haftender Gesellschafter: Esprit Nederland B.V., Sitz Amsterdam
Kamer van Koophandel: 34176024
rechtlich vertreten durch die Geschäftsführer: Katrien Maes

operativ verantwortlich:
Global Business Manager ecommerce Juergen Michelberger
Esprit Allee
40882 Ratingen
Deutschland


Per e-mail erreichen Sie den e-shop unter service@esprit.de.

Per Telefon & Fax:

aus Deutschland
e-shop Hotline 01805 - 0 eshop (01805 - 03 74 67) (€0,14/Minute aus dem Festnetz, ggf.
abweichende Preise aus dem Mobilfunk)
e-shop Fax-Line 05137 - 90 80 499

aus Österreich
e-shop Hotline 0820 - 4000 59 00 (€0,11/Minute)
e-shop Fax-Line 0820 - 4000 59 10 (€0,11/Minute)
```

Abbildung 11.17: Impressum eines Modeanbieters: kundenfreundliche Aufbereitung mit Adresse, E-Mail und Hotline-Nummern

11.18 Preistransparenz gewähren

Sagen Sie Ihren Kunden, was eine Bestellung wirklich kostet. Dies vermeidet Vertrauensverlust und verhindert, dass ein Kaufprozess im letzten Schritt abgebrochen wird – nämlich dann, wenn Sie endlich anzeigen, wie viel der Versand ins Ausland kostet.

Auch der Gesetzgeber fordert, dass Versandkosten, Nachnahmegebühren, Zölle und anderes mehr so früh wie möglich innerhalb des Kaufprozesses ausgewiesen werden müssen. Sie können diese Kosten auch in den Preis einrechnen, sollten dies aber gut sichtbar anzeigen. Auf keinen Fall dürfen Zusatzkosten in den allgemeinen Geschäftsbedingungen versteckt werden.

Extragebühren nicht bis zum Schluss verstecken

11.19   Lieferfristen angeben

Abbildung 11.18: Lieferfristen im Onlineshop: klare Angaben bei jeder Versandart

Einen Nachteil hat Onlineshopping: Ihre Kunden müssen sich ein wenig gedulden, bis die Ware bei ihnen eintrifft. Detaillierte Angaben zur Lieferbarkeit und Lieferfristen sind daher ein wichtiges Merkmal, an dem Kunden die Qualität eines Onlineshops messen. Daher sollten Sie dazu präzise, realistische Angaben machen.

Sind keine Lieferzeiten angegeben, dürfen Ihre Kunden davon ausgehen, dass die Ware sofort verfügbar ist. So lautet auch die einschlägige Rechtsprechung.

11.20   Im AGB verständlich formulieren

Sehen Sie sich Ihre allgemeinen Geschäftsbedingungen und die Widerrufsbelehrung genau an: Haben Sie überall klar und so verständlich formuliert, dass es jeder Käufer versteht? Damit zeigen Sie Ihren Kunden, dass Sie deren Rechte ernst nehmen.

Vermeiden Sie lange, komplexe und sprachlich unverständliche Texte. Das erzeugt bei Ihren Kunden Misstrauen und führt im Zweifelsfall dazu, dass der Kaufvorgang abgebrochen wird. Denn laut BGB müssen Kunden den AGB ausdrücklich zustimmen, bevor sie den endgültigen Klick ausführen, der den Kauf besiegelt.

Da die AGB jederzeit zugänglich sein müssen, empfiehlt es sich dringend, auf jeder Seite des Onlineshops einen entsprechenden Link einzubauen.

11.21   Nach dem Kauf Kundenservice großschreiben

Auch nach dem Kauf ist es wichtig, sich um seine Kunden zu kümmern. Informieren Sie gleich über den Bestellstatus. Dazu gehören Mitteilungen über Lieferverzögerungen, aber auch der Hinweis, dass und wann die Ware versendet wurde.

Das stützt nicht nur das Vertrauen Ihrer Kunden in den Shop, sondern ist sogar gesetzlich vorgeschrieben.

11.22   Gütesiegel verwenden

Durch die Verwendung eines Gütesiegels zeigen Sie Ihren Kunden: Wir sind geprüft und halten unsere Versprechen. Das ist für Ihre Kunden ein wichtiges Plus. Denn auch ein professionelles Webdesign, vorbildliche Benutzerfreundlichkeit oder leicht verständliche AGB schützen nicht vor Verlust des bezahlten Geldes.

Achten Sie darauf, dass Sie ein anerkanntes Gütesiegel verwenden, welches weder auf Händler- und noch auf Kundenseite steht.

Abbildung 11.19: Von der Initiative D21 empfohlen: Vier Onlinegütesiegel

Die deutsche Unternehmensinitiative D21 unterstützt die Herausgabe von Gütezeichen, um die wirtschaftlichen Chancen des E-Commerce zu stärken und beim Verbraucher Ängste und Unsicherheiten abzubauen.

Gütezeichen sollen nicht nur die Umsetzung von Qualitätskriterien für Kunden transparent machen, sondern auch Verfahren zur Umsetzung der Kriterien und zur Kontrolle anbieten.

Jeder Herausgeber eines Gütezeichens hält seine Qualitätsanforderungen online zum Abruf bereit und stellt sowohl Beschwerde- als auch Überwachungsverfahren zur Einhaltung seiner Qualitätskriterien für das Gütesiegel bereit.

11.23   Ängste ernst nehmen

Als Shopanbieter müssen Sie das Vertrauen Ihrer Kunden in Bezug auf Kreditkartenzahlung gewinnen. Viele Verbraucher kaufen deshalb nicht online, weil sie Angst vor dem Missbrauch ihrer Kreditkartendaten haben. Angesichts der zahlreichen Medienberichte zum Thema Identitätsdiebstahl, Spyware und Phishing sind diese Sorgen durchaus berechtigt.

Nehmen Sie diese Sorgen ernst und gehen Sie gezielt darauf ein. Auch hier existieren spezielle Sicherheitsprogramme und Zertifizierungen. Erwerben Sie solche Zertifikate. Geben Sie dem Thema Raum in Ihrem Content, schreiben Sie etwas dazu und lassen Sie Ihre Käufer konkret sehen, wie wichtig Ihnen dieses Thema ist.

11.24   Konversionseinstieg richtig platzieren

Wohin mit den Elementen, die den Einstieg in den Kaufprozess einleiten?

Optimal sind gut sichtbare und hervorgehobene Positionen

Positionieren Sie diese Elemente an sichtbaren und gut hervorgehobenen Positionen. Solche Positionen verschafft Ihnen ein Design, das klar, übersichtlich und besonders leicht lesbar ist.

Einstiege in den Kaufprozess müssen die auffälligsten Teile der Seite sein. Verzichten Sie deshalb auf blinkende Schaltflächen, grelle Leuchtfarben und ausgefallene Schrifttypen bei der Gestaltung anderer Elemente.

Bringen Sie konversionsrelevante Elemente nicht zu tief im unteren Bereich der Seite an. Lassen Sie sich vom Webdesigner zeigen, wo bei der Monitorgröße, wie sie durchschnittlich von Ihren Usern verwendet wird, der sichtbare Bereich endet. Die Besucher Ihres Shops sollten nicht scrollen müssen, um ein konversionsrelevantes Element zu finden.

11.25   Spezielle Zielseiten für Google AdWords anlegen

Wohin gelangen Nutzer, die eine Ihrer Anzeigen bei Google AdWords angeklickt haben? Leiten Sie diese Besucher niemals auf Ihre Homepage oder auf eine Kategorienübersichtsseite. Sie vertun damit den größten Vorteil, den Ihnen Google AdWords bietet: Diese Nutzer signalisieren durch die Eingabe eines Suchbegriffs bei Google hier und jetzt konkretes Interesse für ganz bestimmte Keywords.

Gelangen nun diese hochmotivierten Benutzer auf eine allgemeine Seite, ist das tödlich für die Konversion. Sorgen Sie dafür, dass die Benutzer, die von Google AdWords auf Ihren Shop gelangen, spezielle Landing Pages vorfinden. Diese Landing Pages müssen ganz auf die Bedürfnisse dieser Besucher zugeschnitten sein. Sie dürfen keine Navigationsleiste enthalten, keine Produktreihen abbilden oder zahlreiche Angebote umfassen.

Landing Pages sind unverzichtbar

Gehen Sie stattdessen völlig auf die spezifische Google-Anzeige und die bezahlten Suchwörter ein. Die Verweildauer ist hier zwar erfahrungsgemäß weit kürzer als auf einer Kategorienübersichtsseite oder auf einer Homepage. Aber es kommt rund drei Mal so häufig zu einem Kauf.

Der Grund dafür ist simpel: Mit maßgeschneiderten Zielseiten für Pay-per-Click-Werbung stellen Sie eine direkte Verkettung vom Suchbegriff zum Treffer her. Kunden werden Ihre maßgeschneiderte Zielseite als hochgradig relevant empfinden.

Das können Sie noch zusätzlich unterstützen, indem Sie Ihr bezahltes Keyword in die Überschriften übernehmen. Optimal ist es, wenn das Keyword ganz zu Beginn der Überschrift auftaucht. Dort wird es am besten wahrgenommen. In dem Moment, wo Ihre Besucher das Keyword entdecken, erhalten sie die Gewissheit, sich am richtigen Ort zu befinden.

Damit eine Einordnung in Ihr sonstiges Shopangebot gelingt, sollten Sie die Zielseite im Design Ihrer anderen Seiten gestalten, einige firmenspezifische Elemente einfügen (z. B. Ihr Logo) und in kompakter Form erklären, wer Sie sind und welche Produkte Sie online anbieten.

Mehr Tipps zu Landing Pages erhalten Sie im Kapitel 9.

11.26   Besucher geschickt segmentieren

Besucher Ihres Shops können Sie mithilfe Ihres Webtracking-Tools in Gruppen unterteilen und anschließend das Kaufverhalten sowie die Zugriffszahlen dieser Gruppen näher ansehen. Aus dieser Gesamtschau filtern Sie später die Basis für weitere Marketingaktivitäten.

Das klingt kompliziert, ist aber dank der modernen Webtracking-Tools nicht schwierig. Welche Gruppen, welche Besuchersegmente sind empfehlenswert?

Drei Beispiele:

Beispiele für eine brauchbare Segmentierung

Sprachen: Sehr erfolgversprechend ist etwa, welche Sprachen die Besucher Ihres Shops sprechen. Gehen Sie hier entsprechend auf die Besucher ein, können Sie Ihre Konversion deutlich erhöhen. Wie wäre es etwa mit Sprachversionen für Produktbeschreibungen oder Bedienungsanleitungen? Oder es lohnt sich sogar, mehrsprachige Mitarbeiter in der Kundenbetreuung einzusetzen?

Länder: Wichtig ist auch die Gruppierung nach Ländern. Angenommen, Sie stellen fest, dass fast ein Drittel Ihrer Kunden aus Österreich kommt. Und gerade diese Gruppe bestellt wesentlich weniger als der Rest Ihrer Kunden. Sie könnten nun den österreichischen Besuchern Sondertarife wie etwa eine kostenlose Lieferung innerhalb eines bestimmten Zeitraums anbieten und testen, wie sich dies auf das Kaufverhalten auswirkt.

Wohnort: Ebenso ist der Wohnort ein Kriterium, welches Sie für Marketingaktivitäten weiterverwenden können. Sie könnten etwa herausfinden, dass Großstädter weit häufiger in Ihrem Shop vom Besucher zum Käufer werden als solche Nutzer, die aus dem ländlichen Raum stammen. Darauf können Sie nun beispielsweise Ihre Plakatwerbung abstellen und gezielt Werbeflächen in bestimmten Regionen buchen.

11.27 Wie Sie den Return on Investment erhöhen

In diesem Buch werden viele Aspekte genannt, die für eine erfolgreiche Website wichtig sind: Schriften, Farben, Benutzerfreundlichkeit, Suchmaschinenoptimierung, gut gestaltete Formulare und vieles mehr.

Diese Themenfülle kann leicht davon ablenken, worum es auf Ihren Internetseiten wirklich geht: mit der Überarbeitung einen gesteigerten Return on Investment zu erzielen. Schließlich möchten Sie, dass sich die Menge an Geld, Zeit und Mühe, die Sie in die Neugestaltung Ihres Shops oder Ihrer Website gesteckt haben, auch bezahlt macht.

Im Folgenden finden Sie Tipps, wie Sie hier systematisch vorgehen können.

Legen Sie zuerst Ihre Ziele fest. Den Return on Investment können Sie nur dann messen, wenn Sie wissen, welches Ihre Ziele sind. Besteht das Ziel allein darin, dass Sie einen Besucher zum Kauf bewegen? Oder zählt es für Sie auch als ein Erfolg, wenn sich Benutzer für den Newsletter registrieren, einen Wunschzettel anlegen oder mit Ihrem Kundenservice Kontakt aufnehmen? *Ziele festlegen*

Zu den Zielen gehören alle Schlüsselaktivitäten, die für den Erfolg Ihres Unternehmens wichtig sind – also weit mehr als nur die reine Kaufabwicklung. Durch den Einbau von mindestens einer Schlüsselaktivität auf Ihren Internetseiten schaffen Sie Anknüpfungspunkte zu Ihren Besuchern. Der Return on Investment bemisst sich dann konkret daran, welcher Prozentsatz der Besucher tatsächlich die Schlüsselaktivität genutzt hat.

Interessenten
gewinnen
Wecken Sie das Interesse Ihrer Besucher, und zwar vom ersten Klick an. Sehen Sie sich in den Webtracking-Analysen an, welche Einstiegsseiten die Besucher auf Ihrer Website nutzen. Welche Einstiegsseite verliert wie viele Besucher? Viele Webtracking-Tools bieten eine sogenannte Trichteranalyse an, die Ihnen zeigt, an welchen Stellen auf dem Weg zur Konversion Ihnen Kunden verloren gehen. Sie erfahren aus diesen Statistiken auch, wohin diese verlorenen Besucher gehen.

Das gibt Ihnen einen ersten Eindruck, wo derzeit die Schwächen liegen. Sehen Sie sich die Einstiegsseiten mit hohen Absprungraten genau an und prüfen Sie Folgendes:

>> Sprechen Sie dort spezielle Bedürfnisse direkt an?

>> Machen Sie an allen Stellen deutlich, was der nächste Schritt ist?

>> Verwenden Sie aktive Formulierungen wie »anmelden«, »erfahren« oder »blättern«?

>> Sprechen Sie den Besucher persönlich an? »Sie« und »Ihr« ist aktivierender als »wir« und »unser«.

>> Sind die Texte präzise und kurz formuliert?

Mit dieser kleinen Checkliste ist ein Anfang gemacht, um die Anzahl der Besucher zu verringern, die ohne einen einzigen Klick die Site wieder verlässt.

Der Weg zum
Ziel muss
einfach sein
Vereinfachen Sie die Schritte auf dem Weg zum Ziel. Wenn Sie Ihre Ziele festgelegt haben, überlegen Sie sich, ob der Weg zu diesem Ziel auch einfach genug ist. Newsletteranmeldungen, die mit umfangreichen Formularen abschrecken, unübersichtliche Warenkörbe oder Wunschzettel, die in der Navigation für die wiederkehrenden Interessenten nur schwer aufzufinden sind, sollten in Ihrem Shop nicht zu finden sein.

Erleichtern Sie Ihren Kunden das Leben, indem Sie jedes Ziel so einfach wie möglich erreichbar machen. Minimieren Sie die Anzahl der Schritte und verlangen Sie auf dem Weg zum Konversionsziel nicht zu viel vom Kunden.

11.28   Weiterführende Links

>> In diesem Forum können Sie sich mit anderen Shopbetreibern aus-
tauschen:

`http://www.onlineshop-betreiber.de/Forum/`

>> Die Zeitschrift »Internet World« gibt online regelmäßig neue Tipps
für Shopbetreiber:

`http://www.internetworld.de/news/e-shop-tipps.html`

>> In diesem Blog finden Sie aktuelle Texte zum Verbraucherrecht:

`http://www.verbraucherrechtliches.de/`

>> Literaturverzeichnis

Kaushik, A. (2007): Web Analytics. An Hour a Day. Wiley Publishing, Indianapolis.

Nielsen, J. (1993): Usability Engineering. Morgan Kaufmann Publishers, San Francisco.

Fischer, M. (2006): Website Boosting. mitp, Heidelberg.

Janowicz K. (2007): Sicherheit im Internet. O'Reilly Verlag, Köln.

Volkmer T. und Singer M. (2008): Tatort Internet. Markt + Technik, München

Khazaeli D. C. (2005): Systemisches Design. Intelligente Oberflächen für Information und Interaktion. Rowohlt, Hamburg.

Lopuck L. (2007): Webdesign für Dummies. Wiley-VCH, Weinheim.

Wieland M. und Spielkamp M. (2003): Schreiben fürs Web. UVK, Konstanz

Hein A. (2007): Web 2.0. Haufe Verlag, Planegg

Häusel G. (2004): Brain Script. Warum Kunden kaufen. Haufe Verlag, Planegg

Alexander K. (2007): Kompendium der visuellen Information und Kommunikation. Springer Verlag , Heidelberg

Goldstein B. (1996): Wahrnehmungspsychologie. Spektrum Akademischer Verlag, Heidelberg

Joachimsthaler E. (2007): Hidden in plain sight. How to find and execute your company's next big growth strategy. Havard Business School Press, Boston.

Beck A. (2008): Google Adwords. mitp, Heidelberg.

Maeda J. (2006): The laws of simplicity. The MIT Press, Cambridge.

Gremmler T. (2008): Cyber Bionic. Design und Evolution digitaler Welten. Spektrum Akademischer Verlag, Heidelberg.

Haig M. (2003): Brand Failures. The truth about the 100 biggest branding mistakes of all time. Kogan Page, London.

Nielsen J., Alertbox http://www.useit.com

Use old words when writing for findability (August 2008)

The slow tail: Time lag between visiting and buying (September 2005)

Wishlists, gift certificates, and gift giving in e-commerce (Januar 2007)

The power of defaults (September 2005)

Fancy formatting, fancy words = looks like a promotion = ignored (September 2007)

Right-justified navigation menus impede scannability (April 2008)

Middle-aged users' declining web performance (März 2008)

Bridging the designer-user gap (März 2008)

Reduce Bounce rates: Fight for the second click (Juni 2008)

Writing style for print vs. web (Juni 2008)

Banner blindness: old and new finding (August 2007)

Targeted Email newsletter show continued strength (Februar 2004)

Email newsletters pick up where websites leave off (September 2002)

Email newsletters: Surviving inbox congestion (Juni 2006)

10 high-profit redesign priorities (März 2007)

Top ten mistakes in web design

Growing a business website: Fix the basics first (März 2006)

Long vs. short articles as content strategy (November 2007)

The ten most violated homepage design guidelines (November 2003)

Incompetent Email Marketing = Lost of futue Opportunities (Oktober 2005)

Kid's Corner: Website usability for children (April 2002)

Usability for senior citizens (April 2002)

Usability of Websites for teenagers (Januar 2002)

EmailLabs, http://www.clickz.com

Getting the most out of your personas (Februar 2008)

Measuring personas for success (August 2005)

Improve personas and optimazation with four questions (März 2008)

Conversion Funnel Folly, Part 1 (Februar 2006)

Conversion Funnel Folly, Part 2 (März 2006)

www.suchmaschinenoptimierung.michaelsattler.de

www.suchmaschinentricks.de

seo-space.blogspot.com

klauseck.typepad.com

www.woopra.com

www.google.com

www.sueddeutsche.de

www.shopblogger.de

www.gletscherblog.at

www.wikipedia.de

www.internetfallen.de

www.anbieterkennung.de

www.ee.ethz.ch

www.bmj.bund.de

>> Stichwortverzeichnis